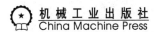

深度学习导论及案例分析

李玉鑑 张婷 等著

机械工业出版社
China Machine Press

图书在版编目（CIP）数据

深度学习导论及案例分析 / 李玉鑑等著. —北京：机械工业出版社，2016.10(2017.12 重印)

ISBN 978-7-111-55075-4

I. 深… II. 李… III. 学习系统－研究 IV. TP273

中国版本图书馆 CIP 数据核字（2016）第 236304 号

深度学习是近年来在神经网络发展史上掀起的一波新浪潮，是机器学习的一大热点方向，因在手写字符识别、维数约简、图像理解和语音处理等方面取得了巨大进展，所以很快受到了学术界和工业界的高度关注。在本质上，深度学习就是对具有深层结构的网络进行有效学习的各种方法。本书介绍了深度学习的起源和发展，强调了深层网络的特点和优势，说明了判别模型和生成模型的相关概念，详述了深度学习的 9 种重要模型及其学习算法、变种模型和混杂模型，讨论了深度学习在图像处理、语音处理和自然语言处理等领域的广泛应用，总结了深度学习目前存在的问题、挑战和未来的发展趋势，还分析了一系列深度学习的基本案例。本书可以作为计算机、自动化、信号处理、机电工程、应用数学等相关专业的研究生、教师和科研工作者在具备神经网络基础知识后，进一步了解深度学习理论和方法的入门教材或导论性参考书，有助于读者掌握深度学习的主要内容并开展相关研究。

出版发行：机械工业出版社（北京市西城区百万庄大街 22 号 邮政编码：100037）

责任编辑：张梦玲　　责任校对：董纪丽

印　　刷：北京市荣盛彩色印刷有限公司　　版　　次：2017 年 12 月第 1 版第 4 次印刷

开　　本：186mm × 240mm 1/16　　印　　张：18.75

书　　号：ISBN 978-7-111-55075-4　　定　　价：59.00 元

凡购本书，如有缺页、倒页、脱页，由本社发行部调换

客服热线：（010）88378991 88361066　　投稿热线：（010）88379604

购书热线：（010）68326294 88379649 68995259　　读者信箱：hzjsj@hzbook.com

PREFACE

前　　言

“深度学习”一词大家已经不陌生了，随着在不同领域取得了超越其他方法的成功，深度学习在学术界和工业界掀起了一次神经网络发展史上的新浪潮。运用深度学习解决实际问题，不仅是学术界高素质人才所需的技能，而且是工业界商业巨头进行竞争的核心武器。为适应这一发展的需要，作者以长期的相关研究和教学工作为基础，经过2～3年的调研和努力，终于编写完本书。这是一本关于深度学习的入门教材和导论性参考书，受众对象包括计算机、自动化、信号处理、机电工程、应用数学等相关专业的研究生、教师和科研工作者，本书有助于他们在具备神经网络的基础知识后进一步了解深度学习的理论和方法。

自2006年诞生以来，深度学习很快成长壮大，并有一些相关的英文书籍陆续出版。虽然国内也开始出现译著，但对深度学习的内容概括得并不全面，远不能够满足市场需求。本书的内容几乎涵盖了深度学习的所有重要方面，结构上分为基础理论和案例分析两个部分。在基础理论部分，本书不仅介绍了深度学习的起源和发展、特点和优势，而且描述了深度学习的9种重要模型，包括受限玻耳兹曼机、自编码器、深层信念网络、深层玻耳兹曼机、和积网络、卷积神经网络、深层堆叠网络、循环神经网络和长短时记忆网络。此外，还讨论了这些模型的学习算法、变种模型和混合模型，以及它们在图像视频处理、音频处理和自然语言处理等领域中的广泛应用，并总结了有关的开发工具、问题和挑战。在案例分析部分，本书主要挑选了一些深度学习的程序案例进行细致的说明和分析，指导读者学习有关的程序代码和开发工具，以便在解决实际问题时加以灵活利用。其中，每个程序案例都包括模块简介、运行过程、代码分析和使用技巧这4个部分，层次结构清晰，以利于读者选择和学习，并在应用中拓展思路。本书的一个不足之处是：案例分析部分没有涉及“和积网络”和“深层堆叠网络”，这是因为和积网络的运行需要大规模集群的硬件条件，另外也很难找到便于构造深层堆叠网络案例的程序代码。

本书的一大特色是从初学者的角度出发，在知识结构的布局上注重深入浅出，对深度学习的模型涵盖得较全面，文献引用非常丰富，既适合读者入门学习，又有助于他们深入钻研。同时，本书也试图纠正许多读者对深度学习的一些错误理解，比如认为多层感知器不是深度学习模型，认为自编码器能够直接用来识别手写字符，认为受限玻耳兹曼机也是严格意义上的深度学习模型，等等。

本书的另一个特色是通过程序案例介绍深度学习模型。这对缺乏相关背景知识的读者可能非常有帮助，使他们在知其然不知其所以然的情况下运行深度学习程序并获得计算结果，从而在积累实践经验和感性认识的过程中逐步了解深度学习的有关内容。本书的案例涉及三种常见的编程语言：Matlab、Python 和 C ++。其中，很多深度学习程序是用 Matlab 编写的，可以直接运行。如果使用 Python 语言编写深度学习程序，则可以调用 Theano 开源库；若使用 C ++ 语言，则可以调用 Caffe 开源库。不同的语言分析案例有助于读者全面了解深度学习模型和算法的实现途径，并根据自己的熟练程度灵活选择。

本书是集体智慧的结晶。北京工业大学计算机学院的刘波、胡海鹤和刘兆英等老师，以及张亚红、曾少锋、沈成恺、杨红丽和丁勇等同学，在文献和软件资料的收集整理方面提供了很大帮助。此外，华章公司的温莉芳副总经理对本书的出版给予了大力支持，张梦玲编辑对本书内容的编排提出了许多宝贵意见。在这里向他们表示衷心的感谢。

最后，还要感谢父母、爱人和儿女在本书写作期间给予的理解，感谢他们的真情鼓励、默默付出以及对非规律生活的宽容。同时，作者在此也因减少了对他们的关爱而深表愧疚和歉意。

限于作者水平，本书在内容取材和结构编排上可能存在不妥之处，希望使用本书的教师、学生、专家以及其他读者提出宝贵的批评和建议。

作者

2016 年 8 月于北京工业大学

CONTENTS

目　录

第二部分 案例分析

PART 1

第一部分

基础理论

本书第一部分主要探讨深度学习的基础理论。深度学习起源于神经网络，其本质是一系列深层网络模型的学习和训练算法。本部分涵盖了深度学习的主要内容，有助于读者在总体上把握深度学习的发展脉络和体系结构，是开展进一步相关工作的基础。

这部分共包括13章。第1章勾画深度学习的起源和发展、特点和优势、模型和算法。第2章介绍预备知识，读者可跳过熟悉的部分，但建议认真学习概率图模型、玻耳兹曼机和通用反向传播算法等难点内容，因为这些内容是理解许多深度学习模型和算法的基础。第3～11章，依次介绍深度学习的9种重要模型，包括受限玻耳兹曼机、自编码器、深层信念网络、深层玻耳兹曼机、和积网络、卷积神经网络、深层堆叠网络、循环神经网络、长短时记忆网络，而且对于其中的每一个模型，都从标准模型、学习算法和变种模型三个方面进行介绍。第12章讨论深度学习的若干混合模型、多种多样的应用以及常用的开源库。第13章总结深度学习的研究现状，明确存在的问题，并指出其未来的发展方向。

CHAPTER 1

第1章

概　述

如何让机器从经验中学习长期以来都是哲学界和科学界的研究目标之一。学习能力对人类智能的形成和发展无疑起着至关重要的作用，而机器学习的研究显然有助于提高人工智能的水平。从原始的输入数据到产生意义的理解过程往往需要经过许多不同层次的信息处理、转换、表达和抽象，如果涉及的层次较深，深度学习的模型和方法就可能发挥重要作用。本章主要勾画深度学习的起源和发展、特点和优势、模型和算法。

1.1 深度学习的起源和发展

作为一种实现人工智能的强大技术，深度学习（deep learning）已经在手写数字识别、维数约简、语音识别、图像理解、机器翻译、蛋白结构预测和情感识别等各个方面获得了广泛应用[1-7]，因屡屡取得打破记录的评测结果并超越其他方法，而很快受到了非常高度的关注。

深度学习的概念起源于人工神经网络（artificial neural network），在本质上是指一类对具有深层结构（deep architecture）的神经网络进行有效训练的方法。神经网络是一种由许多非线性计算单元（或称神经元、节点）组成的分层系统，通常网络的深度就是其中的不包括输入层的层数。理论上，一个具有浅层结构（shallow architecture）或层数不够深的神经网络虽然在节点数足够大时，也可能充分逼近地表达任意的多元非线性函数，但这种浅层表达在具体实现时往往由于需要太多的节点而无法实际应用。一般说来，对于给定数目的训练样本，如果缺乏其他先验知识，人们更期望使用少量的计算单元来建立目标函数的“紧表达”（compact representation），以获得更好的泛化能力[8]。而在网络深度不够时，这种紧表达可能是根本无法建立起来的，因为理论研究表明，深度为 k 的网络能够紧表达的函数在用深度为 $k-1$ 的网络来表达时，有时需要的计算单元会指数增长[9]。

最早的神经网络是心理学家 McCulloch 和数理逻辑学家 Pitts 在 1943 建立的 MP 模型[10]，而相关的线性回归方法甚至可以追溯到 1800 年前后[11]。MP 模型实际只是单个神经元的形式化数学描述，具有执行逻辑运算的功能，虽然不能进行学习，但开创了人工神经网络研究的时代。

1949 年，Hebb 首先对生物神经网络提出了有关学习的思想[12]。1958 年，Rosenblatt 提出了感知器（perceptron）模型及其学习算法[13]。在随后的几十年间，尽管神经网络的研究出现过一段与 Minsky 对感知器的批评有关的低潮期[14]，但 Grossberg[15]、Kohonen[16]、Narendra&Thathatchar[17]、von der Malsburg[18]、Widrow&Hoff[19]、Palm[20]、Willshaw&von der Malsburg[21]、Hopfield[22]、Ackley[23]、Rumelhart[24] 等人仍然逐步提出了许多神经网络的新模型。到 20 世纪八九十年代，这些新模型终于引发了神经网络的重生，并掀起了对神经网络研究的世界性高潮[25]。其中最受欢迎的模型至少包括：Hopfield 神经网络[22]、玻耳兹曼机[23] 和多层感知器（MulitLayer Perception，MLP）[24]。最早的深度学习系统也许就是那些通过数据分组处理方法训练的多层感知器[26]。多层感知器（在隐含层数大于 1 时又称为深层感知器）实际上是一种由多层节点有向图构成的前馈神经网络（Feedforward Neural Network，FNN）[27]，其中每一个非输入节点是具有非线性激活函数的神经元，每一层与其下一层是全连接的。此外，Fukushima 提出的神经认知机可能是第一个具有“深度”属性的神经网络[28-31]，并且也是第一个集成简单细胞和复杂细胞的神经生理学洞见的神经网络，以便有效地对视觉输入的某些特性起反应[31,32]。更重要的是，神经认知机促成了卷积神经网络结构的诞生和发展[33]。而卷积神经网络作为一种判别模型，在近几年的大规模数据评测比赛中成绩卓著[34]，盛誉非凡。

在训练神经网络方面，反向传播（backpropagation）无疑是最常用、最著名的算法，最先由 Werbos 描述[35]，由 LeCun[36] 和 Parker[37] 的有关论文发表，由 Rumelhart 等人[38] 的论文享誉全球，并由 Battiti[39]、Fahlman[40]、Igel&Hüsken[41]、Jacobs[42]、Neuneier 和 Zimmermann[43]、Orr&Müller[44]、Riedmiller&Braun[45]、Schraudolph&Sejnowski[46]、West&Saad[47] 等人的工作得到了更好的发展。然而，直到 20 世纪 80 年代晚期，反向传播似乎还只是对浅层网络有效，尽管原理上也应对深层网络有效。事实上，大多数多层感知器的应用都只用到很少的隐含层，增加隐含层几乎没有什么经验上的收益。这似乎可以从神经网络的逼近定理中找到某种解释[48,49]，该定理为：只要单隐层感知器包含的隐含神经元足够多，就能够在闭区间上以任意精度逼近任何一个多变量连续函数。直到 1991 年时，这个关于多层感知器在增加层数时为什么难学的问题，才开始作为一个深度学习的基本问题，得到了完全的理解，之前的其他可能想法变得不再重要。

1991 年，Hochreiter 正式指出，典型的深层网络存在梯度消失或爆炸问题（the problem of vanishing or exploding gradient），从而明确确立了深度学习的一个里程碑[50]。该问题为：累积反向传播误差信号在神经网络的层数增加时会出现指数衰减或增长的现象，从而导致数值计算快速收缩或越界。这就是为什么深层网络很难用反向传播算法训练的主要原因。需要指出的是，梯度消失或爆炸问题又称为长时滞后问题（the long time lag problem），在循环神经网络中也会出现[51]。

为了在一定程度上克服梯度消失或爆炸问题，从 1990 到 2000 年前后，Hochreiter 的深邃思想推动了若干新方法的探索，包括：1991 年的一个非常深的网络[52]、长短时记忆网络（long short-term memory network）[53]、基于 GPU 的计算机[54]、海森无关优化（Hessian-free optimization）[55]、权值矩阵空间的替代搜索（如随机权值猜测[56]、通用搜索[57]、evolino[58]和直接搜索[59]）。但除了卷积神经网络以外[60]，训练深层网络的问题直到 2006 年才开始受到严肃认真的对待。一个重要的原因是 1995 年之后支持向量机的快速发展[61]，让神经网络的有关工作黯然失色。

普遍认为，深度学习正式发端于 2006 年，以 Hinton 及其合作者发表的两篇重要论文为标志，一篇发表在《Neural Computation》上，题目为“A fast learning algorithm for deep belief nets”[62]，另一篇发表在《Science》上，题目为“Reducing the dimensionality of data with neural networks”[1]。从那时起，深度学习的概念就开始明朗，因为清楚地说明了浅层网络的无监督学习（如受限玻耳兹曼机[63]的对比散度算法[64]）有助于深层网络（如深层自编码器和深层感知器[1]）的有监督学习算法（如反向传播）。特别是，经验证实了由无监督预训练和有监督调优构成的两阶段策略不仅对于克服深层网络的训练困难是有效的，而且赋予了深层网络优越的特征学习能力。紧接着，许多新的深层结构又被建立起来（如深层玻耳兹曼机[65]、和积网络[66]、深层堆叠网络[67]），许多新的可行技术被发展起来（如最大池化[68]、丢失连接（dropconnect）[69]、dropout[70]），而且还取得了许多新的历史性成就（如手写体数字识别[1]、ImageNet 分类[3]和语音识别[71]）。所有这些结构、技术和成就，使深度学习大受欢迎，并很快在学术界发展成为一次神经网络的新浪潮。这其中最主要的原因当然是深度学习在大量重要应用中的性能超越了机器学习的其他替代方法（如支持向量机[72]）。

深度学习的巨大成功也迅速点燃了一大批杰出学者的热情。随着研究的不断发展，各国政府部门逐步给深度学习投入了大量的科研经费，在 ICML、NIPS、ICLR、IEEE Trans. PAMI 等著名会议和期刊上发表的相关论文越来越多，而且深度学习频频打破评测记录的战果还极大地激发了工业界的斗志，Google、Facebook、微软、百度、Apple、IBM、Yahoo!、Twitter、腾讯、京东和阿里巴巴，以及许多其他搜索和社交公司，都加入了其中的比拼，有的甚至为之疯狂。从目前的情况看，这场声势浩大的深度学习浪潮至少还要持续一段相当长的时间。

1.2 深层网络的特点和优势

神经网络由许多简单的、互连的称为神经元的处理器组成。每一个神经元产生一系列的实值激活[73]，其中输入神经元通过传感器激活，其余神经元通过连接激活。

例如，图 1.1 是两个浅层网络的例子，其中图 1.1a 是一个单隐层的普通神经网络，图 1.1b 是一个单隐层的和积网络。图 1.2 是两个深层网络的例子，其中图 1.2a 是一个多层神经网络，图 1.2b 是一个多层和积网络。

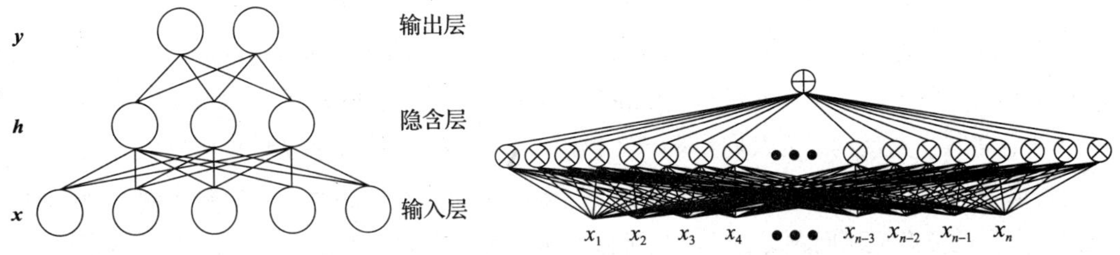

a）单隐层神经网络　　　　b）和积网络

图 1.1　浅层网络举例

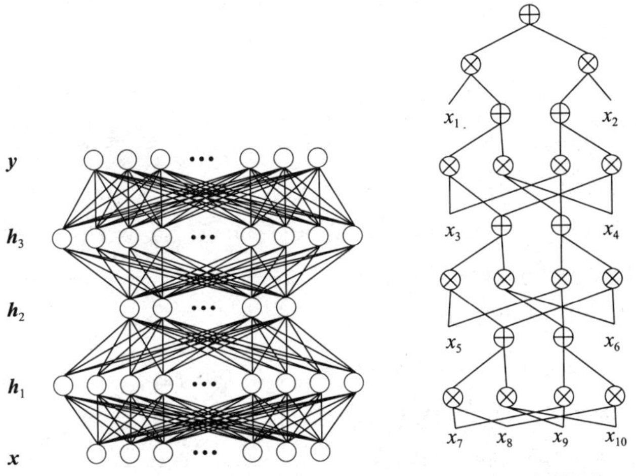

a）多层神经网络　　　　b）多层和积网络

图 1.2　深层网络举例

根据 Bengio 的定义[8]，深层网络由多层自适应非线性单元组成。换句话说，深层网络是非线性模块的级联，在所有层次上都包含可训练的参数。在理论上，深层网络和浅层网络的数学描述是类似的，而且都能够通过函数逼近表达数据的内在关系和本质特征。不过应注意，网络虽然在狭义上是指由神经元构成的神经网络，但在广义上可以指任何具有网络结构的学习模型。

迄今还没有公认的区分深层网络和浅层网络的深度划界标准。依据 Schmidhuber 的观点[73]，深层网络和浅层网络可以用得分路径（或译为信度分配路径，Credit Assignment Path，CAP）深度加以区分。得分路径是一条可学习的、连接行为和结果的因果链。对于前馈神经网络，得分路径深度，也就是网络深度，是网络的隐含层数加 1（输出层也是可学习的）。对于循环神经网络，得分路径长度可能是无限的，因为信号可以多次通过同一个层。一般认为深层网络至少包含 3 个非输入层或者 CAP > 2，而非常深的网络应该深度（或 CAP）至少大于 10。在工程实践中，深层网络通常是一个多层人工神经网络，可以包含多个隐含层和多达几百万个自由参数。

浅层网络对机器学习来说也很重要，包括单隐层网络[74]、高斯混合模型（Gaussian Mixture Model，GMM）[75]、隐马尔可夫模型（Hidden Markov Model，HMM）[76]、条件随机场（Conditionsl Random Field，CRF）[77]、支持向量机（Support Vector Machine，SVM）[78]、逻辑回归[79]、最大熵模型[80]，等等。这些网络的共同特点是，它们都使用不超过三层的结构将原始输入信号变换到一个特征空间。毋庸置疑，浅层网络对解决许多简单的和有良好约束的问题非常有效，但在解决真实世界的复杂应用问题时，往往出现函数表达能力不足的情况。这是因为在处理某些问题时，可能需要指数增长的计算单元，而此时深层网络则可能仅需相对很少的计算单元[81]。

作为例子，不妨来分析一个具有递归结构的和积网络的函数表达能力。设输入变量的个数 $n=4^i$，其中 i 是正整数。l^0 代表输入层，其中第 j 个节点表示为 $l_j^0=x_j$，$1\leqslant j\leqslant n$。分别构造奇数层和偶数层的节点如下：

$$\begin{cases} l_j^{2k+1} = l_{2j-1}^{2k}\cdot l_{2j}^{2k}, & 0\leqslant k\leqslant i-1 \quad 和 \quad 1\leqslant j\leqslant 2^{2(i-k)-1} \\ l_j^{2k} = \lambda_{jk} l_{2j-1}^{2k-1} + \mu_{jk} l_{2j}^{2k-1}, & 1\leqslant k\leqslant i \quad 和 \quad 1\leqslant j\leqslant 2^{2(i-k)} \end{cases} \tag{1.1}$$

其中，权值 λ_{jk} 和权值 μ_{jk} 都为正数。

该和积网络的输出 $f(x_1,\cdots,x_n)=l_1^{2i}\in\boldsymbol{R}$ 是一个单节点。当 $i=1$ 时，网络共有 3 个非输入节点，结构如图 1.3 所示。由于对任意正整数 i，这个和积网络在不计输入层时共有 $2i$ 层，其中包含的（非输入）节点总数为 $1+2+4+8+\cdots+2^{2i-1}=2^{2i}-1=4^i-1=n-1$，所以网络规模仅具有线性复杂度。显然，这个递归和积网络在 $i>1$ 时是一个深层网络。

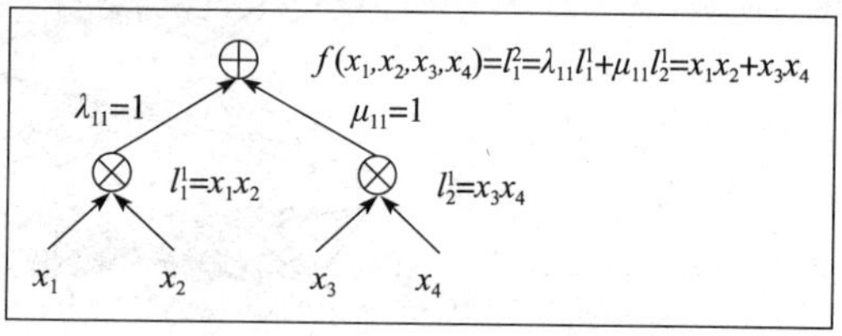

图 1.3　输入 $n=4$ 的和积网络

如果用图 1.1b 中的单隐层和积网络来计算函数 $f(x_1,x_2,\cdots,x_n)$，那么需要把它改写成输入变量乘积的加权和形式。当所有权值都取 1 时，可以得到下面的表达式：

$$f(x_1,x_2,\cdots,x_{4^i}) = x_1x_2x_5x_6\cdots x_{4^{i-1}-3}x_{4^{i-1}-2}+\cdots \tag{1.2}$$

由于在该表达式中乘积项的数量为 $m_{2i}=2^{\sqrt{n}-1}$，因此用单隐层和积网络计算需要 $2^{\sqrt{n}-1}$ 个积节点和一个和节点，共需 $2^{\sqrt{n}-1}+1$ 个节点，网络规模具有指数复杂度。因为在 n 较大时，$2^{\sqrt{n}-1}+1$ 将远远大于 $n-1$，所以用浅层和积网络计算具有 n 个输入的函数，需要的节点个数可能比深层和积网络多得多。例如，当 $n=4^5=1\,024$ 时，用浅层和积网络计算 $f(x_1,\cdots,x_n)=l_1^{2i}$，需要 $2^{\sqrt{1\,024}-1}+1=2^{31}+1=2\,147\,483\,649$ 个节点，而用深层和积网络仅需 $1\,024-1=1\,023$ 个节点。

由此可见，在表达同样的复杂函数时，与浅层网络相比，深层网络可能只需要很少的节点和很少的参数。这意味着，在总节点数大致相同的情况下，深层网络通常比浅层网络的函数表达能力更强。

1.3 深度学习的模型和算法

深度学习亦称深度机器学习、深度结构学习、分层学习，是一类有效训练深层神经网络（Deep Neural Network，DNN）的机器学习算法，可以用于对数据进行高层抽象建模。广义上说，深层神经网络是一种具有多个处理层的复杂结构，其中包含多重非线性变换。如果深度足够，那么多层感知器无疑是深层网络，前馈神经网络也是深层网络。基本的深层网络模型可以分为两大类：生成模型和判别模型。生成是指从隐含层到输入数据的重构过程，而判别是指从输入数据到隐含层的归约过程。复杂的深层结构可能是一个混合模型，既包含生成模型成分，又包含判别模型成分。生成模型一般用来表达数据的高阶相关性或者描述数据的联合统计分布，判别模型则通常用来分类数据的内在模式或者描述数据的后验分布。生成模型主要包括受限玻耳兹曼机（Restricted Boltzmann Machine，RBM）、自编码器（Autoencoder，AE）[1]、深层信念网络（Deep Belief Network，DBN）[62]、深层玻耳兹曼机（Deep Boltzmann Machine，DBM）[65]以及和积网络（Sum-Product Network，SPN）[66]，其中AE、DBN和DBM需要RBM进行预训练。判别模型主要包括深层感知器（deep MLP）、深层前馈网络（deep FNN）、卷积神经网络（Convolutional Neural Network，CNN）[82]、深层堆叠网络（Deep Stacking Network，DSN）[83]、循环神经网络（Recurrent Neural Network，RNN）[84]和长短时记忆（Long Short-Term Memory，LSTM）网络[53]。值得一提的是，虽然受限玻耳兹曼机、自编码器、深层信念网络、深层玻耳兹曼机，以及和积网络都被归类为生成模型，但由于模型中也包含判别过程（即从输入到隐含层的规约），所以在一定条件下，也可以看作判别模型并用于对数据的分类和识别，而且在用于产生序列数据时，循环神经网络也可以看作是生成模型。此外，虽然受限玻耳兹曼机作为一种两层网络，在严格意义上并不是一种深层网络，但由于它是对许多深层网络进行预训练的基础，所以也被看作一种基本的深度学习模型。自编码器作为一种深度学习模型，通常只是用作其他模型的构建模块，而不是作为一个独立的模型使用。

基于各种模型和算法，深层网络能够从大量的复杂数据中学习到合适且有效的特征。这些特征在解决实际问题时常常能够取得极佳的效果，从而使得深度学习受到了学术界和工业界的普遍青睐。借助无监督学习，前馈神经网络和循环神经网络的纯有监督学习早已在有关评测比赛中崭露头角[85,86]，在大多数近年的比赛中更是成绩卓著[87-94]。特别地，基于GPU的最大池化卷积神经网络，不仅在模式识别和图像分类的比赛中捷报频传[95-97]，而且在图像分割和目标检测的比赛中也是战果累累、名列前茅[3,96,99]。目前，基于深度学习的机器玩家，通过结合卷积神经网络和强化学习，只需输入图像像素和游戏分数进行训练，就能够学会有效的操作策略，在很多视频游戏中达到与人类专业玩家相当的水平[100]。而最为空前的是，一个命名为AlphaGo的人工智能程序机器人，利用深层网络和蒙特卡罗树搜索（Monte Carlo tree search），首次在完整的围棋比赛中战胜了人类的专业选手、欧洲冠军、职业围棋二段选手樊麾，没有任何让子，且以 5 比 0 获胜[101]。这在围棋人工智能领域，是一次史无前例的突破。而且，在 2016 年 3 月，AlphaGo 又以 4 比 1 战胜了人类的顶尖高手、世界冠军、职业围棋九段选手李世石（或李世乭），这更是一次亘古未有的创举。

本书的主要内容就是以矩阵运算、概率论、信息论、图模型等预备知识为基础，从受限玻耳兹曼机开始，逐一介绍深度学习的主要模型和算法，包括它们的变种模型和混合模型，以及广泛应用和问题挑战，并分析一些基本案例。

CHAPTER 2

第2章

预备知识

深度学习的理论和模型涉及较多的预备知识，包括矩阵运算、概率论、信息论、图模型、马尔可夫链蒙特卡罗方法，等等。本章主要对这些预备知识进行梳理和介绍，特别是概率有向图模型（或称贝叶斯网络）、概率无向图模型（或称马尔可夫网络）和部分有向无圈图模型（或称链图模型）的有关知识，对理解受限玻耳兹曼机、深层信念网络和深层玻耳兹曼机的模型结构非常重要。而且，本章将专门讨论玻耳兹曼机模型，其学习算法涉及马尔可夫链、吉布斯采样和变分方法，有助于掌握受限玻耳兹曼机、深层信念网络和深层玻耳兹曼机的核心内容。此外，本章还将针对前馈神经网络建立一个通用反向传播算法，有助于推导和理解其他各种深层网络的具体反向传播算法。最后，简要介绍人工神经网络的通用逼近定理。

2.1 矩阵运算

虽然本书假定读者已经掌握了基本的线性代数和高等数学知识，但为了方便理解，本节首先总结一些常用的矩阵运算及偏导公式。

给定两个矩阵$\boldsymbol{A}=(a_{ij})_{m\times n}$和$\boldsymbol{B}=(b_{ij})_{m\times n}$，它们的阿达马积和克罗内克积定义如下：

阿达马积（Hadamard product）$\boldsymbol{A}\circ\boldsymbol{B}=(a_{ij}\cdot b_{ij})_{m\times n}$，又称逐元素积（elementwise product）。

克罗内克积（Kronnecker product）$\boldsymbol{A}\otimes\boldsymbol{B}=\begin{pmatrix} a_{11}\boldsymbol{B} & \cdots & a_{1n}\boldsymbol{B} \\ \vdots & \ddots & \vdots \\ a_{m1}\boldsymbol{B} & \cdots & a_{mn}\boldsymbol{B} \end{pmatrix}$

如果$\boldsymbol{a}$、$\boldsymbol{b}$、$\boldsymbol{c}$和$\boldsymbol{x}$是n维列向量，$\boldsymbol{A}$、$\boldsymbol{B}$、$\boldsymbol{C}$和$\boldsymbol{X}$是n阶矩阵，那么

$$\frac{\partial(\boldsymbol{a}^{\mathrm{T}}\boldsymbol{x})}{\partial\boldsymbol{x}}=\frac{\partial(\boldsymbol{x}^{\mathrm{T}}\boldsymbol{a})}{\partial\boldsymbol{x}}=\boldsymbol{a} \tag{2.1}$$

$$\frac{\partial(\boldsymbol{a}^{\mathrm{T}}\boldsymbol{X}\boldsymbol{b})}{\partial\boldsymbol{X}}=\boldsymbol{a}\boldsymbol{b}^{\mathrm{T}} \tag{2.2}$$

$$\frac{\partial(\boldsymbol{a}^{\mathrm{T}}\boldsymbol{X}^{\mathrm{T}}\boldsymbol{b})}{\partial \boldsymbol{X}} = \boldsymbol{b}\boldsymbol{a}^{\mathrm{T}} \tag{2.3}$$

$$\frac{\partial(\boldsymbol{a}^{\mathrm{T}}\boldsymbol{X}\boldsymbol{a})}{\partial \boldsymbol{X}} = \frac{\partial(\boldsymbol{a}^{\mathrm{T}}\boldsymbol{X}^{\mathrm{T}}\boldsymbol{a})}{\partial \boldsymbol{X}} = \boldsymbol{a}\boldsymbol{a}^{\mathrm{T}} \tag{2.4}$$

$$\frac{\partial(\boldsymbol{a}^{\mathrm{T}}\boldsymbol{X}^{\mathrm{T}}\boldsymbol{X}\boldsymbol{b})}{\partial \boldsymbol{X}} = \boldsymbol{X}(\boldsymbol{a}\boldsymbol{b}^{\mathrm{T}} + \boldsymbol{b}\boldsymbol{a}^{\mathrm{T}}) \tag{2.5}$$

$$\frac{\partial[(\boldsymbol{A}\boldsymbol{x}+\boldsymbol{a})^{\mathrm{T}}\boldsymbol{C}(\boldsymbol{B}\boldsymbol{x}+\boldsymbol{b})]}{\partial \boldsymbol{x}} = \boldsymbol{A}^{\mathrm{T}}\boldsymbol{C}(\boldsymbol{B}\boldsymbol{x}+\boldsymbol{b}) + \boldsymbol{B}^{\mathrm{T}}\boldsymbol{C}(\boldsymbol{A}\boldsymbol{x}+\boldsymbol{a}) \tag{2.6}$$

$$\frac{\partial(\boldsymbol{x}^{\mathrm{T}}\boldsymbol{A}\boldsymbol{x})}{\partial \boldsymbol{x}} = (\boldsymbol{A} + \boldsymbol{A}^{\mathrm{T}})\boldsymbol{x} \tag{2.7}$$

$$\frac{\partial[(\boldsymbol{X}\boldsymbol{b}+\boldsymbol{c})^{\mathrm{T}}\boldsymbol{A}(\boldsymbol{X}\boldsymbol{b}+\boldsymbol{c})]}{\partial \boldsymbol{X}} = (\boldsymbol{A} + \boldsymbol{A}^{\mathrm{T}})(\boldsymbol{X}\boldsymbol{b}+\boldsymbol{c})\boldsymbol{b}^{\mathrm{T}} \tag{2.8}$$

$$\frac{\partial[\boldsymbol{b}^{\mathrm{T}}\boldsymbol{X}^{\mathrm{T}}\boldsymbol{A}\boldsymbol{X}\boldsymbol{c}]}{\partial \boldsymbol{X}} = \boldsymbol{A}^{\mathrm{T}}\boldsymbol{X}\boldsymbol{b}\boldsymbol{c}^{\mathrm{T}} + \boldsymbol{A}\boldsymbol{X}\boldsymbol{c}\boldsymbol{b}^{\mathrm{T}} \tag{2.9}$$

如果 f 是一元函数，那么其逐元向量函数和逐元矩阵函数定义为：

逐元向量函数（elementwise vector function）$f(\boldsymbol{x}) = (f(x_1), f(x_2), \cdots, f(x_n))^{\mathrm{T}} = (f(x_i))_{n\times 1}$

逐元矩阵函数（elementwise matrix function）$f(\boldsymbol{X}) = (f(x_{ij}))$

本书把它们统称为**逐元函数**（elementwise function），比如逐元 sigmoid 函数、逐元 tanh 函数。

逐元函数的导数分别为 $f'(\boldsymbol{x}) = (f'(x_i))_{n\times 1}$ 和 $f'(\boldsymbol{X}) = (f'(x_{ij}))$。

如果用 Tr(.) 表示矩阵的迹函数（即计算矩阵的对角元素之和），那么不难得到：

$$\frac{\partial[\mathrm{Tr}(f(\boldsymbol{X}))]}{\partial \boldsymbol{X}} = (f'(\boldsymbol{X}))^{\mathrm{T}} \tag{2.10}$$

$$\frac{\partial[\mathrm{Tr}(\sin(\boldsymbol{X}))]}{\partial \boldsymbol{X}} = (\cos(\boldsymbol{X}))^{\mathrm{T}} \tag{2.11}$$

如果 $\boldsymbol{U} = \boldsymbol{F}(\boldsymbol{X})$ 是关于 $\boldsymbol{X}$ 的矩阵值函数且 $g(\boldsymbol{U})$ 是关于 $\boldsymbol{U}$ 的实值函数，那么下面的链式法则（chain rule）成立：

$$\frac{\partial g(\boldsymbol{U})}{\partial \boldsymbol{X}} = \left(\frac{\partial g(\boldsymbol{U})}{\partial x_{ij}}\right) = \left(\sum_k \sum_l \frac{\partial g(\boldsymbol{U})}{\partial u_{kl}} \frac{\partial u_{kl}}{\partial x_{ij}}\right) = \mathrm{Tr}\left(\left(\frac{\partial g(\boldsymbol{U})}{\partial \boldsymbol{U}}\right)^{\mathrm{T}} \frac{\partial \boldsymbol{U}}{\partial x_{ij}}\right) \tag{2.12}$$

此外，关于矩阵迹函数 Tr(.) 还有如下偏导公式：

$$\frac{\partial[\mathrm{Tr}(\boldsymbol{A}\boldsymbol{X}\boldsymbol{B})]}{\partial \boldsymbol{X}} = \boldsymbol{A}^{\mathrm{T}}\boldsymbol{B}^{\mathrm{T}} \tag{2.13}$$

$$\frac{\partial[\mathrm{Tr}(\boldsymbol{A}\boldsymbol{X}^{\mathrm{T}}\boldsymbol{B})]}{\partial \boldsymbol{X}} = \boldsymbol{B}\boldsymbol{A} \tag{2.14}$$

$$\frac{\partial[\mathrm{Tr}(\boldsymbol{A}\otimes\boldsymbol{X})]}{\partial \boldsymbol{X}} = \mathrm{Tr}(\boldsymbol{A})\boldsymbol{I} \tag{2.15}$$

$$\frac{\partial[\mathrm{Tr}(\boldsymbol{AXBX})]}{\partial \boldsymbol{X}} = \boldsymbol{A}^{\mathrm{T}}\boldsymbol{X}^{\mathrm{T}}\boldsymbol{B}^{\mathrm{T}} + \boldsymbol{B}^{\mathrm{T}}\boldsymbol{X}\boldsymbol{A}^{\mathrm{T}} \tag{2.16}$$

$$\frac{\partial[\mathrm{Tr}(\boldsymbol{C}^{\mathrm{T}}\boldsymbol{X}^{\mathrm{T}}\boldsymbol{BXC})]}{\partial \boldsymbol{X}} = (\boldsymbol{B}^{\mathrm{T}} + \boldsymbol{B})\boldsymbol{XCC}^{\mathrm{T}} \tag{2.17}$$

$$\frac{\partial[\mathrm{Tr}(\boldsymbol{X}^{\mathrm{T}}\boldsymbol{BXC})]}{\partial \boldsymbol{X}} = \boldsymbol{BXC} + \boldsymbol{B}^{\mathrm{T}}\boldsymbol{XC}^{\mathrm{T}} \tag{2.18}$$

$$\frac{\partial[\mathrm{Tr}(\boldsymbol{AXBX}^{\mathrm{T}}\boldsymbol{C})]}{\partial \boldsymbol{X}} = \boldsymbol{A}^{\mathrm{T}}\boldsymbol{C}^{\mathrm{T}}\boldsymbol{XB}^{\mathrm{T}} + \boldsymbol{CAXB} \tag{2.19}$$

$$\frac{\partial[\mathrm{Tr}((\boldsymbol{AXB} + \boldsymbol{C})(\boldsymbol{AXB} + \boldsymbol{C})^{\mathrm{T}})]}{\partial \boldsymbol{X}} = 2\boldsymbol{A}^{\mathrm{T}}(\boldsymbol{AXB} + \boldsymbol{C})\boldsymbol{B}^{\mathrm{T}} \tag{2.20}$$

2.2 概率论的基本概念

2.2.1 概率的定义和性质

概率（probability）是一个从随机事件空间到实数域的函数，用来描述随机事件发生的可能性。通常用 Ω 表示随机事件的样本空间，用 $A \subseteq \Omega$ 表示随机事件。Ω 也称为平凡事件，$\varnothing$ 则称为空事件。

一个概率分布（或概率函数）P 必须满足如下三条公理：

非负性公理 $P(A) \geqslant 0$

规范性公理 $P(\Omega) = 1$

可加性公理 对任意可数无穷多个两两不相交事件样本 $A_i \subseteq \Omega$，$A_i \cap A_j = \varnothing (i \neq j)$，有

$$P\left(\bigcup_{i=1}^{\infty} A_i\right) = \sum_{i=1}^{\infty} P(A_i) \tag{2.21}$$

一般情况下，只有非常特殊的事件才能计算出准确的概率，如抛掷无偏硬币时出现的正反面概率。而大量随机事件发生的真实概率通常是无法确知的，但通常可以采用事件发生的频率近似估计，这种用频率估计概率的方法称为**最大似然估计**。

如果对于所有非空事件 $A \subseteq \Omega$，$A \neq \varnothing$，都有 $P(A) > 0$，则称 P 是**正分布**（positive distribution）。

如果两个事件 A，$B \subseteq \Omega$，$P(B) > 0$，那么在给定 B 时，A 的**条件概率**（conditional probability）定义为

$$P(A \mid B) = \frac{P(AB)}{P(B)} = \frac{P(A \cap B)}{P(B)} \tag{2.22}$$

其中，$AB = A \cap B$ 表示 A 和 B 的交事件，即它们同时发生的事件。

条件概率 $P(A \mid B)$ 是在假定事件 B 发生的情况下，事件 A 发生的概率。一般地，$P(A \mid B) \neq P(A)$。

如果$P(AB)=P(A)P(B)$，那么称事件A和B在概率分布P中**独立**，记为$P\models(A\perp B)$或$P\models(B\perp A)$。易知，当$P(A\mid B)=P(A)$、$P(B\mid A)=P(B)$、$P(A)=0$或$P(B)=0$时，事件A和B也是独立的。

如果$P(AB\mid C)=P(A\mid C)P(B\mid C)$，那么称事件$A$和$B$在概率分布$P$中**条件独立**于事件$C$，记作$P'(A\perp B\mid C)$或$P'(B\perp A\mid C)$。易知，当$P(A\mid BC)=P(A\mid C)$、$P(B\mid AC)=P(B\mid C)$、$P(BC)=0$或$P(AC)=0$时，事件$A$和$B$也是条件独立于事件$C$的。

利用条件概率，不难得到概率的**乘法规则**：

$$P(AB)=P(B)P(A\mid B)=P(A)P(B\mid A) \tag{2.23}$$

$$P(A_1A_2\cdots A_n)=P(A_1)P(A_2\mid A_1)\cdots P_n(A_n\mid A_1A_2\cdots A_{n-1}) \tag{2.24}$$

如果有限个事件$B_i\subseteq\Omega$构成Ω的一个划分，即$B_i\cap B_j=\varnothing(i\neq j)$且$\cup B_i=\Omega$，那么有定义时还可得到全概率公式：

$$P(A)=\sum_i P(A\mid B_i)P(B_i) \tag{2.25}$$

以及相应的**贝叶斯法则**：

$$P(B_j\mid A)=\frac{P(A\mid B_j)P(B_j)}{P(A)}=\frac{P(A\mid B_j)P(B_j)}{\sum_i P(A\mid B_i)P(B_i)} \tag{2.26}$$

2.2.2 随机变量和概率密度函数

随机变量X：$\Omega\mapsto\mathbb{R}$是一个定义在样本空间Ω上的实值函数，它的值域表示为

$$\mathrm{val}(X)=\{X(\omega):\omega\in\Omega\} \tag{2.27}$$

它的**累积分布函数**（cumulative distribution function，CDF）定义为

$$F(x)=P(X\leqslant x)=P(\omega\in\Omega:X(\omega)\leqslant x) \tag{2.28}$$

其中，$F(-\infty)=0$，$F(+\infty)=1$。

更一般地，对随机向量$\boldsymbol{X}=\{X_1,X_2,\cdots,X_N\}$，也可以定义相应的**联合累计分布函数**为：

$$F(\boldsymbol{x})=P(X_1\leqslant x_1,X_2\leqslant x_2,\cdots,X_N\leqslant x_N) \tag{2.29}$$

对连续的随机变量X和随机向量$\boldsymbol{X}$，还可以进一步定义**概率密度函数**（probability density function）：

$$p(x)=\frac{\mathrm{d}F(x)}{\mathrm{d}x} \tag{2.30}$$

以及**联合概率密度函数**：

$$p(\boldsymbol{x})=\frac{\partial^N F(\boldsymbol{x})}{\partial x_1\cdots\partial x_N} \tag{2.31}$$

如果$p(x,y)$是随机变量X和Y的**联合概率密度函数**，那么$p(x,y)$关于X和Y的**边缘分布**定义为：

$$p(x) = \sum_{y \in \mathrm{val}(Y)} p(x,y) \tag{2.32}$$

$$p(y) = \sum_{x \in \mathrm{val}(X)} p(x,y) \tag{2.33}$$

如果 X 的概率密度函数是恒正的，即 $p(x)>0$，那么在给定 X 时，Y 的**条件概率密度函数**定义为

$$p(y \mid x) = \frac{p(x,y)}{p(x)} \tag{2.34}$$

最简单的概率密度函数是**均匀分布**，记作 $X \sim \mathrm{Unif}[a,\ b]$，即：

$$p(x) = \begin{cases} 1/(b-a), & a \leqslant x \leqslant b \\ 0, & \text{其他} \end{cases} \tag{2.35}$$

另一个常用的概率密度函数是**高斯分布**，记作 $X \sim \mathcal{N}(\mu,\ \sigma^2)$，即：

$$p(x) = \frac{1}{\sqrt{2\pi\sigma}} \mathrm{e}^{-\frac{(x-\mu)^2}{2\sigma^2}} = \frac{1}{\sqrt{2\pi\sigma}} \exp\left(-\frac{(x-\mu)^2}{2\sigma^2}\right) \tag{2.36}$$

其中 μ 是 X 的均值，σ^2 是 X 的方差。

对于随机向量 $\boldsymbol{X}$，如果给定一组采样 $\boldsymbol{x}^{(l)}(1 \leqslant l \leqslant N)$，则其经验分布（empirical distribution）为

$$p(\boldsymbol{X}) = \frac{1}{N} \sum_{l=1}^{N} \delta(\boldsymbol{X} - \boldsymbol{x}^{(l)}) \tag{2.37}$$

其中，δ 是 Dirac 函数，又称为冲击响应函数，即 $\delta(\boldsymbol{x}) = \begin{cases} 1, & \boldsymbol{x} = \boldsymbol{0} \\ 0, & \boldsymbol{x} \neq \boldsymbol{0} \end{cases}$

如果三个随机变量的集合 X、Y、Z 对概率分布 P 满足 $P(X,\ Y \mid Z) = P(X \mid Z)P(Y \mid Z)$，那么称集合 X 和 Y 在分布 P 中条件独立于集合 Z，记作（$\mathrm{X} \perp Y \mid Z$）。其中集合 Z 中的变量通常称为**观测变量**。如果 Z 是空集，可以把（$\mathrm{X} \perp Y \mid \varnothing$）记作（$X \perp Y$），并且称 X 和 Y 是**边缘独立**的（marginally independent）。

2.2.3 期望和方差

离散随机变量 X 的**期望**定义为

$$E(X) = E_P(X) = \sum_{x \in \mathrm{val}(X)} xP(x) \tag{2.38}$$

连续随机变量 X 的**期望**定义为

$$E(X) = E_p(X) = \int_{\mathrm{val}(X)} xp(x)\mathrm{d}x \tag{2.39}$$

随机变量 X 的**方差**定义为

$$\mathrm{var}(X) = E((X - E(X)^2) = E(X^2) - E^2(X) \tag{2.40}$$

两个随机变量 X 和 Y 的期望满足线性关系：

$$E(X+Y) = E(X) + E(Y) \tag{2.41}$$

如果 X 和 Y 独立，那么

$$E(X\cdot Y)=E(X)\cdot E(Y) \tag{2.42}$$

$$\mathrm{var}(X+Y)=\mathrm{var}(X)+\mathrm{var}(Y) \tag{2.43}$$

此外，对任意 $\varepsilon>0$，期望和方差满足**切比雪夫不等式**（Chebyshev inequality）:

$$P(|X-E(X)|\geqslant\varepsilon)\leqslant\frac{\mathrm{var}(X)}{\varepsilon^2} \tag{2.44}$$

2.3 信息论的基本概念

一般认为，信息论开始于 1948 年香农（Claude Elwood Shannon）发表的论文《通信的数学原理》[96]。熵（entropy）是信息论的一个基本概念。

离散随机变量 X 的**熵**定义为

$$H(X)=-\sum_{x\in\mathrm{val}(X)}P(x)\log P(x) \tag{2.45}$$

两个离散随机变量 X 和 Y 的**联合熵**（joint entropy）定义为

$$H(X,Y)=-\sum_{x\in\mathrm{val}(X)}\sum_{y\in\mathrm{val}(Y)}P(x,y)\log P(x,y) \tag{2.46}$$

在给定随机变量 X 的情况下，随机变量 Y 的**条件熵**（conditional entropy）定义为

$$\begin{aligned}H(Y|X)&=\sum_{x\in\mathrm{val}(X)}P(x)H(Y|X=x)=\sum_{x\in\mathrm{val}(X)}P(x)\left(-\sum_{y\in\mathrm{val}(Y)}P(y|x)\log P(y|x)\right)\\&=-\sum_{x\in\mathrm{val}(X)}\sum_{y\in\mathrm{val}(Y)}P(x,y)\log P(x,y)\end{aligned} \tag{2.47}$$

关于联合熵和条件熵，有熵的**链式法则**（chain rule for entropy），即

$$H(X,Y)=H(X)+H(Y|X) \tag{2.48}$$

$$H(X_1,X_2,\cdots,X_n)=H(X_1)+H(X_2|X_1)+\cdots+H(X_n|X_1,\cdots,X_{n-1}) \tag{2.49}$$

两个随机变量 X 和 Y 的**互信息**定义为

$$\begin{aligned}I(X,Y)&=H(X)-H(Y|X)=H(X)+H(Y)-H(X,Y)\\&=\sum_{x,y}P(x,y)\log\frac{P(x,y)}{P(x)P(y)}\geqslant 0\end{aligned} \tag{2.50}$$

两个概率分布 $P(X)$ 和 $Q(X)$ 的 **KL 散度**（Kullback-Leibler divergence），又称**相对熵**，定义为

$$\mathrm{KL}(P\|Q)=\sum_{x\in\mathrm{val}(X)}P(x)\log\frac{P(x)}{Q(x)}=E_P\left(\frac{P(x)}{Q(x)}\right) \tag{2.51}$$

显然，当两个概率分布完全相同，即 $P=Q$ 时，其相对熵为 0。当两个概率分布的差别增加时，其相对熵将增大。此外，**联合相对熵**和条件相对熵也存在所谓的**链式法则**:

$$\mathrm{KL}(P(X,Y)\|Q(X,Y))=\mathrm{KL}(P(X)\|Q(X))+\mathrm{KL}(P(Y|X)\|Q(Y|X)) \tag{2.52}$$

如果用模型分布 $Q(X)$ 来近似一个未知概率分布 $P(X)$，那么还可以用**交叉熵**（cross entropy）来表达模型分布对未知分布的逼近程度:

$$\mathrm{CE}(P,Q) = H(X) + \mathrm{KL}(P \| Q) = -\sum_{x \in \mathrm{val}(X)} P(x)\log Q(x) = E_P\left(\log \frac{1}{Q(x)}\right) \tag{2.53}$$

2.4 概率图模型的基本概念

图是一种数据结构，由顶点集 $\boldsymbol{V}$ 和边集 $\boldsymbol{E}$ 构成，记作 $\boldsymbol{G}=(\boldsymbol{V},\ \boldsymbol{E})$。

在**概率图模型**中，每一个随机变量对应一个顶点（或称节点），反之亦然。也就是说，随机变量和顶点是一对一的关系。图的边定义了这些变量之间的特定关系。边分为无向边（undirected edge）和有向边（directed edge）。假定顶点 X_i，$X_j \in \boldsymbol{V}$，用 $X_i - X_j$ 表示 X_i 和 X_j 之间的无向边，用 $X_i \to X_j$ 表示从 X_i 到 X_j 的有向边。对于无向边，$X_i - X_j$ 与 $X_j - X_i$ 是等价的。而对于有向边，$X_i \to X_j$ 与 $X_j \to X_i$ 是不等价的，但与 $X_j \leftarrow X_i$ 是等价的。需要注意的是，对于任意两个顶点 X_i 和 X_j，$i \neq j$，要么没有边连接它们，要么只有一条无向边连接它们，要么只有一条有向边 $X_i \to X_j$ 或 $X_j \to X_i$ 连接它们。此外，用 $X_i \rightleftharpoons X_j$ 来表示 X_i 和 X_j 经由某种边连接的情形，这条边要么是有向的（任意方向），要么是无向的。

如果一个图 $\boldsymbol{G}=(\boldsymbol{V},\ \boldsymbol{E})$ 的所有边都是无向的，那么称其为**无向图**（undirected graph）。如果 $\boldsymbol{G}$ 的所有边都是有向的，那么称其为**有向图**（directed graph）。如果 $\boldsymbol{G}$ 既包含无向边，又包含有向边，那么称其为**混合图**（mixed graph）。当 $X_i \to X_j \in \boldsymbol{E}$ 时，称 X_i 在图 $\boldsymbol{G}$ 中是 X_j 的父节点（parent），X_j 是 X_i 的子节点（child）。当 $X_i - X_j \in \boldsymbol{E}$ 时，称 X_i 是 X_j 的邻节点（neighbor）。如果对有向图的顶点集进行排序 X_1，…，X_n，只要 $X_i \to X_j \in E$，就有 $i<j$，那么称这种排序为一个**拓扑序**（topological ordering）。图 2.1 是一个拓扑序的例子，其中的有向图包含 7 个顶点。

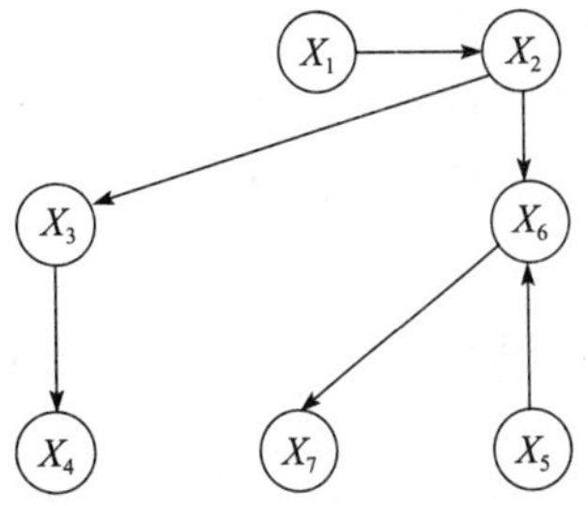

图 2.1 有向图的拓扑序举例

对图 $\boldsymbol{G}$ 的任意顶点 $X \in \boldsymbol{V}$，用 $\boldsymbol{Pa_G}(X)$ 表示 X 的所有父节点，用 $\boldsymbol{Ch_G}(X)$ 表示 X 的所有子节点，用 $\boldsymbol{Nb_G}(X)$ 表示 X 的所有邻节点。X 的边界集定义为

$$\boldsymbol{Boundary_G}(X) = \boldsymbol{Pa_G}(X) \cup \boldsymbol{Nb_G}(X) \tag{2.54}$$

在不引起歧义时使用有关记号可以省略图下标 $\boldsymbol{G}$。显然，在图 2.1 中，$\boldsymbol{Pa}(X_5)=\boldsymbol{Pa}(X_7)=\{X_6\}$，$\boldsymbol{Ch}(X_2)=\{X_3,\ X_4\}$，$\boldsymbol{Boundary}(X_1)=\boldsymbol{Nb}(X_1)=\varnothing$。

如果一个图的顶点集 $\boldsymbol{V}' \subseteq \boldsymbol{V}$，且该图的边集由 $\boldsymbol{G}$ 中所有与 $\boldsymbol{V}$ 的两个节点相连的边组成，那么称其为 $\boldsymbol{G}$ 的**导出子图**，记作 $\boldsymbol{G}[\boldsymbol{V}']$。如果 $\boldsymbol{G}[\boldsymbol{V}']$ 的任意两个节点均由一条边连接，那么称其为**完全子图**（complete subgraph），且此时 $\boldsymbol{V}'$ 称为团（clique）。如果对任意超集 $\boldsymbol{V}'' \supset \boldsymbol{V}'$，$\boldsymbol{V}''$ 都不是团，那么 $\boldsymbol{V}'$ 称为**极大团**（maximal clique，或译成**最大团**）。

设 $\{X_1,\ \cdots,\ X_n\} \subseteq \boldsymbol{V}$。如果 $\forall i \in \{1,\ \cdots,\ n-1\}$，$X_i \rightleftharpoons X_{i+1}$，则称 X_1，…，X_n 是一条从 X_1 到 X_n 的**迹**（trail），当 $X_n = X_1$ 时，这条迹又称为**环**（loop）。连接一个环中两个不相邻顶点的

边，称为**弦**（chord）。如果$\forall i \in \{1, \cdots, n-1\}$，$X_i \to X_{i+1} \in \boldsymbol{E}$或$X_i - X_{i+1} \in \boldsymbol{E}$，则称其为一条从$X_1$到$X_n$的**路径**（path），当$X_n = X_1$时，这条路径又称为**圈**（cycle）。如果在这条路径上至少存在一条有向边，则称其为**有向路径**，当$X_n = X_1$时，又称为**有向圈**（directed cycle）。如果一个圈不存在有向边，则称为**无向圈**（undirected cycle）。

如果在有向图中，X_i，$X_j \in \boldsymbol{V}(i \neq j)$且存在一条从$X_i$到$X_j$的有向路径，则称$X_i$是$X_j$的**祖先**（ancestor），$X_j$是$X_i$的**后代**（descendant）。用$\boldsymbol{Anc_G}(X)$表示$X$的所有祖先，用$\boldsymbol{Desc_G}(X)$表示$X$的所有后代，用$\boldsymbol{NonDesc_G}(X) = \boldsymbol{V} - \boldsymbol{Desc_G}(X)$表示$X$的所有非后代集合。

如果一个图不包含任何环，那么称这个图是**单连通的**（singly connected）。在单连通图中，如果一个节点只有一个相邻节点，则称为**叶**（leaf）节点。一个单连通的有向图也称为一棵**多重树**（polytree）。一个单连通的无向图则称为一个**森林**（forest）。如果一个森林是连通的，则称为**树**（tree）。如果一个有向图的每个节点至多只有一个父节点，那么这个有向图也称为**森林**，并且在连通时称为**树**。

如果一个图不包含圈，则称其为**无圈图**（acyclic graph）。一个无圈图是有向的，则称其为**有向无圈图**（directed acyclic graph，DAG）。一个包含有向边和无向边的无圈图称为**部分有向无圈图**（partially directed acyclic graph，PDAG）。部分有向无圈图又称为**链图**（chain graph），因为可以被分解为一些不相交的有序链分支，其中每个链分支都是无向子图，有向边只能从编号较小的链分支指向编号较大的链分支。

如果一个无向图中任意长度大于等于4的环都包含一条弦，那么这个无向图称为**弦图**（chordal graph）。弦图通常也称为**三角剖分图**（triangulated graph）。

概率图模型的基本思想是把随机变量之间的条件依赖和独立性质映射到图结构上来描述概率分布[103]。概率图模型主要分为**概率有向图模型**（probabilistic directed acyclic graphical model）、**概率无向无圈图模型**（probabilistic undirected acyclic graphical model）和**部分有向无圈图模型**（partially directed acyclic graphical model），将在2.5节、2.6节和2.7节分别讨论。

2.5 概率有向图模型

如果一组随机变量中存在因果关系，那么常常可以建立一个概率有向图模型来紧凑、自然地表达它们的联合概率分布。**概率有向图模型**又称为**贝叶斯网络**（Bayesian network）、**贝叶斯模型**（Bayesian model）、**信念网络**（belief network），是一种通过有向无圈图来表示随机变量及其条件依赖关系的概率图模型。

贝叶斯网络$\mathscr{B}$是一个以随机变量为顶点，以边为条件依赖关系的有向无圈图$\boldsymbol{G} = (\boldsymbol{V}, \boldsymbol{E})$，其联合概率分布可以进行如下**因子分解**：

$$P_{\mathscr{B}}(X_1, \cdots, X_N) = \prod_{i=1}^{N} P(X_i \mid \boldsymbol{Pa_G}(X_i)) \tag{2.55}$$

其中单个因子 $P(X_i \mid \boldsymbol{Pa}_G=(X_i))$ 称为**条件概率分布**（conditional probability distribution，CPD）或局部概率模型。这个因子分解的表达式也称为**贝叶斯网的链式法则**。例如，根据该法则，图 2.1 所示的贝叶斯网络的联合概率分布可以分解如下：

$$\begin{aligned}P_{\mathscr{B}}(X_1,\cdots,X_7) &= \prod_{i=1}^{7} P(X_i \mid \boldsymbol{Pa}_G(X_i)) \\ &= P(X_1)P(X_2 \mid X_1)P(X_3 \mid X_2)P(X_4 \mid X_3)P(X_5)P(X_6 \mid X_2,X_5)P(X_7 \mid X_6)\end{aligned} \tag{2.56}$$

可以证明，贝叶斯网络的联合概率分布满足**局部条件独立性**（local conditional independencies）[104]。也就是说，一个贝叶斯网络的任意节点 X 与其所有非后代节点都条件独立于其父节点集，即

$$X \perp \boldsymbol{NonDesc}_G(X) \mid \boldsymbol{Pa}_G(X) \tag{2.57}$$

在一个贝叶斯网络中，任意一条由三个变量构成的迹 $X_i \rightleftharpoons X_k \rightleftharpoons X_j$，可能存在下面三种连接方式：

1）**串行连接**（serial connection）或**链**（chain），如图 2.2 所示。根据公式（2.55），图 2.2a 相应的联合分布为

$$P_{\mathscr{B}}(X_i,X_k,X_j) = P(X_i)P(X_k \mid X_i)P(X_j \mid X_k) \tag{2.58}$$

因此，在给定 X_k 的条件下，X_i 和 X_j 的联合概率为

$$P_{\mathscr{B}}(X_i,X_j \mid X_k) = \frac{\overbrace{P(X_i)P(X_k \mid X_i)}^{P(X_i,X_k)}P(X_j \mid X_k)}{P(X_k)} = P(X_i \mid X_k)P(X_j \mid X_k) \tag{2.59}$$

这说明，在串行连接的情况下，$X_i \perp X_j \mid X_k$。

注意，图 2.2b 为串行连接的另一种情况，有关推导是类似的。图 2.2a 的串行连接又称为 X_i 到 X_j 的**因果路径**，图 2.2b 的串行连接则又称为 X_i 到 X_j 的**证据路径**。

a）　　b）

图 2.2　串行连接

2）**发散连接**（diverging connection）或**叉口**（fork），表示 X_i 和 X_j 有共同的原因，如图 2.3 所示。根据公式（2.55），相应的联合概率分布为

$$P_{\mathscr{B}}(X_i,X_k,X_j) = P(X_k)P(X_i \mid X_k)P(X_j \mid X_k) \tag{2.60}$$

因此，在给定 X_k 的条件下，X_i 和 X_j 的联合概率为

$$P_{\mathscr{B}}(X_i,X_j \mid X_k) = \frac{P(X_i,X_j,X_k)}{P(X_k)}$$

图 2.3　发散连接

$$= P(X_i \mid X_k)P(X_j \mid X_k) \qquad (2.61)$$

这说明，在发散连接的情况下，$X_i \perp X_j \mid X_k$。

3）**收敛连接**（converging connection），又称**倒叉口**（inverted fork）、**碰撞**（collider）、**v-结构**（v-structure），表示 X_i 和 X_j 有共同的效果，如图 2.4 所示。根据公式（2.55），相应的联合分布为

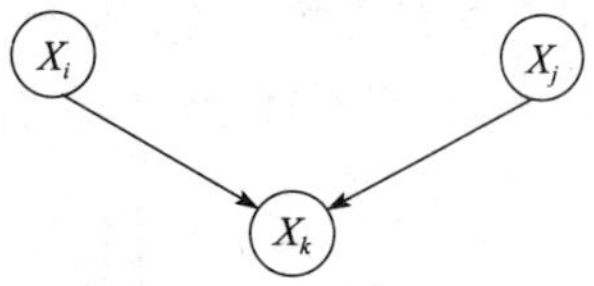

图 2.4　收敛连接

$$P_{\mathscr{B}}(X_i,X_k,X_j) = P(X_i)P(X_j)P(X_k \mid X_i,X_j) \qquad (2.62)$$

$$\sum_{x_k \in \mathrm{val}(X_k)} P(X_k = x_k \mid X_i,X_j) = 1 \qquad (2.63)$$

$$P_{\mathscr{B}}(X_i,X_j) = P(X_i)P(X_j) \qquad (2.64)$$

因此，变量 X_i 和 X_j 是先验独立的，即 $X_i \perp X_j$。

但是，在给定 X_k 或其后代的条件下，X_i 和 X_j 并不一定独立，也就是说可能有

$$P_{\mathscr{B}}(X_i,X_j \mid X_k) \neq P(X_i \mid X_k)P(X_j \mid X_k) \qquad (2.65)$$

这说明，在收敛连接的情况下，未必 $X_i \perp X_j \mid X_k$。

根据上述分析，在串行连接 $X_i \to X_k \to X_j$ 和 $X_i \leftarrow X_k \leftarrow X_j$ 以及发散连接 $X_i \leftarrow X_k \to X_j$ 中，只有未观察到中心变量 X_k 时，X_i 和 X_j 之间才可能产生有效的相互影响，否则它们就是相互独立的。而在收敛连接 $X_i \to X_k \leftarrow X_j$ 中，只有观察到中心变量 X_k 时，X_i 和 X_j 之间才可能产生有效的相互影响，否则它们就是相互独立的。在一个贝叶斯网络中，如果两个随机变量 X 和 Y 可能通过一条迹产生有效的相互影响，X 和 Y 就不会是相互独立的，这条迹则称为**有效迹**。

在给定观测变量集 $\boldsymbol{Z}$ 的条件下，贝叶斯网络 $\mathscr{B}$ 的一条迹 $X_1 \rightleftharpoons \cdots \rightleftharpoons X_n$ 称为**有效迹**，如果对其中任意的收敛连接 $X_{i-1} \to X_i \leftarrow X_{i+1}$ 都有 $X_i \in \boldsymbol{Z}$ 或 $\boldsymbol{Desc}_{\mathscr{B}}(X_i) \cap \boldsymbol{Z} \neq \varnothing$，且该迹上的其他节点都不在 $\boldsymbol{Z}$ 中。

如果 $\boldsymbol{X}$、$\boldsymbol{Y}$、$\boldsymbol{Z}$ 是贝叶斯网络 $\mathscr{B}$ 的三个互不相交的节点子集，且在给定 $\boldsymbol{Z}$ 的条件下，对任意节点 $X \in \boldsymbol{X}$ 和 $Y \in \boldsymbol{Y}$ 之间都不存在有效迹，那么称 $\boldsymbol{X}$ 和 $\boldsymbol{Y}$ 在给定 $\boldsymbol{Z}$ 时是 **d-分离**（d-separation）的，或被 $\boldsymbol{Z}$ d-分离[105]。其中 $\boldsymbol{Z}$ 称为**分离子集**。**d-分离定理**为：如果 $\boldsymbol{X}$ 与 $\boldsymbol{Y}$ 被 $\boldsymbol{Z}$ d-分离，那么在给定 $\boldsymbol{Z}$ 的条件下，$\boldsymbol{X}$ 和 $\boldsymbol{Y}$ 一定是相互独立的[105]。这种条件独立性 $\boldsymbol{X} \perp \boldsymbol{Y} \mid \boldsymbol{Z}$ 称为贝叶斯网络的**全局马尔可夫独立性**（global Markov independencies）。

在图 2.1 中，如果令 $\boldsymbol{X} = \{X_1, X_2\}$，$\boldsymbol{Y} = \{X_3, X_4, X_7\}$，$\boldsymbol{Z} = \{X_2, X_6\}$，那么可以验证 $\boldsymbol{X}$ 和 $\boldsymbol{Y}$ 被 $\boldsymbol{Z}$ d-分离。显然，在给定 $\boldsymbol{Z}$ 时，$\boldsymbol{X}$ 和 $\boldsymbol{Y}$ 是相互独立的，即 $\boldsymbol{X} \perp \boldsymbol{Y} \mid \boldsymbol{Z}$。

此外，如果利用 v-结构的贝叶斯网来表达因果模型，有时可能出现**解释消除**（explaining away）现象。解释消除是指本来相互独立的多个原因在给定观察结果时，可能不再相互独立，而是变得相互依赖、相互影响，甚至一种原因的出现几乎可以排除另一种原因出现的可能。例如，一座高楼倒塌可能有两种本来相互独立的原因：自然地震或恐怖袭击。可是，在看到

9·11美国世贸大厦被飞机撞击倒塌的视频之后，恐怖袭击便成为美国世贸大厦倒塌的直接解释，而这种解释几乎完全排除了自然地震作为解释的可能性。解释消除只是**因果间推理**（inter-causal reasoning）的一个特例，而因果间推理在人类的推理中是非常普遍的模型。

下面通过一个具体例子说明解释消除现象。如图2.5所示，用一个v-结构的贝叶斯网络表示电池和燃料情况对油表的影响。这个贝叶斯网络由三个二值节点构成，分别是电池节点B（battery）、燃料节点F(fuel)、油表节点G(gauge)。B代表电池是否有电，$B=1$表示有电，$B=0$表示没电。F表示燃料（汽油）的情况，$F=1$表示油箱是满的，$F=0$表示油箱是空的。G表示油表的指示情况，$G=1$表示油表刻度指示油箱是满的，$G=0$表示油表刻度指示油箱为空。

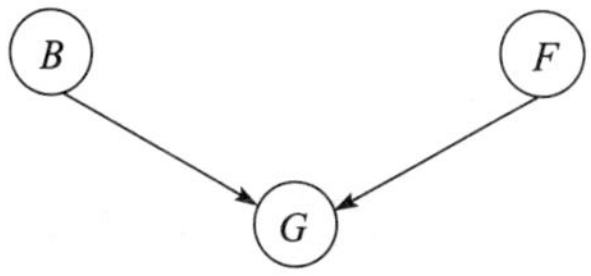

图2.5 一个v-结构的油表贝叶斯网络

假设已经知道了这个模型的有关概率为：$p(B=1)=0.9$，$p(F=1)=0.9$，$p(G=1\mid B=1, F=1)=0.8$，$p(G=1\mid B=1, F=0)=0.2$，$p(G=1\mid B=0, F=1)=0.2$，$p(G=1\mid B=0, F=0)=0.1$。

根据油表贝叶斯网络的结构，有：

$$p(B,F,G) = p(B)p(F)p(G\mid B,F) \tag{2.66}$$

于是，可以计算在观测到油表指示油箱为空的情况下，油箱确实空着的概率如下：

$$p(F=0\mid G=0) = \frac{p(G=0\mid F=0)p(F=0)}{p(G=0)} \tag{2.67}$$

其中，

$$p(G=0) = \sum_{B\in\{0,1\}}\sum_{F\in\{0,1\}} p(G=0\mid B,F)p(B)p(F) \tag{2.68}$$

$$p(G=0\mid F=0) = \sum_{B\in\{0,1\}} p(G=0\mid B,F=0)p(B) \tag{2.69}$$

因此，

$$p(F=0\mid G=0) = \frac{p(G=0\mid F=0)p(F=0)}{p(G=0)} \simeq 0.257 \tag{2.70}$$

$$p(F=0\mid G=0) = 0.257 > p(F=0) = 0.1 \tag{2.71}$$

从以上结果可知，在观测到油表指示为空的情况下，油箱真为空的概率会比没有任何观测的情况大很多，这符合油表的常理作用。如果进一步考虑更复杂的情况，计算在同时观测到油表指示为空和油表的电池没电的情况下，油箱真为空的概率，那么不难通过公式推导得到：

$$p(F=0\mid G=0,B=0) = \frac{p(G=0\mid B=0,F=0)p(F=0)}{\sum_{F\in\{0,1\}} p(G=0\mid B=0,F)} \simeq 0.111 \tag{2.72}$$

综合公式（2.43）和公式（2.44）这两种情况，可以得到如下不等式：

$$\begin{aligned} p(F=0) = 0.1 &< p(F=0\mid G=0,B=0) \\ &= 0.111 < p(F=0\mid G=0) = 0.257 \end{aligned} \tag{2.73}$$

所以，在观测到油表为指空的情况下，油箱真为空的概率为0.257，相对0.1提高了很多，但是如果同时也观测到油表的电池没有电了，那油箱真为空的概率又会明显降低。这就说明，如果油表的电池没有电了，那油表指示的参考价值就要打折扣。由此可见，$B=0$ 的观测值把 $G=0$ 的观测值给解释消除（explian away）了。尽管如此，由于 $0.111>0.1$，油表的指示值仍然有一定参考价值。

2.6　概率无向图模型

在概率有向图模型或者贝叶斯网络中，必须为每一个影响都指定一个方向，以说明变量之间的条件依赖关系。这些模型是非常有用的，因为它们的结构和参数可以为很多实际问题提供一种自然的表示，比如用来描述太阳对万物生长、变化的影响。

然而在现实生活中，有时并不能对变量之间的交互影响指定自然的方向。比如，谈判的双方为了达成一致意见，他们协商和讨论的过程将是交互影响的，甚至是对称的，很难强行为这种影响指定方向。此时，概率无向图模型将可能发挥重要的建模作用。

概率无向图模型又称**马尔可夫网络**（Markov Network，MN）、**马尔可夫随机场**（Markov Random Field，MRF）。像贝叶斯网络一样，马尔可夫网络也能够编码联合概率分布的某些因子分解和条件独立性质。

严格地说，**马尔可夫网络** $\mathcal{M}$ 是一个定义在无向图 $\boldsymbol{G}=(\boldsymbol{V},\boldsymbol{E})$ 上的概率分布。根据 **Hammersley-Clifford 定理**[104]，这个概率分布在严格正时可以表示为如下形式：

$$P_{\mathrm{M}}(X_1,\cdots,X_N)=\frac{1}{Z}\prod_{l=1}^{L}\psi_{\boldsymbol{C}_l}(\boldsymbol{C}_l)\tag{2.74}$$

其中 $\boldsymbol{V}=\{X_1,\cdots,X_N\}$ 是顶点集，$\boldsymbol{C}_1,\cdots,\boldsymbol{C}_L$ 是无向图 $\boldsymbol{G}$ 中的所有**极大团**；$\psi_{\boldsymbol{C}_i}:\mathrm{val}(\boldsymbol{C}_i)\to\mathbb{R}_+$ 是非负函数，称为**极大团因子**（factor），或**势函数**（potential function）；Z 是一个归一化常数，又称为**配分函数**（partition function），定义如下：

$$Z=\sum_{x\in\mathrm{val}(X)}\prod_{l=1}^{L}\psi_{\boldsymbol{C}_l}(\boldsymbol{C}_l)\tag{2.75}$$

例如，在如图 2.6 所示的马尔可夫网络中，共包括三个用点线所围区域界定的极大团：

$$\boldsymbol{C}_1=\{X_1,X_2,X_3\},\quad \boldsymbol{C}_2=\{X_3,X_4\},\quad \boldsymbol{C}_3=\{X_3,X_5\}$$

因此，根据公式（2.74），这个马尔可夫网络的联合概率分布为

$$P_{\mathcal{M}}(X_1,\cdots,X_5)=\frac{1}{Z}\psi_{\boldsymbol{C}_1}(X_1,X_2,X_3)\psi_{\boldsymbol{C}_2}(X_3,X_4)\psi_{\boldsymbol{C}_3}(X_3,X_5)\tag{2.76}$$

如果一个马尔可夫网络的概率分布是严格正的，那么所有势函数 $\psi_{\boldsymbol{C}_l}(\boldsymbol{C}_l)$ 也是严格正的。因此，这个概率分布还可以通过能量函数表达为一个**吉布斯分布**（Gibbs distribution）的形式，即

$$P_{\mathcal{M}}(X_1,\cdots,X_N)=\frac{1}{Z}\exp\left(\sum_{l=1}^{N}\ln\psi_{\boldsymbol{C}_l}(\boldsymbol{C}_l)\right)=\frac{1}{Z}\mathrm{e}^{-\varepsilon(X_1,\cdots,X_N)}\tag{2.77}$$

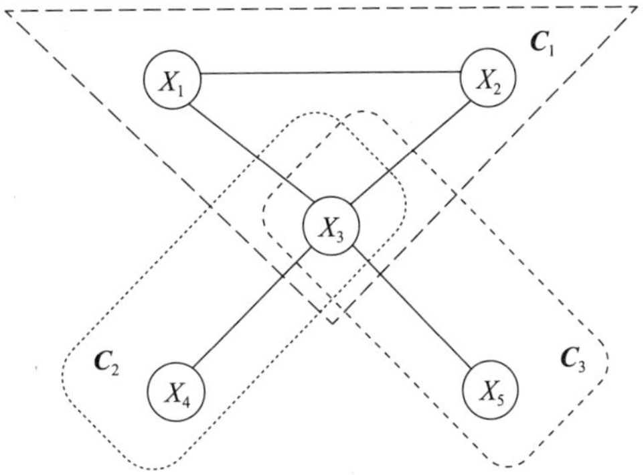

图 2.6 马尔可夫网络举例

其中 $\varepsilon(X_1, \cdots, X_N) = -\sum_{l=1}^{N} \ln\psi_{C_l}(C_l)$ 称为**能量函数**（energy function）。

如果 $X_1 - X_2 - \cdots - X_n$ 是马尔可夫网络的一条路径，且所有 $X_i(i=1, \cdots, n)$ 都不在给定观测变量集 $\boldsymbol{Z}$ 中，那么这条路径称为**有效路径**。

如果 $\boldsymbol{X}$、$\boldsymbol{Y}$、$\boldsymbol{Z}$ 是马尔可夫网络的三个互不相交的节点子集，且在给定 $\boldsymbol{Z}$ 的条件下，对任意节点 $X \in \boldsymbol{X}$ 和 $Y \in \boldsymbol{Y}$ 之间都不存在有效路径，那么称 $\boldsymbol{X}$ 与 $\boldsymbol{Y}$ 在给定 $\boldsymbol{Z}$ 时是**分离**（separation）的，或被 $\boldsymbol{Z}$ 分离[104]。其中 $\boldsymbol{Z}$ 称为**分离子集**。在分布严格正时，如果 $\boldsymbol{X}$ 与 $\boldsymbol{Y}$ 被 $\boldsymbol{Z}$ 分离，那么在给定 $\boldsymbol{Z}$ 的条件下，$\boldsymbol{X}$ 与 $\boldsymbol{Y}$ 一定是相互独立的[104]。这种条件的独立性称为**全局马尔可夫独立性**（global Markov independencies）。

在图 2.7 中，顶点 X_1 和 X_8 被集合 $\{X_2, X_3\}$、$\{X_4, X_5\}$、$\{X_6, X_7\}$ 和 $\{X_2, X_3, X_4, X_5, X_6, X_7\}$ 分离。

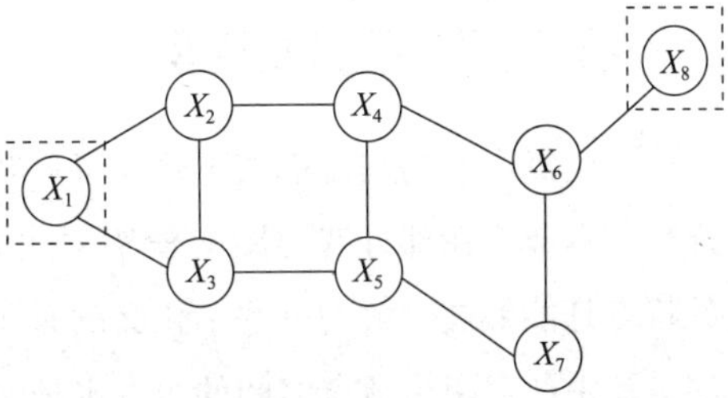

图 2.7 马尔可夫网络的 c-分离举例

与贝叶斯网络类似，马尔可夫网络也定义了一组条件独立性，主要包括下面三种：

1）**局部马尔可夫性**（local Markov property）。任意随机变量 X_i 在给定其邻居时条件独立于所有其他的随机变量，可形式化地描述为

$$X_i \perp (\boldsymbol{V} \backslash (\boldsymbol{Nb}_G(X_i) \cup \{X_i\})) \mid \boldsymbol{Nb}_G(X_i) \tag{2.78}$$

2）**成对马尔可夫性**（pairwise Markov property）。任意两个不相邻的随机变量在给定所有其他随机变量时是条件独立的，即

$$X_i \perp X_j \mid (\boldsymbol{V} \backslash \{X_i, X_j\}), (X_i - X_j) \in \boldsymbol{E} \tag{2.79}$$

3）**全局马尔可夫性**（global Markov property）。令 $\boldsymbol{X}$、$\boldsymbol{Y}$、$\boldsymbol{Z}$ 为 $\boldsymbol{V}$ 的三个互不相交的子集，且 $\boldsymbol{Z}$ 中的变量是可观察到的。如果从 $\boldsymbol{X}$ 中任意节点出发到达 $\boldsymbol{Y}$ 中任意节点的路径经过分离子集

$\boldsymbol{Z}$，则

$$\boldsymbol{X} \perp \boldsymbol{Y} \mid \boldsymbol{Z} \tag{2.80}$$

反过来，也可以用上述这三种条件独立性中的任何一个（如局部马尔可夫性）来定义马尔可夫网络。只有在马尔可夫网络的概率分布严格正时，它们才是相互等价的，否则一般是不等价的。在图 2.8 中，根据局部马尔可夫性有 $X_1 \perp \{X_4, X_5\} \mid \{X_2, X_3\}$，根据成对马尔可夫性有 $X_4 \perp X_5 \mid \{X_1, X_2, X_3\}$，根据全局马尔可夫性有 $\{X_1, X_2\} \perp \{X_4, X_5\} \mid X_3$。

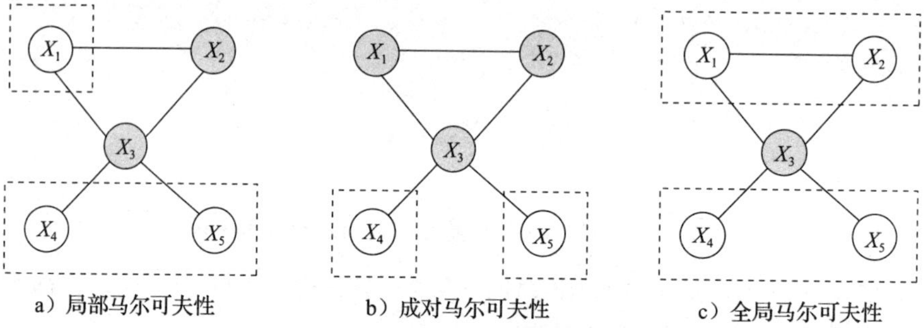

图 2.8　马尔可夫网络的条件独立性

最后，需要指出的是，马尔可夫网络所能表达的概率分布与贝叶斯网络所能表达的概率分布存在交集。也就是说，某些无向图和有向图表达的概率分布可能是相同的。

2.7　部分有向无圈图模型

前面已经在有向图的框架下建立了贝叶斯网络模型，在无向图的框架下建立了马尔可夫网络模型。本节将在部分有向图的框架下建立**链图模型**。链图其实就是部分有向无圈图 PDAG，它的特点是能够被分解为一些不相交的有序链分支 $\boldsymbol{G}_1$，$\boldsymbol{G}_2$，…，$\boldsymbol{G}_L$。每个链分支 $\boldsymbol{G}_i$ 都是无向子图，其中任意两个节点之间的边一定是无向的。连接两个不同链分支 $\boldsymbol{G}_i$ 和 $\boldsymbol{G}_j(i \neq j)$ 的边一定是有向的。

像贝叶斯网络和马尔可夫网络一样，链图的结构也可以用来定义概率分布的因子分解。从直观上，一个链图的因子分解把分布表示为每个链分支在其父节点给定时的乘积。这种表示也称**链图模型**。

不妨设一个链图 $\boldsymbol{G}$ 的链分支为 $\boldsymbol{G}_1$，$\boldsymbol{G}_2$，…，$\boldsymbol{G}_L$。用 $\boldsymbol{Pa}(\boldsymbol{G}_i)$ 表示 $\boldsymbol{G}_i$ 中所有节点的父节点集。$\boldsymbol{G}$ 的**端正图**（moral graph）定义为一个无向图，记作 $\mathcal{M}[\boldsymbol{G}]$，其中对于每个 $\boldsymbol{G}_i$，在 $\boldsymbol{Pa}(\boldsymbol{G}_i)$ 中的任意节点对都用无向边连接起来，并将 $\boldsymbol{G}_i$ 中的所有有向边转化为无向边。例如，图 2.9a 是一个链图，图 2.9b 是其端正图。把一个链图变成相应端正图的过程称为**端正化**（moralization）。

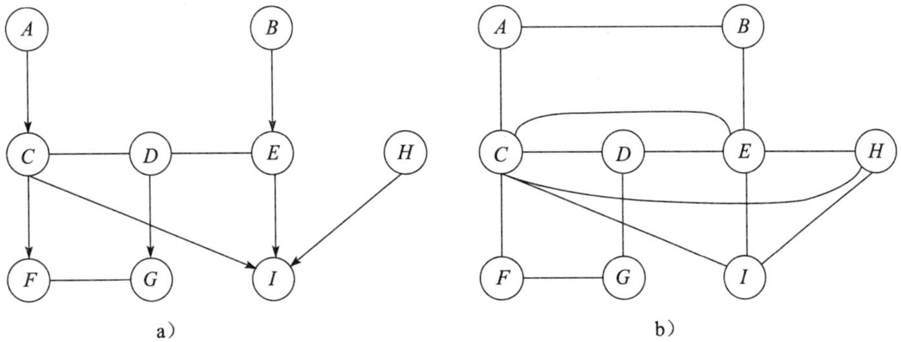

图2.9 链图及其端正图

如果 $\boldsymbol{X}$ 是一个部分有向图 $\boldsymbol{G}$ 的节点子集，且 $\forall X \in \boldsymbol{X}$，$\boldsymbol{Boundary}(X) \subset \boldsymbol{X}$，那么称 $\boldsymbol{X}$ 为**向上闭包子集**。$\boldsymbol{X}$ 的**上闭包**（upward closure）定义为 $\boldsymbol{X}$ 的最小向上闭子集 $\boldsymbol{Y}$。$\boldsymbol{X}$ 的**向上闭子图**（upwardly closed subgraph）定义为 $\boldsymbol{Y}$ 的导出子图 $\boldsymbol{G}[\boldsymbol{Y}]$，记作 $\boldsymbol{G}^+[\boldsymbol{X}]$。例如，图2.10a和图2.10b分别是图2.9a的向上闭子图 $\boldsymbol{G}^+[C]$ 和 $\boldsymbol{G}^+[C, D, I]$。

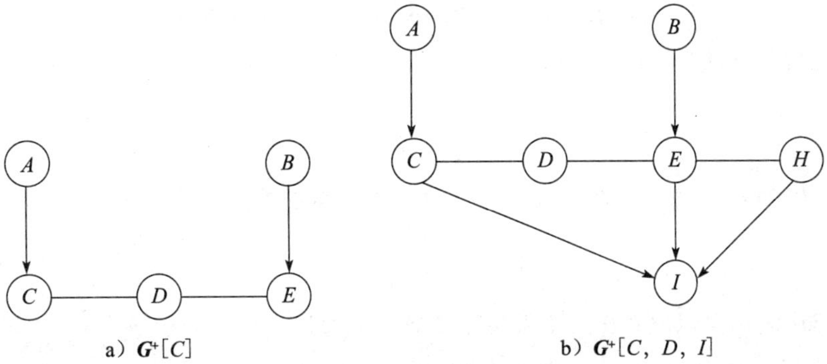

图2.10 向上闭包子图

如果 $\boldsymbol{X}$、$\boldsymbol{Y}$、$\boldsymbol{Z}$ 是一个部分有向图的三个互不相交的节点子集，且在无向图 $\mathcal{M}[\boldsymbol{G}^+[\boldsymbol{X} \cup \boldsymbol{Y} \cup \boldsymbol{Z}]]$ 中，$\boldsymbol{X}$ 和 $\boldsymbol{Y}$ 被 $\boldsymbol{Z}$ 分离，则称在给定 $\boldsymbol{Z}$ 时，$\boldsymbol{X}$ 和 $\boldsymbol{Y}$ 是**c-分离**的。c-分离既是无向图中分离概念的推广，也是有向图中d-分离概念的推广。例如，在图2.10a中，C 和 E 在给定 A 和 D 时是c-分离的，因为在图2.11a所示的无向图 $\mathcal{M}[\boldsymbol{G}^+[C, D, E]]$ 中，C 和 E 在给定 A 和 D 时是分离的。然而，由于 C 和 E 之间存在经过 A 和 B 的一条路径，所以在只给定 D 的条件下，C 和 E 不是c-分离的。另一方面，C 和 E 在给定 D、A、I 的条件下也不是c-分离的，因为在图2.11b所示的无向图 $\mathcal{M}[\boldsymbol{G}^+[C, D, E, I]]$ 中，它们之间有一条边相连。

在无向图中，任何节点都没有后代节点。在有向图中，从一个节点出发经过任意有向路径能够到达的节点称为其后代节点。在链图中，不仅可以定义后代节点的概念，而且其中任何节点的后代必定在“下级”链分支中。此外，链图也有三种独立性：成对独立性、局部独立性和全局独立性。

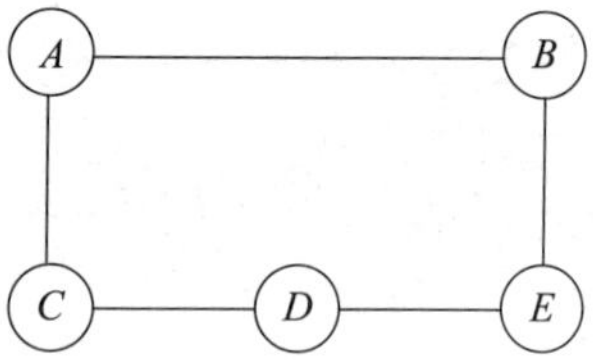

a）马尔可夫网$\mathcal{M}[G^+[C, D, E]]$

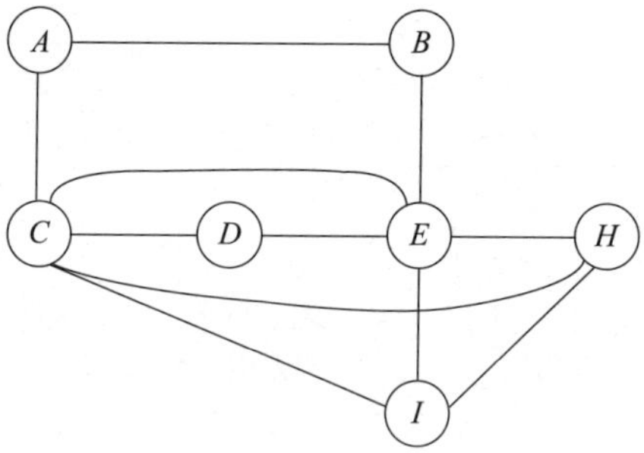

b）马尔可夫网$\mathcal{M}[G^+[C, D, E, I]]$

图 2.11 链图中的 c -分离举例

链图的**成对独立性**是指：对任意两个非相邻节点 X 和 Y：

$$X \perp Y \mid (\boldsymbol{NonDes}(X) - \{X,Y\}) \tag{2.81}$$

链图的**局部独立性**是指：对任意节点 X，有

$$X \perp \boldsymbol{NonDes}(X) - \boldsymbol{Boundary}(X) \mid \boldsymbol{Boundary}(X) \tag{2.82}$$

链图的**全局独立性**是指：对任意三个互不相交的节点子集 $\boldsymbol{X}$、$\boldsymbol{Y}$、$\boldsymbol{Z}$，如果 $\boldsymbol{X}$ 和 $\boldsymbol{Y}$ 被 $\boldsymbol{Z}$ c -分离，那么

$$\boldsymbol{X} \perp \boldsymbol{Y} \mid \boldsymbol{Z} \tag{2.83}$$

给定一个链图 $\boldsymbol{G}$ 的链分支 $\boldsymbol{G}_1$，$\boldsymbol{G}_2$，…，$\boldsymbol{G}_L$，其概率分布定义为如下分解形式：

$$P_{\mathrm{PDAG}}(X_1,\cdots,X_N) = \prod_{l=1}^{L} P(\boldsymbol{G}_i \mid \boldsymbol{Pa}(\boldsymbol{G}_i)) \tag{2.84}$$

其中 $P(\boldsymbol{G}_i \mid \boldsymbol{Pa}(\boldsymbol{G}_i))$ 又可以看作一个条件随机场，可通过一系列因子 $\psi_i(\boldsymbol{D}_i)(i=1, \cdots, l)$ 定义，满足每个 $\boldsymbol{D}_i$ 在正则图 $\mathcal{M}[\mathcal{K}^+[\boldsymbol{G}]]$ 中都是极大团，且 $\boldsymbol{D}_i \subseteq \boldsymbol{G}_i \cup \boldsymbol{Pa}(\boldsymbol{G}_i)$，而条件随机场是下一节讨论的主要内容。

2.8 条件随机场

从概率图模型的角度看，**条件随机场**（Conditional Random Field，CRF）是在给定一组输入随机变量或观测变量 $\boldsymbol{X}$ 的条件下，另一组输出随机变量或目标变量 $\boldsymbol{Y}$ 的条件概率分布模型，其特点是假定目标变量集构成马尔可夫随机场。所以，条件随机场实际上可以看作是一个通过观测变量集 $\boldsymbol{X}$ 和目标变量集 $\boldsymbol{Y}$ 定义的无向图，或者说是一个在给定 $\boldsymbol{X}$ 时，表达 $\boldsymbol{Y}$ 的概率分布结构的马尔可夫网络，但与其把它看作是对联合概率分布 $P(\boldsymbol{Y}, \boldsymbol{X})$ 的刻画，还不如将它看作是对条件概率分布 $P(\boldsymbol{Y} \mid \boldsymbol{X})$ 的刻画。$P(\boldsymbol{Y} \mid \boldsymbol{X})$ 称为**条件随机场**，如果表达 $P(\boldsymbol{Y}, \boldsymbol{X})$ 的马尔可夫随机场对任意节点 $Y \in \boldsymbol{Y}$，满足下面的条件马尔可夫性质，

$$P(Y \mid \boldsymbol{X}, \boldsymbol{Y} - \{Y\}) = P(Y \mid \boldsymbol{X}, \boldsymbol{Nb}(Y)) \tag{2.85}$$

根据 Hammersley-Clifford 定理，条件随机场的条件概率分布 $P(\boldsymbol{Y} \mid \boldsymbol{X})$ 可以通过一组极大团 $\boldsymbol{D}_i$Ú$\boldsymbol{X}$ 的因子 $\psi_i(\boldsymbol{D}_i)(i=1, \cdots, l)$ 表达如下：

$$\begin{cases} P(\boldsymbol{Y} \mid \boldsymbol{X}) = \dfrac{1}{Z(\boldsymbol{X})} \widetilde{P}(\boldsymbol{Y}, \boldsymbol{X}) \\ \widetilde{P}(\boldsymbol{Y}, \boldsymbol{X}) = \displaystyle\prod_{i=1}^{l} \psi_i(\boldsymbol{D}_i) \\ Z(\boldsymbol{X}) = \displaystyle\sum_{Y \in \mathrm{val}(\boldsymbol{Y})} \widetilde{P}(\boldsymbol{Y}, \boldsymbol{X}) \end{cases} \tag{2.86}$$

设 $\boldsymbol{X} = \{X_1, \cdots, X_n\}$ 和 $\boldsymbol{Y} = \{Y_1, \cdots, Y_n\}$，条件概率分布 $P(\boldsymbol{Y} \mid \boldsymbol{X})$ 称为**线性链条件随机场**，如果满足下面的线性条件马尔可夫性质：

$$P(Y_i \mid \boldsymbol{X}, Y_1, \cdots, Y_{i-1}, Y_{i+1}, \cdots, Y_n) = P(Y_i \mid \boldsymbol{X}, Y_{i-1}, Y_{i+1}) \tag{2.87}$$

条件随机场虽然在理论上是一个无向图，但是它定义了 $\boldsymbol{Y}$ 关于 $\boldsymbol{X}$ 的一个条件分布，因此又可以将其视为一个部分有向图。例如，图 2.12a 所示的无向图表达了一个常用的线性结构条件随机场，称为**线性链条件随机场**（linear chain conditional random field），而这个条件随机场也可以视为图 2.12b 所示的有向图，因为图 2.12a 的无向图和图 2.12b 的部分有向图在表达条件概率分布方面是等价的模型。不过应注意，图 2.12c 的完全有向图与它们是不等价的。

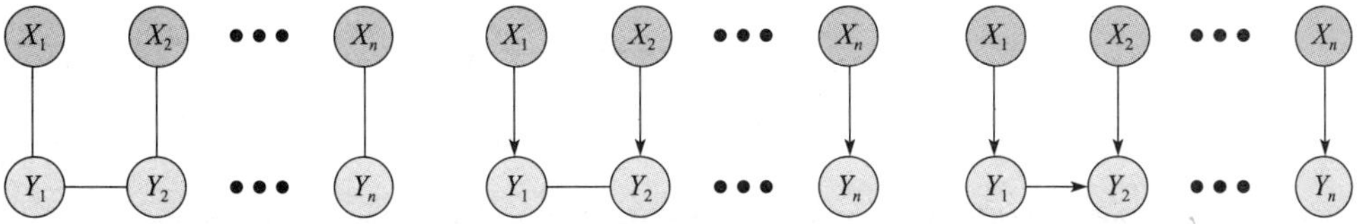

a）一个线性结构的条件随机场　b）一个部分有向的变体结构　c）一个完全有向的不等价模型

图 2.12 不同的线性链图模型

由于在图 2.12a 的线性链条件随机场中，所有的极大团是 $Y_i - Y_{i+1}(i=1, \cdots, n-1)$ 和 $Y_i - X_i(i=1, \cdots, n)$，因此根据 Hammersley-Clifford 定理，其概率分布具有如下形式：

$$\begin{cases} P(\boldsymbol{Y} \mid \boldsymbol{X}) = \dfrac{1}{Z(\boldsymbol{X})} \widetilde{P}(\boldsymbol{Y}, \boldsymbol{X}) \\ \widetilde{P}(\boldsymbol{Y}, \boldsymbol{X}) = \displaystyle\prod_{i=1}^{n-1} \psi_i(Y_i, Y_{i+1}) \prod_{i=1}^{n} \psi_i(Y_i, X_i) \\ Z(\boldsymbol{X}) = \displaystyle\sum_{Y \in \mathrm{val}(\boldsymbol{Y})} \widetilde{P}(\boldsymbol{Y}, \boldsymbol{X}) \end{cases} \tag{2.88}$$

此外，线性链条件随机场还可以表达为**对数线性模型**（log linear model）的参数化形式，在实际应用中更为普遍，如果读者感兴趣，可进一步参阅相关文献[100-102]。

2.9　马尔可夫链

从理论上说，前面提到的概率图模型都可以看作是对**马尔可夫链**（Markov Chain，MC）的推广和发展。因此，马尔可夫链实际上是一种非常经典又相对简单的概率图模型，但它侧重于刻画一个在时间上离散的随机过程。其特点在于，随机变量在下一时刻的取值状态只依赖于当前状态，与之前的状态无关。

一个随机变量序列 X_1，…，X_N 称为**马尔可夫链**，如果它们满足**马尔可夫性质**：

$$P(X_i \mid X_1, \cdots, X_{i-1}) = P(X_i \mid X_{i-1}), \quad \forall i \tag{2.89}$$

在马尔可夫链中，在随机变量 X_i 之前的随机变量条件独立于 X_i 之后的所有随机变量，即

$$\{X_1, \cdots, X_{i-1}\} \perp \{X_{i+1}, \cdots, X_N\} \mid X_i \tag{2.90}$$

而且，其概率分布 $P(X_1, \cdots, X_N)$ 可分解为

$$P(X_1, \cdots, X_N) = P(X_1)\prod_{i=2}^{N} P(X_i \mid X_{i-1}, \cdots, X_1) = P(X_1)\prod_{i=2}^{N} P(X_i \mid X_{i-1}) \tag{2.91}$$

马尔可夫链可以用如图 2.13 所示的贝叶斯网络来建模，该网络表达的概率分布为

$$P_{\mathscr{B}}(X_1, \cdots, X_N) = \prod_{i=1}^{N} P(X_i \mid \boldsymbol{Pa}_G(X_i)) = P(X_1)\prod_{i=2}^{N} P(X_i \mid X_{i-1}) \tag{2.92}$$

其中 X_i 的唯一父节点是 X_{i-1}。

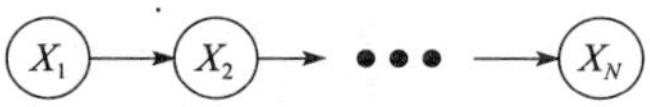

图 2.13　一个马尔可夫链的贝叶斯网络模型

马尔可夫链也可以用如图 2.14 所示的马尔可夫网络来建模，该网络表达的概率分布为

$$P_{\mathscr{M}}(X_1, \cdots, X_N) = \prod_{i=1}^{N-1} \psi_{C_i}(\boldsymbol{C}_i) = \prod_{i=1}^{N-1} \psi_{C_i} = P(X_1)\prod_{i=2}^{N} P(X_i \mid X_{i-1}) \tag{2.93}$$

图 2.14　一个马尔可夫链的马尔可夫网络模型

其中极大团是 $\boldsymbol{C}_i = \{X_i, X_{i+1}\}(i=1, \cdots, N-1)$，因子 $\psi_{C_i} = P(X_{i+1} \mid X_i)(i=2, \cdots, N-1)$ 且 $\psi_{C_1} = P(X_1)P(X_2 \mid X_1)$。

马尔可夫链还可以用如图 2.15 所示的**因子图**（factor graph）来建模，该因子图表达的概率分布为

$$P_{\mathscr{M}}(X_1, \cdots, X_N) = \prod_{i=1}^{N} f_i(\boldsymbol{Nb}(F_i)) = P(X_1)\prod_{i=2}^{N} P(X_i \mid X_{i-1}) \tag{2.94}$$

其中，因子 $f_1(\boldsymbol{Nb}(F_1)) = P(X_1)$，且 $f_i(\boldsymbol{Nb}(F_i)) = P(X_i \mid X_{i-1})(i=2, \cdots, N)$。因子图是由变

量节点和因子节点这两类不交节点构成的无向二分概率图（undirected bipartite graph），更多的内容详见参考文献[109]。

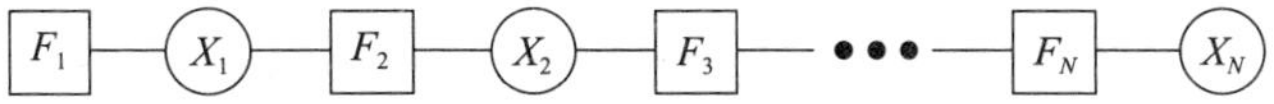

图2.15 一个马尔可夫链的因子图模型

马尔可夫链最重要的特点是具有“**无记忆性**（memorylessness）”，或者称为时间邻域**马尔可夫性**（temporal neighborhood Markov property），简称马尔可夫性。设 Ω 是状态空间。如果用 p_{ij}^{k} $(i,\ j\in\Omega)$ 表示一个马尔可夫链在第 k 个时刻从第 i 个状态转变到第 j 个状态的**转移概率**，那么 p_{ij}^{k} 可以定义如下：

$$p_{ij}^{k} = \Pr(X^{k+1} = j \mid X^{k} = i, X^{k-1}, \cdots, X^{1}) = \Pr(X^{k+1} = j \mid X^{k} = i) \tag{2.95}$$

其中，Pr 表示概率函数。

如果对所有时刻 $k\geqslant 0$，p_{ij}^{k} 具有相同的值 p_{ij}（即转移概率并不随着时间而改变），那么马尔可夫链称为齐次的（homogeneous），且矩阵 $\boldsymbol{P}=(p_{ij})_{i,j\in\Omega}$ 称为齐次马尔可夫链的转移矩阵（transition matrix）。

设初始分布 $\boldsymbol{\mu}^{0}$ 是 X^{0} 的概率分布。如果令 $\boldsymbol{\mu}^{0}=(\mu_{i}^{0})_{i\in\Omega}$ 且 $\mu_{i}^{0}=\Pr(X^{0}=i)$，那么 X^{k} 的分布 $\boldsymbol{\mu}^{k}$ 是 $\boldsymbol{\mu}^{k}=\boldsymbol{\mu}^{0}\boldsymbol{P}^{k}$。当一个分布 $\boldsymbol{\pi}=(\pi_{i})_{i\in\Omega}$ 满足 $\boldsymbol{\pi}=\boldsymbol{\pi}\boldsymbol{P}$ 时称为稳态分布（stationary distribution）。如果马尔可夫链在时刻 k 达到稳态分布，那么所有后续状态都将进入稳态分布，即 $\forall n\in\mathbb{N}$，$\boldsymbol{\mu}^{k+n}=\boldsymbol{\pi}$。一个分布 $\boldsymbol{\pi}$ 关于马尔可夫链稳态的充分条件是满足**细致平衡**（detailed balance）条件，即：

$$\forall i,j \in \Omega, \quad \pi_{i}p_{ij} = \pi_{j}p_{ji} \tag{2.96}$$

可以证明，如果状态空间是有限的，那么一个不可约（irreducible）且非周期（aperiodic）的马尔可夫链具有唯一稳态分布。不可约是指从任意状态出发经过有限次转移都能够到达任意其他状态，其形式化定义如下：

$$\forall i,j \in \Omega, \quad \exists k > 0, \quad \Pr(X^{k} = j \mid X^{0} = i) > 0 \tag{2.97}$$

非周期是指任意状态都不存在重复周期，也就是说不能周期性地转移到它自己，其形式化定义如下：

$$\forall i \in \Omega, \quad \gcd\{n > 0 : \Pr(X^{k} = i \mid X^{0} = i) > 0\} = 1 \tag{2.98}$$

其中 gcd 表示最大公约数。

假设 $\boldsymbol{\alpha}=(\alpha_{i})_{i\in\Omega}$ 和 $\boldsymbol{\beta}=(\beta_{i})_{i\in\Omega}$ 是有限状态空间 Ω 上的两个分布。如果把它们的距离定义为

$$d_{V}(\boldsymbol{\alpha},\boldsymbol{\beta}) = \frac{1}{2}\left|\boldsymbol{\alpha}-\boldsymbol{\beta}\right| = \frac{1}{2}\sum_{i\in\Omega}\left|\alpha_{i}-\beta_{i}\right| \tag{2.99}$$

那么对一个有限状态空间上的不可约、非周期马尔可夫链来说，从任意初始分布 $\boldsymbol{\mu}^{0}$ 出发反复经

过其转移矩阵 $\boldsymbol{P}$ 的作用都可以收敛到唯一的稳态分布 $\boldsymbol{\pi}$，即：

$$\lim_{k\to\infty} d_V(\boldsymbol{\mu}\boldsymbol{P}^k, \boldsymbol{\pi}) = 0 \tag{2.100}$$

2.10　概率图模型的学习

在给定一个关于随机向量 $\boldsymbol{X}$ 的数据样本集合 $S=\{\boldsymbol{x}^1, \boldsymbol{x}^2, \cdots, \boldsymbol{x}^N\}$ 时，常常需要对 $\boldsymbol{X}$ 的概率分布进行建模。不妨假设 S 中的每个样本都是独立同分布的（independent and identically distributed，i. i. d），且都服从未知的真实联合概率分布 $P^*(\boldsymbol{X})$。学习概率图模型的任务可以描述为：给定样本集合 S，返回一个对 $P^*(\boldsymbol{X})$ 逼近最好的概率图模型。这种类型的学习称为**生成学习**（generative learning），其目标是对数据的生成过程进行建模。一般说来，精确计算 $P^*(\boldsymbol{X})$ 几乎是不可能的，尤其是在可以利用的样本相对较少时。

贝叶斯网络的生成学习就是在给定网络结构和数据样本集 S 的条件下，对所定义概率分布中的局部参数 $\boldsymbol{\Theta}=\{\boldsymbol{\theta}^1, \boldsymbol{\theta}^2, \cdots, \boldsymbol{\theta}^N\}$ 进行极大似然估计（maximum-likelihood estimation，或译为最大似然估计），其中相应概率分布表达为

$$P(\boldsymbol{X}) = \prod_{i=1}^{N} P(X_i \mid \boldsymbol{Pa}(X_i), \boldsymbol{\theta}^i) \tag{2.101}$$

如果令 $\boldsymbol{Pa}_i=\boldsymbol{Pa}(X_i)$ 和 $\boldsymbol{x}_{\boldsymbol{Pa}_i}=\boldsymbol{x}(\boldsymbol{Pa}(X_i))$，那么对于独立同分布样本集 S，贝叶斯网络的总体对数似然 $L(\mathscr{B}; S)$ 可以分解为单个样本对数似然 $\ell(\boldsymbol{\theta}^i, S)$ 的和，即：

$$L(\mathscr{B};S) = \sum_{l=1}^{N}\sum_{i=1}^{L} \log P(x_i^l \mid \boldsymbol{x}_{\boldsymbol{Pa}_i}^l, \boldsymbol{\theta}^i) = \sum_{i=1}^{L} \ell(\boldsymbol{\theta}^i, S) \tag{2.102}$$

其中 $\ell(\boldsymbol{\theta}^i, S)$ 又可以分解为局部条件概率的对数和：

$$\ell(\boldsymbol{\theta}^i, S) = \sum_{l=1}^{N} \log P(x_i^l \mid \boldsymbol{x}_{\boldsymbol{Pa}_i}^l, \boldsymbol{\theta}^i) \tag{2.103}$$

因此，在 $\ell(\boldsymbol{\theta}^i, S)$ 仅依赖于 $\boldsymbol{\theta}^i$ 的条件下，最大化总体对数似然等价于分别通过最大化单个样本对数似然，对每个局部参数 $\boldsymbol{\theta}^i$ 进行估计。否则，问题可能变得非常复杂。

马尔可夫网络 $\mathscr{M}$ 的**生成学习**就是在给定网络结构和数据样本集 $S=\{\boldsymbol{x}^1, \cdots, \boldsymbol{x}^N\}$ 的条件下，对一个通过能量函数定义的概率分布族中的参数 $\boldsymbol{\theta}$ 进行极大似然估计。如果用 $p(\boldsymbol{x})$ 表示马尔可夫网络的概率分布，那么相应的对数似然函数如下：

$$L(\mathscr{M};S) = \log \prod_{l=1}^{N} p(\boldsymbol{x}^l \mid \boldsymbol{\theta}) = \sum_{l=1}^{N} \log p(\boldsymbol{x}^l \mid \boldsymbol{\theta}) \tag{2.104}$$

如果 S 中的每个样本都是独立同分布的且都服从未知的真实概率分布 $q(\boldsymbol{x})$，那么最大化 $L(\mathscr{M}; S)$ 等价于最小化 q 和 p 之间的 KL 散度，即：

$$\mathrm{KL}(q \,\|\, p) = \sum q(\boldsymbol{x}) \log \frac{q(\boldsymbol{x})}{p(\boldsymbol{x})} = \sum q(\boldsymbol{x}) \log q(\boldsymbol{x}) - \sum q(\boldsymbol{x}) \log p(\boldsymbol{x}) \tag{2.105}$$

KL 散度可以用来度量两个概率分布的差异，具有非对称性和非负性，并且当且仅当两个分布

相同时值为0。如公式（2.105）所示，在最小化KL散度时，只有第二项依赖于需要优化的参数。

一般说来，对于马尔可夫网络的吉布斯分布，计算最优的极大似然参数 $\boldsymbol{\theta}$ 几乎是不可能的，通常需要采用近似方法，如梯度上升（gradient ascent）[110]、梯度下降（gradient descent）[111]和变分学习（variational learning）[112]等方法。梯度上升（或下降）是近似计算函数极值的基本方法，变分学习则是一类在机器学习中近似计算积分或期望的常用方法。

除了生成学习之外，概率图模型的学习还包括结构学习和判别学习等内容。生成学习的根本目标是确定数据样本的真实概率分布。结构学习的根本目标是确定数据样本的概率图结构，主要方法有两种：基于约束的方法（constraint-based approach）[113]和基于打分的方法（scoring-based approach）[114]。判别学习的根本目标是确定数据样本的类别，但判别学习模型的出发点并不一定是概率图模型，主要方法包括：生成分类器（generative classifier）[115]、类别后验概率建模[116]，以及支持向量机[117]和神经网络[118]等模型。这里不再一一赘述。

生成学习和判别学习的区别在于，生成学习得到的是联合概率模型 $P(\boldsymbol{X})$，而判别学习得到的是条件概率模型 $P(y\mid\boldsymbol{X})$。如果有足够表达能力的模型和有充足的训练数据，那么原则上通过生成方式学习和训练模型，可以得到最优的分类器。使用判别学习的原因在于，判别模型在解决分类问题时，不仅更简单、更直接，而且常常能够取得更好的效果。

2.11 概率图模型的推理

如果已经知道了概率图模型的结构和参数，就可以进行有关的推理（inference）。推理是指在给定观测结果时，评估变量的边际配置（marginal configuration）或最可能的配置（most likely configuration）。为了这个目标，需要把随机变量集 $\boldsymbol{X}$ 划分成三个互不相交子集 $\boldsymbol{O}$、$\boldsymbol{Q}$、$\boldsymbol{H}$，即：

$$\begin{cases}\boldsymbol{X}=\boldsymbol{O}\cup\boldsymbol{Q}\cup\boldsymbol{H}\\ \boldsymbol{O}\cap\boldsymbol{Q}=\boldsymbol{O}\cap\boldsymbol{H}=\boldsymbol{Q}\cap\boldsymbol{H}=\varnothing\end{cases}\tag{2.106}$$

其中 $\boldsymbol{O}$ 代表观测节点集（或证据变量的集合），$\boldsymbol{Q}$ 代表查询变量集，$\boldsymbol{H}$ 指既不属于 $\boldsymbol{O}$，也不属于 $\boldsymbol{Q}$ 的节点集，也称为潜在变量集或隐含变量集。注意，它们的联合概率分布 $p(\boldsymbol{Q},\boldsymbol{H},\boldsymbol{O})$ 是一种生成模型，条件概率分布 $p(\boldsymbol{Q},\boldsymbol{H}\mid\boldsymbol{O})$ 则是一种判别模型。

推理有两种基本类型[119]：边际分布查询（marginalization query）和最大后验查询（maximum a-posteriori query）。边际分布查询是在给定观察 $\boldsymbol{O}$ 的条件下，推理查询变量的边际分布，即计算：

$$P(\boldsymbol{Q}\mid\boldsymbol{O}=\boldsymbol{o})=\frac{P(\boldsymbol{Q},\boldsymbol{O}=\boldsymbol{o})}{P(\boldsymbol{O}=\boldsymbol{o})}\tag{2.107}$$

其中，

$$P(\boldsymbol{Q},\boldsymbol{O}=\boldsymbol{o})=\sum_{\boldsymbol{h}\in\mathrm{val}(\boldsymbol{H})}P(\boldsymbol{Q},\boldsymbol{O}=\boldsymbol{o},\boldsymbol{h})\tag{2.108}$$

$$P(\boldsymbol{O}=\boldsymbol{o})=\sum_{\boldsymbol{q}\in \mathrm{val}(\boldsymbol{Q})} P(\boldsymbol{Q}=\boldsymbol{q},\boldsymbol{O}=\boldsymbol{o}) \tag{2.109}$$

最大后验查询是在给定某些证据的条件下，确定查询变量的最可能初值，即计算：

$$\begin{aligned}\boldsymbol{q}^* &= \arg\max_{\boldsymbol{q}\in \mathrm{val}(\boldsymbol{Q})} P(\boldsymbol{Q}=\boldsymbol{q}\mid \boldsymbol{O}=\boldsymbol{o})\\ &= \arg\max_{\boldsymbol{q}\in \mathrm{val}(\boldsymbol{Q})} \sum_{\boldsymbol{h}\in \mathrm{val}(\boldsymbol{H})} P(\boldsymbol{Q}=\boldsymbol{q},\boldsymbol{H}=\boldsymbol{h}\mid \boldsymbol{O}=\boldsymbol{o})\\ &= \arg\max_{\boldsymbol{q}\in \mathrm{val}(\boldsymbol{Q})} \sum_{\boldsymbol{h}\in \mathrm{val}(\boldsymbol{H})} P(\boldsymbol{Q}=\boldsymbol{q},\boldsymbol{H}=\boldsymbol{h},\boldsymbol{O}=\boldsymbol{o})\end{aligned} \tag{2.110}$$

由于对概率图模型进行精确推理的计算复杂性会随着最大团的大小指数增加，所以在规模较大且连接紧密的概率图模型中实现精确推理是难解的，因此进行近似推理非常必要。

近似推理有三种基本策略[120]：变分方法（variational method）、消息传递（message passing）和采样方法（sampling method）。

变分方法的基本思想是在假定 $\boldsymbol{H}=\varnothing$ 的前提下，用一个易于处理的替代分布 $g(\boldsymbol{Q})$ 对后验概率分布 $P(\boldsymbol{Q}\mid\boldsymbol{O})$ 进行近似。$P(\boldsymbol{O})$ 的对数形式可以分解如下：

$$\log P(\boldsymbol{O})=\underbrace{\sum_{\boldsymbol{q}} g(\boldsymbol{q})\log\left[\frac{P(\boldsymbol{O},\boldsymbol{q})}{g(\boldsymbol{q})}\right]}_{\mathrm{LB}(g)}+\underbrace{\left(-\sum_{\boldsymbol{q}} g(\boldsymbol{q})\log\left[\frac{P(\boldsymbol{q}\mid\boldsymbol{O})}{g(\boldsymbol{q})}\right]\right)}_{\mathrm{KL}(g\parallel P)} \tag{2.111}$$

其中 $\mathrm{KL}(g\parallel P)\geqslant 0$ 表示 $g(\boldsymbol{Q})$ 和 $P(\boldsymbol{Q}\mid\boldsymbol{O})$ 之间的 KL 散度，且根据杰森不等式[115]，$\mathrm{LB}(g)$ 是 $\log P(\boldsymbol{O})$ 的一个下界，即

$$\log P(\boldsymbol{O})=\log\sum_{\boldsymbol{q}} P(\boldsymbol{q},\boldsymbol{O})=\log\sum_{\boldsymbol{q}} g(\boldsymbol{q})\frac{P(\boldsymbol{q},\boldsymbol{O})}{g(\boldsymbol{q})}\geqslant\sum_{\boldsymbol{q}} g(\boldsymbol{q})\log\left[\frac{P(\boldsymbol{q},\boldsymbol{O})}{g(\boldsymbol{q})}\right]=\mathrm{LB}(g) \tag{2.112}$$

因为 $\log P(\boldsymbol{O})$ 不依赖于 $g(\boldsymbol{q})$ 和 $\mathrm{LB}(g)$，且 $\mathrm{KL}(g\parallel P)$ 是非负的，所以最大化 $\mathrm{LB}(g)$ 等价于最小化 $\mathrm{KL}(g\parallel P)$。这意味着，关于 $g(\boldsymbol{q})$ 最大化 $\mathrm{LB}(g)$ 就可以得到对后验概率分布 $P(\boldsymbol{Q}\mid\boldsymbol{O})$ 的最好近似。

在变分方法中，$g(\boldsymbol{Q})$ 通常被限制为简单的可计算分布。比如，平均场近似（mean-field approxiamtion）是一种变分方法，最简单的情况要求 $g(\boldsymbol{Q})$ 具有如下可分解的形式：

$$g(\boldsymbol{Q})=\prod_{i=1}^{|\boldsymbol{Q}|} g_i(Q_i) \tag{2.113}$$

消息传递算法在树结构的概率图模型上能够给出精确的推理结果，但是在带环或圈的任意图上并不能保证收敛性。而且即使收敛，得到的结果也可能只是精确解的近似。不过，令人吃惊的是，环状图上的消息传递常常收敛到稳定的后验或边际概率。最重要的突破在于发现对某些图结构来说，消息传递算法的不动点（fixed point）实际上就是贝蒂自由能（bethe free energy）的驻点（stationary point）[104]。这个发现澄清了消息传递的本质，建立了与大量物理文献的联系，并发展了广义信念传播算法（Generalized Belief Propagation Algorithm，GBP）。广义信念传播算法在节点区域上运行，同时在节点区域之间传递消息。环状信念传播算法（loopy belief propagation algorithm）的收敛性在许多应用中也得到了实验证实[122]，并有大量相关的理论研究[123-125]。

采样方法是从计算可行角度，通过蒙特卡罗程序（Monte Carlo procedure）计算兴趣量（quantities of interest）。最简单的情况是重要性采样（importance sampling）[126]和采样重要性重采样（sampling importance resampling）[127]，用于估计函数的期望。在高维样本空间中，重要性采样存在很大的局限性。但是，马尔可夫链蒙特卡罗（Markov Chain Monte Carlo，MCMC）方法在各种不同维数的空间都能取得良好效果[128,129]，其特殊情况是M-H算法（Metropolis-Hastings algorithm）[130]和吉布斯采样（Gibbs sampling）[131]。蒙特卡罗方法最主要的应用之一就是通过序列重要性采样（sequential importance sampling）建立非线性、非高斯粒子滤波器（particle filter）[132]，其中后验分布用一组粒子（样本）表示。这种粒子滤波器推广了传统的线性高斯卡曼滤波器（Kalman filter），在性能上优于经典的粒子滤波器。

2.12 马尔可夫链蒙特卡罗方法

在统计学中，**马尔可夫链蒙特卡罗**方法是一类根据概率分布进行采样的方法，起源于物理学科[133]。这类方法以构造一个马尔可夫链为基础，其期望分布（desired distribution）就是平衡分布（equilibrium distribution）、极限分布（limiting distribution）或稳态分布（stationary disrtibution）。经过若干步骤之后，马尔可夫链的状态便被用作期望分布的一个样本。样本的质量随着步骤数目的增加而不断提高，并且在一定条件下能够渐近地收敛于平衡分布（或真实分布）。

随机游走蒙特卡罗（random walk Monte Carlo）方法是马尔可夫链蒙特卡罗方法的一大子类，其中包括**M-H算法**（Metropolis-Hastings algorithm）和**吉布斯采样**（Gibbs sampling）。

M-H算法的目的是根据一个期望分布$P(\boldsymbol{X})$产生一组马尔可夫过程的状态，逐渐逼近一个唯一的稳态分布$\Pi(\boldsymbol{X})$，而且使得$\Pi(\boldsymbol{X})=P(\boldsymbol{X})$。在直接采样困难时，M-H算法可以用来从一个概率分布产生一列随机样本。而这列随机样本能够用来逼近该分布（即生成一个直方图），或者计算一个积分（如一个期望值）。M-H算法一般用来从高维分布采样，特别是在维数很高时。对任意概率分布$P(\boldsymbol{X})$，只要能够计算一个与$P(\boldsymbol{X})$的密度成正比的函数值$f(\boldsymbol{X})$，M-H算法就可以从$P(\boldsymbol{X})$抽取样本。M-H算法生成一列样本的工作目标是：随着产生的样本值越来越多，它们的分布会更加逼近期望分布$P(\boldsymbol{X})$。这些样本值是用仅依赖于当前样本值的下一个样本分布，通过一步一步迭代产生的，因此使得产生的样本序列是一个马尔可夫链。具体地说，M-H算法首先选择一个转移概率函数$P(\boldsymbol{X}\mid\boldsymbol{Y})$（如任意一个条件概率密度函数），又称**提议密度**（proposal density）、**提议分布**（proposal distribution）或者**跳跃分布**（jumping distribution）；然后，在每一次迭代中，利用这个转移函数基于当前的样本值挑选下一个样本候选值，并让候选值以一定的概率被接受在下一次迭代中使用，或被拒绝丢弃而在下一次迭代中继续使用当前值。接受的概率是通过比较关于期望分布 $P(\boldsymbol{X})$ 的当前采样值和候选采样值的函数值 $f(\boldsymbol{X})$ 确定的。在多维变量分布的情况下，如果维数较高，M-H 算法的缺点是很难找到正确或合适的转移函数。此时，吉布斯采样常常是效果更好的替代方法。

吉布斯采样是在直接采样困难时，从一个特定多变量概率分布得到一列近似样本的算法。这个序列是一个马尔可夫链，也称为**吉布斯链**（Gibbs chain），能够用来逼近多变量联合分布（如产生一个分布的直方图）、逼近多变量中的一个或若干变量（如未知参数或潜在变量）的边际分布，或者计算一个积分（如其中一个变量的期望值）。吉布斯采样通常被用作一种统计推断（statistical inference）的工具，特别是贝叶斯推断（Bayesian inference）。作为一种随机算法（randomized algorithm），吉布斯采样是确定性统计推断算法（如期望最大化算法）的一种替代算法。吉布斯采样在本质上可以看作是 M-H 算法的特例，其关键在于给定一个多变量分布，从条件分布采样比在联合分布上通过积分求边际更容易。在吉布斯采样中，已知观测值的变量无需采样。假定要从联合概率分布 $p(x_1, \cdots, x_n)$ 获得 k 个样本 $\boldsymbol{X}=(x_1, \cdots, x_n)$。如果把第 i 个样本记作 $\boldsymbol{X}^i=(x_1^i, \cdots, x_n^i)$，那么吉布斯采样的详细过程可以由算法 2.1 描述。

算法 2.1　吉布斯采样

1. 初始化 $\boldsymbol{X}^0=(x_1^0, \cdots, x_n^0)$；
2. 根据条件分布 $p(x_1^{i+1} \mid x_2^i, \cdots, x_n^i)$ 采样 x_1^{i+1}；
3. 根据条件分布 $p(x_j^{i+1} \mid x_1^{i+1}, \cdots, x_{j-1}^{i+1}, x_{j+1}^i, \cdots, x_n^i)$ 采样 x_j^{i+1}，$1<j<n$；
4. 根据条件分布 $p(x_n^{i+1} \mid x_1^{i+1}, \cdots, x_{n-1}^{i+1})$ 采样 x_n^{i+1}；
5. 重复上述步骤 k 次。

2.13　玻耳兹曼机的学习

在马尔可夫网络中，有一种称为**玻耳兹曼机**（Boltzmann Machine，BM）的特殊结构，如图 2.16所示。玻耳兹曼机是一种由随机神经元全连接组成的神经网络模型，在结构上具有对称性和无自反馈的特点。玻耳兹曼机的神经元可以划分为两个层次，即可视层和隐含层。可视层的神经元称为可视节点，隐含层的神经元称为隐含节点。在标准玻耳兹曼机的情况下，每个节点不论是可视节点，还是隐含节点，都只取 0 或者 1 两种状态，其中 1 表示激活状态，0 表示未激活状态。

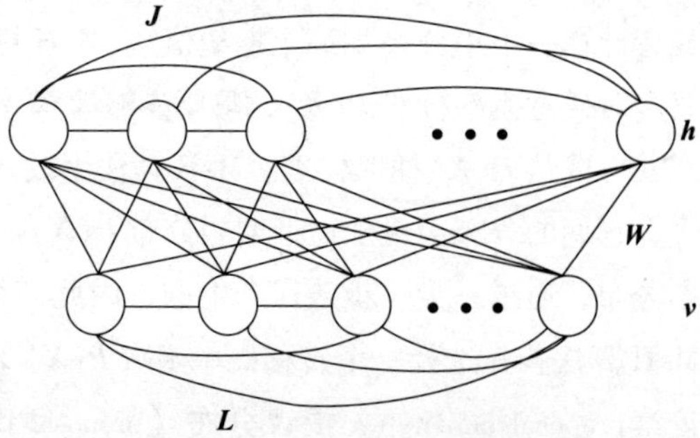

图 2.16　玻耳兹曼机的结构
（顶层表示一个随机二值隐含特征，底层表示一个随机二值可视变量）

如果一个标准玻耳兹曼机的可视向量 $\boldsymbol{v} \in \{0, 1\}^n$，隐含向量 $\boldsymbol{h} \in \{0, 1\}^m$，那么根据 Hammersley-Clifford 定理，它的能量函数可以定义为二次形式：

$$\varepsilon(\boldsymbol{v},\boldsymbol{h};\boldsymbol{\theta}) = -\frac{1}{2}\boldsymbol{v}^{\mathrm{T}}\boldsymbol{L}\boldsymbol{v} - \frac{1}{2}\boldsymbol{h}^{\mathrm{T}}\boldsymbol{J}\boldsymbol{h} - \boldsymbol{v}^{\mathrm{T}}\boldsymbol{W}\boldsymbol{h} \tag{2.114}$$

其中 $\boldsymbol{\theta}=\{\boldsymbol{W},\ \boldsymbol{L},\ \boldsymbol{J}\}$ 是模型的参数（注意，这里忽略了单点团），$\boldsymbol{W}$ 表示可视节点与隐含节点之间的权值，$\boldsymbol{L}$ 表示可视节点之间的权值，$\boldsymbol{J}$ 表示隐含节点之间的权值。可视连接矩阵 $\boldsymbol{L}$ 和隐含连接矩阵 $\boldsymbol{J}$ 的对角元素取为0。根据这个模型得到的可视节点的概率为

$$p(\boldsymbol{v};\boldsymbol{\theta}) = \frac{p^*(\boldsymbol{v};\boldsymbol{\theta})}{Z(\boldsymbol{\theta})} = \frac{1}{Z(\boldsymbol{\theta})}\sum_{\boldsymbol{h}}\exp(-\varepsilon(\boldsymbol{v},\boldsymbol{h};\boldsymbol{\theta})) \tag{2.115}$$

$$Z(\boldsymbol{\theta}) = \sum_{\boldsymbol{v}}\sum_{\boldsymbol{h}}\exp(-\varepsilon(\boldsymbol{v},\boldsymbol{h};\boldsymbol{\theta})) \tag{2.116}$$

其中，p^* 表示未归一化的概率，$Z(\boldsymbol{\theta})$表示配分函数。此外，可视节点和隐含节点的条件分布分别为

$$p(h_j = 1 \mid \boldsymbol{v},\boldsymbol{h}_{-j}) = \sigma\Big(\sum_{i=1}^{n} W_{ij}v_i + \sum_{k=1,k\neq j}^{m} J_{jk}h_j\Big) \tag{2.117}$$

$$p(v_i = 1 \mid \boldsymbol{h},\boldsymbol{v}_{-i}) = \sigma\Big(\sum_{j=1}^{m} W_{ij}h_j + \sum_{k=1,k\neq i}^{n} L_{ik}v_k\Big) \tag{2.118}$$

其中 $\sigma(x)=1/(1+\exp(-x))$ 是 sigmoid 函数，又称为 logistic 函数。$\boldsymbol{h}_{-j}$表示从 $\boldsymbol{h}$ 中去掉第 j 个隐含节点，$\boldsymbol{v}_{-i}$表示从 $\boldsymbol{v}$ 中去掉第 i 个可视节点。

在玻耳兹曼机的学习训练阶段，所有可视节点都被钳制在环境决定的特定状态下。但隐含神经元总是自由运行的，它们用来解释环境输入向量包含的固有约束。如果玻耳兹曼机在一组特定的权值下导出的可视节点的概率分布与可视节点被环境输入向量所钳制时的状态概率分布完全一样，就说它构造了环境结构的一个完整模型。一般情况下，除非隐含节点数目是可视节点数目的指数，否则不可能得到完整模型。但是在具有规则结构的环境中，利用较少的隐含节点也可以建立一个较好的环境匹配模型。

玻耳兹曼机学习的目标是最大化似然函数或等价的对数似然函数。如果训练集 $S=\{\boldsymbol{v}^{(l)},\ 1\leqslant l\leqslant N\}$，那么对数似然函数的定义如下：

$$l_{\mathrm{BM}}(\boldsymbol{\theta}) = \log\prod_{l=1}^{N} p(\boldsymbol{v}^{(l)};\boldsymbol{\theta}) = \sum_{l=1}^{N}\log p(\boldsymbol{v}^{(l)};\boldsymbol{\theta}) \tag{2.119}$$

利用梯度上升算法，不难推导出玻耳兹曼机的学习规则[65]，即权值的更新量：

$$\begin{cases}\Delta\boldsymbol{W} = \eta(E_{P_{\mathrm{data}}}[\boldsymbol{v}\boldsymbol{h}^{\mathrm{T}}] - E_{P_{\mathrm{mod\ el}}}[\boldsymbol{v}\boldsymbol{h}^{\mathrm{T}}])\\ \Delta\boldsymbol{L} = \eta(E_{P_{\mathrm{data}}}[\boldsymbol{v}\boldsymbol{v}^{\mathrm{T}}] - E_{P_{\mathrm{mod\ el}}}[\boldsymbol{v}\boldsymbol{v}^{\mathrm{T}}])\\ \Delta\boldsymbol{J} = \eta(E_{P_{\mathrm{data}}}[\boldsymbol{h}\boldsymbol{h}^{\mathrm{T}}] - E_{P_{\mathrm{mod\ el}}}[\boldsymbol{h}\boldsymbol{h}^{\mathrm{T}}])\end{cases} \tag{2.120}$$

其中 $\eta>0$ 是学习率，$P_{\mathrm{data}}(\boldsymbol{v})=\dfrac{1}{N}\sum_{l=1}^{N}\delta(\boldsymbol{v}-\boldsymbol{v}^{(l)})$是数据的经验分布（empirical distribution）；$E_{P_{\mathrm{data}}}[\cdot]$ 表示对完全数据分布 $P_{\mathrm{data}}(\boldsymbol{h},\ \boldsymbol{v};\ \boldsymbol{\theta})=p(\boldsymbol{h}\mid\boldsymbol{v};\ \boldsymbol{\theta})P_{\mathrm{data}}(\boldsymbol{v})$求期望，又称为数据依赖期望（the data-dependent expectation）；$E_{P_{\mathrm{mod\ el}}}[\cdot]$ 表示对模型分布求期望，又称为模型期望（the model's expectation）或者数据独立期望（the data-independent expectation）。

对玻耳兹曼机来说，精确的极大似然估计是难解的，因为数据依赖期望和模型期望的精确计算时间是隐含节点的指数函数。Hinton 和 Sejnowski 曾提出利用吉布斯采样的近似计算方案[128]，其中需要运行一个马尔可夫链逼近数据依赖期望，另一个马尔可夫链逼近模型期望。但是这种方案很难达到稳态分布，特别是在对真实世界的数据分布进行建模时。更有效的方案是，采用**持续马尔可夫链**（persistent Markov chain）估计模型期望，而采用**变分学习方法**（variational learning approach）估计数据依赖期望。

持续马尔可夫链是通过一种随机逼近程序（Stochastic Approximation Procedure，SAP）产生的，其特点是从随机样本开始进行吉布斯采样，而不是从训练样本开始采样。SAP 是一种属于 Robbins-Monro 类型的随机逼近算法[129-134]，其背后的思想是非常简单、直接的。如果用 $\boldsymbol{\theta}^t$ 和 X^t 表示当前的参数和状态，那么 *SAP* 对 X^t 和 $\boldsymbol{\theta}^t$ 的迭代更新过程见算法 2.2。

算法 2.2　模型期望估计

1. 随机初始化 X^0 和 $\boldsymbol{\theta}^0$；
2. 给定 X^t、选择学习率 η_t，在保持 $\boldsymbol{\theta}^t$ 不变时，从转移概率函数 $P(X^{t+1}\mid X^t;\ \boldsymbol{\theta}^t)$ 采样得到新状态 X^{t+1}；
3. 用关于 X^{t+1} 的期望代替很难计算的模型期望，获得新参数 $\boldsymbol{\theta}^{t+1}$。

在算法 2.2 中，转移概率函数 $P(X^{t+1}\mid X^t;\ \boldsymbol{\theta}^t)$ 可以用公式（2.117）和公式（2.118）来定义。此外，学习率要求满足的一个必要条件是 η_t 单调下降、$\sum_{t=0}^{\infty}\eta_t=\infty$ 且 $\sum_{t=0}^{\infty}\eta_t^2<\infty$。比如，可选 $\eta_t=1/t$。算法 2.2 能够有效工作的原因在于：当学习率与马尔可夫链的混合率相比变得充分小时，这个“持续”链将总是会非常接近稳态分布，即使每个参数的估计只运行了几次状态采样的更新。持续链中的状态（或样本）又称为幻想粒子（fantasy pariticle）。

用变分学习方法估计数据依赖期望的基本思想是，对于每一个给定的训练向量 $\boldsymbol{v}$，都把隐含变量的真实后验分布 $p(\boldsymbol{h}\mid\boldsymbol{v};\ \boldsymbol{\theta})$ 用一个近似后验 $q(\boldsymbol{h}\mid\boldsymbol{v};\ \boldsymbol{\mu})$ 来替代，并按照对数似然函数 $\ln p(\boldsymbol{v};\ \boldsymbol{\theta})$ 的一个下界 LM 的梯度更新参数。下界 LM 定义为如下不等式的右边：

$$
\begin{aligned}
\ln p(\boldsymbol{v};\boldsymbol{\theta}) \geqslant \mathrm{LM} &= \sum_{\boldsymbol{h}} q(\boldsymbol{h}\mid\boldsymbol{v};\boldsymbol{\mu})\ln p(\boldsymbol{v},\boldsymbol{h};\boldsymbol{\theta}) + H(q)\\
&= \ln p(\boldsymbol{v};\boldsymbol{\theta}) - \mathrm{KL}[q(\boldsymbol{h}\mid\boldsymbol{v};\boldsymbol{\mu})\,\|\,p(\boldsymbol{h}\mid\boldsymbol{v};\boldsymbol{\theta})]
\end{aligned}
\tag{2.121}
$$

其中，$H(\cdot)$ 是熵泛函（entropy functional）。

根据公式（2.121）易知，在试图最大化训练数据的对数似然函数时，同时也会试图最小化近似后验 $q(\boldsymbol{h}\mid\boldsymbol{v};\ \boldsymbol{\mu})$ 和真实后验 $p(\boldsymbol{h}\mid\boldsymbol{v};\ \boldsymbol{\theta})$ 之间的 KL 散度。为了简化计算过程，令 $q(h_j=1)=\mu_j$，采用朴素平均场方法（naïve mean-field approach），选择一个完全分解的分布 $q(\boldsymbol{h}\mid\boldsymbol{v};\ \boldsymbol{\mu})=\prod_{j=1}^{m}q(h_j)$（$m$ 为隐含节点的数目），去逼近真实后验分布。从而，可以得到下界 LM 的具体形式：

$$\mathrm{LM} = \frac{1}{2}\sum_{i,k} L_{ik} v_i v_k + \frac{1}{2}\sum_{j,m} J_{jm}\mu_j\mu_m + \sum_{i,j} W_{ij} v_i \mu_j - \ln Z(\boldsymbol{\theta}) + \sum_j \left[\mu_j \ln\mu_j + (1-\mu_j)\ln(1-\mu_j)\right] \tag{2.122}$$

变分学习的具体过程就是对固定的参数 $\boldsymbol{\theta}$，通过调整变分参数 $\boldsymbol{\mu}$ 最大化这个下界，相应的平均场不动点方程为

$$\mu_j \leftarrow \sigma\left(\sum_i W_{ij} v_i + \sum_{m\setminus j} J_{mj}\mu_m\right) \tag{2.123}$$

综上所述，玻耳兹曼机的学习过程可以总结为算法2.3。

算法2.3 玻耳兹曼机的学习过程

输入： 训练集 $S=\{\boldsymbol{v}^l,\ 1\leqslant l\leqslant N\}$、网络结构

输出： 权值 $\boldsymbol{W}$、$\boldsymbol{L}$、$\boldsymbol{J}$

1. 随机初始化参数 $\boldsymbol{\theta}^0$ 和 M 个幻想粒子：$\{\tilde{\boldsymbol{v}}^{0,1},\ \tilde{\boldsymbol{h}}^{0,1}\}$，…，$\{\tilde{\boldsymbol{v}}^{0,M},\ \tilde{\boldsymbol{h}}^{0,M}\}$
2. 对于 $t=0\sim T$，则有：
   1) 对每一个训练样本 $\boldsymbol{v}^l$，$1\leqslant l\leqslant N$。
      - 随机初始化 $\boldsymbol{\mu}$，反复更新 $\mu_j \leftarrow \sigma\left(\sum_i W_{ij} v_i^l + \sum_{k=1,k\neq 1}^{m} J_{jk}\mu_k\right)$ 直到收敛。
      - 令 $\boldsymbol{\mu}^l=\boldsymbol{\mu}$。
   2) 对每个幻想粒子通过 k 步吉布斯采样产生新状态（$\tilde{\boldsymbol{v}}^{t+1,m}$，$\tilde{\boldsymbol{h}}^{t+1,m}$）。
   3) 更新参数。

$$\boldsymbol{W}^{t+1} \leftarrow \boldsymbol{W}^t + \eta_t\left(\frac{1}{N}\sum_{l=1}^{N}\boldsymbol{v}^l(\boldsymbol{\mu}^l)^{\mathrm{T}} - \frac{1}{M}\sum_{m=1}^{M}\tilde{\boldsymbol{v}}^{t+1,m}(\tilde{\boldsymbol{h}}^{t+1,m})^{\mathrm{T}}\right)$$

$$\boldsymbol{L}^{t+1} \leftarrow \boldsymbol{L}^t + \eta_t\left(\frac{1}{N}\sum_{l=1}^{N}\boldsymbol{v}^l(\boldsymbol{v}^l)^{\mathrm{T}} - \frac{1}{M}\sum_{m=1}^{M}\tilde{\boldsymbol{v}}^{t+1,m}(\tilde{\boldsymbol{v}}^{t+1,m})^{\mathrm{T}}\right)$$

$$\boldsymbol{J}^{t+1} \leftarrow \boldsymbol{J}^t + \eta_t\left(\frac{1}{N}\sum_{l=1}^{N}\boldsymbol{h}^l(\boldsymbol{h}^l)^{\mathrm{T}} - \frac{1}{M}\sum_{m=1}^{M}\tilde{\boldsymbol{h}}^{t+1,m}(\tilde{\boldsymbol{h}}^{t+1,m})^{\mathrm{T}}\right)$$

   4) 降低 η_t。
3. 结束

在玻耳兹曼机中，如果令可视连接矩阵 $\boldsymbol{L}=\boldsymbol{0}$、隐含连接矩阵 $\boldsymbol{J}=\boldsymbol{0}$，就可以得到深度学习的一种基本模型，即受限玻耳兹曼机。与一般的玻耳兹曼机不同，受限玻耳兹曼机的推理可以是精确的。虽然在受限玻耳兹曼机中进行精确的极大似然学习仍然是难解的，但是利用 **k-步对比散度**（k-step contrastive divergence，CD-k）算法可以使其学习过程变得非常高效[141]。CD-k算法在2006年前后曾经对深度学习的创立和发展起过举足轻重的作用。

2.14 通用反向传播算法

由于深度学习在本质上是人工神经网络的延续，是在克服反向传播算法对深层网络的训练

困难过程中逐步发展和建立起来的，因此有必要先讨论反向传播算法，又称为 BP 算法。下面将给出任意前馈神经网络的通用 BP 算法，以帮助读者理解其他各种不同网络的具体 BP 算法。

不妨设前馈神经网络共包含 N 个节点 $\{u_1, u_2, \cdots, u_N\}$，只有从编号较小的神经元才能连接到编号较大的神经元，没有反馈连接。当网络共包含 10 个节点时，通用前馈神经网络的一种连接方式如图 2.17 所示。第 n 个节点对第 l 个输入样本的输出用 $x_{n,l}$ 表示，其中 $1 \leqslant n \leqslant N$ 且 $1 \leqslant l \leqslant L$。如果 u_n 是输入节点，那么它对第 l 个输入样本的输入为 $\mathrm{net}_{n,l} = x_{n,l}$；否则，相应的输入为 $\mathrm{net}_{n,l} = \sum_k w_{k \to n} x_{k,l}$ 且 $x_{n,l} = f_n(\mathrm{net}_{n,l})$，其中非输入节点可以是隐含节点或输出节点，$w_{k \to n}(k < n)$ 表示从第 k 个节点到第 n 个节点的有向连接 $k \to n$ 的权值，f_n 表示第 n 个节点的激活函数，比如 sigmoid 函数，即 $\sigma(x) = \mathrm{sigm}(x) = 1/(1+\mathrm{e}^{-x})$，$\sigma'(x) = \sigma(x)(1-\sigma(x))$。此外，若令 $x_{0,l} = 1$，则可用 $w_{0 \to n}$ 表示非输入节点 u_n 的偏置值。最后，用 OUT 表示所有输出神经元的集合，且对任意 $n \in \mathrm{OUT}$，用 $y_{n,l}$ 表示 $x_{n,l}$ 的期望值，用 $e_{n,l} = \frac{1}{2}(x_{n,l} - y_{n,l})^2$ 表示编号为 n 的输出神经元对第 l 个输入样本产生的输出误差。如果用 $\varepsilon = \sum_{n \in \mathrm{OUT}} \sum_{l=1}^{L} e_{n,l}$ 表示总的输出误差，用 $\delta_{n,l} = \frac{\partial \varepsilon}{\partial \mathrm{net}_{n,l}}$ 表示每个神经元的反传误差信号（backpropagated error signal）或灵敏度（sensitivity），那么利用偏导数的链式法则可以得到：

$$\begin{aligned}\forall n \in \mathrm{OUT}, \frac{\partial \varepsilon}{\partial w_{k \to n}} &= \sum_{t=1}^{T} \frac{\partial \varepsilon}{\partial \mathrm{net}_{n,l}} \frac{\partial \mathrm{net}_{n,l}}{\partial w_{k \to n}} = \sum_{l=1}^{L} (x_{n,l} - y_{n,l}) f_n'(\mathrm{net}_{n,l}) \frac{\partial \mathrm{net}_{n,l}}{\partial w_{k \to n}} \\ &= \sum_{l=1}^{L} \delta_{n,l} \frac{\partial \mathrm{net}_{n,l}}{\partial w_{k \to n}} \end{aligned} \tag{2.124}$$

$$\begin{aligned}\forall k \notin \mathrm{OUT}, \frac{\partial \varepsilon}{\partial w_{j \to k}} &= \sum_{l=1}^{L} \frac{\partial \varepsilon}{\partial \mathrm{net}_{k,l}} \frac{\partial \mathrm{net}_{k,l}}{\partial w_{j \to k}} = \sum_{l=1}^{L} \left(\sum_{k \to n} \frac{\partial \varepsilon}{\partial \mathrm{net}_{n,l}} \frac{\partial \mathrm{net}_{n,l}}{\partial \mathrm{net}_{k,l}} \right) \frac{\partial \mathrm{net}_{n,l}}{\partial w_{j \to k}} \\ &= \sum_{l=1}^{L} \left(\sum_{k \to n} w_{k \to n} \delta_{n,l} \right) f_k'(\mathrm{net}_{k,l}) \frac{\partial \mathrm{net}_{k,l}}{\partial w_{j \to k}} = \sum_{l=1}^{L} \delta_{k,l} \frac{\partial \mathrm{net}_{k,l}}{\partial w_{j \to k}} \end{aligned} \tag{2.125}$$

因此，根据公式（2.124）和公式（2.125），在理论上可以设计一个前馈神经网络的通用 BP 算法，即算法 2.4。

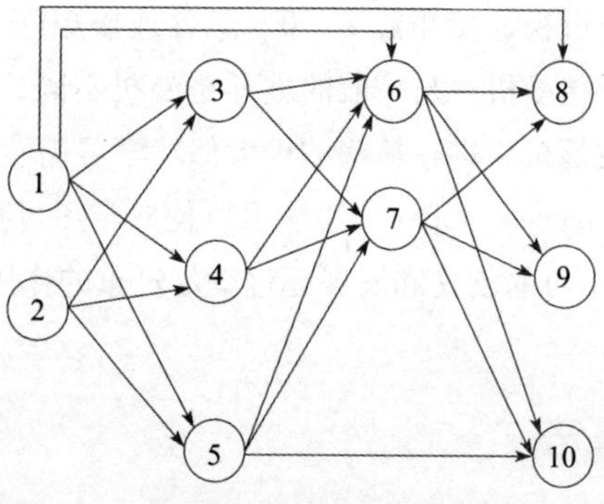

图 2.17　通用前馈神经网络的示意图，$N=10$

算法2.4 通用BP算法的一次迭代过程

1. 设置合适的学习率 $\eta>0$，随机初始化 $w_{k\to n}\approx 0$。
2. 若 $l=1, \cdots, L$，则
   - 如果 n 是输出节点，则计算其反传误差信号 $\delta_{n,l}=(x_{n,l}-y_{n,l})f_n'(\mathrm{net}_{n,l})$。
   - 否则递归计算其反传误差信号 $\delta_{k,l}=\left(\sum_{k\to n} w_{k\to n}\delta_{n,l}\right)f_k'(\mathrm{net}_{k,l})$。
3. 计算 $\Delta w_{k\to n}=\sum_{l=1}^{L}\delta_{n,l}x_{k,l}$，并更新 $w_{k\to n}=w_{k\to n}-\eta\Delta w_{k\to n}$。

注意，在算法2.4中，只给出了通用BP算法的一次迭代过程，在实际应用时，还需要选择合适的迭代次数，常常在进行多次、几十次、几百次，甚至成千上万次迭代之后，才能获得令人满意的学习训练效果。

如果把循环神经网络的结构按时间展开成虚拟的前馈网络结构，同时考虑权值和偏置在时间上共享的特点，那么也不难得到相应的时间展开BP算法（backpropagation through time, BPTT）。这在介绍循环神经网络时还将讨论更多的细节。

2.15 通用逼近定理

多层感知器是一种非常著名的人工神经网络模型，如果包含足够多的隐含神经元，那么即使只有一个隐含层，它所表达的输入输出映射在理论上也能够充分逼近任何一个定义在单位立方体上的连续函数。这就是通用逼近定理的核心内容[142-144]，其严谨的数学描述和表达如下：

令激活函数 φ 是一个非常数、有界且单调递增的连续函数。$I_m=[0, 1]^m$ 表示 m 维空间的单位超立方体，$C(I_m)$ 表示 I_m 上的连续函数空间。那么，给定任意连续函数 $f\in C(I_m)$ 和 $\varepsilon>0$，存在一个正整数 $n>0$，实常数 α_i，w_{ij}，$b_j(1\leqslant i\leqslant n, 1\leqslant j\leqslant m)$，使得

$$F(x_1,x_2,\cdots,x_m)=\sum_{i=1}^{n}\alpha_i\varphi\left(\sum_{j=1}^{m}w_{ij}x_j+b_i\right) \tag{2.126}$$

对输入空间中的所有 x_1，x_2，…，x_m，满足

$$\left|F(x_1,x_2,\cdots,x_m)-f(x_1,x_2,\cdots,x_m)\right|<\varepsilon \tag{2.127}$$

CHAPTER 3

第3章

受限玻耳兹曼机

受限玻耳兹曼机（Restricted Boltzmann Machines，RBM）是一种能够解释为随机神经网络的概率图模型，随着计算能力的增加和快速算法的发展已经广泛应用于解决相关的机器学习问题。由于受限玻耳兹曼机只具有两层结构，所以从严格意义上说并不是一种真正的深度学习模型。这种模型之所以受到关注，是因为它可以用作基本模块来构造自编码器、深层信念网络、深层玻耳兹曼机等许多其他深层学习模型。本章将从概率图模型的角度，分别讨论受限玻耳兹曼机的标准模型、学习算法、案例分析及其有关变种。

3.1 受限玻耳兹曼机的标准模型

受限玻耳兹曼机是一种特殊类型的玻耳兹曼机（Boltzmann machine）[23][63]。玻耳兹曼机在理论上是一种由可视层和隐含层组成的概率无向图模型（probabilistic undirected graph model）[23]，具有两层结构、对称连接和无自反馈的特点，如图3.1所示。需要强调的是，在一个玻耳兹曼机中，可视层的任意两个内部节点之间可以相互连接，隐含层的任意两个内部节点之间可以相互连接，任意可视层节点和任意隐含层节点之间也可以相互连接。

从概率图模型的角度看，通过在玻耳兹曼机中完全禁止可视层和隐含层的内部节点连接，只允许在可视层和隐含层之间的节点连接，得到的简化模型就是受限玻耳兹曼机，如图3.2所示。不妨设可视层有 m 个节点，其中第 j 节点的输入用 v_j 表示；隐含层有 n 个节点，其中第 i 节点的输出用 h_i 表示。令可视向量 $\boldsymbol{v}=(v_1, v_2, \cdots, v_m)^{\mathrm{T}}$，隐含向量 $\boldsymbol{h}=(h_1, h_2, \cdots, h_n)^{\mathrm{T}}$。标准的RBM是二值的，也就是说，所有的可视节点和隐含节点均为二值变量，即 $\forall 1\leqslant j\leqslant m$，$1\leqslant i\leqslant n$，$v_j\in\{0, 1\}$，$h_i\in\{0, 1\}$。

根据受限玻耳兹曼机的极大团构造（仅包括单点团和两点团）[63]，结合 **Hammersley-Clifford 定理**，可以把标准受限玻耳兹曼机的能量函数定义如下：

$$\varepsilon(\boldsymbol{v},\boldsymbol{h}\mid\boldsymbol{\theta}) = -\sum_{i=1}^{n}\sum_{j=1}^{m} w_{ij}h_i v_j - \sum_{j=1}^{m} a_j v_j - \sum_{i=1}^{n} b_i h_i \tag{3.1}$$

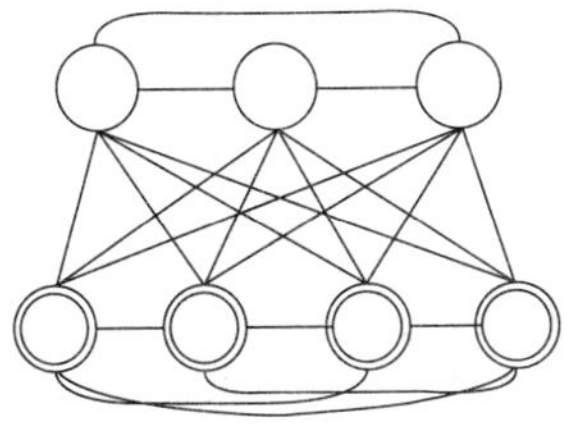

图3.1　玻耳兹曼机

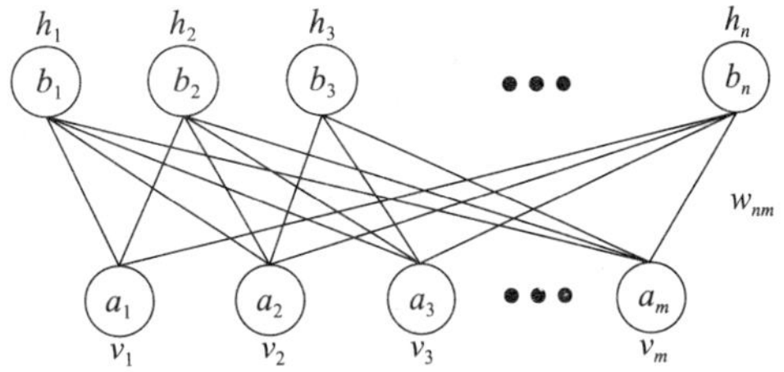

图3.2　受限玻耳兹曼机

其中 $\boldsymbol{\theta}=\{w_{ij},\ a_j,\ b_i:\ 1\leqslant i\leqslant n,\ 1\leqslant j\leqslant m\}$，$w_{ij}$表示可视节点$j$与隐含节点$i$之间的权值，$a_j$表示可视节点$j$的偏置，$b_i$表示隐含节点$i$的偏置。

当参数确定时，利用能量函数不难得到受限玻耳兹曼机的联合分布：

$$p(\boldsymbol{v},\boldsymbol{h}\mid\boldsymbol{\theta})=\frac{1}{Z(\boldsymbol{\theta})}\mathrm{e}^{-\varepsilon(\boldsymbol{v},\boldsymbol{h}\mid\boldsymbol{\theta})}=\frac{1}{Z(\boldsymbol{\theta})}\exp(-\varepsilon(\boldsymbol{v},\boldsymbol{h}\mid\boldsymbol{\theta}))\tag{3.2}$$

其中 $Z(\boldsymbol{\theta})=\sum_{\boldsymbol{v},\boldsymbol{h}}\mathrm{e}^{-\varepsilon(\boldsymbol{v},\boldsymbol{h}\mid\boldsymbol{\theta})}=\sum_{\boldsymbol{v},\boldsymbol{h}}\exp(-\varepsilon(\boldsymbol{v},\boldsymbol{h}\mid\boldsymbol{\theta}))$ 是配分函数，起归一化因子的作用。

因此，对联合概率分布取边缘分布，就能得到受限玻耳兹曼机的可视向量分布：

$$\begin{aligned}p(\boldsymbol{v}\mid\boldsymbol{\theta})&=\sum_{\boldsymbol{h}}p(\boldsymbol{v},\boldsymbol{h}\mid\boldsymbol{\theta})=\frac{1}{Z(\boldsymbol{\theta})}\sum_{\boldsymbol{h}}\exp(-\varepsilon(\boldsymbol{v},\boldsymbol{h}\mid\boldsymbol{\theta}))\\&=\frac{1}{Z(\boldsymbol{\theta})}\sum_{h_1}\sum_{h_2}\cdots\sum_{h_n}\exp\left(\sum_{i=1}^{n}\sum_{j=1}^{m}w_{ij}h_iv_j+\sum_{j=1}^{m}a_jv_j+\sum_{i=1}^{n}b_ih_i\right)\\&=\frac{1}{Z(\boldsymbol{\theta})}\exp\left(\sum_{j=1}^{m}a_jv_j\right)\sum_{h_1}\sum_{h_2}\cdots\sum_{h_n}\prod_{i=1}^{n}\exp\left(h_i\left(\sum_{j=1}^{m}w_{ij}v_j+b_i\right)\right)\\&=\frac{1}{Z(\boldsymbol{\theta})}\exp\left(\sum_{j=1}^{m}a_jv_j\right)\prod_{i=1}^{n}\sum_{h_i}\exp\left(h_i\left(\sum_{j=1}^{m}w_{ij}v_j+b_i\right)\right)\\&=\frac{1}{Z(\boldsymbol{\theta})}\exp\left(\sum_{j=1}^{m}a_jv_j\right)\prod_{i=1}^{n}\left(1+\exp\left(\sum_{j=1}^{m}w_{ij}v_j+b_i\right)\right)\end{aligned}\tag{3.3}$$

及其隐含向量分布：

$$\begin{aligned}p(\boldsymbol{h}\mid\boldsymbol{\theta})&=\sum_{\boldsymbol{v}}p(\boldsymbol{v},\boldsymbol{h}\mid\boldsymbol{\theta})=\frac{1}{Z(\boldsymbol{\theta})}\sum_{\boldsymbol{v}}\exp(-\varepsilon(\boldsymbol{v},\boldsymbol{h}\mid\boldsymbol{\theta}))\\&=\frac{1}{Z(\boldsymbol{\theta})}\exp(\sum_{i=1}^{n}b_ih_i)\prod_{j=1}^{m}(1+\exp(\sum_{i=1}^{n}w_{ij}h_i+a_j))\end{aligned}\tag{3.4}$$

如果令 $\sigma(x)=\mathrm{sigm}(x)=1/(1+\mathrm{e}^{-x})$，那么还可以推导出下面的条件概率计算公式[145]：

$$p(h_i\mid\boldsymbol{v},\boldsymbol{\theta})=\frac{\sum_{h_1}\sum_{h_2}\cdots\sum_{h_{i-1}}\sum_{h_{i+1}}\cdots\sum_{h_n}p(\boldsymbol{v},\boldsymbol{h}\mid\boldsymbol{\theta})}{p(\boldsymbol{v}\mid\boldsymbol{\theta})}$$

$$= \frac{\sum_{h_1}\sum_{h_2}\cdots\sum_{h_{i-1}}\sum_{h_{i+1}}\cdots\sum_{h_n}\exp\left(\sum_{i=1}^{n}\sum_{j=1}^{m}w_{ij}h_iv_j+\sum_{j=1}^{m}a_jv_j+\sum_{i=1}^{n}b_ih_i\right)}{\sum_{h_1}\sum_{h_2}\cdots\sum_{h_n}\exp\left(\sum_{i=1}^{n}\sum_{j=1}^{m}w_{ij}h_iv_j+\sum_{j=1}^{m}a_jv_j+\sum_{i=1}^{n}b_ih_i\right)}$$

$$= \frac{\exp\left(\sum_{j=1}^{m}a_jv_j\right)\exp\left(h_i\left(\sum_{j=1}^{m}w_{ij}v_j+b_i\right)\right)\prod_{k=1,k\neq i}^{n}\left(1+\exp\left(\sum_{j=1}^{m}w_{ij}v_j+b_i\right)\right)}{\exp\left(\sum_{j=1}^{m}a_jv_j\right)\prod_{i=1}^{n}\left(1+\exp\left(\sum_{j=1}^{m}w_{ij}v_j+b_i\right)\right)}$$

$$= \frac{\exp\left(h_i\left(\sum_{j=1}^{m}w_{ij}v_j+b_i\right)\right)}{1+\exp\left(\sum_{j=1}^{m}w_{ij}v_j+b_i\right)} \tag{3.5}$$

$$p(h_i=1\mid \boldsymbol{v},\boldsymbol{\theta}) = \sigma\left(\sum_{j=1}^{m}w_{ij}v_j+b_i\right) = \mathrm{sigm}\left(\sum_{j=1}^{m}w_{ij}v_j+b_i\right) \tag{3.6}$$

$$p(v_j\mid \boldsymbol{h},\boldsymbol{\theta}) = \frac{\exp\left(v_j\left(\sum_{i=1}^{n}w_{ij}h_i+a_j\right)\right)}{1+\exp\left(\sum_{i=1}^{n}w_{ij}h_i+a_j\right)} \tag{3.7}$$

$$p(v_j=1\mid \boldsymbol{h},\boldsymbol{\theta}) = \sigma\left(\sum_{i=1}^{n}w_{ij}h_i+a_j\right) = \mathrm{sigm}\left(\sum_{i=1}^{n}w_{ij}h_i+a_j\right) \tag{3.8}$$

$$p(\boldsymbol{h}\mid \boldsymbol{v},\boldsymbol{\theta}) = \frac{p(\boldsymbol{v},\boldsymbol{h}\mid\boldsymbol{\theta})}{p(\boldsymbol{v}\mid\boldsymbol{\theta})} = \frac{\exp\left(\sum_{i=1}^{n}\sum_{j=1}^{m}w_{ij}h_iv_j+\sum_{j=1}^{m}a_jv_j+\sum_{i=1}^{n}b_ih_i\right)}{\exp\left(\sum_{j=1}^{m}a_jv_j\right)\prod_{i=1}^{n}\left(1+\exp\left(\sum_{j=1}^{m}w_{ij}v_j+b_i\right)\right)}$$

$$= \frac{\prod_{i=1}^{n}\exp\left(h_i\left(\sum_{j=1}^{m}w_{ij}v_j+b_i\right)\right)}{\prod_{i=1}^{n}\left(1+\exp\left(\sum_{j=1}^{m}w_{ij}v_j+b_i\right)\right)} = \prod_{i=1}^{n}p(h_i\mid\boldsymbol{v},\boldsymbol{\theta}) \tag{3.9}$$

$$p(\boldsymbol{v}\mid \boldsymbol{h},\boldsymbol{\theta}) = \prod_{j=1}^{m}p(v_j\mid\boldsymbol{h},\boldsymbol{\theta}) \tag{3.10}$$

根据上述条件概率计算公式，就可以在理论上把受限玻耳兹曼机解释为一个激活函数为 $\sigma(x)=\mathrm{sigm}(x)$ 的随机神经网络。

3.2　受限玻耳兹曼机的学习算法

受限玻耳兹曼机的学习就是对模型参数集 $\boldsymbol{\theta}$ 进行计算，常用的方法是最大似然估计，其基本思想在于采用梯度上升算法最大化总体对数似然函数。在给定可视向量训练集 $S=\{\boldsymbol{v}^{(l)},\ 1\leqslant$

$l \leqslant N\}$ 时，受限玻耳兹曼机的对数似然函数定义为

$$l_{\mathrm{RBM}}(\boldsymbol{\theta}) = \log \prod_{l=1}^{N} p(\boldsymbol{v}^{(l)} \mid \boldsymbol{\theta}) = \sum_{l=1}^{N} \log p(\boldsymbol{v}^{(l)} \mid \boldsymbol{\theta}) \tag{3.11}$$

由于

$$\begin{aligned} l_{\mathrm{RBM}}(\boldsymbol{\theta}) &= \sum_{l=1}^{N} \log \sum_{\boldsymbol{h}} p(\boldsymbol{v}^{(l)}, \boldsymbol{h} \mid \boldsymbol{\theta}) = \sum_{l=1}^{N} \log \frac{\sum_{\boldsymbol{h}} \exp(-\varepsilon(\boldsymbol{v}^{(l)}, \boldsymbol{h} \mid \boldsymbol{\theta}))}{\sum_{\boldsymbol{v},\boldsymbol{h}} \exp(-\varepsilon(\boldsymbol{v}, \boldsymbol{h} \mid \boldsymbol{\theta}))} \\ &= \sum_{l=1}^{N} \left(\log \sum_{\boldsymbol{h}} \exp(-\varepsilon(\boldsymbol{v}^{(l)}, \boldsymbol{h} \mid \boldsymbol{\theta})) - \log \sum_{\boldsymbol{v},\boldsymbol{h}} \exp(-\varepsilon(\boldsymbol{v}, \boldsymbol{h} \mid \boldsymbol{\theta}))\right) \end{aligned} \tag{3.12}$$

所以，受限玻耳兹曼机的对数似然梯度为

$$\begin{aligned} \frac{\partial l_{\mathrm{RBM}}(\boldsymbol{\theta})}{\partial \boldsymbol{\theta}} &= \sum_{l=1}^{N} \frac{\partial}{\partial \boldsymbol{\theta}} \left(\log \sum_{\boldsymbol{h}} \exp\{-\varepsilon(\boldsymbol{v}^{(l)}, \boldsymbol{h} \mid \boldsymbol{\theta}) - \log \sum_{\boldsymbol{v},\boldsymbol{h}} \exp\{-\varepsilon(\boldsymbol{v}, \boldsymbol{h} \mid \boldsymbol{\theta})\}\right) \\ &= \sum_{l=1}^{N} \left(\sum_{\boldsymbol{h}} \left(\frac{\exp(-\varepsilon(\boldsymbol{v}^{(l)}, \boldsymbol{h} \mid \boldsymbol{\theta}))}{\sum_{\boldsymbol{h}} \exp(-\varepsilon(\boldsymbol{v}^{(l)}, \boldsymbol{h} \mid \boldsymbol{\theta}))} \times \frac{\partial(-\varepsilon(\boldsymbol{v}^{(l)}, \boldsymbol{h} \mid \boldsymbol{\theta}))}{\partial \boldsymbol{\theta}} \right) \right. \\ &\quad \left. - \sum_{\boldsymbol{v},\boldsymbol{h}} \left(\frac{\exp(-\varepsilon(\boldsymbol{v}, \boldsymbol{h} \mid \boldsymbol{\theta}))}{\sum_{\boldsymbol{v},\boldsymbol{h}} \exp(-\varepsilon(\boldsymbol{v}, \boldsymbol{h} \mid \boldsymbol{\theta}))} \times \frac{\partial(-\varepsilon(\boldsymbol{v}, \boldsymbol{h} \mid \boldsymbol{\theta}))}{\partial \boldsymbol{\theta}} \right) \right) \\ &= \sum_{l=1}^{N} \left(-\sum_{\boldsymbol{h}} \left(p(\boldsymbol{h} \mid \boldsymbol{v}^{(l)}, \boldsymbol{\theta}) \frac{\partial(\varepsilon(\boldsymbol{v}^{(l)}, \boldsymbol{h} \mid \boldsymbol{\theta}))}{\partial \boldsymbol{\theta}} \right) + \sum_{\boldsymbol{v},\boldsymbol{h}} \left(p(\boldsymbol{v}, \boldsymbol{h} \mid \boldsymbol{\theta}) \frac{\partial(\varepsilon(\boldsymbol{v}, \boldsymbol{h} \mid \boldsymbol{\theta}))}{\partial \boldsymbol{\theta}} \right) \right) \\ &= \sum_{l=1}^{N} \left(-E_{p(\boldsymbol{h} \mid \boldsymbol{v}^{(l)}, \boldsymbol{\theta})} \left(\frac{\partial(\varepsilon(\boldsymbol{v}^{(l)}, \boldsymbol{h} \mid \boldsymbol{\theta}))}{\partial \boldsymbol{\theta}} \right) + E_{p(\boldsymbol{v}, \boldsymbol{h} \mid \boldsymbol{\theta})} \left(\frac{\partial(\varepsilon(\boldsymbol{v}, \boldsymbol{h} \mid \boldsymbol{\theta}))}{\partial \boldsymbol{\theta}} \right) \right) \end{aligned} \tag{3.13}$$

其中，$E_p(\cdot)$ 表示求关于分布 p 的数学期望，$p(\boldsymbol{h} \mid \boldsymbol{v}^{(l)}, \boldsymbol{\theta})$ 表示在可视向量为 $\boldsymbol{v}^{(l)}$ 时，隐含向量的条件概率分布。

根据公式（3.13）可得对数似然梯度关于各个参数的偏导为

$$\begin{aligned} \frac{\partial l_{\mathrm{RBM}}(\boldsymbol{\theta})}{\partial w_{ij}} &= \sum_{l=1}^{N} \left(E_{p(\boldsymbol{h} \mid \boldsymbol{v}^{(l)}, \boldsymbol{\theta})}[h_i v_j^{(l)}] - E_{p(\boldsymbol{v}, \boldsymbol{h} \mid \boldsymbol{\theta})}[h_i v_j]\right) \\ &= \sum_{l=1}^{N} \left(p(h_i = 1 \mid \boldsymbol{v}^{(l)}, \boldsymbol{\theta}) v_j^{(l)} - \sum_{\boldsymbol{v}} p(\boldsymbol{v} \mid \boldsymbol{\theta}) p(h_i = 1 \mid \boldsymbol{v}, \boldsymbol{\theta}) v_j\right) \end{aligned} \tag{3.14}$$

$$\frac{\partial l_{\mathrm{RBM}}(\boldsymbol{\theta})}{\partial a_j} = \sum_{l=1}^{N} \left(E_{P(\boldsymbol{h} \mid \boldsymbol{v}^{(l)}, \boldsymbol{\theta})}[v_j^{(l)}] - E_{p(\boldsymbol{v}, \boldsymbol{h} \mid \boldsymbol{\theta})}[v_j]\right) = \sum_{l=1}^{N} \left(v_j^{(l)} - \sum_{\boldsymbol{v}} p(\boldsymbol{v} \mid \boldsymbol{\theta}) v_j\right) \tag{3.15}$$

$$\begin{aligned} \frac{\partial l_{\mathrm{RBM}}(\boldsymbol{\theta})}{\partial b_i} &= \sum_{l=1}^{N} \left(E_{p(\boldsymbol{h} \mid \boldsymbol{v}^{(l)}, \boldsymbol{\theta})}[h_i] - E_{p(\boldsymbol{v}, \boldsymbol{h} \mid \boldsymbol{\theta})}[h_i]\right) \\ &= \sum_{l=1}^{N} \left(p(h_i = 1 \mid \boldsymbol{v}^{(l)}, \boldsymbol{\theta}) - \sum_{\boldsymbol{v}} p(\boldsymbol{v} \mid \boldsymbol{\theta}) p(h_i = 1 \mid \boldsymbol{v}, \boldsymbol{\theta})\right) \end{aligned} \tag{3.16}$$

显然，直接利用公式（3.14）~公式（3.16）计算上述偏导值的效率是非常低的，因为在计算 $E_{p(\boldsymbol{v},\boldsymbol{h} \mid \boldsymbol{\theta})}[h_i v_j]$、$E_{p(\boldsymbol{v},\boldsymbol{h} \mid \boldsymbol{\theta})}[v_j]$ 和 $E_{p(\boldsymbol{v},\boldsymbol{h} \mid \boldsymbol{\theta})}[h_i]$ 的期望值时，需要进行具有指数复杂度的求

和运算。

为了快速计算受限玻耳兹曼机的对数似然梯度，可以采用一类称为对比散度（Contrastive Divergence，CD）的近似算法[146,147]。其中常用的是 k 步对比散度算法（k-step Contrastive Divergence，CD-k），详见算法3.1。注意，算法3.1并未加入学习率等预设参数，与网上下载的实现代码可能略有不同。

算法3.1　k 步对比散度（CD－k）

输入：RBM(v_1，…，v_m，h_1，…，h_n)、训练集 $S=\{\boldsymbol{v}^{(l)},\ 1\leqslant l\leqslant N\}$

输出：梯度近似 Δw_{ij}、Δa_j、Δb_i，其中，$i=1,\ \cdots,\ n,\ j=1,\ \cdots,\ m$

初始化：$\Delta w_{ij}=\Delta a_j=\Delta b_i=0$，其中，$i=1,\ \cdots,\ n,\ j=1,\ \cdots,\ m$

```
for all the v^(l) ∈ S do
  g^(0) ← v^(l)
  for t = 0, …, k-1 do
    for i = 1, …, n do h_i^(t) ~ p(h_i | g^(t), θ) end for
    for j = 1, …, m do g_j^(t+1) ~ p(v_j | h^(t), θ) end for
  end for
  for i = 1, …, n, j = 1, …, m do
      Δw_ij ← Δw_ij + p(h_i = 1 | g^(0), θ) · g_j^(0) - p(h_i = 1 | g^(k), θ) · g_j^(k)
  end for
  for j = 1, …, m do Δa_j ← Δa_j + (g_j^(0) - g_j^(k)) end for
  for j = 1, …, n do Δb_j ← Δb_i + p(h_i = 1 | g^(0), θ) - p(h_i = 1 | g^(k), θ) end for
end for
```

不难看出，CD-k 算法的核心是一种特殊的吉布斯采样，称为交错吉布斯采样（alternating Gibbs sampling）或者分块吉布斯采样（blocked Gibbs sampling）[145]，如图3.3所示。吉布斯采样是一种MCMC算法，在直接采样困难的情况下，可以用来生成一个吉布斯蒙特卡罗马尔可夫链或吉布斯链[148,149]，用以近似一个给定多变量分布的样本。交错吉布斯采样主要包括下面两个关键步骤：

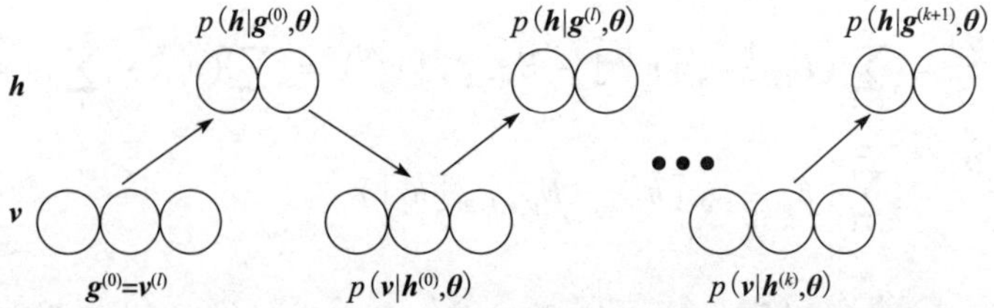

图3.3　交错吉布斯采样

1）令 $t=0$，用可视向量的训练样本 $\boldsymbol{v}^{(l)}$ 初始化吉布斯链，得到 $\boldsymbol{g}^{(t)}=(g_1^{(t)},\ g_2^{(t)},\ \cdots,$

$g_m^{(t)})^{\mathrm{T}} = \boldsymbol{v}^{(l)}$。

2）通过迭代依次从 $p(\boldsymbol{h} \mid \boldsymbol{g}^{(t)}, \boldsymbol{\theta})$ 采样 $\boldsymbol{h}^{(t)} = (h_1^{(t)}, h_2^{(t)}, \cdots, h_n^{(t)})$，从 $p(\boldsymbol{v} \mid \boldsymbol{h}^{(t)}, \boldsymbol{\theta})$ 采样 $\boldsymbol{g}^{(t+1)}$，直到 $t+1=k$。

对每一个可视向量样本 $\boldsymbol{v}^{(l)}$，都可以利用交错吉布斯采样生成一个 k 步吉布斯链，$\boldsymbol{g}^{(l,0)} = \boldsymbol{v}^{(l)}$，$\boldsymbol{h}^{(l,0)}$，$\boldsymbol{g}^{(l,1)}$，…，$\boldsymbol{h}^{(l,k)}$，$\boldsymbol{g}^{(l,k+1)}$。根据这个吉布斯链，就可以近似计算在训练样本仅为 $\boldsymbol{v}^{(l)}$ 时的对数似然梯度如下：

$$\frac{\partial l_{\mathrm{RBM}}(\boldsymbol{\theta})}{\partial w_{ij}} \approx \sum_{l=1}^{N} \left(p(h_i = 1 \mid \boldsymbol{g}^{(l,0)}, \boldsymbol{\theta}) g_j^{(l,0)} - p(h_i = 1 \mid \boldsymbol{g}^{(l,k)}, \boldsymbol{\theta}) g_j^{(l,k)}\right) \tag{3.17}$$

$$\frac{\partial l_{\mathrm{RBM}}(\boldsymbol{\theta})}{\partial a_j} \approx \sum_{l=1}^{N} \left(g_j^{(l,0)} - g_j^{(l,k)}\right) \tag{3.18}$$

$$\frac{\partial l_{\mathrm{RBM}}(\boldsymbol{\theta})}{\partial b_i} \approx \sum_{l=1}^{N} \left(p(h_i = 1 \mid \boldsymbol{g}^{(l,0)}, \boldsymbol{\theta}) - p(h_i = 1 \mid \boldsymbol{g}^{(l,k)}, \boldsymbol{\theta})\right) \tag{3.19}$$

显然，算法 3.1 就是公式（3.17）~公式(3.19）的结果。它被称为 CD-k 是因为最大化 RBM 的对数似然函数 $l_{\mathrm{RBM}}(\boldsymbol{\theta})$ 在理论上恰好等价于最小化 Kullback-Leibler 散度 $\mathrm{KL}(p_0 \| p_\infty) = \frac{1}{N}\log N - \frac{1}{N}\sum_{l=1}^{N}\log p(\boldsymbol{v}^{(l)} \mid \boldsymbol{\theta})$，而在实践上又近似等价于最小化两个 Kullback-Leibler 散度之差[62,64,146]，即

$$\begin{aligned}
\mathrm{CD}_k &= \mathrm{KL}(p_0 \| p_\infty) - \mathrm{KL}(p_k \| p_\infty) \\
&= \left[\frac{1}{N}\log N - \frac{1}{N}\sum_{l=1}^{N}\log p(\boldsymbol{g}^{(l,0)} \mid \boldsymbol{\theta})\right] - \left[\frac{1}{N}\log N - \frac{1}{N}\sum_{l=1}^{N}\log p(\boldsymbol{g}^{(l,k)} \mid \boldsymbol{\theta})\right] \\
&= \frac{1}{N}\left[\sum_{l=1}^{N}\left(\log p(\boldsymbol{g}^{(l,0)} \mid \boldsymbol{\theta}) - \log p(\boldsymbol{g}^{(l,k)} \mid \boldsymbol{\theta})\right)\right]
\end{aligned} \tag{3.20}$$

其中，$p_0(\boldsymbol{v} \mid \boldsymbol{\theta}) = \frac{1}{N}\sum_{l=1}^{N}\delta(\boldsymbol{v} - \boldsymbol{v}^{(l)}) = \frac{1}{N}\sum_{l=1}^{N}\delta(\boldsymbol{v} - \boldsymbol{g}^{(l,0)})$ 是可视向量的经验分布，$p_k(\boldsymbol{v} \mid \boldsymbol{\theta}) = \frac{1}{N}\sum_{l=1}^{N}\delta(\boldsymbol{v} - \boldsymbol{g}^{(l,k)})$ 是在给定参数时，k 步吉布斯链产生的重构分布，$p_\infty(\boldsymbol{v} \mid \boldsymbol{\theta}) = p(\boldsymbol{v} \mid \boldsymbol{\theta})$ 则是平衡分布。

虽然 CD-k 在计算受限玻耳兹曼机的对数似然梯度时是一种有偏的随机梯度方法，但其中的偏差会在 k 趋于∞时消失。在实际应用中，常常只需取 $k=1$，就可以达到足够好的效果。目前，关于 CD-k 算法的收敛性还没有得到严格的理论证明，对其合理性和收敛性的启发式分析可进一步参看文献[150，151]。

通过选择学习率 η、权重退化率 λ、动量加权率 ν，还可以根据公式（3.21）迭代更新 RBM 的参数集 $\boldsymbol{\theta}$，直到满足一定的收敛条件：

$$\boldsymbol{\theta}^{(t+1)} = \boldsymbol{\theta}^{(t)} + \underbrace{\eta\frac{\partial l_{\mathrm{RBM}}(\boldsymbol{\theta}^{(t)})}{\partial \boldsymbol{\theta}} - \lambda\boldsymbol{\theta}^{(t)} + \nu\Delta\boldsymbol{\theta}^{(t-1)}}_{:=\Delta\boldsymbol{\theta}^{(t)}} \tag{3.21}$$

最后应该指出，关于受限玻耳兹曼机的学习，还可以使用对比散度学习的改进算法，如持续对比散度（Persistent Contrastive Divergence，PCD）[152]和快速持续对比散度（Fast Persistent Contrastive Divergence，FPCD）[153]，以及其他算法，包括并行回火（Parallel Tempering，PT）[154]、伪似然（pseudo likelihood）[155]、比率匹配（ratio matching）[156]等。

3.3　受限玻耳兹曼机的变种模型

标准受限玻耳兹曼机又称为二值受限玻耳兹曼机（binary RBM 或 binomial RBM）或者二元受限玻耳兹曼机，由于它的所有可视节点和隐含节点都只能取 0 和 1 这两个值，所以在应用时受到较大的限制。尽管通过某些简单的“技巧”也可以使用二值受限玻耳兹曼机对连续分布进行一定程度的建模，但是这种技巧在一般情况下不足以对复杂的实际数据构造良好的模型[63]。

为了更好地抓住实值数据（如图像）的特点，可以通过修改能量函数的方法对标准受限玻耳兹曼机进行多种推广。一种常见的推广是高斯受限玻耳兹曼机（Gaussian RBM，GRBM）[151]，其具有下面的能量函数：

$$\varepsilon(\boldsymbol{v},\boldsymbol{h}\mid\boldsymbol{\theta}) = \frac{1}{2}\sum_{j=1}^{m}\frac{(v_j - a_j)^2}{\sigma^2} - \sum_{i=1}^{n}\sum_{j=1}^{m}\frac{w_{ij}h_i v_j}{\sigma^2} - \sum_{i=1}^{n} b_i h_i \tag{3.22}$$

其中 σ^2 是实值可视节点的方差，隐含节点仍然只限取 0 或 1。

然而，高斯受限玻耳兹曼机并不足以对自然图像建立一个令人满意的模型[157]。这可能是因为高斯受限玻耳兹曼机主要用于对条件均值建模，不太适合非对角条件协方差建模。自然图像主要是通过像素值的协方差来表征的，而不是通过它们的绝对值[158]。因此，为了解决非对角条件协方差的建模问题，有必要提出其他的受限玻耳兹曼机模型，如协方差受限玻耳兹曼机（covariance RBM，cRBM）[159]，这是一种三阶玻耳兹曼机[160]，如图 3.4 所示。它的能量函数为

$$\varepsilon(\boldsymbol{v},\boldsymbol{h}^c) = -\frac{1}{2}\sum_{f=1}^{F}\sum_{i=1}^{n_c}P_{if}h_i^c\Big(\sum_{j=1}^{m}C_{fj}v_j\Big)^2 - \sum_{i=1}^{n_c}b_i^c h_i^c \tag{3.23}$$

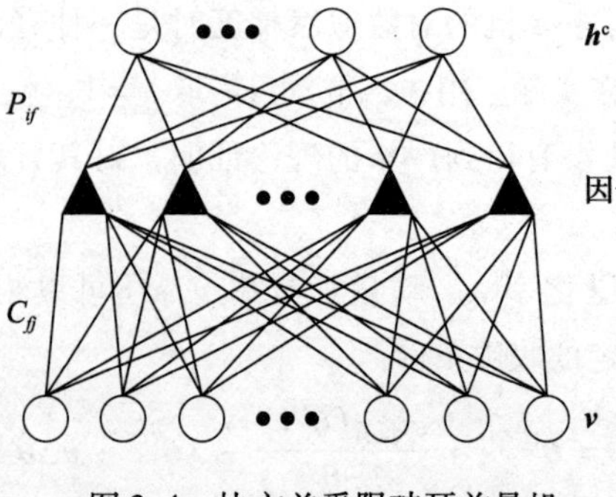

图 3.4　协方差受限玻耳兹曼机

其中，n_c 表示协方差隐节点的个数，$\boldsymbol{h}^c=(h_1^c,\ h_2^c,\ \cdots,\ h_{n_c}^c)^{\mathrm{T}}$ 表示由协方差隐节点构成的向量，$b_i^c(1\leqslant i\leqslant n_c)$ 表示第 i 个协方差隐节点的偏置，$\boldsymbol{C}=(C_{fj})_{F\times m}$表示由 F 个行向量滤波器构成的实矩阵，$\boldsymbol{P}=(P_{if})_{n_c\times F}$表示一个非负加权实矩阵。

将协方差受限玻耳兹曼机和高斯受限玻耳兹曼机相结合，就可以得到均值协方差受限玻耳兹曼机（mean and covariance RBM，mcRBM）[158]。它的能量函数形式如下：

$$\varepsilon(\boldsymbol{v},\boldsymbol{h}^c,\boldsymbol{h}^\mu)=-\frac{1}{2}\sum_{f=1}^{F}\sum_{i=1}^{n_c}P_{if}h_i^c\left(\sum_{j=1}^{m}\frac{C_{fj}}{\|\boldsymbol{C}_f\|}\frac{v_j}{\|\boldsymbol{v}\|}\right)^2-\sum_{i=1}^{n_c}b_i^ch_i^c+\frac{1}{2}\sum_{j=1}^{m}v_j^2$$
$$-\sum_{i=1}^{n_\mu}\sum_{j=1}^{m}w_{ij}h_i^\mu v_j-\sum_{i=1}^{n_\mu}b_i^\mu h_i^\mu \tag{3.24}$$

其中 $\boldsymbol{C}_f=(C_{f1},\ C_{f2},\ \cdots,\ C_{fm})^{\mathrm{T}}$ 是矩阵 $\boldsymbol{C}$ 的第 f 个行滤波器。

与高斯受限玻耳兹曼机类似，均值协方差受限玻耳兹曼机也采用高斯分布对可视单元建模。但不同的是，均值协方差受限玻耳兹曼机把隐含层分为两个隐含节点的集合，以同时独立地对数据的均值和方差进行参数化表示。不过由于训练上的困难，均值协方差受限玻耳兹曼机几乎已经被学生 T 分布的平均积模型（mean-product of Stdent's T-distributions model，mPoT）所取代[161]。mPoT 模型是一种结合高斯受限玻耳兹曼机和学生 T 分布的模型[156]。

受限玻耳兹曼机的另一个变种模型是钉板受限玻耳兹曼机（spike and slab RBM，ssRBM）[163]。在该模型中，每个隐含节点都与两个变量关联，一个是取二值的钉变量（spike variable）$h_i\in\{0,1\}$，另一个是取 K 维实向量值的板变量（slab variable）$\boldsymbol{s}_i$。与高斯受限玻耳兹曼机相比，钉板受限玻耳兹曼机的优点是对自然图像具有更强的建模能力。它的能量函数定义为

$$\varepsilon(\boldsymbol{v},\boldsymbol{s},\boldsymbol{h})=\frac{1}{2}\boldsymbol{v}^{\mathrm{T}}\boldsymbol{\Lambda}\boldsymbol{v}-\sum_{i=1}^{n}\left(\boldsymbol{v}^{\mathrm{T}}\boldsymbol{W}_i\boldsymbol{s}_ih_i+\frac{1}{2}\boldsymbol{s}_i^{\mathrm{T}}\boldsymbol{A}_i\boldsymbol{s}_i+b_ih_i\right) \tag{3.25}$$

其中 $h_i\in\{0,\ 1\}$ 是钉变量，$\boldsymbol{s}_i$ 是板向量，$\boldsymbol{W}_i$ 是大小为 $m\times K$ 的权值矩阵，$\boldsymbol{\Lambda}$ 和 $\boldsymbol{A}_i$ 都是对角矩阵。

如果在受限玻耳兹曼机中把某些参数表达为另一组变量的函数，还可以得到条件受限玻耳兹曼机（conditional RBM）[164]，如 $p(\boldsymbol{v},\ \boldsymbol{h}\mid C)$。一种常见的条件 $\boldsymbol{C}$ 就是把隐含偏置向量 $\boldsymbol{b}=(b_1,\ b_2,\ \cdots,\ b_n)^{\mathrm{T}}$ 看作可视偏置向量 $\boldsymbol{a}=(a_1,\ a_2,\ \cdots,\ a_n)^{\mathrm{T}}$ 的仿射函数，如 $\boldsymbol{b}=\boldsymbol{\beta}+\boldsymbol{M}\boldsymbol{a}$。如果把条件看作是若干关于过去的隐含变量，就得到隐马尔可夫模型。如果把条件看作是若干关于过去的可视变量和隐含变量构成的上下文，得到的就是时序受限玻耳兹曼机（temporal RBM）[165]，即

$$p(\boldsymbol{v}_t,\boldsymbol{h}_t\mid C_t)=p(\boldsymbol{v}_t,\boldsymbol{h}_t\mid\boldsymbol{v}_{t-1},\boldsymbol{h}_{t-1},\cdots,\boldsymbol{v}_{t-k},\boldsymbol{h}_{t-k}) \tag{3.26}$$

事实上，受限玻耳兹曼机还有其他变种模型，包括卷积受限玻耳兹曼机[166]、因子化受限玻耳兹曼机（factorized RBM）[167]和时序因子化受限玻耳兹曼机（temporal factorized RBM）[168]，等等。对标准受限玻耳兹曼机的更为一般的推广是选择任意如下形式的能量函数[169]：

$$\varepsilon(\boldsymbol{v},\boldsymbol{h})=\sum_{i,j}\phi_{i,j}(h_i,v_j)+\sum_{j}\xi_j(v_j)+\sum_{i}\zeta_i(h_i) \tag{3.27}$$

其中 $\phi_{i,j}$、ξ_j 和 ζ_i 都是实值函数，且它们保证配分函数 Z 是有限的。

最后应该提到的变种模型是一种分类受限玻耳兹曼机（Classification RBM，ClassRBM）[170]。ClassRBM 用一个二值隐含向量 $\boldsymbol{h}=(h_1,\ h_2,\ \cdots,\ h_m)$ 对输入 $\boldsymbol{x}=(x_1,\ x_2,\ \cdots,\ x_n)$ 和目标类别 $\boldsymbol{y}\in\{1,\ \cdots,\ C\}$ 的联合分布进行建模，其结构如图 3.5 所示。分类受限玻耳兹曼机的能量函数定义为

$$\varepsilon(y,\boldsymbol{x},\boldsymbol{h}\mid\boldsymbol{\theta}) = -\boldsymbol{h}^{\mathrm{T}}\boldsymbol{W}\boldsymbol{x} - \boldsymbol{a}^{\mathrm{T}}\boldsymbol{x} - \boldsymbol{b}^{\mathrm{T}}\boldsymbol{h} - \boldsymbol{d}^{\mathrm{T}}\boldsymbol{e}_y - \boldsymbol{h}^{\mathrm{T}}\boldsymbol{U}\boldsymbol{e}_y \tag{3.28}$$

其中，参数为 $\boldsymbol{\theta}=\{\boldsymbol{W},\ \boldsymbol{a},\ \boldsymbol{b},\ \boldsymbol{d},\ \boldsymbol{U}\}$，$\boldsymbol{e}_y=(1_{i=y})_{i=1}^{C}$ 表示类别 y 的标签向量（第 y 个分量为 1，其余分量为 0）。

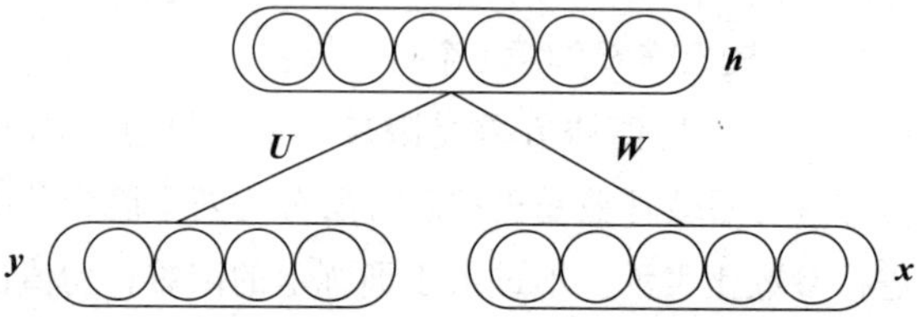

图 3.5　分类受限玻耳兹曼机的结构

根据能量函数，不难得到的 y、$\boldsymbol{x}$ 和 $\boldsymbol{h}$ 的联合概率分布为

$$p(y,\boldsymbol{x},\boldsymbol{h}) = \frac{\exp(-\varepsilon(y,\boldsymbol{x},\boldsymbol{h}))}{Z} \tag{3.29}$$

其中，Z 表示配分函数。

此外，对分类受限玻耳兹曼机还可以推导出下面的条件概率分布：

$$\begin{cases} p(\boldsymbol{h}\mid y,\boldsymbol{x}) = \prod_i p(h_i\mid y,\boldsymbol{x}) \\ p(h_i=1\mid y,\boldsymbol{x}) = \sigma\left(\sum_j w_{ij}x_j + u_{iy} + b_i\right) \end{cases} \tag{3.30}$$

$$\begin{cases} p(\boldsymbol{x}\mid\boldsymbol{h}) = \prod_j p(x_j\mid\boldsymbol{h}) \\ p(x_j=1\mid\boldsymbol{h}) = \sigma\left(\sum_i w_{ij}h_i + a_j\right) \end{cases} \tag{3.31}$$

$$p(y\mid\boldsymbol{h}) = \mathrm{softmax}_y\left(\sum_i u_{ij}h_i + d_j\right) = \frac{\exp\left(\sum_i u_{iy}h_i + d_y\right)}{\sum_{d_j}\exp\left(\sum_i u_{ij}h_i + d_j\right)} \tag{3.32}$$

分类受限玻耳兹曼机可以采用标签 CD-k 算法（即算法 3.2）来训练。

算法 3.2　标签 CD-k 算法（label CD-k）

输入：ClassRBM$(y_1,\ldots,y_C,\ v_1,\ldots,v_m,\ h_1,\ldots,h_n)$，训练集 $S=\{(\boldsymbol{v}^{(l)},\ \boldsymbol{y}^{(l)}),\ 1\leqslant l\leqslant N\}$

输出：梯度近似 Δw_{ij}、Δu_{ic}、Δa_j、Δb_i、Δd_c，其中，$i=1,\ldots,n,\ j=1,\ldots,m,\ c=1,\ldots,C$

初始化：$\Delta w_{ij}=\Delta u_{ic}=\Delta a_j=\Delta b_i=\Delta d_c=0$，其中，$i=1,\ldots,n,\ j=1,\ldots,m,\ c=1,\ldots,C$

```
for l = 1, ⋯, N do
  g_v^(0) ← v^(l), g_y^(0) ← y^(l)
  for t = 0,..., k-1 do
    for i = 1,..., n do h_i^(t) ~ p(h_i | g_v^(t), g_y^(t), θ) end for
    for j = 1,..., m do g_{v,j}^(t+1) ~ p(v_j | h^(t), θ) end for
    for c = 1,..., C do g_{y,c}^(t+1) ~ p(y_c | h^(t), θ) end for
  end for
  for i = 1,..., n, j = 1,..., m do
      Δw_ij ← Δw_ij + p(h_i = 1 | g_v^(0), g_y^(0), θ) · g_j^(0) - p(h_i = 1 | g_v^(k), g_y^(k), θ) · g_j^(k)
  end for
  for i = 1, ⋯, n, c = 1, ⋯, C do
      Δu_ic ← Δu_ic + p(h_i = 1 | g_v^(0), g_y^(0), θ) · g_{y,c}^(0) - p(h_i = 1 | g_v^(k), g_y^(k), θ) · g_{y,c}^(k)
  end for
  for j = 1,..., m do Δa_j ← Δa_j + g_{v,j}^(0) - g_{v,j}^(k) end for
  for c = 1,..., C do Δd_c ← Δd_c + g_{y,c}^(0) - g_{y,c}^(k) end for
  for i = 1,..., n do Δb_i ← Δb_i + p(h_i = 1 | g_v^(0), g_y^(0), θ) - p(h_i = 1 | g_v^(k), g_y^(k), θ) end for
end for
```

CHAPTER 4

第4章

自编码器

自编码器（autoencoder）最早由 Rumelhart 在 1986 年提出[171]，可以用来对高维数据进行降维处理。2006 年，Hinton 通过改进自动编码器的学习算法，提出了深层自编码器的概念。深层自动编码器主要用于完成数据转换的学习任务，在本质上是一种无监督学习的非线性特征提取模型。其学习算法具有典型性，由无监督预训练和有监督调优两个阶段构成，是许多深度学习算法的思想基础。本章将介绍自编码器的标准模型、学习算法和有关变种。

4.1 自编码器的标准模型

除了用作深层神经网络的构建模块，自编码器还可用于提取比输入维数更低的判别特征，实现对高维数据降维。自编码器也可以在所谓的过完备环境中，利用某种形式的正则化提取比输入维数更高的，同时又具有实际意义的判别特征[172]。

标准的自编码器是一个关于中间层具有结构对称性的多层前馈网络。它的期望输出与输入相同，可以用来学习恒等映射并抽取无监督特征。图 4.1 是一个单隐层自编码器的例子，其中只有一个隐含层用于对输入进行编码，并通过解码在输出对输入进行重构。从根本上说，一个自编码器可以学会从输入生成一种隐含层表示，并从这种隐含层表示重构与输入尽可能接近的输出。从输入层到中间层的部分称为编码器（encoder），而从中间层到输出层的部分称为解码器（decoder）。

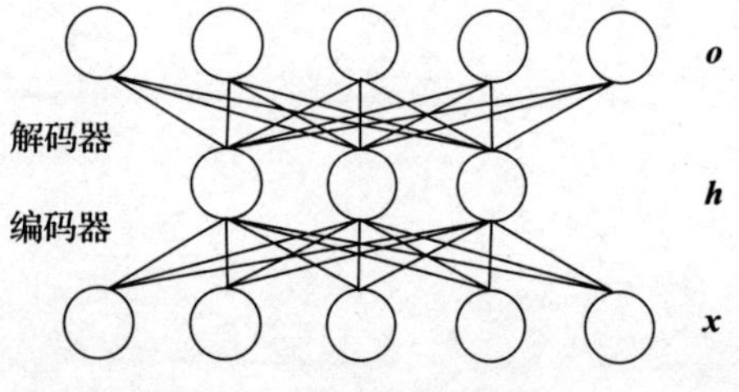

图 4.1　单隐层自编码器

编码是指把输入 $\boldsymbol{x} \in R^m$ 映射到隐含表示 $\boldsymbol{h}(\boldsymbol{x}) \in R^n$ 的过程，计算形式如下：

$$h(x) = \sigma_h(Wx + b) \tag{4.1}$$

其中 $W \in R^{n\times m}$是编码权值矩阵，$b \in R^n$ 是编码偏置向量；$\sigma_h(x)$ 是一个向量值函数，在非线性情况下通常取为逐元 sigmoid 函数或者逐元 tanh 函数，而在线性情况下通常取为恒等函数。

解码是指把隐含表示 $h(x)$ 映射到输出层 o，以对输入 x 进行重建的过程，计算形式如下：

$$o = \sigma_o(W'h(x) + b') \tag{4.2}$$

其中 $W' \in R^{m\times n}$是解码权值矩阵，$b' \in R^m$ 是解码偏置向量；σ_o也是一个逐元函数，含义与 σ_h类似。注意，W'不一定是 W 的转置，b'也不一定是 b 的转置，除非两者绑定。

除了单隐层模型外，复杂的自编码器还可以包含多个隐含层，但通常具有关于中间层对称的结构，如图4.2 所示。在图4.2 中可以看到，一个深层自编码器有一个输入层、$2r-1$ 个隐含层和一个输出层。输入层包含 m 个神经元，输入向量表示为 $x=(x_1, x_2, \cdots, x_m)^{\mathrm{T}} \in R^m$。第 k 个隐含层包含 $n_k = n_{2r-k}$ 个神经元（$k = 1, 2, \cdots, 2r-1$），相应的隐含层向量表示为 $h_k = (h_{k,1}, h_{k,2}, \cdots, h_{k,n_k})^{\mathrm{T}} \in R^{n_k}$。输出层也包含 m 个神经元，输出向量表示为 $o=(o_1, o_2, \cdots, o_m)^{\mathrm{T}} \in R^m$。输入层与第 1 个隐含层之间的权值矩阵用$W^1=(w_{ij}^1)_{n_1\times m}$表示，第 $k-1$ 个隐含层与第 k 个隐含层之间的权值矩阵用$W^k=(w_{ij}^k)_{n_k\times n_{k-1}}$（$1<k\leqslant 2r-1$）表示，第 $2r-1$ 个隐含层与输出层之间的权值矩阵用$W^{2r}=(w_{ij}^{2r})_{m\times n_r}$表示。这个自编码器的各层神经元激活输出可以计算如下：

$$\begin{cases} h_1 = \sigma_{h_1}(W^1 x + b^1) \\ h_k = \sigma_{h_k}(W^k h_{k-1} + b^k), \quad 2 \leqslant k \leqslant 2r-1 \\ o = \sigma_o(W^{2r} h_{2r-1} + b^{2r}) \end{cases} \tag{4.3}$$

其中，b^1、b^k 和b^{2r}是有关的偏置（$1\leqslant k\leqslant 2r$）。

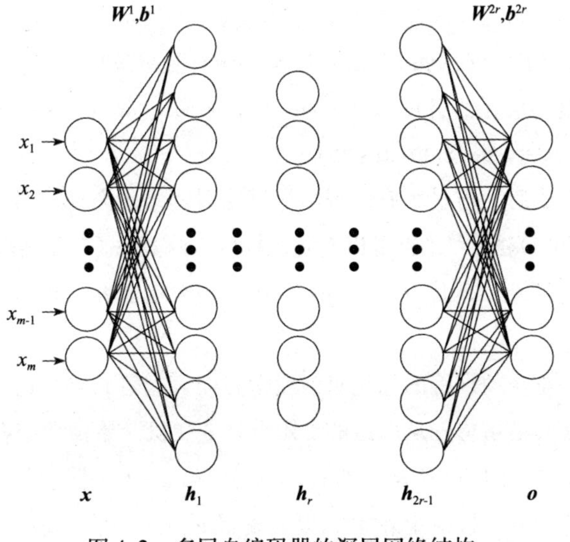

图4.2 多层自编码器的深层网络结构

4.2 自编码器的学习算法

作为一种特殊的多层感知器，从理论上说自编码器可以通过反向传播算法（即 BP 算法）来学习权值和偏置。不过，由于局部极小问题的存在，一个深层自编码器如果直接采用反向传播算法学习权值和偏置，得到的结果常常是不稳定的，也就是说，不同的初始化可能产生非常不同的结果。更有甚者，学习的过程通常收敛比较慢，甚至根本不收敛，这在应用时可能难以获得令人满意的性能。一种有效的解决办法是采用算法 4.1 给出的两阶段训练方法[1]，其中包含无监督预训练和有监督调优两个阶段，说明如下：

算法 4.1 两阶段训练算法

阶段 1：无监督预训练

1. 用接近 0 的随机数初始化网络参数（$\boldsymbol{W}^i$，$\boldsymbol{b}^i$）（$1 \leqslant i \leqslant r$）。
2. 使用 CD $-k$ 算法训练第 1 个 RBM，该 RBM 的可视层为 $\boldsymbol{x}$，隐含层为 $\boldsymbol{h}_1$。
3. 对 $1 < i \leqslant r$，把 $\boldsymbol{h}_{i-1}$ 作为第 i 个 RBM 的可视层，把 $\boldsymbol{h}_i$ 作为第 i 个 RBM 的隐层，使用 CD $-k$ 算法，逐层训练 RBM。
4. 反向堆叠 RBM，初始化 $r+1$ 到 $2r$ 层的自编码器参数。

阶段 2：有监督调优

5. 使用有监督算法（如反向传播）对网络参数调优。

1. 无监督预训练（unsupervised pre-training）

从自编码器的输入层到中间层，把每相邻两层看作一个受限玻耳兹曼机，其中每个受限玻耳兹曼机的输出是下一个紧邻受限玻耳兹曼机的输入，并从最底层的受限玻耳兹曼机开始，采用无监督学习算法（如 CD、PCD 和 FPCD）逐层对所有受限玻耳兹曼机进行训练。注意，预训练的完整说法为“贪婪逐层无监督预训练（greedy layerwise unsupervised pre-training）”。

2. 有监督调优（supervised fine-tuning）

在无监督预训练完成后，再采用有监督学习算法对网络的全部参数进行调优。其中，有监督学习算法通常选用 BP 算法[173]，也可以是随机梯度下降算法[174]、共轭梯度下降算法[175]、L-BFGS 算法[176]，等等。注意，调优（fine-tune）在有些文献资料上也可能翻译为调优、精调或细调。

需要强调的是，无监督预训练的思想对深度学习而言起着某种核心作用，尤其在深度学习创立的初期。其基本含义是指首先从底层的受限玻耳兹曼机开始预训练权值矩阵 $\boldsymbol{W}^1$、可视层偏置 $\boldsymbol{a}^1$ 和隐含层偏置 $\boldsymbol{b}^1$，如图 4.3a 所示；然后，逐层把第 $k-1$ 个隐含层和第 k 个隐含层看作一个受限玻耳兹曼预训练相应的权值矩阵 $\boldsymbol{W}^k$，以及偏置 $\boldsymbol{a}^k$ 和 $\boldsymbol{b}^k$（$1 < k \leqslant r$），如图 4.3b ~ 图 4.3c 所示；最后，当 $r < k \leqslant 2r$ 时，把预训练好的各个受限玻耳兹曼反向堆叠，直接构造 $\boldsymbol{W}^k =$

$(\boldsymbol{W}^{2r+1-k})^{\mathrm{T}}$ 和 $\boldsymbol{b}^k=\boldsymbol{a}^{2r+1-k}$，从而得到自编码器的所有初始化权值和偏置，如图 4.4 所示。

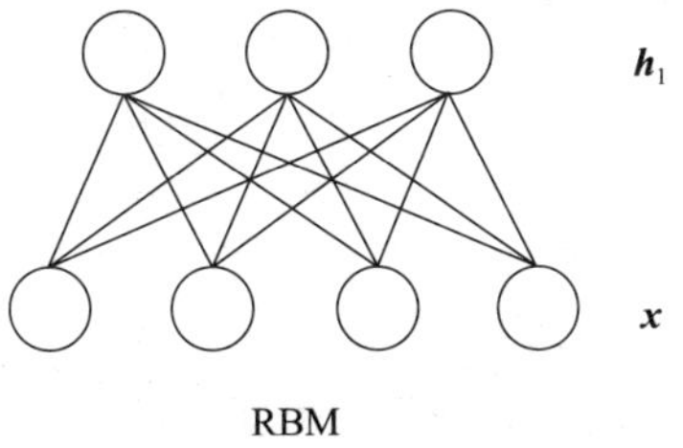

a）训练第1个RBM

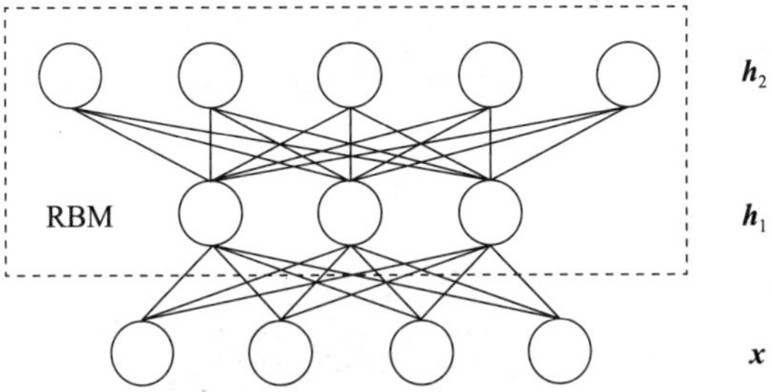

b）训练第2个RBM

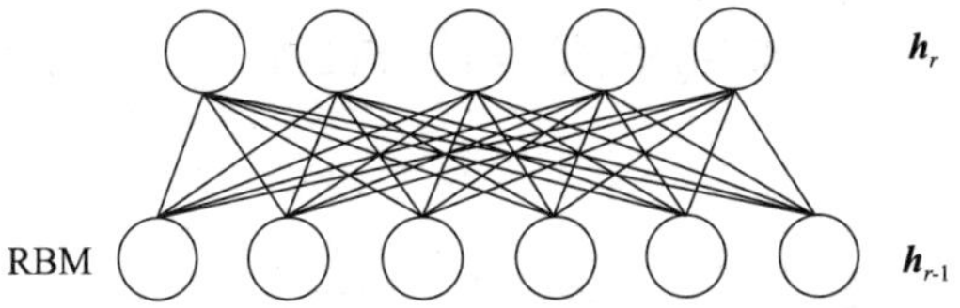

c）训练第r个RBM

图 4.3　自编码器的逐层预训练过程

有监督调优过程是指对网络参数进行整体调整优化的过程，通常采用 BP 算法从输出层到输入层逐层实现对网络参数的调整。BP 算法在本质上不过是梯度下降算法在多层感知器中的一种应用，在许多相关文献都有研究[177-179]。为方便起见，算法 4.2 中给出了常用 BP 算法的详细描述。在这个算法中，共有 N 个训练样本 $(\boldsymbol{x}^l, \boldsymbol{y}^l)$ $(1 \leqslant l \leqslant N)$，输入是 $\boldsymbol{x}^l=(x_1^l, x_2^l, \cdots, x_m^l)^{\mathrm{T}}$，期望输出是 $\boldsymbol{y}^l=(y_1^l, y_2^l, \cdots, y_c^l)^{\mathrm{T}}$，实际输出是 $\boldsymbol{o}^l=(o_1^l, o_2^l, \cdots, o_c^l)^{\mathrm{T}}$，优化的目标函数是下面的平方重构误差：

$$L_N=\frac{1}{2}\sum_{l=1}^{N}\sum_{j=1}^{c}(o_j^l-y_j^l)^2 \tag{4.4}$$

采用 RBM 逐层预训练和 BP 调优的两阶段策略，自编码器能够学习到那些反映数据本质的卓越特征，可望揭示高维数据的低维流形结构，并在可视化和分类中加以利用。

应该提到的是，虽然自编码器的调优过程采用有监督学习算法来实现，但这仍然是一个无监督的学习过程，因为此时的监督信号（或教师信号）被直接取为输入，即 $\boldsymbol{y}^l=\boldsymbol{x}^l$，并不是手工标注的。此外，有监督学习算法优化的目标也不一定是平方重构误差，还可能是其他函数，

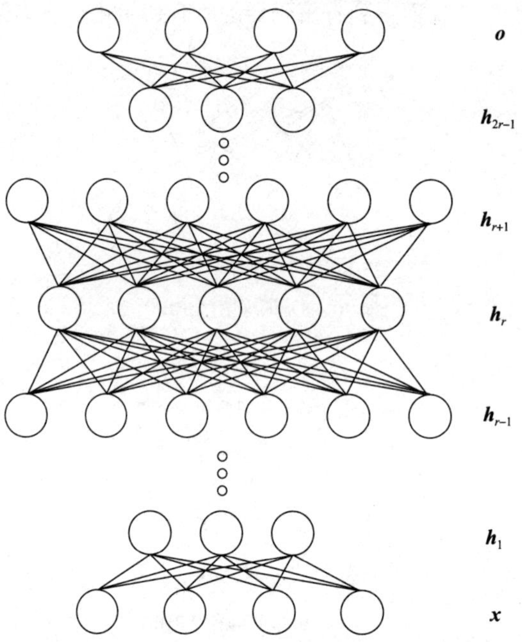

图 4.4　通过反向堆叠初始化自编码器在 $r+1\sim 2r$ 层的参数

如交叉熵：

$$L_N = -\sum_{l=1}^{N}\sum_{j=1}^{m}(x_j^l \times \log(o_j^l) + (1-x_j^l)\times\log(1-o_j^l)) \tag{4.5}$$

算法 4.2　常用 BP 算法

输入：训练集 $S=\{(\boldsymbol{x}^l, \boldsymbol{y}^l), 1\leqslant l\leqslant N\}$，网络结构，层数 R

输出：权值矩阵和偏置（$\boldsymbol{W}^k$，$\boldsymbol{b}^k$）（$1\leqslant k\leqslant R$）

1. 随机初始化 $\boldsymbol{W}^k\approx\boldsymbol{0}$，$\boldsymbol{b}^k\approx\boldsymbol{0}$，$k=1, \cdots, R$（该步在算法 4.1 中被无监督预训练取代）
2. 计算 $\boldsymbol{h}_0^l=\boldsymbol{x}^l$，$\boldsymbol{u}_k^l=\boldsymbol{W}^k\boldsymbol{h}_{k-1}^l+\boldsymbol{b}^k$，$\boldsymbol{h}_k^l=\sigma(\boldsymbol{u}_k^l)$（$1\leqslant k\leqslant R$）
3. 计算 $\delta_R^l=(\boldsymbol{o}^l-\boldsymbol{y}^l)\circ\sigma'(\boldsymbol{u}_R^l)$（"∘" 代表两个向量的阿达马积，即对应元素相乘）
4. 计算 $\delta_k^l=[(\boldsymbol{W}^{k+1})^T\boldsymbol{\delta}_{k+1}^l]\circ\sigma'(\boldsymbol{u}_k^l)$，$1\leqslant k\leqslant R-1$
5. 计算 $\begin{cases}\dfrac{\partial L_N}{\partial \boldsymbol{W}^k}=\sum_{l=1}^{N}\boldsymbol{\delta}_k^l(\boldsymbol{h}_{k-1}^l)^T \\ \dfrac{\partial L_N}{\partial \boldsymbol{b}^k}=\sum_{l=1}^{N}\boldsymbol{\delta}_k^l\end{cases}$，$1\leqslant k\leqslant R$
6. 计算权值和偏置的更新：$\boldsymbol{W}^k\leftarrow\boldsymbol{W}^k-\eta\dfrac{\partial L_N}{\partial\boldsymbol{W}^k}, \boldsymbol{b}^k\leftarrow\boldsymbol{b}^k-\eta\dfrac{\partial L_N}{\partial\boldsymbol{b}^k}$

实验表明，两阶段训练方法不仅能够明显提高自编码器的学习效果，而且有助于提高其他深层网络的学习速度和性能。在处理同样的任务时，经过预训练的深层网络一般会获得更快的训练速度和更好的泛化性能[180-182]。其中的原因可能有两个方面：一是因为预训练阶段能够产生与输入数据比较匹配的初始化权重和偏置，从而帮助有监督阶段搜索到更好的局部最优解；二是因为预训练还可能起到正则化的作用，从而增强网络的泛化能力[183]。值得一提的是，预训练不一定总是无监督的，也可以采用纯有监督方式代替无监督方式[184]，但效果可能会差一些。

4.3 自编码器的变种模型

线性自编码器是自编码器的一种特例，也是最简单的变种，其中采用恒等函数作为激活函数。在目标函数取为平方重建误差时，线性自编码器从产生相同子空间的意义上，实际上等价于主成分分析[185]，尤其是在权值绑定的情况下。标准自编码器是主成分分析的一种非线性推广，其中的激活函数是非线性的，通过学习和训练能获得更加强大的特征提取能力[186]。

自编码器还有许多其他变种，特别是具有某种正则化机制的变种，如稀疏自编码器（Sparse Autoencoder，DAE）[187]、降噪自编码器（Denoising Autoencoder，DAE）[188]、收缩自编码器（Contractive Autoencoder，CAE）[172]、预测稀疏分解自编码器（Predictive Sparse Decomposition AE，PSD AE）[189]、平滑自编码器（Smooth Autoencoder，SmAE）[190]、卷积自编码器（Convolutional Autoencoder，CoAE）[191]和反传无关自编码器（Backprop- Free Autoencoder，BFAE）[192]。

1. 稀疏自编码器

稀疏自编码器在模型优化中增加了对隐含神经元激活的稀疏性约束，以使大多数隐含神经元都处于非激活状态。它优化的目标函数是平方重构误差与某个稀疏正则项之和，具有如下形式：

$$L_{\text{sparse}} = L_N + \beta \sum_j \mathrm{KL}(\rho \| \widetilde{\rho}_j) = \frac{1}{2} \sum_{l=1}^{N} \sum_{j=1}^{c} (o_j^l - y_j^l)^2 + \beta \sum_j \mathrm{KL}(\rho \| \widetilde{\rho}_j) \tag{4.6}$$

其中，ρ 是稀疏性参数，通常取为一个接近于0的正实数（如 $\rho = 0.05$）。$\widetilde{\rho}_j$ 表示第 j 个隐含神经元的平均激活值。如果用 $h_j(\boldsymbol{x}^l)$ 表示在给定第 l 个样本时，第 j 个隐含神经元的激活值，那么 $\widetilde{\rho}_j$ 的计算公式如下：

$$\widetilde{\rho}_j = \frac{1}{N} \sum_{l=1}^{N} [h_j(\boldsymbol{x}^l)] \tag{4.7}$$

此外，$\mathrm{KL}(\rho \| \widetilde{\rho}_j)$ 称为惩罚项，β 称为惩罚因子。惩罚项 $\mathrm{KL}(\rho \| \widetilde{\rho}_j)$ 表示概率分布 $\{\rho, 1-\rho\}$ 和 $\{\widetilde{\rho}_j, 1-\widetilde{\rho}_j\}$ 之间的KL散度，定义为

$$\mathrm{KL}(\rho \| \widetilde{\rho}_j) = \rho \log \frac{\rho}{\widetilde{\rho}_j} + (1-\rho) \log \frac{1-\rho}{1-\widetilde{\rho}_j} \tag{4.8}$$

2. 降噪自编码器

降噪自编码器是一种通过特殊方式训练得到的自编码器。具体的做法是，在输入数据中增加一定的噪声对自编码器进行学习训练，使其产生抗噪能力，从而获得更加鲁棒的数据重构效果。假设 $\boldsymbol{x}$ 是无噪声的原始输入，降噪自编码器首先利用一个随机映射 $\tilde{\boldsymbol{x}} \sim q_D(\tilde{\boldsymbol{x}} \mid \boldsymbol{x})$ 把 $\boldsymbol{x}$ 腐蚀为部分受损的版本 $\tilde{\boldsymbol{x}}$。然后把 $\tilde{\boldsymbol{x}}$ 当作带噪声的腐蚀输入，把 $\boldsymbol{x}$ 当作输出，对自编码器进行学习训练，如图 4.5 所示。与标准自编码器相比，降噪自编码器的主要不同在于输出 $\boldsymbol{o}$ 是关于 $\tilde{\boldsymbol{x}}$ 而不是关于 $\boldsymbol{x}$ 的函数，而且降噪自编码器必须学会提取输入分布的结构，以最优地抵消腐蚀加噪过程的影响[193]。

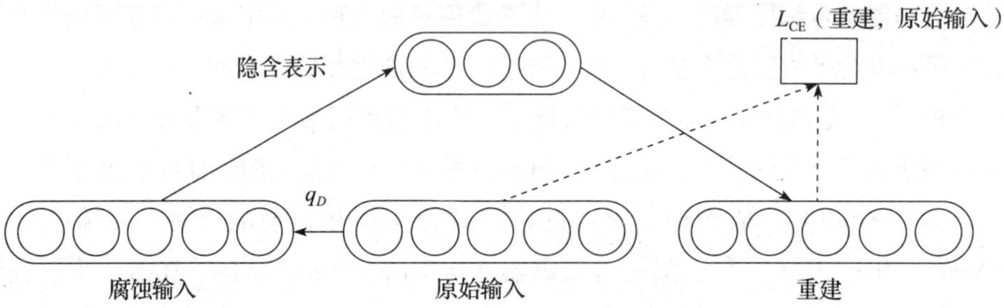

图 4.5　降噪自编码器

3. 收缩自编码器

收缩自编码器和降噪自编码器具有类似的动机，目的也是学习数据的鲁棒表示。与降噪自编码器不同的是，收缩自编码器在平方重建误差的基础上增加了一个分析性的收缩惩罚项。这个惩罚项就是编码器的雅可比矩阵的弗罗贝尼乌斯范数（Frobenius norm），用于惩罚所学特征对微小输入变化的敏感性。如果用 $J(x^l) = \dfrac{\partial \sigma_h(\boldsymbol{x}^l)}{\partial \boldsymbol{x}}$ 表示隐含层关于输入的雅可比矩阵，那么收缩自编码器优化的目标函数可以描述为

$$L_{\mathrm{CAE}} = L_N + \lambda \sum_{l=1}^{N} \| J_f(\boldsymbol{x}^l) \|_F^2 = \frac{1}{2} \sum_{l=1}^{N} \sum_{j=1}^{c} (o_j^l - y_j^l)^2 + \lambda \sum_{l=1}^{N} \| J_f(\boldsymbol{x}^l) \|_F^2 \tag{4.9}$$

其中 $\| J_f(\boldsymbol{x}) \|_F^2$ 是 $J_f(\boldsymbol{x}^l)$ 的弗罗贝尼乌斯范数，λ 是控制正则化强度的参数。

应该指出的是，收缩自编码器有一个潜在的缺点：它的分析性惩罚项至多只能对输入的微小变化产生鲁棒性。为了修复这个缺点，一个可行的办法是采用“CAE + H”模型[194]，其中所有高阶导数都按照某种有效的随机方式惩罚。

4. 预测稀疏分解自编码器

预测稀疏分解自编码器在隐含层采用稀疏编码正则化。它的两个令人感兴趣的优势，使其获得了非常成功的实际应用。第 1 个优势是能够学到一组超完备的线性基，第 2 个优势是能够产生一个光滑的和容易计算的逼近模型，用于预测最优的稀疏表示。预测稀疏分解自编码器优

化的目标函数可以表达为

$$L_{\text{PSD}} = \sum_{l=1}^{N} \lambda \|\boldsymbol{h}^l\|_1 + \|\boldsymbol{x}^l - \boldsymbol{W}\boldsymbol{h}^l\|^2 + \|\boldsymbol{h}^l - f(\boldsymbol{x}^l)\|^2 \tag{4.10}$$

其中，$\|\cdot\|_1$ 表示 L_1 范数，$\boldsymbol{h}^l$ 是样本 $\boldsymbol{x}^l$ 的优化隐含向量；$f(\cdot)$ 是编码函数，其最简单的形式为

$$f(\boldsymbol{x}^l) = \tanh(\boldsymbol{W}^{\mathrm{T}}\boldsymbol{x}^l + \boldsymbol{b}) \tag{4.11}$$

其中，编码权值矩阵$\boldsymbol{W}^{\mathrm{T}}$ 是解码权值矩阵 $\boldsymbol{W}$ 的转置。

5. 平滑自编码器

平滑自编码器能够学习鲁棒的判别特征表示。对每一个输入样本，平滑自编码器要重建的是其近邻点，而不是像标准自编码器那样重建其本身。平滑自编码器学到的表示在局部邻域中是一致的，并且对输入的微小变化是鲁棒的，甚至随着输入样本在流形上的变化还是平滑的。平滑自编码器的目标函数定义为

$$L_{\text{SmAE}} = \sum_{l=1}^{N}\sum_{k=1}^{N_t} \omega(\boldsymbol{x}^k,\boldsymbol{x}^l)L(\boldsymbol{x}^k,\boldsymbol{y}^l) + \beta\sum_j \text{KL}(\rho\|\widetilde{\rho}_j) \tag{4.12}$$

其中，N_t 是样本$\boldsymbol{x}^l$ 的目标近邻点的个数。

此外，在公式（4.12）中，$\omega(\cdot,\cdot)$ 是一个利用平滑核 $\omega(\boldsymbol{x}^k, \boldsymbol{x}^l) = \frac{1}{Z}\mathcal{K}(\mathrm{d}(\boldsymbol{x}^k, \boldsymbol{x}^l))$ 定义的核函数，其中 Z 相当于一个配分函数，作用是保证对于所有的 l，满足 $\sum_{k=1}^{N_t}\omega(\boldsymbol{x}^k,\boldsymbol{x}^l) = 1$。函数 $d(\cdot,\cdot)$ 表示两个样本在原始空间中的距离或相似度。$L(\boldsymbol{x}^k, \boldsymbol{y}^l)$ 是目标近邻点$\boldsymbol{x}^k$ 和目标输出$\boldsymbol{y}^l$ 之间的损失函数。不难看出，平滑自编码器的目标函数 L_{SmAE} 由两项组成，第一项的作用是迫使相邻的输入样本具有相似的表示，而第二项的作用是通过 KL 稀疏性对模型复杂度进行正则化处理，其中 $\text{KL}(\rho\|\widetilde{\rho}_j)$ 的定义见公式（4.8）。

6. 卷积自编码器

卷积自编码器是 Masci 等人提出的[191]，目的是利用二维图像中的结构信息。与标准自编码器的不同之处在于，卷积自编码器在输入的所有位置都共享权值，以保持二维空间的局部性。而且，它使用基于隐含编码的基本图像块的线性组合重构输入。对于单通道输入 $\boldsymbol{x}$，它的计算过程为

$$\begin{cases}\boldsymbol{h}^k = \sigma(\boldsymbol{x} * \boldsymbol{w}^k + \boldsymbol{b}^k) \\ \boldsymbol{o} = \sigma\left(\sum_{k\in H}\boldsymbol{h}^k * \widetilde{\boldsymbol{w}}^k + \boldsymbol{c}\right)\end{cases} \tag{4.13}$$

其中，σ 表示逐元激活函数，$\boldsymbol{h}^k$ 表示第 k 个卷积面，$\boldsymbol{o}$ 表示重构结果，符号“ * ”表示卷积操作。$\boldsymbol{w}^k$ 和$\boldsymbol{b}^k$ 分别表示第 k 个权值和偏置，H 表示卷积面的指标集，$\widetilde{\boldsymbol{w}}^k$ 表示对权值$\boldsymbol{w}^k$ 进行两个维数方向翻转后得到的权值，$\boldsymbol{c}$ 表示输入通道的偏置。

7. 反传无关自编码器

反传无关自编码器是 Lee 等人提出的[192]，目的是不用反向传播算法训练性能良好的自编码

器，如图4.6所示。基本的反传无关自编码器类似于基本的再循环过程（recirculation procedure）[195]。不同之处在于，反传无关自编码器可以使用非线性的编码器和解码器，以及任意的重构损失函数，甚至还可以像降噪自编码器那样注入噪声。反传无关自编码器的计算和优化过程如下：

$$\begin{cases} \boldsymbol{h} = f(\boldsymbol{x}) \\ \widetilde{\boldsymbol{x}} = g(\text{corrupt}(\boldsymbol{h})) \\ \widetilde{\boldsymbol{h}} = f(\text{corrupt}(\widetilde{\boldsymbol{x}})) \\ L_{\text{BFAE}} = \text{loss}(g(\text{corrupt}(\boldsymbol{h}),\boldsymbol{x}) + \text{loss}(f(\text{corrupt}(\widetilde{\boldsymbol{x}}),\boldsymbol{h})) \end{cases} \tag{4.14}$$

其中，$f(\cdot)$ 和 $g(\cdot)$ 是线性或非线性的激活函数，corrupt(·) 表示注入噪声，loss(·，·) 是所选的重构损失函数。

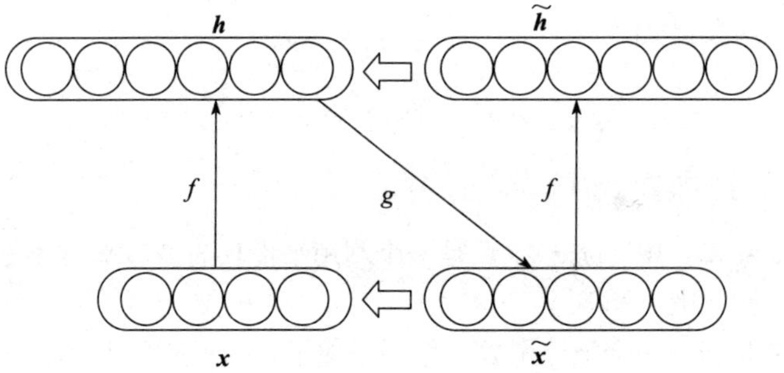

图4.6 反向传播无关自编码器[⊖]

最后，如果读者有兴趣和精力，还可进一步探讨另外的自编码器变种，包括分层稀疏自编码器（hierarchical SAE）[196]、变换自编码器（transforming autoencoder）[197]、门控自编码器（gated autoencoder）[198]、预定降噪自编码器（scheduled DAE）[199]、边缘降噪自编码器（marginalized DAE）[200]、自适应降噪自编码器（adaptive DAE）[201]、渐进自编码器（progressive autoencoder）[202]、变分自编码器（variational autoencoder）[203]、自编码器树（autoencoder trees）[204]、率失真自编码器（rate-distortion autoencoder）[205]，以及 k-稀疏自编码器（k-sparse autoencoder）[206]，等等。

⊖ 函数 g 中解码参数的更新是为了使 $g(f(\boldsymbol{x}))$ 接近于 $\boldsymbol{x}$，而函数 f 中编码参数的更新是为了使用 $f(g(\boldsymbol{x}))$ 接近于 $\boldsymbol{h}$。

CHAPTER 5

第5章

深层信念网络

深层信念网络是一种深度学习的生成模型，由 Geoffrey Hinton 及其合作者在 2006 年提出，对深度学习的创立和发展曾经起过举足轻重的作用。深层信念网络是为了简化逻辑斯蒂信念网的推理困难而提出的一种深度学习模型，它可以通过受限玻耳兹曼机的堆叠来构造。深层信念网络可以用来对数据的概率分布建模，也可以用来对数据进行分类。深层信念网络作为生成模型的学习过程可以分为两个阶段，先用受限玻耳兹曼机进行逐层预训练，再用醒睡算法调优。作为判别模型时，深层信念网络在经过受限玻耳兹曼机的逐层预训练之后，直接再用反向传播算法进行调优，无需醒睡算法参与。本章将介绍深层信念网络的标准模型、学习算法和有关变种。

5.1 深层信念网络的标准模型

深层信念网络（Deep Belief Net，DBN）又译为深层信度网络、深度信度网络，是在逻辑斯蒂信念网络（logistic belief net）的基础上发展起来的。逻辑斯蒂信念网络又称为 sigmoid 信念网络[207]，是一种特殊的贝叶斯网络（见 2.5 节），或者说是一种特殊的有向信念网（directed belief net）。事实上，给定一组按拓扑序排列的二值随机变量 $S_i \in \{0, 1\}$，它们的逻辑斯蒂信念网络就是一个贝叶斯网络，其中的条件概率分布或局部概率模型定义为

$$\begin{aligned} p(S_i = s_i \mid S_j = s_j, j \in \boldsymbol{Pa}(i)) &= p(S_i = s_i \mid S_j = s_j : j < i) \\ &= \text{sigm}\Big((2s_i - 1)\Big(\sum_{j \in \boldsymbol{Pa}(i)} s_j w_{ij} + b_i\Big)\Big) \end{aligned} \tag{5.1}$$

因此

$$p(S_i = 1 \mid S_j = s_j, j \in \boldsymbol{Pa}(i)) = \text{sigm}\Big(b_i + \sum_{j \in \boldsymbol{Pa}(i)} s_j w_{ij}\Big) = \frac{1}{1 + \exp\Big(-b_i - \sum_{j \in \boldsymbol{Pa}(i)} s_j w_{ij}\Big)} \tag{5.2}$$

$$p(S_i = 0 \mid S_j = s_j, j \in \boldsymbol{Pa}(i)) = \text{sigm}\Big(-b_i - \sum_{j \in \boldsymbol{Pa}(i)} s_j w_{ij}\Big) = \frac{1}{1 + \exp\Big(b_i + \sum_{j \in \boldsymbol{Pa}(i)} s_j w_{ij}\Big)} \tag{5.3}$$

在逻辑斯蒂信念网络中，随机变量 S_i 可以是可视节点，也可以是为隐含节点。图 5.1 为一

个简单逻辑斯蒂信念网络的例子，其中包括3个节点：1个可视节点称为房震（house jump）节点，两个隐含节点分别称为地震（earthquake）节点和车撞房（truck hits house）节点。从图结构模型的角度看，两个隐含节点都是可视节点的父节点，而且是相互独立的。显然，作为房震产生的原因，地震和车撞房出现的概率都很低。地震节点的偏置是-10，这意味着在没有任何观察时，其不出现的可能性几乎是出现的e^{10}倍。如果地震出现并且车撞房不出现，或者地震不出现并且车撞房出现，那么房震节点的总输入是0，这意味着房震出现和不出现的机会均等。这实际上更好地解释了观测到房震的情况，因为如果地震和车撞房都不出现，观察到房震的机会大约只有e^{-20}。此外，地震和车撞房同时发生的概率是$e^{-10} \times e^{-10} = e^{-20}$，所以不太可能都是房震的原因。从以上分析可以看出，如果观测到房震了，那么用地震解释时就会消除车撞房的原因，而用车撞房解释就会消除地震的原因。这就是在逻辑斯蒂信念网络中普遍存在的“解释消除”现象[208]。解释消除就是在给定观测结果时，本来相互独立的原因可能变成不再独立，从而导致一种原因的证实会减小其他原因的可能性。解释消除现象产生的根源是后验概率分布不能进行充分的因子分解。

由于解释消除现象的存在，对一般的逻辑斯蒂信念网络进行推理是很困难的，在连接密度较高时甚至是难解的，只有一些特殊情况除外，如具有可加高斯噪声的混合模型或线性模型。为了解决多层逻辑斯蒂信念网络（见图5.2）的推理困难，一种合理的思路就是利用互补先验（complementary prior）根除解释消除效应（explaining away effect）[62]，而这直接导致了深层信念网络的提出。深层信念网络在本质上就是多层逻辑斯蒂信念网络与互补先验的集成。作为特例，受限玻耳兹曼机可以看作是两层逻辑斯蒂信念网络与互补先验的集成。

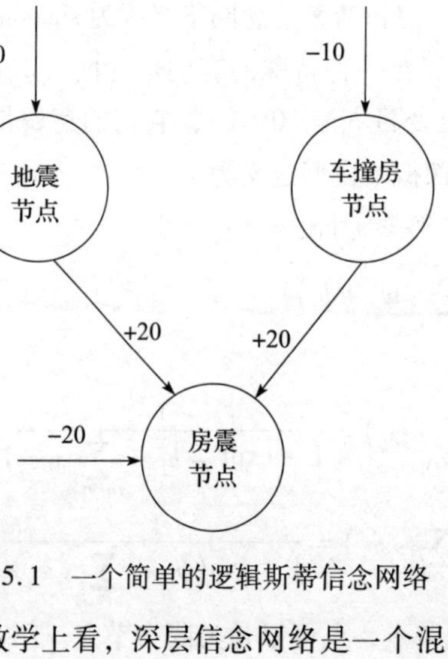

图5.1　一个简单的逻辑斯蒂信念网络

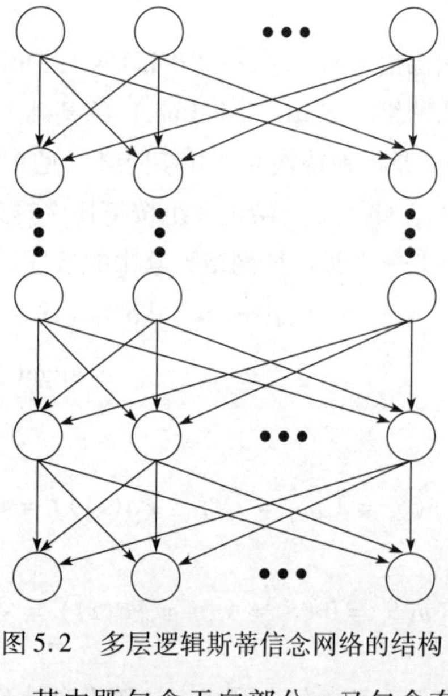

图5.2　多层逻辑斯蒂信念网络的结构

从数学上看，深层信念网络是一个混合图模型[64]，其中既包含无向部分，又包含有向部分，如图5.3所示。最上面两层是无向图，构成一个联想记忆（associative memory）网络，也是一个受限玻耳兹曼机，其余层则构成一个有向图。注意，由下到上的识别权值（recognition weight）只用来推断，并不构成模型的一部分。

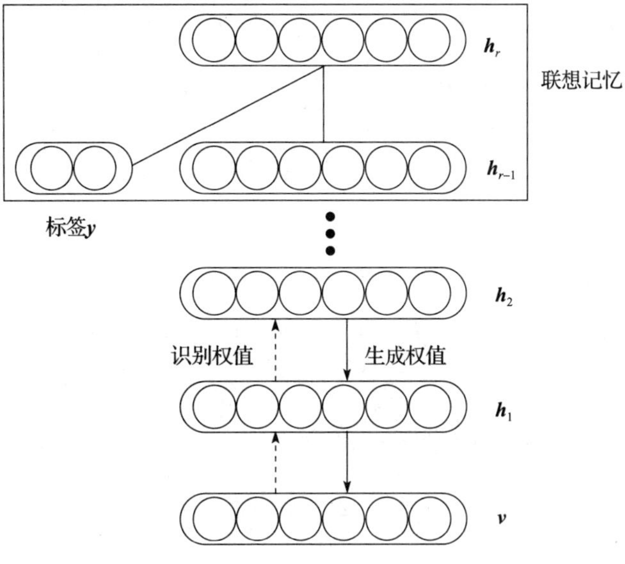

图5.3 深层信念网络的结构

在图5.3中，自底向上分别是可视向量 $\boldsymbol{v}$ 和隐含向量 $\boldsymbol{h}_k=(h_{k,1},h_{k,2},\cdots,h_{k,n_k})^{\mathrm{T}}$，$k=1,2,\cdots,r$。可视层和第一个隐含层之间的生成权值（generative weight）用 $\boldsymbol{G}^1$ 表示，识别权值用 $\boldsymbol{W}^1$ 表示；第 $k-1$ 个隐含层和第 $k(2\leqslant k\leqslant r-1)$ 个隐含层之间的生成权值用 $\boldsymbol{G}^k$ 表示，识别权值用 $\boldsymbol{W}^k$ 表示。但第 $r-1$ 个隐含层和第 r 个隐含层之间构成无向连接的联想记忆，没有生成权值和识别权值的区分，它们之间的连接权值称为联想权值，用 $\boldsymbol{W}^r$ 表示；标签层（用 $\boldsymbol{y}$ 表示标签向量）和第 r 个隐含层之间也是无向连接，它们之间的连接权值称为标签权值，用 $\boldsymbol{W}^{r+1}$ 表示。可视层的偏置用 $\boldsymbol{a}$ 表示，第 k 个隐含层的生成偏置用 $\boldsymbol{b}_k$ 表示，识别偏置用 $\boldsymbol{b}^k$ 表示（$1\leqslant k\leqslant r-1$），第 r 个隐含层的偏置用 $\boldsymbol{b}^r$ 表示，标签层的偏置用 $\boldsymbol{b}^{r+1}$ 表示。一般令 $\boldsymbol{h}_0=\boldsymbol{v}$，$\boldsymbol{b}^0=\boldsymbol{a}$。于是，深层信念网络的联合概率分布可以表达为

$$p(\boldsymbol{v},\boldsymbol{y},\boldsymbol{h}_1,\boldsymbol{h}_2,\cdots,\boldsymbol{h}_r\mid\boldsymbol{\theta})=p(\boldsymbol{v}\mid\boldsymbol{h}_1)p(\boldsymbol{h}_1\mid\boldsymbol{h}_2)\cdots p(\boldsymbol{h}_{r-2}\mid h_{r-1})p((\boldsymbol{y},\boldsymbol{h}_{r-1}),\boldsymbol{h}_r) \tag{5.4}$$

其中，参数集 $\boldsymbol{\theta}=\{\boldsymbol{W}^k,\ \boldsymbol{G}^k,\ \boldsymbol{b}^k,\ \boldsymbol{b}_k(1\leqslant k\leqslant r-1),\ \boldsymbol{W}^r,\ \boldsymbol{b}^r,\ \boldsymbol{W}^{r+1},\ \boldsymbol{b}^{r+1},\ \boldsymbol{a}\}$，而 $p((\boldsymbol{y},\boldsymbol{h}_{r-1}),\boldsymbol{h}_r)$ 被当作一个以（$\boldsymbol{y}$，$\boldsymbol{h}_{r-1}$）为可视向量，以 $\boldsymbol{h}_r$ 为隐含向量的受限玻耳兹曼机计算。

通过概率求和技巧消除标签向量，可得下面的边际分布：

$$p(\boldsymbol{v},\boldsymbol{h}_1,\boldsymbol{h}_2,\cdots,\boldsymbol{h}_r\mid\boldsymbol{\theta})=p(\boldsymbol{v}\mid\boldsymbol{h}_1)p(\boldsymbol{h}_1\mid\boldsymbol{h}_2)\cdots p(\boldsymbol{h}_{r-2}\mid\boldsymbol{h}_{r-1})p(\boldsymbol{h}_{r-1},\boldsymbol{h}_r) \tag{5.5}$$

此外，对深层信念网络的最高两层，还可以推导出下面的条件概率分布：

$$\begin{cases} p(\boldsymbol{h}_{r-1} \mid \boldsymbol{h}_r) = \prod_i p(h_{r-1,i} \mid \boldsymbol{h}_r) \\ p(\boldsymbol{h}_r \mid \boldsymbol{y},\boldsymbol{h}_{r-1}) = \prod_i p(h_{r,i} \mid \boldsymbol{y},\boldsymbol{h}_{r-1}) \\ p(h_{r-1,i} = 1 \mid \boldsymbol{h}_r) = \mathrm{sigm}(\sum_j w_{ij}^r h_{rj} + b_{r-1,i}) \\ p(y_i = 1 \mid \boldsymbol{h}_r,\boldsymbol{\theta}) = \mathrm{sigm}(\sum_j w_{ij}^{r+1} h_{rj} + b_i^{r+1}) \\ p(h_{r,j} = 1 \mid \boldsymbol{y},\boldsymbol{h}_{r-1}) = \mathrm{sigm}(\sum_i w_{ij}^r h_{r-1,i} + \sum_i w_{ij}^{r+1} y_i + b_j^r) \end{cases} \tag{5.6}$$

其中，标签向量$\boldsymbol{y}=(y_1, y_2, \cdots)^{\mathrm{T}}$只有一个分量为1，其余分量皆为0。当$\boldsymbol{y}$的第$i$分量为1时，表示第$i$个类别，这等价于$\boldsymbol{y}=\boldsymbol{e}_i$，且其概率也可以通过软最大函数来计算，即

$$p(\boldsymbol{y} = \boldsymbol{e}_i \mid \boldsymbol{h}_r) = \mathrm{softmax}_i(\boldsymbol{W}^{r+1}\boldsymbol{h}_r + \boldsymbol{b}^{r+1}) \tag{5.7}$$

对于其余层，有

$$\begin{cases} p(\boldsymbol{h}_{k-1} \mid \boldsymbol{h}_k) = \prod_i p(h_{k-1,i} \mid \boldsymbol{h}_k) \\ p(h_{k-1,i} = 1 \mid \boldsymbol{h}_k) = \mathrm{sigm}(\sum_j g_{ij}^k h_{kj} + b_{k-1,i}) \end{cases}, \quad \forall 1 \leqslant k \leqslant r-1 \tag{5.8}$$

5.2 深层信念网络的生成学习算法

利用深层信念网络学习样本的概率分布，称为生成学习。与自编码器有类似之处，深层信念网络的生成学习过程也可以分为两个阶段：无监督预训练和上下参数调优。

在无监督预训练阶段，把深层信念网络从输入到非最高层的每相邻两层（$\boldsymbol{h}_{k-1}$，$\boldsymbol{h}_k$）（$1\leqslant k\leqslant r-1$）都看作一个不带标签的受限玻耳兹曼机进行CD学习，同时把最高两层（($\boldsymbol{y}$，$\boldsymbol{h}_{r-1}$)，$\boldsymbol{h}_r$）看作一个分类受限玻耳兹曼机，按照算法3.2进行标签CD-k学习，用于初始化$\boldsymbol{a}$、$\boldsymbol{W}^k$、$\boldsymbol{G}^k$、$\boldsymbol{b}^k$、$\boldsymbol{b}_k$($1\leqslant k\leqslant r-1$)和$\boldsymbol{W}^r$、$\boldsymbol{b}^r$、$\boldsymbol{W}^{r+1}$、$\boldsymbol{b}^{r+1}$。无监督预训练的目的是用这些受限玻耳兹曼机的条件概率$Q(\boldsymbol{h}_k \mid \boldsymbol{h}_{k-1})$和$Q(\boldsymbol{h}_r \mid \boldsymbol{h}_{r-1}, \boldsymbol{y})$，估计深层信念网络的各层条件概率$p(\boldsymbol{h}_k \mid \boldsymbol{h}_{k-1}) \approx Q(\boldsymbol{h}_k \mid \boldsymbol{h}_{k-1})$（$1\leqslant k\leqslant r-1$），以及$p(\boldsymbol{h}_r \mid \boldsymbol{h}_{r-1}, \boldsymbol{y}) = Q(\boldsymbol{h}_r \mid \boldsymbol{h}_{r-1}, \boldsymbol{y})$。

在上下参数调优阶段，首先使用识别权值初始化生成权值$\boldsymbol{G}^k=(\boldsymbol{W}^k)^{\mathrm{T}}(1\leqslant k\leqslant r-1)$，然后使用上下算法对所有网络参数调优。上下算法是醒睡算法（the wake-sleep algorithm）的一个对比变种[209]，由醒阶段和睡阶段组成，如图5.4所示。在醒阶段，反复使用识别权值和识别偏置估计生成权值和生成偏置。在睡阶段，反复使用生成权值和生成偏置估计识别权值和识别偏置。醒阶段是一个从下到上（bottom-up）的过程，其作用是根据估算的识别权值和识别偏置调整网络的生成权值和生成偏置。算法5.1给出了关于单样本的醒阶段过程。睡阶段是一个从上到下（up-down）的过程，其作用是根据估算的生成权值和生成偏置调整网络的识别权值和识

别偏置。算法 5.2 给出了关于单样本的睡阶段过程，其中软最大函数 $\mathrm{softmax}_i(x)=\exp(x_i)/\sum_j \exp(x_j)$。完整的醒睡算法由算法5.1和算法5.2的多样本版本组成。

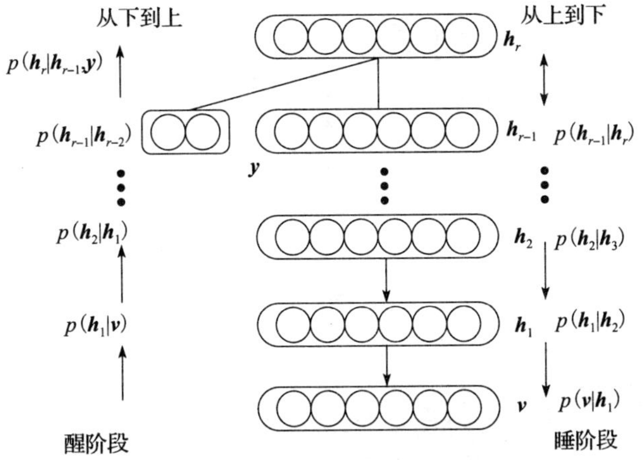

图5.4 深层信念网络的调优过程

算法5.1 DBN的单样本醒阶段

输入： 训练样本 $(\boldsymbol{x},\boldsymbol{y})$、$\sigma=\mathrm{sigm}$

输出： 生成权值 $\boldsymbol{G}^k$ 及偏置 $\boldsymbol{b}_k$、可视偏置 $\boldsymbol{a}$，其中，$k=1,\cdots,r-1$

1. $\boldsymbol{h}_0=\boldsymbol{x}$

2. 采样 $h_{ki}\sim p(h_{ki}=1\mid\boldsymbol{h}_{k-1})=\sigma\left(\sum_j w_{ij}^k h_{k-1,j}+b_i^k\right)$，$k=1,\cdots,r-1$

3. 采样 $\tau_{k-1,i}\sim p(h_{k-1,i}=1\mid\boldsymbol{h}_k)=\sigma\left(\sum_j g_{ij}^k h_{kj}+b_{k-1,i}\right)$，$k=1,\cdots,r-1$

4. 计算可视层激活概率 $p(v_j=1\mid\boldsymbol{h}_1)=\sigma\left(\sum_j g_{ij}^1 h_{1i}+a_j\right)$

5. 更新生成权值及偏置

$$g_{ij}^k\leftarrow g_{ij}^k+\eta h_{ki}\,(h_{k-1,j}-\tau_{k-1,i}),\quad k=1,\cdots,r-1$$
$$b_{k,i}\leftarrow b_{k,i}+\eta\,(h_{ki}-\tau_{k,i}),\quad k=1,\cdots,r-1$$
$$a_j\leftarrow a_j+\eta\,(v_j-p\,(v_j=1\mid\boldsymbol{h}_1))$$

算法5.2 DBN的单样本睡阶段

输入： 训练样本 $(\boldsymbol{x},\boldsymbol{y})$、循环采样次数 n、$\sigma=\mathrm{sigm}$

输出： 识别权值 $\boldsymbol{W}^k$ 和偏置 $\boldsymbol{b}^k$、联想权值 $\boldsymbol{W}^r$ 和偏置 $\boldsymbol{b}^r$、标签权值 $\boldsymbol{W}^{r+1}$ 和偏置 $\boldsymbol{b}^{r+1}$，其中，$k=1,\cdots,r-1$

1. 对于联想记忆网络

采样 $\tau_{ri}\sim p(h_{ri}=1\mid\boldsymbol{h}_{r-1},\boldsymbol{y})=\sigma\left(\sum_j w_{ij}^r h_{r-1,j}+\sum_j w_{ij}^{r+1}y_j+b_i^r\right)$

2. 对于 $t=1:n$

采样 $\tau_{r-1,i}\sim p(h_{r-1,i}=1\mid\boldsymbol{h}_r)=\sigma\left(\sum_j w_{ij}^r\tau_{r,j}+b_{r-1,i}\right)$

$$\boldsymbol{y}_{\text{sample}} \sim p(\boldsymbol{y}=\boldsymbol{e}_i \mid \boldsymbol{\tau}_r) = \text{softmax}_i(\boldsymbol{W}^{r+1}\boldsymbol{\tau}_r + \boldsymbol{b}^{r+1})$$

采样 $\tau_{ri} \sim p(h_{ri}=1 \mid \boldsymbol{\tau}_{r-1}, \boldsymbol{y}_{\text{sample}}) = \sigma\left(\sum_j w_{ij}^r \tau_{r-1,j} + \sum_j w_{ij}^{r+1} y_{\text{sample},j} + b_i^r\right)$

3. 采样 $\tau_{k-1,i} \sim p(h_{k-1,i}=1 \mid \boldsymbol{\tau}_k) = \sigma\left(\sum_j g_{ij}^k \tau_{kj} + b_{k-1,r}\right)$，$k=1, \cdots, r$

4. 计算各层激活概率 $\xi_{ki} \sim p(h_{ki}=1 \mid \boldsymbol{\tau}_{k-1}) = \sigma\left(\sum_j w_{ij}^k \tau_{k-1,j} + b_i^k\right)$，$k=1, \cdots, r-1$

5. 更新联想记忆网络权值及偏置

$$w_{ij}^r \leftarrow w_{ij}^r + \eta(h_{r,i}h_{r-1,j} - \tau_{ri}\tau_{r-1,j})$$
$$b_i^r \leftarrow b_i^r + \eta(h_{r,i} - \tau_{r,i})$$
$$w_{ij}^{r+1} \leftarrow w_{ij}^{r+1} + \eta(h_{ri}y_j - \tau_{ri}y_{\text{sample},j})$$
$$b_i^{r+1} \leftarrow b_i^{r+1} + \eta(y_i - y_{\text{sample},i})$$

6. 更新识别权值和识别偏置

$$w_{ij}^k \leftarrow w_{ij}^k + \eta\tau_{k-1,i}(\tau_{k,j} - \xi_{k,j}),\ k=1, \cdots, r-1$$
$$b_i^k \leftarrow b_i^k + \eta(\tau_{k,i} - \xi_{ki}),\ k=1, \cdots, r-1$$

5.3　深层信念网络的判别学习算法

作为判别模型时，深层信念网络的学习过程更像自编码器：先用受限玻耳兹曼机进行逐层无监督预训练，再用反向传播算法进行有监督调优。详细的判别学习过程总结在算法 5.3 中。

在算法 5.3 的无监督预训练阶段，从可视层到第 $r-1$ 个隐含层，深层信念网络的每相邻两层被看作一个受限玻耳兹曼机，用 CD－k 算法训练（参见 3.2 节）。最高两层，即联想记忆部分，则被看成是一个分类受限玻耳兹曼机，其可视层由深层信念网络的标签层和第 $r-1$ 个隐含层组成，其隐含层就是深层信念网络的第 r 个隐含层。对这个分类受限玻耳兹曼机，单独采用算法 3.2 进行标签 CD－k 训练。

算法 5.3　深层信念网络的判别学习过程

阶段 1：无监督预训练

1. 用接近 0 的随机数初始化网络参数（$\boldsymbol{W}^i$，$\boldsymbol{b}^i$）（$1 \leqslant i \leqslant r+1$）。
2. 使用 CD－k 算法训练第 1 个 RBM，该 RBM 的可视层为 $\boldsymbol{v}$，隐含层为 $\boldsymbol{h}_1$。
3. 对 $1 < i \leqslant r-1$，把 $\boldsymbol{h}_{i-1}$ 作为第 i 个 RBM 的可视层，把 $\boldsymbol{h}_i$ 作为第 i 个 RBM 的隐含层，使用 CD－k 算法，逐层训练 RBM。
4. 对于 $i=r$，把 $\boldsymbol{h}_{r-1}$ 和 $\boldsymbol{y}$ 的整体作为可视层，把 $\boldsymbol{h}_r$ 作为隐含层，构造一个分类 RBM，使用标签 CD－k 算法进行训练。

阶段 2：有监督调优

5. 把预训练得到的深层信念网络展开成一个深层感知器。
6. 使用有监督算法（如反向传播）对网络参数调优。

在算法 5.3 的有监督调优阶段，深层信念网络先被展开成一个深层感知器，如图 5.5 所示。这个深层感知器的权值和偏置采用逐层预训练得到的（$\boldsymbol{W}^k$，$\boldsymbol{b}^k$）来初始化，并通过反向传播算法调整和优化。

此外，深层信念网络的学习和训练，还可以使用梯度增强[210]、自动学习率调整[211]和受限玻耳兹曼机正则化[212]等方法进一步改善。

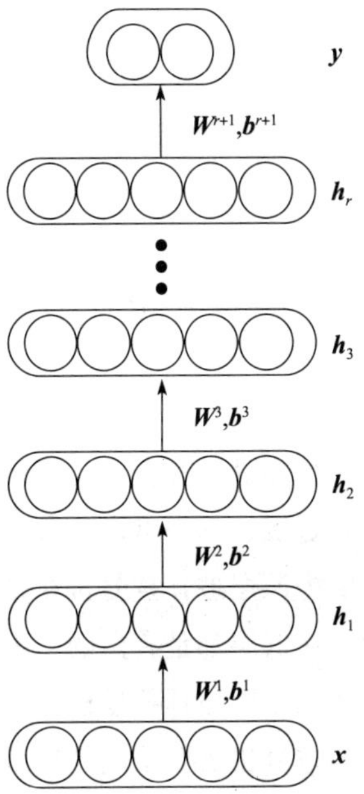

图 5.5　深层信念网络展开后的深层感知器结构

5.4　深层信念网络的变种模型

深层信念网络主要有 4 个变种。第 1 个变种是稀疏深层信念网络（sparse DBN）[213]，其特点是隐含节点的激活是稀疏的，采用稀疏受限玻耳兹曼机逐层预训练。第 2 个变种是多通道深层信念网络（multimodal DBN）[214]，动机是同时对来自不同通道（如图像和文本）的数据进行融合建模。第 3 个变种是卷积深层信念网络（convolutional DBN）[215]，它可以看作是卷积受限玻耳兹曼机和池化操作（pooling operation）的堆叠模型。第 4 个变种是三维深层信念网络（3-D DBN）[216]，其最高层是一个具有三维张量权值的三维受限玻耳兹曼机。

CHAPTER 6

第6章

深层玻耳兹曼机

深层玻耳兹曼机是受限玻耳兹曼机的一种推广，比受限玻耳兹曼机更复杂，但仍然是一种玻耳兹曼机，其中可以包含许多只有邻层相连的隐含层。深层玻耳兹曼机不同于深层信念网络，因为深层玻耳兹曼机在整体上是一个无向概率图模型，而深层信念网络只在最高两层是无向的，在低层都是有向的。由于在输入层和同一个隐含层之间的神经元之间都不存在相互连接，所以深层玻耳兹曼机比一般的玻耳兹曼机的结构相对简单，可调整的权值也相对较少。深层玻耳兹曼机需要采用经过编辑的受限玻耳兹曼机进行逐层预训练，才能获得更好的学习训练效果。本章将介绍深层玻耳兹曼机的标准模型、学习算法和有关变种。

6.1 深层玻耳兹曼机的标准模型

与深层信念网络不同，深层玻耳兹曼机（Deep Boltzmann Machine，DBM）是一种具有多层结构的无向图模型[65]。不过，像受限玻耳兹曼机一样，深层玻耳兹曼机也是一种玻耳兹曼机的特殊形式。与受限玻耳兹曼机不同的是，深层玻耳兹曼机可以有多个隐含层，而受限玻耳兹曼机只有一个隐含层。从这个意义上说，深层玻耳兹曼机实际上是一种受限玻耳兹曼机的推广。虽然深层玻耳兹曼机和深层信念网络都属于生成模型，它们的结构也都可以分为多个层次，但深层玻耳兹曼机不同于深层信念网络，因为深层玻耳兹曼机的所有连接都是无向的，而深层信念网络除了最高两层是无向的，其余的低层连接都是有向的。

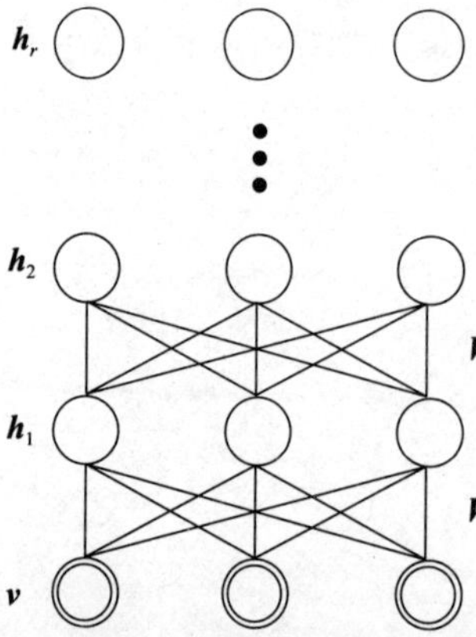

图6.1 具有 r 个隐层的深层玻耳兹曼机

图6.1为一个含有 r 个隐含层的深层玻耳兹曼机。在这个深层玻耳兹曼机中，自底向上分别是可视向量 $\boldsymbol{v}$ 和隐含向量 $\boldsymbol{h}_k=(h_{k,1},h_{k,2},\cdots,h_{k,n_k})^{\mathrm{T}}$，$k=1,2,\cdots,r$。可视层和第1个隐含层之间的权值用 $\boldsymbol{W}^1$ 表示，第 $k-1$ 个隐含层和第 k 个隐含层之间的权值用 $\boldsymbol{W}^k$ 表

示，$2 \leqslant k \leqslant r$。可视层偏置用 $\boldsymbol{a}$ 表示，第 k 个隐含层的偏置用 $\boldsymbol{b}^k$ 表示，$1 \leqslant k \leqslant r$。如果令 $\boldsymbol{h}_0 = \boldsymbol{v}$，$\boldsymbol{b}^0 = \boldsymbol{a}$，那么根据深层玻耳兹曼机的极大团构造（仅包括单点团和两点团），结合 Hammersley-Clifford 定理，其能量函数可以定义为

$$\begin{aligned}\varepsilon(\boldsymbol{v},\boldsymbol{h}_1,\boldsymbol{h}_2,\cdots,\boldsymbol{h}_r \mid \boldsymbol{\theta}) &= -\boldsymbol{v}^{\mathrm{T}}(\boldsymbol{W}^1)^{\mathrm{T}}\boldsymbol{h}_1 - (\boldsymbol{h}_1)^{\mathrm{T}}(\boldsymbol{W}^2)^{\mathrm{T}}\boldsymbol{h}_2 - \cdots - (\boldsymbol{h}_{r-1})^{\mathrm{T}}(\boldsymbol{W}^r)^{\mathrm{T}}\boldsymbol{h}_r \\ &\quad - \boldsymbol{v}^{\mathrm{T}}\boldsymbol{a} - (\boldsymbol{h}_1)^{\mathrm{T}}\boldsymbol{b}^1 - \cdots - (\boldsymbol{h}_r)^{\mathrm{T}}\boldsymbol{b}^r \\ &= -\sum_{k=1}^{r}(\boldsymbol{h}_{k-1})^{\mathrm{T}}(\boldsymbol{W}^k)^{\mathrm{T}}\boldsymbol{h}_k - \sum_{k=0}^{r}(\boldsymbol{h}_k)^{\mathrm{T}}\boldsymbol{b}^k\end{aligned} \tag{6.1}$$

其中 $\boldsymbol{\theta} = \{\boldsymbol{W}^k,\ \boldsymbol{a},\ \boldsymbol{b}^k\}(1 \leqslant k \leqslant r)$ 是模型参数。

根据定义的能量函数，深层玻耳兹曼机关于可视向量 $\boldsymbol{v}$ 的概率分布为

$$p(\boldsymbol{v} \mid \boldsymbol{\theta}) = \frac{1}{Z(\boldsymbol{\theta})}\sum_{\boldsymbol{h}_1,\boldsymbol{h}_2,\cdots,\boldsymbol{h}_r}\exp(-\varepsilon(\boldsymbol{v},\boldsymbol{h}_1,\boldsymbol{h}_2,\cdots,\boldsymbol{h}_r \mid \boldsymbol{\theta})) \tag{6.2}$$

从概率图模型的结构和理论出发，或者参照受限玻耳兹曼机的有关分析，还可以对深层玻耳兹曼机推导出下面的条件概率计算公式：

$$\begin{cases} p(\boldsymbol{v} \mid \boldsymbol{h}_1,\boldsymbol{\theta}) = \prod_j p(v_j \mid \boldsymbol{h}_1,\boldsymbol{\theta}) \\ p(v_j = 1 \mid \boldsymbol{h}_1) = \mathrm{sigm}\left(\sum_i w_{ij}^1 h_{1i} + a_j\right) \end{cases} \tag{6.3}$$

$$\begin{cases} p(\boldsymbol{h}_k \mid \boldsymbol{h}_{k-1},\boldsymbol{h}_{k+1}) = \prod_i p(h_{ki} \mid \boldsymbol{h}_{k-1},\boldsymbol{h}_{k+1}) \\ p(h_{ki} = 1 \mid \boldsymbol{h}_{k-1},\boldsymbol{h}_{k+1}) = \mathrm{sigm}\left(\sum_j w_{ij}^k h_{k-1,j} + \sum_j w_{ij}^{k+1} h_{k+1,j} + b_i^k\right), \quad 1 \leqslant k \leqslant r-1 \end{cases} \tag{6.4}$$

$$\begin{cases} p(\boldsymbol{h}_r \mid \boldsymbol{h}_{r-1}) = \prod_i p(h_{ri} \mid \boldsymbol{h}_{r-1}) \\ p(h_{ri} = 1 \mid \boldsymbol{h}_{r-1}) = \mathrm{sigm}\left(\sum_j w_{ij}^r h_{r-1,j} + b_i^r\right) \end{cases} \tag{6.5}$$

6.2　深层玻耳兹曼机的生成学习算法

深层玻耳兹曼机在本质上是一种生成模型，可以根据玻耳兹曼机的有关算法来学习和训练（参见 2.13 节），但效率较低。如果采用两阶段策略，深层玻耳兹曼机的生成学习过程可以变得更为高效，整个过程总结为算法 6.1。第一个阶段仍然称为逐层预训练，而第二阶段称为类 CD 调优。

算法 6.1　深层玻耳兹曼机的生成学习算法

输入： 训练集 $S = \{(\boldsymbol{v}^l,\ \boldsymbol{y}^l),\ 1 \leqslant l \leqslant N\}$、权值 $\boldsymbol{W}^k$、偏置 $\boldsymbol{b}^k$

输出： 权值 $\boldsymbol{W}^k$、偏置 $\boldsymbol{b}^k$

第一阶段：逐层预训练

1. 初始化 $\boldsymbol{W}^k \approx \boldsymbol{0}$，$\boldsymbol{b}^k \approx \boldsymbol{0}$；

2. 通过算法 3.1 训练第 1 个 RBM，该 RBM 的可视层为 $(\boldsymbol{v}, \boldsymbol{v})$，隐含层为 $\boldsymbol{h}_1$；
3. 通过算法 3.1 训练第 $i(1<i\leqslant r-1)$ 个 RBM，其可视层为 $\boldsymbol{h}_{i-1}$，隐含层为 $\boldsymbol{h}_i$，权值矩阵为 $2\boldsymbol{W}^k$；
4. 根据是否使用标签，把第 r 个 RBM 构造为逆捆绑受限玻尔兹机或者标签逆捆绑受限玻尔兹机，并通过算法 3.1 或算法 3.2 进行训练。

第二阶段：类 CD 调优

for$(\boldsymbol{v}^{(l)}, \boldsymbol{y}^{(l)}) \in S$ **do**

$h_{ki}=q(h_{ki}=1 \mid \boldsymbol{v}^{(l)})(1\leqslant k\leqslant r)$；%使用算法 6.2 估计

$\boldsymbol{h}_0^{(0)}=\boldsymbol{g}_v^{(0)} \leftarrow \boldsymbol{v}^{(l)}$，$\boldsymbol{g}_y^{(0)} \leftarrow \boldsymbol{y}^{(l)}$，$\boldsymbol{h}_k^{(0)} \leftarrow \boldsymbol{h}_k (1\leqslant k\leqslant r)$

for $t=1:n$

$g_{v,j}^{(t)} \sim p(v_j \mid \boldsymbol{h}_1^{(t)})$，$h_{ri}^{(t)} \sim p(h_{ri}^{(t)} \mid \boldsymbol{h}_{r-1}^{(t-1)}, \boldsymbol{g}_y^{(t-1)})$，$g_{y,c}^{(t)} \sim p(y_c \mid \boldsymbol{h}_r^{(t)})$；

$h_{ki}^{(t)} \sim p(h_{ki} \mid \boldsymbol{h}_{k-1}^{(t-1)}, \boldsymbol{h}_{k+1}^{(t)})(2\leqslant k\leqslant r-1)$，$h_{1i}^{(t)} \sim p(h_{1i} \mid \boldsymbol{g}_v^{(t)}, \boldsymbol{h}_2^{(t)})$；

end for

for $i=1, \cdots, n_k, j=1, \cdots, n_{k-1}$ **do**

$\forall 1\leqslant k\leqslant r$，$\Delta w_{ij}^k=\Delta w_{ij}^k+(h_{k-1,j}^0 h_{ki}^0-p(h_{ki}=1 \mid \boldsymbol{h}_{k-1}^{(n)}, \boldsymbol{h}_{k+1}^{(n)})h_{k-1,i}^{(n)})$；

end for

for $i=1, \cdots, n_{r-1}, j=1, \cdots, n_r$ **do**

$\Delta w_{ij}^r=\Delta w_{ij}^r+(h_{r-1,j}^0 h_{ri}^0-p(h_{ri}=1 \mid \boldsymbol{h}_{r-1}^{(n)}, \boldsymbol{g}_y^{(n)})h_{r-1,j}^{(n)})$；

end for

for $i=1, \cdots, n_r, c=1, \cdots, C$ **do**

$\Delta w_{ic}^{r+1}=\Delta w_{ic}^{r+1}+(g_{y,c}^{(0)} h_{ri}^{(0)}-p(h_{ri}=1 \mid \boldsymbol{h}_{r-1}^{(n)}, \boldsymbol{g}_y^{(n)})g_{y,c}^{(n)})$；

end for

for $j=1, \cdots, m$ **do** $\Delta a_j=\Delta a_j+g_{v,j}^{(0)}-g_{v,j}^{(n)}$ **end for**

for $i=1, \cdots, n_k(1\leqslant k\leqslant r-1)$ **do** $\Delta b_i^k=\Delta b_i^k+h_{ki}^0-p(h_{ki}=1 \mid \boldsymbol{h}_{r-1}^{(n)}, \boldsymbol{h}_{r+1}^{(n)})$ **end for**

for $i=1, \cdots, n_r$ **do** $\Delta b_i^r=\Delta b_i^r+h_{ri}^0-p(h_{ri}=1 \mid \boldsymbol{h}_{r-1}^{(n)}, \boldsymbol{g}_y^{(n)})$ **end for**

for $c=1, \cdots, C$ **do** $\Delta b_c^{r+1}=\Delta b_c^{r+1}+g_{y,c}^{(0)}-p(\boldsymbol{y}=\boldsymbol{e}_c \mid \boldsymbol{h}_r^{(n)})$ **end for**

update $\boldsymbol{W}^k$ and $\boldsymbol{b}^k$

end for

算法 6.1 的第一阶段是逐层预训练。在这个阶段，首先把深层玻耳兹曼机的可视层 $\boldsymbol{v}$ 和第 1 个隐含层 $\boldsymbol{h}_1$ 看作是一个捆绑受限玻耳兹曼机（tied RBM）。这个捆绑受限玻耳兹曼机的可视层为 $(\boldsymbol{v}, \boldsymbol{v})$，隐含层为 $\boldsymbol{h}_1$，权值矩阵为 $(\boldsymbol{W}^1, \boldsymbol{W}^1)$，且可视层偏置为 $(\boldsymbol{a}, \boldsymbol{a})$，隐含层偏置为 $\boldsymbol{b}^1$，如图 6.2 左边所示。对于该捆绑受限玻耳兹曼机，不难得到隐含节点和可视节点取 1 的条件概率计算公式分别为

$$p(h_{1i}=1 \mid \boldsymbol{v})=\operatorname{sigm}\left(\sum_j w_{ij}^1 v_j+\sum_j w_{ij}^1 v_j+b_i^1\right) \tag{6.6}$$

$$p(v_j=1 \mid \boldsymbol{h}_1)=\operatorname{sigm}\left(\sum_i w_{ij}^1 h_{1i}+a_j\right) \tag{6.7}$$

然后，把深层玻耳兹曼机的隐含层 $\boldsymbol{h}_{k-1}$ 和 $\boldsymbol{h}_k(2\leqslant k\leqslant r-1)$ 看作一个受限玻耳兹曼机，其可视层

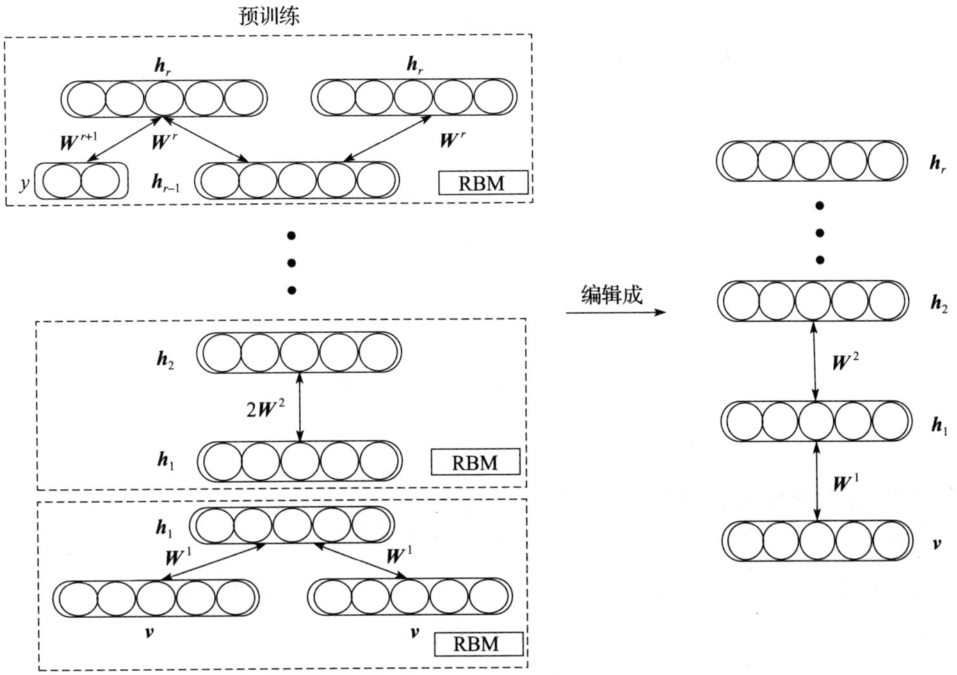

图 6.2　深层玻耳兹曼机的预训练过程

为 $\boldsymbol{h}_{k-1}$、隐含层为 $\boldsymbol{h}_k$、权值矩阵为 $2\boldsymbol{W}^k$、可视层偏置为 $\boldsymbol{a}^{k-1}$、隐含层偏置为 $\boldsymbol{b}^k$。相应地可以得到：

$$p(h_{k,i}=1\mid \boldsymbol{h}_{k-1})=\operatorname{sigm}\left(\sum_j 2w_{ij}^k h_{k-1,j}+b_i^k\right) \tag{6.8}$$

$$p(h_{k-1,j}=1\mid \boldsymbol{h}_k)=\operatorname{sigm}\left(\sum_i 2w_{ij}^k h_{ki}+a_j^{k-1}\right) \tag{6.9}$$

在分析深层玻耳兹曼机的两个最高隐含层 $\boldsymbol{h}_{r-1}$ 和 $\boldsymbol{h}_r$ 时，需要考虑是否使用标签的两种情况。如果不使用标签，就把深层玻耳兹曼机的 $\boldsymbol{h}_{r-1}$ 和 $\boldsymbol{h}_r$ 看作一个逆捆绑受限玻耳兹曼机（inverse tied RBM），其可视层为 $\boldsymbol{h}_{r-1}$、隐含层为（$\boldsymbol{h}_r$，$\boldsymbol{h}_r$）、权值矩阵为（$\boldsymbol{W}^r$，$\boldsymbol{W}^r$）、可视层偏置为 $\boldsymbol{a}^{r-1}$、隐含层偏置为（$\boldsymbol{b}^r$，$\boldsymbol{b}^r$）。对这个逆捆绑受限玻耳兹曼机，不难得到：

$$p(h_{ri}=1\mid \boldsymbol{h}_{r-1},\boldsymbol{y})=\operatorname{sigm}\left(\sum_j w_{ij}^r h_{r-1,j}+b_i^r\right) \tag{6.10}$$

$$p(h_{r-1,j}=1\mid \boldsymbol{h}_r)=\operatorname{sigm}\left(\sum_i w_{ij}^r h_{ri}+\sum_i w_{ij}^r h_{ri}+a_j^{r-1}\right) \tag{6.11}$$

如果使用标签，则构造一个标签逆捆绑受限玻耳兹曼机，其可视层为（$\boldsymbol{y}$，$\boldsymbol{h}_{r-1}$）、隐含层为（$\boldsymbol{h}_r$，$\boldsymbol{h}_r$）、权值矩阵为（$\boldsymbol{W}^{r+1}$，$\boldsymbol{W}^r$，$\boldsymbol{W}^r$）、可视层偏置为（$\boldsymbol{b}^{r+1}$，$\boldsymbol{a}^{r-1}$）、隐含层偏置为（$\boldsymbol{b}^r$，$\boldsymbol{b}^r$），如图 6.3 所示。因此，可以得到：

$$p(h_{ri}=1\mid \boldsymbol{h}_{r-1},\boldsymbol{y})=\operatorname{sigm}\left(\sum_j w_{ij}^{r+1}y_j+\sum_j w_{ij}^r h_{r-1,j}+b_i^r\right) \tag{6.12}$$

$$p(h_{r-1,j}=1\mid \boldsymbol{h}_r)=\mathrm{sigm}\left(\sum_i w_{ij}^r h_{ri}+\sum_i w_{ij}^r h_{ri}+a_j^{r-1}\right) \tag{6.13}$$

$$p(y_i=1\mid \boldsymbol{h}_r,\boldsymbol{\theta})=\mathrm{sigm}\left(\sum_j w_{ij}^{r+1} h_{rj}+b_i^{r+1}\right) \tag{6.14}$$

其中标签向量 $\boldsymbol{y}=(y_1,\ y_2,\ \cdots)^{\mathrm{T}}$ 的含义与深层信念网络的相同。

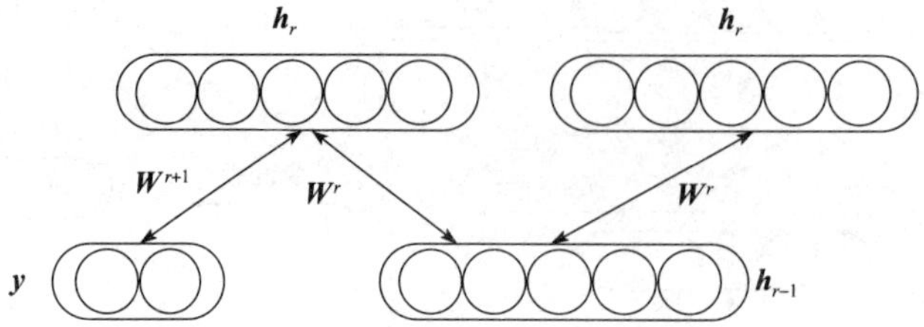

图 6.3　标签逆捆绑受限玻耳兹曼机

在上述 r 个受限玻耳兹曼机的训练完成之后，通过权值减半处理，把它们重新编辑成一个深层玻耳兹曼机，作为逐层预训练的结果，如图 6.2 右所示。

算法 6.1 的第二阶段是类 CD 调优。这个阶段首先采用平均场算法，即算法 6.2，估计深层玻耳兹曼机的后验概率 $p(h_{ki}=1\mid \boldsymbol{v})\approx q(h_{ki}=1\mid \boldsymbol{v})$，然后利用训练样本通过一种类 CD 算法更新所有参数。

算法 6.2 可以看作是平均场理论对深层玻耳兹曼机的应用。平均场理论最初产生于统计力学领域，但已被广泛应用于推断、图模型、神经科学和人工智能等其他领域[217-220]。平均场理论的基本思想是通过随机变量均值的函数近似估计随机变量的函数的均值。例如，如果 x 是二值随机变量，满足方程 $p(x=1)=f(x)$，那么使用平均场理论对均值 $\langle x\rangle$ 的估计方法如下：

$$\langle x\rangle = p(x=1)\approx f(\langle x\rangle) \tag{6.15}$$

平均场算法实际上也是一种变分学习方法，通常需要假定近似模型的联合概率分布具有如下因子分解形式[221]：

$$q(\mathbf{Z}) = \prod_{i=1}^{M} q_i(\mathbf{Z}_i) \tag{6.16}$$

其中，集合 $\mathbf{Z}=\bigcup_{i=1}^{M}\mathbf{Z}_i$ 中的随机变量被划分成 M 个互不相交的组 $\mathbf{Z}_i$，$i=1,\ \cdots,\ M$。

平均场算法的核心思想就是引入一个具有因子分解结构的近似概率分布 $q(\boldsymbol{h}_k\mid \boldsymbol{v})=\prod_i q(h_{ki}=1\mid \boldsymbol{v})$，通过计算 $q(h_{ki}=1\mid \boldsymbol{v})$ 来逼近后验概率 $p(h_{ki}=1\mid \boldsymbol{v})$，并根据平均场理论估计 $h_{ki}\approx p(h_{ki}=1\mid \boldsymbol{v})\approx q(h_{ki}=1\mid \boldsymbol{v})$。

算法 6.2　估计后验概率的平均场算法

输入： 可视向量 $\boldsymbol{v}$、权值 $\boldsymbol{W}^k$、偏置 $\boldsymbol{b}^k(2\leqslant k\leqslant r)$、网络结构、$\varepsilon$、$\sigma=\mathrm{sigm}$
输出： $q(h_{ki}=1\mid \boldsymbol{v})$，$2\leqslant k\leqslant r$，$1\leqslant i\leqslant n_k$

$$h_{1i}^0=\sigma\Big(\sum_j w_{ij}^1 v_j+\sum_j w_{ij}^1 v_j+b_i^1\Big);$$

$$h_{ki}^0=\sigma\Big(\sum_j 2w_{ij}^k h_{k-1,j}^0+b_i^k\Big),\ 2\leqslant k\leqslant r-1;$$

$$h_{ri}^0=\sigma\Big(\sum_j w_{ij}^r h_{r-1,j}^0+\sum_j w_{ji}^{r+1} y_j+b_i^r\Big);$$

for $t=1:n$ **do**

$$h_{1i}^t=\sigma\Big(\sum_j w_{ij}^1 v_j+\sum_j w_{ji}^2 h_{2,j}^{t-1}+b_i^1\Big);$$

$$h_{ki}^t=\sigma\Big(\sum_j w_{ij}^k h_{k-1,j}^t+\sum_j w_{ji}^{k+1} h_{k+1,j}^{t-1}+b_i^k\Big),\ 2\leqslant k\leqslant r-1;$$

$$h_{ri}^t=\sigma\Big(\sum_j w_{ij}^r h_{r-1,j}^t+\sum_j w_{ji}^{r+1} y_j+b_i^r\Big);$$

$$\varepsilon_k=\sum_i (h_{ki}^t-h_{ki}^{t-1})^2,\ 1\leqslant k\leqslant r;$$

If$(\varepsilon_1<\varepsilon$ and $\varepsilon_2<\varepsilon$ and $\varepsilon_3<\varepsilon$ and $\cdots$ and $\varepsilon_r<\varepsilon)$ break;

end for

$q(h_{ki}=1\mid \boldsymbol{v})=h_{ki}^n;1\leqslant k\leqslant r$

深层玻耳兹曼机的其他学习方法大多是对逐层预训练阶段的改进和优化，涉及的策略主要包括：自适应 MCMC 采样（adaptive MCMC sampling）[222]、回火转移（tempered transition）[223]、独立识别模型（separate recognition model）[224]、定心技巧（centering trick）[225]、两步预训练（two-stage pre-training）[226]和更好的预训练（better pre-training）[227]。其中，自适应 MCMC 采样和回火转移比其他方法更有可能产生全局最优解。此外，深层玻耳兹曼机还有另一类训练方法，就是进行联合训练（joint training）[228,229]，无需逐层预训练的过程。

6.3　深层玻耳兹曼机的判别学习算法

深层玻耳兹曼机也可用作判别模型，其判别学习的过程是在生成学习的基础上先建立一个相应的深层感知器模型，再利用有监督算法进行参数调优。这个深层感知器模型是对一个深层玻耳兹曼机在经过生成学习之后的展开和扩展，结构如图 6.4 所示。显然，该深层感知器的输入为（$\boldsymbol{Q}$，$\boldsymbol{x}$），隐含层依次为 $\boldsymbol{h}_1$，$\boldsymbol{h}_2$，$\cdots$，$\boldsymbol{h}_r$，输出层为 $\boldsymbol{y}$。其中 $\boldsymbol{Q}=q(\boldsymbol{h}_2\mid\boldsymbol{x})$ 的估计不用标签，各层权值（$\boldsymbol{G}$，$\boldsymbol{W}^1$），$\boldsymbol{W}^2$，$\cdots\boldsymbol{W}^r$，$\boldsymbol{W}^{r+1}$的生成学习初始化用标签，其中，$\boldsymbol{G}=(\boldsymbol{W}^2)^{\mathrm{T}}$，但 $\boldsymbol{W}^{r+1}$可以随机初始化。需要指出的是，在测试新样本 $\boldsymbol{x}$ 时，也需要先估计 $\boldsymbol{Q}=q(\boldsymbol{h}_2\mid\boldsymbol{x})$，再与 $\boldsymbol{x}$ 构造扩展输入才能预测最终的输出结果。

6.4　深层玻耳兹曼机的变种模型

深层玻耳兹曼机主要有三个变种模型，分别是高斯伯努利深层玻耳兹曼机（Gaussian-Ber-

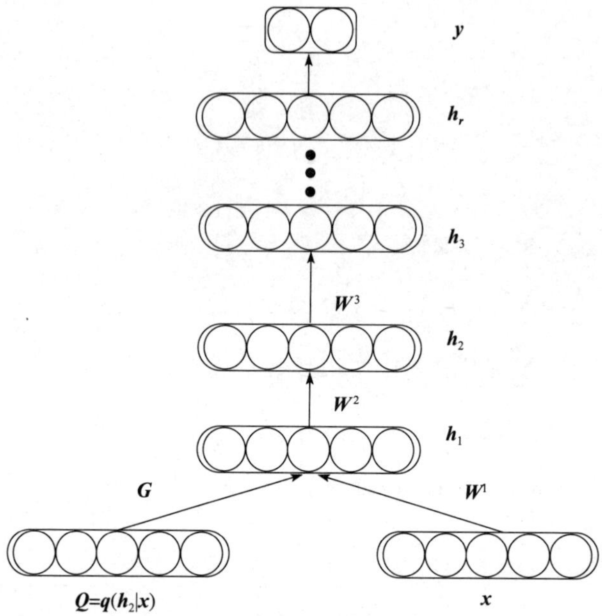

图 6.4 深层玻耳兹曼机展开和扩展后的深层感知器结构

noulli DBM，GB-DBM）[230]、多模深层玻耳兹曼机（Multimodal DBM，MM-DBM）[231]、部分有向深层玻耳兹曼机（Partially Directed DBM，PD-DBM）[232]。

高斯伯努利深层玻耳兹曼机的特点是可视层由高斯节点组成，能量函数如下：

$$\varepsilon(\boldsymbol{v},\boldsymbol{h}_1,\cdots,\boldsymbol{h}_r \mid \boldsymbol{\theta}) = \sum_{j=1}^{m} \frac{(v_j - a_j)^2}{2\sigma_j^2} - \sum_{j=1}^{m}\sum_{i=1}^{n_1} \frac{v_j}{\sigma_j^2} h_{1,i} w_{ij}^1 - \sum_{k=1}^{r}\sum_{i=1}^{n_k} b_i^k h_i^k - \sum_{k=1}^{r-1}\sum_{i=1}^{n_k}\sum_{j}^{n_{k+1}} w_{ji}^{k+1} h_{k,i} h_{k+1,j} \tag{6.17}$$

在高斯伯努利深层玻耳兹曼机中，如果用 $\mathcal{N}(\cdot \mid \mu, \sigma^2)$ 表示均值为 μ、标准差为 σ 的正态分布的概率密度，那么可视节点的条件概率可以推导为

$$p(v_j = 1 \mid \boldsymbol{h}_1) = \mathcal{N}\left(v_j \;\middle|\; \sum_{i=1}^{n_1} h_{1,i} w_{ij}^1 + a_j, \sigma_j^2\right) \tag{6.18}$$

第 1 层隐含层节点的条件概率可以推导为

$$p(h_{1,i} = 1 \mid \boldsymbol{v},\boldsymbol{h}_2) = \mathrm{sigm}\left(\sum_{j=1}^{m} \frac{v_j}{\sigma_j^2} w_{ij}^1 + \sum_{j=1}^{n_2} h_{2,j} w_{ji}^2 + b_i^1\right) \tag{6.19}$$

其他隐含层的隐含节点的条件概率参见公式（6.4）和公式（6.5）。

多模深层玻耳兹曼机实际上是通过集成多个独立的深层玻耳兹曼机对来自不同通道（例如，图像和文本）的数据进行融合建模。图 6.5 是一个多模深层玻耳兹曼机的例子，其中包含两个独立的深层玻耳兹曼机模块。多模深层玻耳兹曼机在分析多个具有独立统计特性的数据源

时，可以起到信息互补的作用，有助于分类和信息检索。

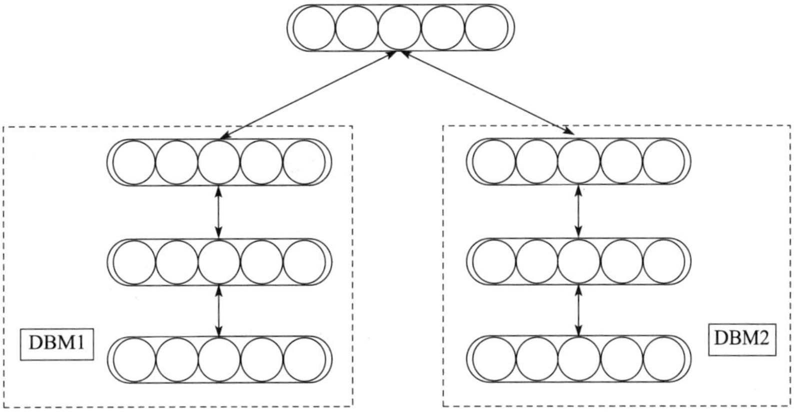

图6.5　多模深层玻耳兹曼机的结构

部分有向深层玻耳兹曼机如图6.6所示。不难看出，部分有向深层玻耳兹曼机是在钉板稀疏编码（spike-and-slab sparse coding，S3C）的基础上，通过堆叠一个深层玻耳兹曼机，得到一种底部有向的深层玻耳兹曼机模型。其中，S3C可以看作是一种稀疏编码（SC）和钉板受限玻耳兹曼机ssRBM的混合生成模型[233]。虽然S3C也具有ssRBM中的板变量和钉变量，但ssRBM是无向的，而S3C是有向的。部分有向深层玻耳兹曼机能够对实值数据建模，对目标识别非常有效。严格地说，部分有向深层玻耳兹曼机由一个观察向量 $\boldsymbol{v}\in\boldsymbol{R}^m$，一个板向量 $\boldsymbol{s}\in\boldsymbol{R}^{N_0}$ 和一组钉向量 $\boldsymbol{H}=\{\boldsymbol{h}_0,\ \boldsymbol{h}_1,\ \boldsymbol{h}_2,\ \cdots,\ \boldsymbol{h}_r\}$ 组成，其中 $\boldsymbol{h}_k\in\{0,\ 1\}^{N_k}$，$0\leqslant k\leqslant r$，$r$ 是在S3C模型上增加的层数。作为一个整体，部分有向深层玻耳兹曼机实现的是如下概率分布：

$$p_{\text{PD-DBM}}(\boldsymbol{v},\boldsymbol{s},\boldsymbol{H}) = p_{\text{S3C}}(\boldsymbol{v},\boldsymbol{s}\mid\boldsymbol{h}_0)p_{\text{DBM}}(\boldsymbol{H}) \tag{6.20}$$

$$p(s_i\mid h_{0,i}) = \mathcal{N}(s_i\mid h_{0,i}\mu_i,\alpha_{ii}^{-1}) \tag{6.21}$$

$$p(v_j\mid\boldsymbol{s},\boldsymbol{h}_0) = \mathcal{N}(v_j\mid\boldsymbol{W}_j^0(\boldsymbol{h}_0\circ\boldsymbol{s}),\beta_{jj}^{-1}) \tag{6.22}$$

$$p_{\text{DBM}}(\boldsymbol{h}) \propto \exp\Big(-\sum_{k=0}^{r}(\boldsymbol{b}^k)^{\mathrm{T}}\boldsymbol{h}_k-\sum_{l=1}^{L}(\boldsymbol{h}_{k-1})^{\mathrm{T}}(\boldsymbol{W}^k)^{\mathrm{T}}\boldsymbol{h}_k\Big) \tag{6.23}$$

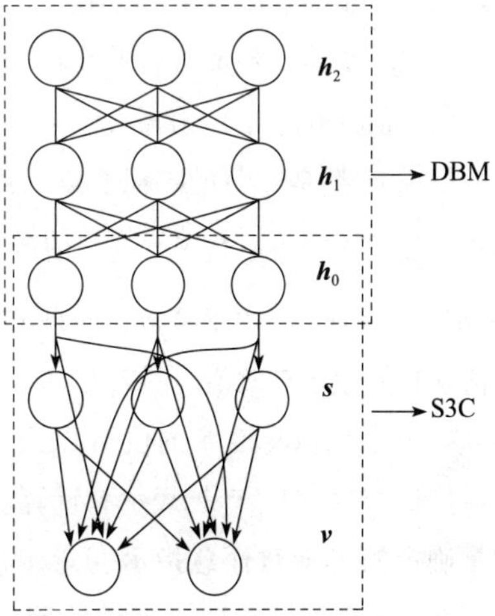

图6.6　部分有向深层玻耳兹曼机的结构

其中，$\boldsymbol{b}^k$ 是隐含层 $\boldsymbol{h}_k$ 的偏置，$\boldsymbol{\mu}=(\mu_1,\ \mu_2,\ \cdots,\ \mu_{N_0})^{\mathrm{T}}$ 和 $\boldsymbol{W}^0=((\boldsymbol{W}_1^0)^{\mathrm{T}},\ (\boldsymbol{W}_2^0)^{\mathrm{T}},\ \cdots,\ (\boldsymbol{W}_{N_0}^0)^{\mathrm{T}})^{\mathrm{T}}$ 分别控制 $\boldsymbol{s}$ 对 $\boldsymbol{h}_0$ 和 $\boldsymbol{v}$ 对 $\boldsymbol{s}$ 的线性依赖关系。$\boldsymbol{\alpha}=\mathrm{diag}(\alpha_{11},\ \alpha_{22},\ \cdots,\ \alpha_{N_0,N_0})$ 和 $\boldsymbol{\beta}=\mathrm{diag}(\beta_{11},\ \beta_{22},\ \cdots,\ \beta_{m,m})$ 是对角精度矩阵，分别控制 $\boldsymbol{s}$ 和 $\boldsymbol{v}$ 的有关条件。$\boldsymbol{h}_0\circ\boldsymbol{s}$ 表示 $\boldsymbol{h}_0$ 和 $\boldsymbol{s}$ 的对应元素乘积构成的向量，也就是它们的阿达马积。

CHAPTER 7

第 7 章

和积网络

和积网络是一种新型的深层结构，可以用有向无环图描述，其提出的关键动机是为了在一般条件下有效处理图模型推断和学习的配分函数，核心思想是通过多个层次的分解把复杂的多变量概率分布表达为单变量概率分布的和与积。和积网络的叶节点由变量构成，内部节点分为“和节点”和“积节点”。从根本上说，和积网络不但可以表示所有易处理的图模型，而且覆盖范围要更宽广，已经对大规模多变量数据的非参数估计显示出强大的建模能力。和积网络的学习可以采用反向传播和期望最大化算法，但会遇到梯度扩散问题，这个问题可以通过硬推断代替软推断来解决。本章将介绍和积网络的标准模型、学习算法和有关变种。

7.1 和积网络的标准模型

给定 d 个布尔变量 X_1，…，$X_d(d\geqslant2)$，它们的标准和积网络（Sum-Product Network，SPN）定义为一个有根的有向无环图[66]。该网络的根节点是一个和节点，内部节点可以是和节点或积节点，但叶子节点都是指示变量 x_1，x_2，…，x_d 和 $\bar{x}_1$，$\bar{x}_2$，…，$\bar{x}_d$。其中当 X_i 为真时，x_i 取值为1，否则取值为0；当 $\bar{X}_i$ 为真时，$\bar{x}_i$ 取值为1，否则取值为0。从任意和节点 i 发出的每一条边（i，j）的权值 w_{ij} 都是非负的。积节点的值是其子节点的值的乘积。和节点的值是其子节点的值的加权和 $\sum_{j\in Ch(i)} w_{ij}v_j$，其中 $Ch(i)$ 指节点 i 的子节点，v_j 是节点 j 的值。和积网络的值是它的根节点的值。图7.1为一个简单的和积网络。

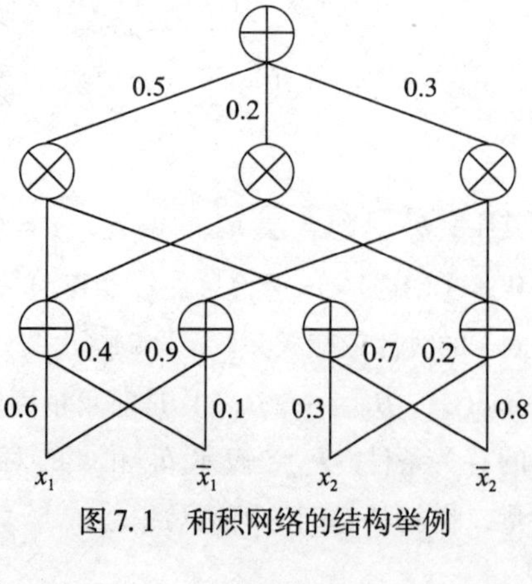

图7.1 和积网络的结构举例

一个和积网络 S 的值可以用 $S(x)=S(x_1, x_2, \cdots, x_d, \bar{x}_1, \bar{x}_2, \cdots, \bar{x}_d)$ 表示和计算。如果所有指示变量都是确定的（即对任意指示变量 x_i，要么 $x_i=1$ 且 $\bar{x}_i=0$，要么 $x_i=0$ 且 $\bar{x}_i=1$），那么称网络处于完全状态（complete state）。如果只有部分指示变量是确定的，那么称网络处于证据状态。这些确定指示变量的取值集合称为证据，用 e 表示，而网络关于证据 e 的值可以用 $S(e)$ 来表示和计算。如果所有指示变量都是不确定的，那么称网络处于全1状态，相应的网络值可以用 $S(*)=S(1,1,\cdots,1)$ 来表示和计算。

例如，对图7.1的和积网络，网络的值可以计算如下：

$$S(x_1,x_2,\bar{x}_1,\bar{x}_2)=0.5(0.6x_1+0.4\bar{x}_1)(0.3x_2+0.7\bar{x}_2)+0.2(0.6x_1+0.4\bar{x}_1)(0.2x_2+0.8\bar{x}_2)+0.3(0.9x_1+0.1\bar{x}_1)(0.2x_2+0.8\bar{x}_2) \tag{7.1}$$

此外，如果完全状态 $x=(x_1,x_2,\bar{x}_1,\bar{x}_2)=(1,0,0,1)$，那么 $S(x)=S(1,0,0,1)=0.306$。如果证据状态 $e=(1,1,0,1)$，那么 $S(e)=S(1,1,0,1)=0.51$。最后，对全1状态，$S(*)=S(1,1,1,1)=1.0$。不难看出，$S(x_1,x_2,\bar{x}_1,\bar{x}_2)$ 是一个关于指示变量的多重线性函数，称为网络多项式（network polynomial）。

对和积网络来说，网络多项式无疑是一个重要概念。一般而言，对任意的未归一化的概率分布 $\Phi(x)\geqslant 0$ 且 $x=(x_1,x_2,\cdots,x_d,\bar{x}_1,\bar{x}_2,\cdots,\bar{x}_d)$，都可以定义一个相应的网络多项式 $\sum_x \Phi(x)\prod(x)$ [234]，其中 $\prod(x)$ 表示是所有取值为1的指示变量的乘积。显然，该多项式是一个关于指示变量的多项式函数。对于服从参数 λ 的伯努利分布的变量 X_i 来说，其网络多项式为 $\lambda x_i+(1-\lambda)\bar{x}_i$。对于贝叶斯网络 $X_1\to X_2$ 来说，其网络多项式为：$P(x_1)P(x_2\mid x_1)x_1x_2+P(x_1)P(\bar{x}_2\mid x_1)x_1\bar{x}_2+P(\bar{x}_1)P(x_2\mid\bar{x}_1)\bar{x}_1x_2+P(\bar{x}_1)P(\bar{x}_2\mid\bar{x}_1)\bar{x}_1\bar{x}_2$。

和积网络 S 的范围是指在 S 中出现的所有变量的集合。如果指示变量 $\bar{x}_i$ 是 S 的叶子，则称变量 X_i 在 S 中为非态（negated）；而如果指示变量 x_i 是 S 的叶子，则称变量 X_i 在 S 中为常态（non-negated）。易知，在和积网络中以任意和节点为根节点的子网络也是一个和积网络。一个和积网络是完全的，当且仅当同一和节点的所有子节点都具有相同的范围。一个和积网络是一致的，当且仅当没有变量在一个积节点的子节点中为非态，而在其另一个子节点中为常态。

和积网络关于所有 $x\in X$ 的值 $S(x)$ 在 x 上定义了一个未归一化的概率分布，配分函数是 $Z_S=\sum_{x\in X}S(x)$。在这个分布下，证据 e 的未归一概率是 $\Phi_S(e)=\sum_{x\in e}S(x)$，其中 $x\in e$ 表示与 e 一致的状态。一个和积网络 S 是有效的，当且仅当对所有的证据 e 有 $S(e)=\Phi_S(e)$，也就是说，它总是能够正确地计算证据的概率。特别地，如果 S 是有效的，那么 $S(*)=Z_S$。有效的和积网络能够在关于其规模大小的线性时间内计算证据的概率。如果和积网络是完全的和一致的，并且对于每一个和节点 i，$\sum_{j\in Ch(i)}w_{ij}=1$，那么网络的配分函数为1，即 $Z_S=1$。

用归纳法不难证明，完全性（completeness）和一致性（consistency）是和积网络有效的充分条件，但不是必要条件。例如，$S(x_1,x_2,\bar{x}_1,\bar{x}_2)=\frac{1}{2}x_1x_2\bar{x}_2+\frac{1}{2}x_1$ 既不是完全的，也不是一致的，但却是有效的，因为对于所有的证据 e，都满足 $\Phi_S(e)=\sum_{x\in e}S(x)$。只有当和积网络的每一个子网络都有效时，完全性和一致性才是必要的，它们对设计高效的深层推理结构是非常有用的。

和积网络的可分解性是指在一个积节点的子节点中，它的任何指示变量最多只能出现一次。可分解性是比一致性更强的限制。例如，$S(x_1, \bar{x}_1) = x_1 x_1$ 是一致的，但不是可分解的。

给定未归一化的概率分布 $\Phi(x)$，如果存在一个有效的和积网络 S 对所有的状态 x 满足 $\Phi(x) = S(x)$，那么称 $\Phi(x)$ 是可以用 S 表示的。此时，S 显然能够正确计算 $\Phi(x)$ 的所有边际分布，包括配分函数。可以证明[66]，如果 S 的边数是 d 的多项式，且关于 d 维向量 $\boldsymbol{x}$ 的马尔可夫网络 $\Phi(x)$ 可用 S 表示，那么 $\Phi(x)$ 的配分函数是在 d 的多项式时间内可以计算的。

如果一个和积网络 S 是完全的但不是一致的，那么它的展开式将包含在其网络多项式中不出现的单项式，并且 $S(e) \geqslant \Phi_S(e)$。如果 S 是一致的但不是完全的，那么它的某些单项式将缺少与其网络多项式中的相应单项式有关的指示变量，并且 $S(e) \leqslant \Phi_S(e)$。因此，无效的和积网络对近似推理而言也可能是有用的。图 7.2 为不完全和不一致的例子。在图 7.2a 中，因为同一和节点的两个子节点的范围不同，所以 $S(e)$ 的值将大于 $\Phi_S(e)$。在图 7.2b 中，同一积节点的两个子节点，一个是变量 X_1 的常态 x_1，另一个是变量 X_1 的非态 $\bar{x}_1$，所以 $S(e)$ 的值将小于 $\Phi_S(e)$。

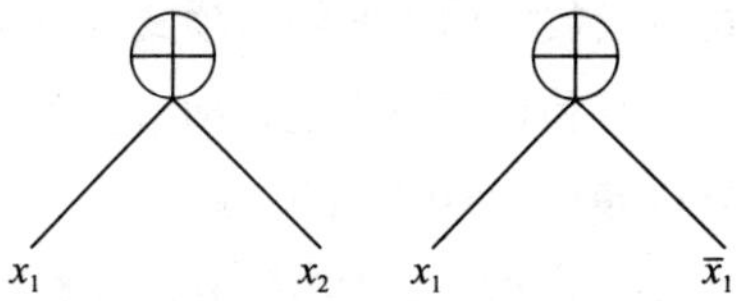

a）不完全　　b）不一致

图 7.2 不完全和不一致的例子

7.2 和积网络的学习算法

和积网络的结构和参数是能够同时学习的。学习的过程通常从一个密集连接的结构开始。算法 7.1 给出了一般的在线学习框架。首先把和积网络初始化为一般结构，其中的唯一要求是满足有效性。然后，对每一个实例轮流进行推理并更新权值，不断重复直到收敛。最后，对具有零权值的边进行剪枝，递归地去掉非根的无父节点。由于带权边必须是从和节点发出的，而且裁减掉这些边并不改变和积网络的有效性，因此所学到的和积网络一定是有效的。

在算法 7.1 中，第 1 步的作用是初始化和积网络的结构，理论上可以有许多不同的方法[66]，如调用算法 7.2。在算法 7.2 中，S 被看作是一个顶点集为 V、边集为 E 的图，具体的流程可以概括为 7 个主要步骤：

1）设置 $K = J = K_0$，创建根节点 S^0，令 $l = 0$。

2）$S^l = R$，$n = |R|$ 表示 R 的势，把 R 的变量列举为 X_1，X_2，…，X_n。

3）对 R 进行 $n-1$ 种分解，每种分解包括两个非空子集，其中第 i 种分解表示为 $R_i^1 = \{X_1, X_2, \cdots, X_i\}$ 和 $R_i^2 = \{X_{i+1}, \cdots, X_n\}$。

4）对每个 i，先把 $S_i^{l+2,1} = R_i^1$ 扩展为 K 个和节点 $S_{i,k}^{l+2,1}$，再把 $S_i^{l+2,2} = R_i^2$ 扩展为 J 个和节点 $S_{i,j}^{l+2,2}$，$k = 1, 2, \cdots, K$，$j = 1, 2, \cdots, J$。

5）当 $l = 0$ 时，对于任意两个和节点 $S_{i,k}^{l+2,1}$ 和 $S_{i,j}^{l+2,2}$，创建一个积节点 $P_{i,k,j}^{l+1}$，其父节点为 S^l，其两个子节点为 $S_{i,k}^{l+2,1}$ 和 $S_{i,j}^{l+2,2}$。当 $l > 0$ 时，创建 $K \times J$ 个积节点 $P_{i,k,j}^{l+1,1}$，其父节点为 $S_{i,k}^{l,1}$，其子节点为 $S_{i,k}^{l+2,1}$ 和 $S_{i,j}^{l+2,2}$；创建 $K \times J$ 个积节点 $P_{i,k,j}^{l+1,2}$，其父节点为 $S_{i,k}^{l,2}$，其子节点为 $S_{i,k}^{l+2,1}$ 和 $S_{i,j}^{l+2,2}$。

6）令 $l=l+2$。

7）如果 $|R_i^1|>1$，那么对于所有 k，令 $R=S_{i,k}^{l,1}$，递归重复执行步骤2～7；如果 $|R_i^2|>1$，那么对所有 j，令 $R=S_{i,j}^{l,2}$，递归重复执行步骤2～7。通过执行这些步骤，在变量数为 $n=4$ 时，初始化得到的和积网络结构如图7.3所示。

算法7.1 LearnSPN

输入： X 的变量集合 R 及实例集合 D
输出： 学习到的和积网络 S
1. 把 S 初始化为一个密集连接的网络结构。
2. 初始化 S 的权值。

```
Repeat
  For all d ∈ D do
    UpdateWeights(S, Inference(S, d))
  End for
Until convergence
```

3. 裁减 S 中权值为0的边。
4. 返回 S。

算法7.2 InitializeSPN(R, l, b)

1. $S^0=R$，$V=\{S^0\}$，$E=\emptyset$，$K=J=a\in\mathbf{Z}^+$
2. $S^l=R$，$n=|R|$
3. 创建两个子集：$R_i^1=\{R$ 的前 i 个元素$\}$ 和 $R_i^2=\{R$ 的后 $(n-i)$ 个元素$\}$，$1\leqslant i\leqslant n-1$
4. $S_i^{l+2,1}=R_i^1$，$S_i^{l+2,2}=R_i^2$
5. 为节点 $S_i^{l+2,1}$ 创建 K 个相同的和节点 $S_{i,k}^{l+2,1}$
6. 为节点 $S_i^{l+2,2}$ 创建 J 个相同的和节点 $S_{i,j}^{l+2,2}$

if$(b==0)$ **do**
　　创建 $K\times J$ 个积节点 $P_{i,k,j}^{l+1,1}$
　　$V=V\cup\{P_{i,k,j}^{l+1},\ S_{i,k}^{l+2,1},\ S_{i,j}^{l+2,2},\ 1\leqslant i\leqslant n-1,\ 1\leqslant k\leqslant K,\ 1\leqslant j\leqslant J\}$
　　$E=E\cup\{(S^l,\ P_{i,k,j}^{l+1}),\ 1\leqslant i\leqslant n-1,\ 1\leqslant k\leqslant K,\ 1\leqslant j\leqslant J\}$
else
　　创建 $K\times J$ 个积节点 $P_{i,k,j}^{l+1,b}$
　　$V=V\cup\{P_{i,k,j}^{l+1,b},\ S_{i,k}^{l+2,1},\ S_{i,j}^{l+2,2},\ 1\leqslant i\leqslant n-1,\ 1\leqslant k\leqslant K,\ 1\leqslant j\leqslant J\}$
　　$E=E\cup\{(S_{i,k}^{l,b},\ P_{i,k,j}^{l+1,b}),\ 1\leqslant i\leqslant n-1,\ 1\leqslant k\leqslant K,\ 1\leqslant j\leqslant J\}$
end if
$l=l+2$;
for $(i=1:n-1)$
　　$E=E\cup\{(P_{i,k,j}^{l-1,b},\ S_{i,k}^{l,1}),\ (P_{i,k,j}^{l-1,b},\ S_{i,j}^{l,2}),\ 1\leqslant k\leqslant K,\ 1\leqslant j\leqslant J\}$

　　if $|R_i^1|>1$ **do** $\forall S_{i,k}^{l,1}(1\leqslant k\leqslant K)$, $R=S_{i,k}^{l,1}$, InitializeSPN(R, l, 1); **end if**

　　if $|R_i^2|>1$ **do** $\forall S_{i,j}^{l,2}(1\leqslant j\leqslant J)$ $R=S_{i,j}^{l,2}$, InitializeSPN(R, l, 2); **end if**

　end for

$S=(V,\ E)$;

算法 7.1 中的伪代码是一个更新权值的过程，其中 Inference(S, d) 的主要作用是根据初始化的网络结构和实例集合 D 推理权值的偏导数，在理论上可以通过梯度下降或期望最大化算法实现[66]。推理（inference）还可以分为软推理（soft inference）和硬推理（hard inference）两种类型。软推理是指用和节点推理，硬推理是指用最大（max）节点代替和节点进行推理。软推理不管是用梯度下降实现还是用期望最大化算法实现，在学习深层和积网络时给出的结果都非常糟糕，因为随着深度的增加，梯度扩散问题会导致权值的更新量变得越来越小，很快就几乎变为零。克服这个问题的方法就是采用硬推理，此时的和积网络称为最大积网（max-product network，MPN）[235]。

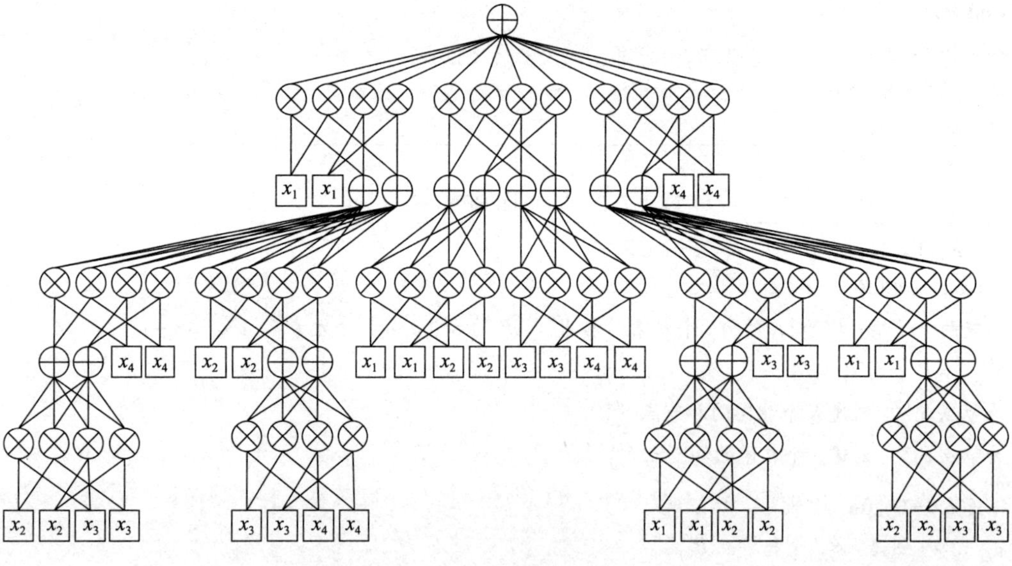

图 7.3　和积网络的一个初始化结构举例，其中 $K_0=2$

在最大积网中，用 M 表示网络的值，用 M_i^l 表示第 l 层的第 i 个最大节点（或 max 节点）（$l=2r\geqslant 0$），用 P_j^{l-1} 表示第 $l-1$ 层的积节点，用 $Pa(i)$ 表示节点 i 的父节点，用 w_{ij}^l 表示 M_i^l-P_j^{l+1} 连接边的权值，用 $W=\{w_{ij}^l\}$ 表示所有权值的集合。M 对 M_i^l、P_j^{l+1} 和 w_{ij}^l 的偏导数可分别表示为：

$$\frac{\partial M}{\partial M_i^{l+2}}=\sum_{j\in Pa(i)}\frac{\partial M}{\partial P_j^{l+1}}\prod_{k\in Ch(j)\setminus\{i\}}M_k^{l+2} \tag{7.2}$$

$$\frac{\partial M}{\partial P_j^{l+1}}=\sum_{i\in Pa(j)}\begin{cases}w_{ij}^l\dfrac{\partial M}{\partial M_i^l}, & w_{ij}^l\in W\\ 0, & \text{其他}\end{cases} \tag{7.3}$$

$$\frac{\partial M}{\partial w_{ij}^{l}}=\frac{\partial M}{\partial M_{i}^{l}}P_{j}^{l+1} \tag{7.4}$$

利用公式（7.2）~公式（7.4）中的梯度，就可以把 Inference(S, d) 实现为一种硬推理方法。

和积网络的其他学习方法还有判别学习和结构学习，可参见文献[235-239]。

7.3 和积网络的变种模型

首先，通过把二值指示变量替换为多值指示变量，不难把关于布尔变量的和积网络推广到多值离散变量的情况。类似地，如果把连续变量看作是具有无限多个值的多值变量，甚至还可以推广得到关于连续变量的和积网络[66]。此外，和积网络还有许多其他变种模型，包括卷积和积网络（convolutional sum-product network）[240]、动态和积网络（dynamic sum-product network）[241]、非参数贝叶斯和积网络（non-parametric Bayesian sum-product network）[242]、选择性和积网络（selective sum-product network）[243]以及关系和积网络（relational sum-product network）[244]等。

CHAPTER 8

第8章 卷积神经网络

卷积神经网络的早期模型称为神经认知机，是受到视觉系统的神经机制的启发而提出的一种生物物理模型。卷积神经网络可以看作是一种特殊的多层感知器或前馈神经网络，具有局部连接、权值共享的特点，其中大量神经元按照一定方式组织起来，以对视野中的交叠区域产生反应。自从卷积神经网络在深度学习领域闪亮登场之后，就很快取得了突飞猛进的发展，屡屡在图像分类与识别、目标定位与检测的大规模竞赛中名列前茅、战绩辉煌，甚至对提高机器在玩视频游戏和下围棋方面的智能水平也发挥了不可估量的作用。本章将介绍卷积神经网络的标准模型、学习算法和有关变种。

8.1 卷积神经网络的标准模型

卷积神经网络（Convolutional Neural Network，CNN）最初是受到视觉系统的神经机制的启发，针对二维形状的识别而设计的一种多层感知器，在平移情况下具有高度不变性，在缩放和倾斜的情况下也具有一定的不变性。1962 年，Hubel 和 Wiesel 通过对猫视觉皮层细胞的研究，提出了感受野（receptive field）的概念[31]。1984 年，日本学者 Fukushima 在感受野概念的基础上，提出了神经认知机（Neocognitron）模型[28-30]，它被认为是第一个实现的卷积神经网络。1989 年，LeCun 等人首次使用了权值共享（weight sharing）技术[245]。1998 年，LeCun 等人将卷积层和下采样层相结合，构成卷积神经网络的主要结构，这是现代卷积神经网络的雏形（LeNet）[33]。

标准卷积神经网络是一种特殊的前馈神经网络模型，通常具有比较深的结构，一般由输入层、卷积层（convolutional layer）、下采样层（downsampling layer，subsampling layer）、全连接层（fully-connected layer）及输出层组成[33]。其中，卷积层也称为“检测层（detection layer）”，下采样层又称为“池化层（pooling layer）”[216]。图 8.1 为一种标准卷积神经网络的整体结构，其中池化是不重叠的。输入层通常是一个矩阵，如一幅图像。从前馈网络的角度看，卷积层和下采样层可以看作特殊的隐含层，而其他层（除输出层外）是普通的隐含层。这些层一般具有不同的计算方式，其中的权值大多需要一个学习过程来调优，但有时卷积层也可以采用固定权值直接构造，比如直接使用 Gabor 滤波器[246]。

为了描述方便，有必要先定义 4 种基本运算：内卷积、外卷积、下采样和上采样。

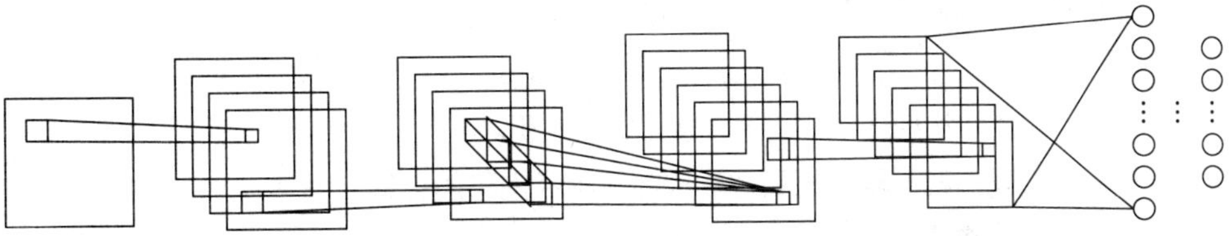

图 8.1　标准卷积神经网络的整体结构

假设 $\boldsymbol{A}$ 和 $\boldsymbol{B}$ 为矩阵，大小分别为 $M \times N$ 和 $m \times n$，且 $M \geqslant m$，$N \geqslant n$，则它们的内卷积 $\boldsymbol{C} = \boldsymbol{A} \breve{*} \boldsymbol{B}$的所有元素定义为

$$c_{ij} = \sum_{s=1}^{m} \sum_{t=1}^{n} a_{i+m-s,j+n-t} \cdot b_{st}, 1 \leqslant i \leqslant M - m + 1, 1 \leqslant j \leqslant N - n + 1 \tag{8.1}$$

它们的外卷积定义为

$$\boldsymbol{A} \hat{*} \boldsymbol{B} = \hat{\boldsymbol{A}}_{\mathrm{B}} \breve{*} \boldsymbol{B} \tag{8.2}$$

其中，$\hat{\boldsymbol{A}}_{\mathrm{B}} = (\hat{a}_{ij})$ 是一个利用 0 对 $\boldsymbol{A}$ 进行扩充得到的矩阵，大小为 $(M+2m-2) \times (N+2n-2)$，且

$$\hat{a}_{ij} = \begin{cases} a_{i-m+1,j-n+1}, & m \leqslant i \leqslant M + m - 1 \text{ 和 } n \leqslant j \leqslant N + n - 1 \\ 0, & \text{其他} \end{cases} \tag{8.3}$$

例如，假设矩阵 $\boldsymbol{A} = \begin{bmatrix} 1 & 2 & 3 \\ 4 & 5 & 6 \\ 7 & 8 & 9 \end{bmatrix}$和矩阵 $\boldsymbol{B} = \begin{bmatrix} 2 & 3 \\ 4 & 5 \end{bmatrix}$，则 $\boldsymbol{A}$ 和 $\boldsymbol{B}$ 做内卷积和外卷积的结果分别为

$$\boldsymbol{A} \breve{*} \boldsymbol{B} = \begin{bmatrix} 35 & 49 \\ 77 & 91 \end{bmatrix} \quad \boldsymbol{A} \hat{*} \boldsymbol{B} = \begin{bmatrix} 2 & 7 & 12 & 9 \\ 12 & 35 & 49 & 33 \\ 30 & 77 & 91 & 57 \\ 28 & 67 & 76 & 45 \end{bmatrix} \tag{8.4}$$

如果对矩阵 $\boldsymbol{A}$ 进行不重叠分块，每块的大小为 $\lambda \times \tau$，则其中的第 ij 个块可以表示为

$$\boldsymbol{G}^{\boldsymbol{A}}_{\lambda,\tau}(i,j) = (a_{st})_{\lambda \times \tau} \tag{8.5}$$

其中，$(i-1) \cdot \lambda + 1 \leqslant s \leqslant i \cdot \lambda$，$(j-1) \cdot \tau + 1 \leqslant t \leqslant j \cdot \tau$。

对 $\boldsymbol{G}^{\boldsymbol{A}}_{\lambda,\tau}(i, j)$ 的下采样定义为平均池化：

$$\mathrm{down}(\boldsymbol{G}^{\boldsymbol{A}}_{\lambda,\tau}(i,j)) = \frac{1}{\lambda \times \tau} \sum_{s=(i-1)\times\lambda+1}^{i\times\lambda} \sum_{t=(j-1)\times\tau+1}^{j\times\tau} a_{st} \tag{8.6}$$

用大小为 $\lambda\times\tau$ 的块对矩阵 $\boldsymbol{A}$ 进行不重叠的下采样，结果定义为

$$\text{down}_{\lambda,\tau}(\boldsymbol{A}) = \text{down}(\boldsymbol{G}^{A}_{\lambda,\tau}(i,j)) \tag{8.7}$$

对矩阵 $\boldsymbol{A}$ 进行倍数为 $\lambda\times\tau$ 的不重叠上采样，结果定义为

$$\text{up}_{\lambda\times\tau}(\boldsymbol{A}) = \boldsymbol{A}\otimes\boldsymbol{1}_{\lambda\times\tau} \tag{8.8}$$

其中，$\boldsymbol{1}_{\lambda\times\tau}$是一个元素全为 1 的矩阵，$\otimes$代表克罗内克积。

基于以上基本运算，就可以详细描述标准卷积神经网络的构造。

1. 第 1 个隐含层的构造

卷积神经网络的第 1 个隐含层用 $\boldsymbol{H}_1$ 表示。由于 $\boldsymbol{H}_1$ 是通过卷积来计算的，所以又称为卷积层。一个卷积层可能包含多个卷积面（convolutional plane），其中卷积面又称为卷积特征地图（convolutional feature map）或卷积地图（convolutional map）。每个卷积面又关联于一个卷积核（convolutional kernel）或卷积过滤器（convolutional filter），如图 8.2a 所示。如果分别用 $\boldsymbol{h}_{1,\alpha}$ 和 $\boldsymbol{W}^{1,\alpha}$表示 $\boldsymbol{H}_1$ 的第 α 个卷积面和第 α 个卷积核，那么 $\boldsymbol{h}_{1,\alpha}$实际上是利用输入 $\boldsymbol{x}$ 与 $\boldsymbol{W}^{1,\alpha}$进行内卷积"$\breve{*}$"运算再加上偏置 $\boldsymbol{b}^{1,\alpha}$得到的结果，即

$$\boldsymbol{h}_{1,\alpha} = f(\boldsymbol{u}_{1,\alpha}) = f(\boldsymbol{C}^{1,\alpha} + \boldsymbol{b}^{1,\alpha}) = f(\boldsymbol{x}\,\breve{*}\,\boldsymbol{W}^{1,\alpha} + \boldsymbol{b}^{1,\alpha}) \tag{8.9}$$

卷积层 $\boldsymbol{H}_1$ 由所有卷积面 $\boldsymbol{h}_{1,\alpha}$构成，即 $\boldsymbol{H}_1 = (\boldsymbol{h}_{1,\alpha})$。

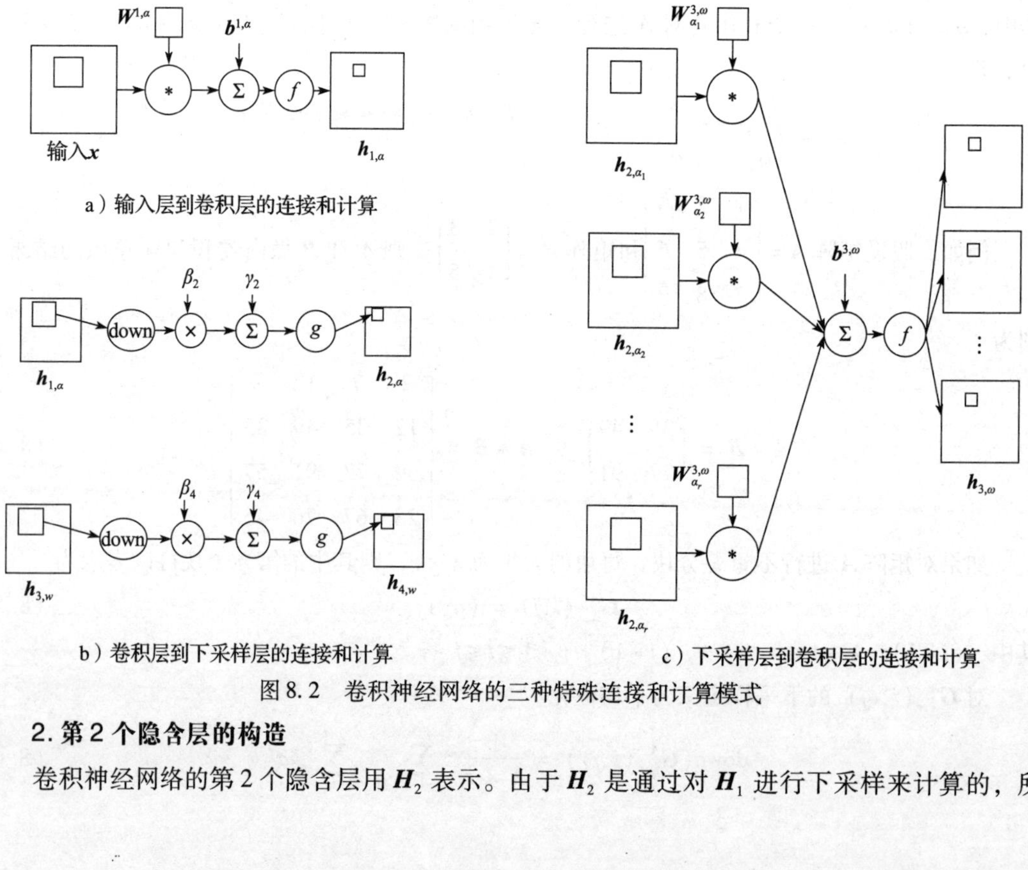

图 8.2　卷积神经网络的三种特殊连接和计算模式

2. 第 2 个隐含层的构造

卷积神经网络的第 2 个隐含层用 $\boldsymbol{H}_2$ 表示。由于 $\boldsymbol{H}_2$ 是通过对 $\boldsymbol{H}_1$ 进行下采样来计算的，所

以又称为下采样层，如图 8.2b 所示。一个下采样层也可能包含多个下采样面（downsampling plane），其中下采样面又称为下采样特征地图（downsampling feature map）或下采样地图（downsampling map）。如果用 $\boldsymbol{h}_{2,\alpha}$ 表示 $\boldsymbol{H}_2$ 的第 α 个下采样面，那么 $\boldsymbol{h}_{2,\alpha}$ 与 $\boldsymbol{h}_{1,\alpha}$ 的关系如下：

$$\boldsymbol{h}_{2,\alpha} = g(\beta_2 \mathrm{down}_{\lambda_2,\tau_2}(\boldsymbol{h}_{1,\alpha}) + \boldsymbol{\gamma}_2) \tag{8.10}$$

其中权值 β_2 一般取值为 1，偏置 $\boldsymbol{\gamma}_2$ 一般取值为 $\boldsymbol{0}$ 矩阵，$g(\cdot)$ 一般取为恒等线性函数 $g(x)=x$。

下采样层 $\boldsymbol{H}_2$ 由所有下采样面 $\boldsymbol{h}_{2,\alpha}$ 构成，即 $\boldsymbol{H}_2=(\boldsymbol{h}_{2,\alpha})$。

3. 第 3 个隐含层的构造

卷积神经网络的第 3 个隐含层用 $\boldsymbol{H}_3$ 表示。由于 $\boldsymbol{H}_3$ 是通过从 $\boldsymbol{H}_2$ 选择多个下采样面和多个卷积核来计算的，所以也称为卷积层，如图 8.2c 所示。不妨设每次从 $\boldsymbol{H}_2$ 选择 r 个下采样面，分别用 $\boldsymbol{h}_{2,\alpha_i}(1 \leqslant i \leqslant r)$ 表示，相应的卷积核用 $\boldsymbol{W}_{\alpha_i}^{3,(\alpha_1,\alpha_2,\cdots,\alpha_r)}$ 表示，那么可以在卷积层 $\boldsymbol{H}_3$ 构造一个卷积面如下：

$$\boldsymbol{h}_{3,\omega} = \boldsymbol{h}_{3,(\alpha_1,\alpha_2,\cdots,\alpha_r)} = f\Big(\sum_{i=1}^{r} \boldsymbol{h}_{2,\alpha_i} \breve{*} \boldsymbol{W}_{\alpha_i}^{3,\omega} + \boldsymbol{b}^{3,\omega}\Big) \tag{8.11}$$

其中，$\omega=(\alpha_1, \alpha_2, \cdots, \alpha_r)$。

卷积层 $\boldsymbol{H}_3$ 由所有卷积面 $\boldsymbol{h}_{3,\omega}$ 构成，即 $\boldsymbol{H}_3=(\boldsymbol{h}_{3,\omega})$。

4. 第 4 个隐含层的构造

卷积神经网络的第 4 个隐含层用 $\boldsymbol{H}_4$ 表示。由于 $\boldsymbol{H}_4$ 是通过对 $\boldsymbol{H}_3$ 进行下采样来计算的，所以也称为下采样层。如图 8.2b 所示，对于 $\boldsymbol{H}_3$ 中的每一个卷积面 $\boldsymbol{h}_{3,\omega}$，都可以在 $\boldsymbol{H}_4$ 中构造一个相应的下采样面如下：

$$\boldsymbol{h}_{4,\omega} = g(\beta_4 \mathrm{down}_{\lambda_4,\tau_4}(\boldsymbol{h}_{3,\omega}) + \boldsymbol{\gamma}_4) \tag{8.12}$$

其中权值 β_4 一般也取值为 1，偏置 $\boldsymbol{\gamma}_4$ 一般也取值为 $\boldsymbol{0}$ 矩阵。

下采样层 $\boldsymbol{H}_4$ 由所有下采样面 $\boldsymbol{h}_{4,\omega}$ 构成，即 $\boldsymbol{H}_4=(\boldsymbol{h}_{4,\omega})$。

5. 全连接层的构造

全连接层的各层分别用 $\boldsymbol{H}_5 \sim \boldsymbol{H}_R$ 表示，主要用来分类，见图 8.1。这些层实际上构成一个普通的多层前馈网络，其中的激活函数一般采用 sigmoid。最后一个层 $\boldsymbol{H}_R$ 称为输出层，可能采用 softmax 函数代替 sigmoid。

8.2 卷积神经网络的学习算法

由于卷积神经网络在本质上是一种特殊的多层前馈网络，因此它的权值和偏置在理论上可以用反向传播算法进行学习和训练（见算法 4.2）。根据图 8.1，对于第 l 个样本，标准卷积神经网络从输入到输出的计算过程为：

$$
\begin{cases}
\boldsymbol{h}_{1,\alpha}^{l} = f(\boldsymbol{u}_{1,\alpha}^{l}) = f(\boldsymbol{x}^{l} \breve{*} \boldsymbol{W}^{1,\alpha} + \boldsymbol{b}^{1,\alpha}), \\
\boldsymbol{h}_{2,\alpha}^{l} = g(\beta_2 \mathrm{down}_{\lambda_2,\tau_2}(\boldsymbol{h}_{1,\alpha}^{l}) + \boldsymbol{\gamma}_2), \\
\boldsymbol{h}_{3,(\alpha_1,\alpha_2,\cdots,\alpha_r)}^{l} = f\left(\sum_{i=1}^{r} \boldsymbol{h}_{2,\alpha_i}^{l} \breve{*} \boldsymbol{W}_{\alpha_i}^{3,\omega} + \boldsymbol{b}^{3,\omega}\right), \\
\boldsymbol{h}_{4,(\alpha_1,\alpha_2,\cdots,\alpha_r)}^{l} = g(\beta_4 \mathrm{down}_{\lambda_4,\tau_4}(\boldsymbol{h}_{3,(\alpha_1,\alpha_2,\cdots,\alpha_r)}^{l}) + \boldsymbol{\gamma}_4), \\
\boldsymbol{H}_4^{l} = (\boldsymbol{h}_{4,(\alpha_1,\alpha_2,\cdots,\alpha_r)}^{l}), \\
\boldsymbol{H}_5^{l} = \mathrm{vec}(\boldsymbol{H}_4^{l}), \\
\boldsymbol{H}_k^{l} = \sigma(\boldsymbol{u}_k^{l}) = \sigma(\boldsymbol{W}^{k}\boldsymbol{H}_{k-1}^{l} + \boldsymbol{b}^{k}), 6 \leqslant k \leqslant R
\end{cases}
\tag{8.13}
$$

算法8.1 标准卷积网络的反向传播算法

输入：训练集 $S=\{(\boldsymbol{x}^l, \boldsymbol{y}^l), 1\leqslant l\leqslant N\}$、网络结构、层数 R

输出：网络参数 $\boldsymbol{W}^{1,\alpha}$、$\boldsymbol{b}^{1,\alpha}$、$\boldsymbol{W}_{\alpha_i}^{3,\omega}$、$\boldsymbol{b}^{3,\omega}$、$\boldsymbol{W}^k$、$\boldsymbol{b}^k(5\leqslant k\leqslant R)$

1. 随机初始化所有权值和偏置
2. 计算 $\boldsymbol{H}_0^l=\boldsymbol{x}^l$，$\boldsymbol{u}_{1,\alpha}^l=\boldsymbol{x}^l \breve{*} \boldsymbol{W}^{1,\alpha}+\boldsymbol{b}^{1,\alpha}$，$\boldsymbol{h}_{1,\alpha}^l=f(\boldsymbol{u}_{1,\alpha}^l)$
3. 计算 $\boldsymbol{u}_{2,\alpha}^l=\beta_2 \mathrm{down}_{\lambda_2,\tau_2}(\boldsymbol{h}_{1,\alpha}^l)+\boldsymbol{\gamma}_2$，$\boldsymbol{h}_{2,\alpha}^l=g(\boldsymbol{u}_{2,\alpha}^l)$
4. 计算 $\boldsymbol{u}_{3,\omega}^l=\sum_{i=1}^{r}\boldsymbol{h}_{2,\alpha_i}^l \breve{*} \boldsymbol{W}_{\alpha_i}^{3,\omega}+\boldsymbol{b}^{3,\omega}$，$\boldsymbol{h}_{3,\omega}^l=f(\boldsymbol{u}_{3,\omega}^l)$
5. 计算 $\boldsymbol{u}_{4,\omega}^l=\beta_4 \mathrm{down}_{\lambda_4,\tau_4}(\boldsymbol{h}_{3,\omega}^l)+\boldsymbol{\gamma}_4$，$\boldsymbol{h}_{4,\omega}^l=g(\boldsymbol{u}_{4,\omega}^l)$
6. 令 $\boldsymbol{H}_4^l=(\boldsymbol{h}_{4,\omega}^l)$，$\boldsymbol{H}_5^l=\mathrm{vec}(\boldsymbol{H}_4^l)$
7. 计算 $\boldsymbol{u}_k^l=\boldsymbol{W}^k\boldsymbol{H}_{k-1}^l+\boldsymbol{b}^k$，$\boldsymbol{H}_k^l=\sigma(\boldsymbol{u}_k^l)$，$6\leqslant k\leqslant R$
8. 令 $\boldsymbol{o}^l=\boldsymbol{H}_R^l$，计算 $\boldsymbol{\delta}_R^l=(\boldsymbol{o}^l-\boldsymbol{y}^l)\circ\sigma'(\boldsymbol{u}_R^l)$
9. 计算 $\boldsymbol{\delta}_k^l=[(\boldsymbol{W}^{k+1})^{\mathrm{T}}\boldsymbol{\delta}_{k+1}^l]\circ\sigma'(\boldsymbol{u}_k^l)$，$5\leqslant k\leqslant R-1$
10. 把 $\boldsymbol{\delta}_5^l$ 拆解组合成 $\boldsymbol{\delta}_4^l=(\boldsymbol{\delta}_{4,\omega}^l)$
11. 计算 $\boldsymbol{\delta}_{3,\omega}^l=\frac{1}{\lambda_4\times\tau_4}\beta(f'(\boldsymbol{u}_{3,\omega}^l)\circ\mathrm{up}_{\lambda_4\times\tau_4}(\boldsymbol{\delta}_{4,\omega}^l))$
12. 计算 $\boldsymbol{\delta}_{2,\alpha_i}^l=[\boldsymbol{\delta}_{3,\omega}^l \hat{*} \mathrm{rot180}(\boldsymbol{W}_{\alpha_i}^{3,\omega})]\circ g'(\boldsymbol{u}_{2,\alpha_i}^l)$
13. 计算 $\boldsymbol{\delta}_{1,\alpha}^l=\frac{1}{\lambda_2\times\tau_2}\beta(f'(\boldsymbol{u}_{1,\alpha}^l)\circ\mathrm{up}_{\lambda_2\times\tau_2}(\boldsymbol{\delta}_{2,\alpha}^l))$
14. 计算 $\begin{cases}\frac{\partial L_N}{\partial \boldsymbol{W}^k}=\sum_{l=1}^{N}\boldsymbol{\delta}_k^l(\boldsymbol{H}_{k-1}^l)^{\mathrm{T}},\ \frac{\partial L_N}{\partial \boldsymbol{b}^k}=\sum_{l=1}^{N}\boldsymbol{\delta}_k^l,\ 5\leqslant k\leqslant R \\ \frac{\partial L_N}{\partial \boldsymbol{W}_{\alpha_i}^{3,\omega}}=\sum_{l=1}^{N}\boldsymbol{h}_{2,\alpha_i}^l \breve{*} \boldsymbol{\delta}_{3,\omega}^l \\ \frac{\partial L_N}{\partial \boldsymbol{b}^{3,\omega}}=\sum_{l=1}^{N}\boldsymbol{\delta}_{3,\omega}^l \\ \frac{\partial L_N}{\partial \boldsymbol{W}^{1,\alpha}}=\sum_{l=1}^{N}\boldsymbol{x}^l \breve{*} \boldsymbol{\delta}_{1,\alpha}^l,\ \frac{\partial L_N}{\partial \boldsymbol{b}^{1,\alpha}}=\sum_{l=1}^{N}\boldsymbol{\delta}_{1,\alpha}^l\end{cases}$
15. 更新所有的网络参数

根据公式（8.13），结合算法 4.2，不难推导得到标准卷积神经网络的反向传播算法，详见算法 8.1。其中“ ∘ ”代表两个向量的阿达马积，rot180(·) 的含义是把一个矩阵水平翻转一次再垂直翻转一次。

参照算法 8.1，还可以为更普遍的卷积神经网络推导出一个反向传播算法，其中卷积层和下采样层的计算过程如下：

$$\begin{cases} \boldsymbol{h}_{k,j}^{l} = f(\boldsymbol{u}_{k,j}^{l}) = f\left(\sum_{i} \boldsymbol{h}_{k-1,i}^{l} \,\breve{*}\, \boldsymbol{W}_{ij}^{k} + \boldsymbol{b}_{j}^{k}\right) \\ \boldsymbol{h}_{k+1,j}^{l} = g(\beta_{j}^{k+1}\mathrm{down}(\boldsymbol{h}_{k,j}^{l}) + \boldsymbol{b}_{j}^{k+1}) \end{cases} \tag{8.14}$$

同时，也可以得到相应的反传误差信号（或称灵敏度）为

$$\begin{cases} \boldsymbol{\delta}_{k,j}^{l} = \beta_{j}^{k+1}(f'(\boldsymbol{u}_{k,j}^{l}) \circ \mathrm{up}(\boldsymbol{\delta}_{k+1,j}^{l})) \\ \boldsymbol{\delta}_{k+1,j}^{l} = g'(\boldsymbol{u}_{k+1,j}^{l}) \circ (\boldsymbol{\delta}_{k+2,j}^{l} \,\widehat{*}\, \mathrm{rot180}(\boldsymbol{W}_{j}^{k+2})) \end{cases} \tag{8.15}$$

此外，对卷积层而言，关于权值和偏置的偏导数为

$$\begin{cases} \dfrac{\partial L_N}{\partial \boldsymbol{W}_{ij}^{k}} = \sum_{l=1}^{N} \boldsymbol{\delta}_{k,j}^{l} \,\breve{*}\, \boldsymbol{h}_{k-1,i}^{l} \\ \dfrac{\partial L_N}{\partial \boldsymbol{b}_{j}^{k}} = \sum_{l=1}^{N} \boldsymbol{\delta}_{k,j}^{l} \end{cases} \tag{8.16}$$

在公式（8.14）~公式（8.16）中，$\boldsymbol{W}_{ij}^{k}$ 表示第 k 层的第 i 个输入面到第 j 个输出面的权值矩阵，$\boldsymbol{b}_{j}^{k}$ 表示第 k 层的第 j 个输出面的偏置，β_{j}^{k+1} 和 $\boldsymbol{b}_{j}^{k+1}$ 分别表示第 $k+1$ 层的乘性偏置和加性偏置。

8.3　卷积神经网络的变种模型

1）卷积神经网络可以改变输入的形式。例如，把一幅图像的 R、G、B 三个通道看作一个整体输入来设计网络结构[3]，以处理彩色图像，而且把相邻的多帧图像看作一个整体输入，并采用 3D 卷积核，建立 3D 卷积神经网络模型[247]，以处理视频图像。

2）卷积神经网络可以采用重叠池化（overlapping pooling）进行下采样，比如 AlexNet 中就采用了重叠池化的技术[3]。池化（pooling）就是对矩阵数据进行分块下采样。在标准卷积神经网络中，池化的分块是不允许重叠的。如果允许重叠，那么将产生更大的下采样层，因此学习算法也要做相应的修改。此外，平均池化还可以改用最大池化，即

$$\begin{aligned} \mathrm{down}_{\lambda,\tau}(\boldsymbol{A}) &= \mathrm{down}(\boldsymbol{G}_{\lambda,\tau}^{\boldsymbol{A}}(i,j)) = a_{pq} \\ &= \max\{a_{st};(i-1)\times\lambda+1 \leqslant s \leqslant i\times\lambda,(j-1)\times\tau+1 \leqslant t \leqslant j\times\tau\} \end{aligned} \tag{8.17}$$

相应的上采样为

$$\mathrm{up}_{\lambda\times\tau}(\boldsymbol{A}) = \begin{cases} a_{st}, s = p, t = q \\ 0,\ (i-1)\times\lambda+1 \leqslant s \leqslant i\times\lambda,(j-1)\times\tau+1 \leqslant t \leqslant j\times\tau, s \neq p, t \neq q \end{cases} \tag{8.18}$$

3）卷积神经网络可以改变卷积层和下采样层的交错排列方式[3]。也就是说，允许卷积层和卷积层相邻，甚至下采样层和下采样层相邻，从而产生新的层间连接和计算方式。

4）卷积神经网络可以采用修正线性单元（Rectified Linear Unit，ReLU）[3]、渗漏修正线性单元（Leaky ReLU，LReLU）[248]和参数化修正线性单元（Parametric ReLU，PReLU）[249]代替 sigmoid 单元，在输出层还可以采用 softmax 函数替代 sigmoid 函数以产生伪概率。

5）卷积神经网络可以采用较小的卷积核，构造成一个相对较深的模型。例如，VGG 网络[250]一般采用大小为 1×1 和 3×3 的卷积核，可以使网络的深度达到 16 层或 19 层。此外，通过使用参数化修正线性单元代替修正线性单元，VGG 网络被进一步发展成了 MSRANet[249]。卷积神经网络还可以采用小型多层感知器代替卷积核，建立更加复杂的“网中网（Network In Network，NIN）”模型[251]。卷积神经网络通过反复堆叠具有维数约简作用的“摄入模块（inception modules）”（其中卷积核的大小限制为 1×1、3×3 和 5×5），可以在合理控制计算总量的条件下增加网络的深度和宽度，从而建立性能更好，但层数很多、结构看似复杂的网络模型，如 GoogLeNet 模型[252]。

6）卷积神经网络在通过某种策略产生足够数量候选区域的基础上（如 2 000 个左右与类别独立的候选区域），再提取每一个候选区域的特征并进行精细定位和分类，就可以得到区域卷积神经网络（R-CNN，或者 RCNN）模型[253]。区域卷积神经网络的一个缺点是只能处理固定大小的输入图像。为了克服这一缺点，可以在区域卷积神经网络的最后一个卷积层和全连接层之间插入一个空间金字塔池化（Spatial Pyramid Pooling，SPP）层，建立空间金字塔池化网络（SPP-net）[254]。空间金字塔池化层具有三个突出特征：①它总能产生一个与输入大小无关的固定长度输出；②它采用对形变更加鲁棒的多级空间网格池化代替仅有一个窗口大小的滑动窗口池化；③它能够随输入大小的变化池化不同尺度的特征。虽然空间金字塔池化网络与区域卷积神经网络相比能够直接输入可变大小的图像，但它们都存在需要多个阶段进行训练，并在中间将特征数据写入磁盘等问题。为了解决这些问题，可以在区域卷积神经网络中插入一个特殊的单级空间金字塔池化层（称为感兴趣区池化层，ROI pooling layer），并将其提取的特征向量输入一列最终分化成两个兄弟输出层的全连接层，再构造一个单阶段多任务损失函数对所有网络层进行整体训练，建立快速区域卷积神经网络（fast R-CNN）[255]。为了进一步解决候选区域计算的瓶颈问题，可以给快速区域卷积神经网络增加一个与其共享所有卷积层的区域建议网络（Regional Proposal Network，RPN），在同时预测对象边框和对象评分的基础上用来产生几乎没有时间计算代价的候选区域，从而建立更快区域卷积神经网络（faster R-CNN）[256]。为了获得实时性能极快（extremely fast）的目标检测速度，Redmon 等人提出了一种称为 YOLO（You Only Look Once 的缩写）的卷积神经网络模型[257]，其中采用把输入图像划分成许多网格的策略，并通过一个单一网络（single network）构造的整体检测管道（whole detection pipeline）直接从整幅图像同时预测对象的边框和类别概率，而且只需看一遍图像就可知道出现对象的类别和位置。

最后值得一提的是残差网络（residual network，ResNet）[258]，它在 2015 年的 ILSVRC & COCO 竞赛中包揽多项第 1 名。残差网络的目标是克服极深网络的训练困难，其基本策略是在普通网络中每隔两三层插入跨层连接，把原来的函数拟合问题转化为残差函数的学习问题。具有残差结构的卷积神经网络在深度超过 150 层，甚至 1 000 层时，也能够得到有效的学习和训练。

从模型演变的角度看，卷积神经网络的发展脉络如图 8.3 所示。

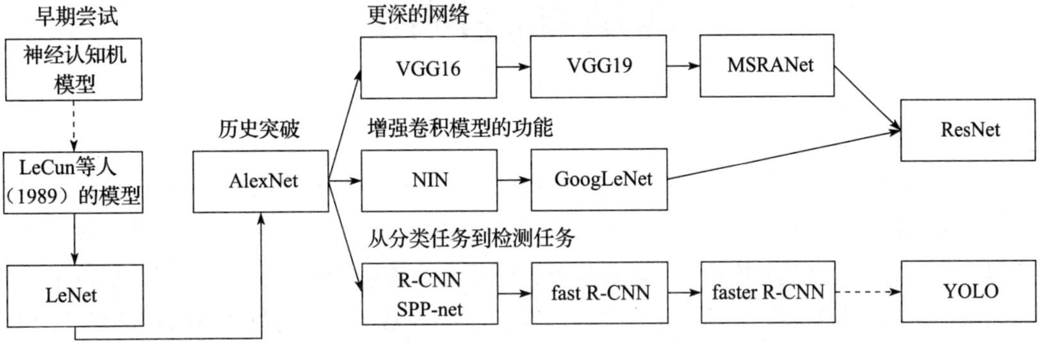

图 8.3　卷积神经网络的演变（实线表示模型改进，虚线表示模型革新）

CHAPTER 9

第 9 章

深层堆叠网络

深层堆叠网络又称深层凸网络，是一种特殊的深度学习模型，具有并行和可扩展学习能力。与其他深度学习模型相比，深层堆叠网络具有学习简单的优点。深层堆叠网络的核心思想在于堆叠的概念，也就是先构造一个函数或分类器的简单基本模块，再通过一层一层的堆叠去学习复杂的函数或分类器。简单基本模块是一个三层感知器，其中的权值可以用凸优化学习。本章将介绍深层堆叠网络的标准模型、学习算法和有关变种。

9.1 深层堆叠网络的标准模型

深层堆叠网络是一种特殊的前馈神经网络，它把许多具有相同结构的基本模块堆叠在一起[67]。其中，这些基本模块按照一定的顺序分层、重叠地连接在一起。每一个模块都包含一个线性输入层、一个非线性隐含层和一个线性输出层。低层模块的输出节点是相邻高层模块输入节点的一部分。“堆叠”的实现方式是把所有低层模块的输出预测和初始输入向量拼接成一个新的向量，作为当前模块的总“输入”。图 9.1 为一个具有三个模块的深层堆叠网络，其中虚线表示节点的复制。

不妨设深层堆叠网络把一个基本模块堆叠了 r 次。用 $\boldsymbol{V}^k$ 表示第 k 个模块的输入层到隐含层的权值矩阵，用 $\boldsymbol{U}^k$ 表示第 k 个模块的隐含层到输出层的权值矩阵。用 $\boldsymbol{x}_k$、$\boldsymbol{h}_k$ 和 $\boldsymbol{o}_k$ 分别表示第 k 次堆叠的输入向量、隐含向量和输出向量。用 $\boldsymbol{W}^k$ 表示第 k 次堆叠的输入向量到隐含向量的权值矩阵，用 $\boldsymbol{W}^k_{\text{rand}}$ 表示所有低层模块输出到第 k 次堆叠的隐含向量的权值矩阵。那么，从整体上看，深层堆叠网络的计算过程如下：

$$\begin{cases} \boldsymbol{W}^1 = \boldsymbol{V}^1, \boldsymbol{h}_1 = \sigma(\boldsymbol{W}^1\boldsymbol{x}_1), \boldsymbol{o}_1 = \boldsymbol{U}^1\boldsymbol{h}_1 \\ \boldsymbol{W}^k = (\boldsymbol{W}^k_{\text{rand}}, \boldsymbol{V}^k), k > 1 \\ \boldsymbol{x}_k = ((\boldsymbol{o}_1)^{\mathrm{T}}, (\boldsymbol{o}_2)^{\mathrm{T}}, \cdots, (\boldsymbol{o}_{k-1})^{\mathrm{T}}, \boldsymbol{x}_1^{\mathrm{T}})^{\mathrm{T}} \\ \boldsymbol{h}_k = \sigma(\boldsymbol{W}^k\boldsymbol{x}_k) \\ \boldsymbol{o}_k = \boldsymbol{U}^k\boldsymbol{h}_k \end{cases} \tag{9.1}$$

其中，$\boldsymbol{x}_1=\boldsymbol{x}$，为原始输入。

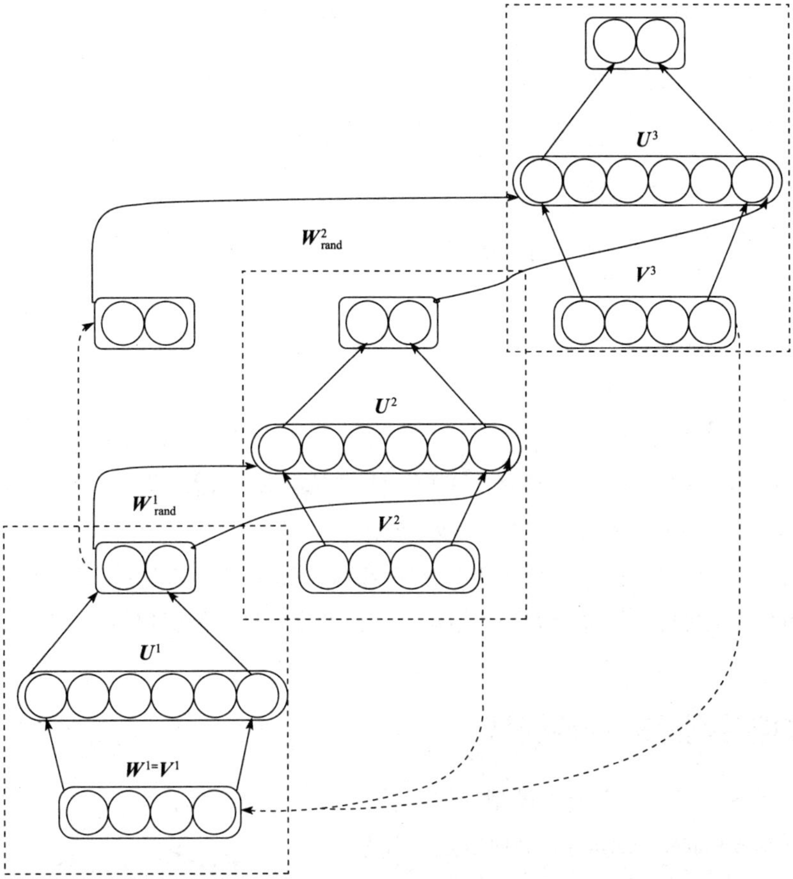

图 9.1　深层堆叠网络示意图

9.2　深层堆叠网络的学习算法

由于深层堆叠网络是一个前馈神经网络，因此可以在理论上设计相应的 BP 算法对其权值和偏置等参数进行学习。但还有一种更好的快速学习方法[67]，能够直接从底层到高层逐个模块调整权值和偏置，无需利用从高层到底层的误差反向传播过程。

假设训练集为 $S=\{(\boldsymbol{x}^l,\ \boldsymbol{y}^l),\ 1\leqslant l\leqslant N\}$。用 $\boldsymbol{X}_k=[\boldsymbol{x}_k^1,\ \boldsymbol{x}_k^2,\ \cdots,\ \boldsymbol{x}_k^N]$ 表示第 k 次堆叠的输入向量的总体，其中 $\boldsymbol{X}_1=\boldsymbol{X}=[\boldsymbol{x}^1,\ \boldsymbol{x}^2,\ \cdots,\ \boldsymbol{x}^N]$。用 $\boldsymbol{H}_k=[\boldsymbol{h}_k^1,\ \cdots,\ \boldsymbol{h}_k^l,\ \cdots,\ \boldsymbol{h}_k^N]$ 表示第 k 次堆叠的隐含向量的总体，用 $\boldsymbol{O}_k=[\boldsymbol{o}_k^1,\ \boldsymbol{o}_k^2,\ \cdots,\ \boldsymbol{o}_k^l,\ \cdots,\ \boldsymbol{o}_k^N]$ 表示第 k 次堆叠的实际输出向量的总体，用 $\boldsymbol{Y}=[\boldsymbol{y}^1,\ \boldsymbol{y}^2,\ \cdots,\ \boldsymbol{y}^N]$ 表示期望输出向量的总体。对于第 k 次堆叠的基本模块，相应

的目标函数定义为

$$L_N^k = \frac{1}{2}\|\boldsymbol{O}_k - \boldsymbol{Y}\|^2 = \frac{1}{2}\mathrm{Tr}[(\boldsymbol{O}_k - \boldsymbol{Y})(\boldsymbol{O}_k - \boldsymbol{Y})^{\mathrm{T}}] \tag{9.2}$$

令其偏导数为0，结合公式（2.20），可得：

$$\frac{\partial L_N^k}{\partial \boldsymbol{U}^k} = \frac{1}{2}\frac{\partial \mathrm{Tr}[(\boldsymbol{U}^k\boldsymbol{H}_k - \boldsymbol{Y})(\boldsymbol{U}^k\boldsymbol{H}_k - \boldsymbol{Y})^{\mathrm{T}}]}{\partial \boldsymbol{U}^k} = (\boldsymbol{U}^k\boldsymbol{H}_k - \boldsymbol{Y})(\boldsymbol{H}_k)^{\mathrm{T}} = 0 \tag{9.3}$$

可得：

$$\boldsymbol{U}^k = \boldsymbol{Y}(\boldsymbol{H}_k)^{\mathrm{T}}(\boldsymbol{H}_k(\boldsymbol{H}_k)^{\mathrm{T}})^{-1} = \boldsymbol{Y}\boldsymbol{H}_k^{\dagger} \tag{9.4}$$

以及

$$\begin{aligned}\frac{\partial L_N^k}{\partial \boldsymbol{W}^k} &= \frac{1}{2}\frac{\partial \mathrm{Tr}[(\boldsymbol{U}^k\boldsymbol{H}_k - \boldsymbol{Y})(\boldsymbol{U}^k\boldsymbol{H}_k - \boldsymbol{Y})^{\mathrm{T}}]}{\partial \boldsymbol{W}^k} \\ &= [[(\boldsymbol{Y}\boldsymbol{H}_k^{\dagger})^{\mathrm{T}}((\boldsymbol{Y}\boldsymbol{H}_k^{\dagger})\boldsymbol{H}_k - \boldsymbol{Y})]\circ\boldsymbol{H}_k\circ(1-\boldsymbol{H}_k)](\boldsymbol{X}_k)^{\mathrm{T}} \\ &= [\boldsymbol{H}_k\circ(1-\boldsymbol{H}_k)\circ[(\boldsymbol{Y}\boldsymbol{H}_k^{\dagger})^{\mathrm{T}}\boldsymbol{Y}(\boldsymbol{H}_k)^{\mathrm{T}}((\boldsymbol{H}_k)^{\dagger})^{\mathrm{T}} - (\boldsymbol{Y}(\boldsymbol{H}_k)^{\dagger})^{\mathrm{T}}\boldsymbol{Y}]](\boldsymbol{X}_k)^{\mathrm{T}}\end{aligned} \tag{9.5}$$

其中，$(\boldsymbol{H}_k)^{\dagger} = (\boldsymbol{H}_k)^{\mathrm{T}}(\boldsymbol{H}_k(\boldsymbol{H}_k)^{\mathrm{T}})^{-1}$是矩阵$\boldsymbol{H}_k$的伪逆。

注意，当$k>1$时，权值矩阵$\boldsymbol{W}^k$由$\boldsymbol{W}_{\mathrm{rand}}^k$和$\boldsymbol{V}^k$组成，其中$\boldsymbol{W}_{\mathrm{rand}}^k$总是被随机初始化，而$\boldsymbol{V}^k$可能被随机初始化，也可能采用其他方法初始化（如已经优化过的低层权值）。

9.3 深层堆叠网络的变种模型

深层堆叠网络主要有两个变种模型：核深层凸网络（kernel Deep Convex Network，k-DCN）[259]和张量堆叠网络（Tensorized Deep Stacking Network，TDSN）[260]。核深度凸网络与深层堆叠网络的区别在于，前者需要使用核技巧学习$\boldsymbol{W}^k$，后者不需要。张量堆叠网络和深层堆叠网络的主要区别在于基本模块的创建方式不同，前者的基本模块包含两个独立的隐含层，标记为 Hidden 1 和 Hidden 2（见图9.2），且隐含层到输出层的权值$\boldsymbol{U}$具有张量形式，而后者的基本模块只有一个独立的隐含层。

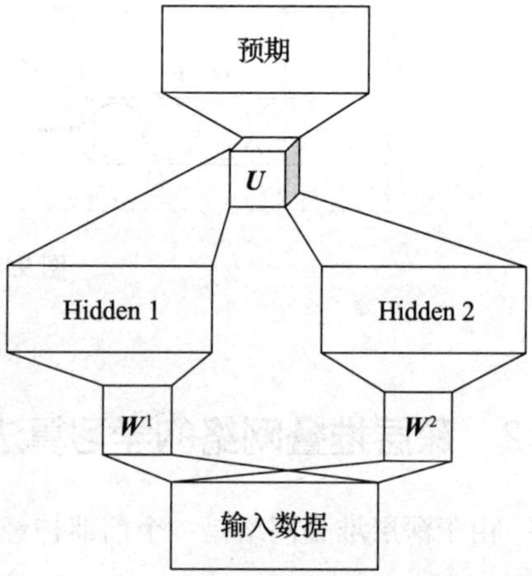

图9.2 张量堆叠网络的基本模块结构示意

CHAPTER 10

第 10 章

循环神经网络

前馈神经网络能够用来建立数据之间的映射关系，但是不能用来分析过去信号的时间依赖关系，而且要求输入样本的长度固定。循环神经网络是一种在前馈神经网络中增加了反馈连接的神经网络，能够产生对过去数据的记忆状态，所以可以用于对序列数据的处理，并建立不同时段数据之间的依赖关系。从理论上说，循环神经网络是前馈神经网络的超集，不仅具有对长程依赖性的建模能力，而且可以仿真通用图灵机，几乎可以做任何计算。从应用上说，循环神经网络对自然语言处理、人机交互具有重要价值。本章将介绍循环神经网络的标准模型、学习算法和有关变种。

10.1 循环神经网络的标准模型

前面讨论过的神经网络模型不能利用过去信号的时间依赖关系分析数据特征，从而可能导致对当前或未来信号产生不合理的预测。循环神经网络是一种从 Hopfield 网络[22]发展而来的模型，具有内部反馈连接，能够处理信号中的时间依赖性。

循环神经网络是一类允许节点连接成有向环的人工神经网络[261]，如图 10.1 所示。这类网络容易与递归神经网络相混淆。从广义上说，递归神经网络可以分为结构递归神经网络和时间递归神经网络。从狭义上说，递归神经网络通常就是指结构递归神经网络[262]，而时间递归神经网络则被称为循环神经网络（Recurrent Neural Network，RNN）。

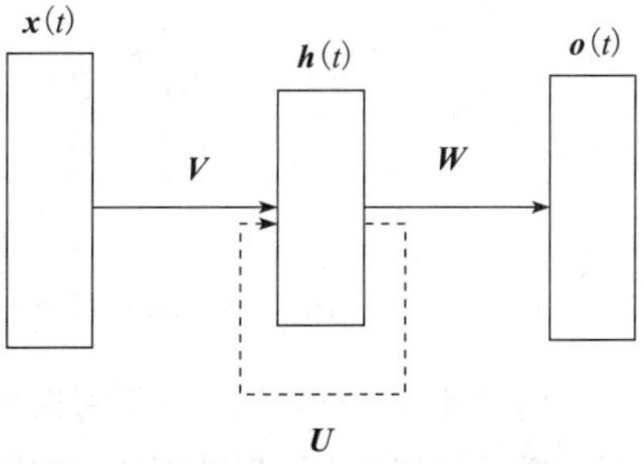

图 10.1 循环网络结构示意图

标准循环神经网络有两种不同的结构类型：Elman 网络[263]和 Jordan 网络[264]，分别如图 10.2 和图 10.3 所示。Elman 网络包含从隐含节点到上下文节点（context unit）的反馈连接，以及从上下文节点到隐含节点的前馈连接，其中上下文节点的输入是隐含层上一时刻的输出。Jordan 网络包含从输出节点到上下文节点的反馈，以及从上下文节点到隐含节点的前馈连接，其中上下文节点的输入是输出层上一时刻的输出。此外，Jordan 网络的上下文节点允许自连接。Jordan 网络与 Elman 网络的共同点在于，上下文节点的激活函数一般取为恒等函数，可以起到信息传递中介的作用，它们产生的输出都可以直接传递给隐含节点。

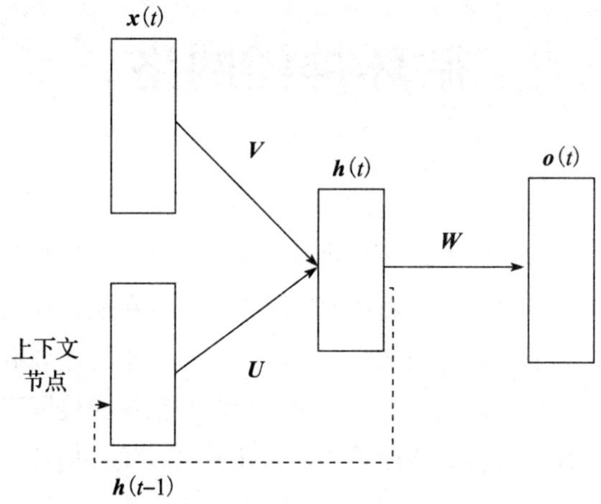

图 10.2 Elman 网络（虚折线表示节点的复制）

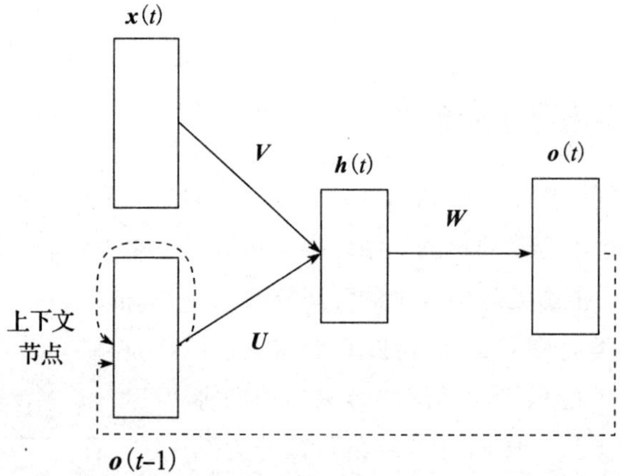

图 10.3 Jordan 网络（虚折线表示节点的复制，虚曲线表示自连接）

前馈神经网络可以用来学习向量之间的函数关系，循环神经网络用来分析时间序列中的关联关系，在理论上可以处理任意的输入序列。循环神经网络在时间递归的方式上采用了权值共享的思想，但这不同于卷积神经网络在不同位置共享权值的方式。循环神经网络的深度不仅与隐含层的个数有关，还与时间的长度有关。一个循环神经网络可能有多个隐含层和多种不同的循环方式。不妨设在 t 时刻，网络的输入向量为 $\boldsymbol{x}(t)$，隐含向量是 $\boldsymbol{h}(t)$，网络的输出向量是 $\boldsymbol{o}(t)$。用 $\boldsymbol{V}$ 表示输入层与隐含层之间的连接权值，$\boldsymbol{U}$ 表示隐含层与隐含层之间的连接权值，用 $\boldsymbol{W}$ 表示隐含层与输出层之间的连接权值，用 $\boldsymbol{b}$ 和 $\boldsymbol{a}$ 分别表示隐含层和输出层的偏置。那么，

Elman循环神经网络从0时刻到 T 时刻的计算过程可以描述为

$$\begin{cases}\boldsymbol{h}(t) = f(\boldsymbol{u}(t)) = f(\boldsymbol{Vx}(t) + \boldsymbol{b}), t = 0 \\ \boldsymbol{h}(t) = f(\boldsymbol{u}(t)) = f(\boldsymbol{Vx}(t) + \boldsymbol{Uh}(t-1) + \boldsymbol{b}), 1 \leqslant t \leqslant T \\ \boldsymbol{o}(t) = g(\boldsymbol{v}(t)) = g(\boldsymbol{Wh}(t) + \boldsymbol{a})\end{cases} \tag{10.1}$$

其中，$f(\cdot)$ 和 $g(\cdot)$ 为激活函数。

类似地，Jordan 循环神经网络从0时刻到 T 时刻的计算过程为

$$\begin{cases}\boldsymbol{h}(t) = f(\boldsymbol{u}(t)) = f(\boldsymbol{Vx}(t) + \boldsymbol{b}), t = 0 \\ \boldsymbol{h}(t) = f(\boldsymbol{u}(t)) = f(\boldsymbol{Vx}(t) + \boldsymbol{Uo}(t-1) + \boldsymbol{b}), 1 \leqslant t \leqslant T \\ \boldsymbol{o}(t) = g(\boldsymbol{v}(t)) = g(\boldsymbol{Wh}(t) + \boldsymbol{a})\end{cases} \tag{10.2}$$

其中，$\boldsymbol{U}$ 表示从输出层反馈到输入层的连接权值。

10.2 循环神经网络的学习算法

循环神经网络可以采用按时间展开的反向传播算法来学习和训练。图 10.2 所示的 Elman 循环神经网络按时间展开后可以得到如图 10.4 所示的等价网络模型。如果把目标函数选为 T 个时刻的平方误差，即

$$L_{\mathrm{RNN}} = \frac{1}{2}\sum_{l=1}^{N}\sum_{t=0}^{T} \| \boldsymbol{o}^l(t) - \boldsymbol{y}^l(t) \|^2 \tag{10.3}$$

那么根据图 10.4 的网络结构，参照 2.14 节的通用反向传播算法，不难得到一个相应的学习算法，称为 BPTT(Backpropagation Through Time)[265]，详见算法 10.1。

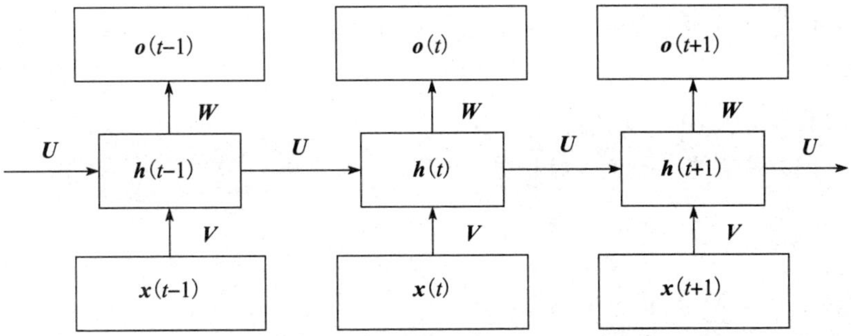

图 10.4 按时间展开的 Elman 循环神经网络

在算法 10.1 中，$\boldsymbol{h}^l(t)$ 表示第 l 个样本在 t 时刻的隐含向量，$\boldsymbol{o}^l(t)$ 表示第 l 个样本在 t 时刻的输出向量，$\boldsymbol{\delta}^l(\boldsymbol{v}^l(t))$ 表示第 l 个样本在 t 时刻输出层的误差反传信号向量（或灵敏度向量），$\boldsymbol{\delta}^l(\boldsymbol{u}^l(t))$ 表示第 l 个样本在 t 时刻隐含层的误差反传信号向量。$\frac{\partial L_N}{\partial \boldsymbol{W}}$，$\frac{\partial L_N}{\partial \boldsymbol{V}}$和$\frac{\partial L_N}{\partial \boldsymbol{U}}$分别表示对权值 $\boldsymbol{W}$、$\boldsymbol{V}$ 和 $\boldsymbol{U}$ 的偏导，$\frac{\partial L_N}{\partial \boldsymbol{a}}$和$\frac{\partial L_N}{\partial \boldsymbol{b}}$分别表示对偏置 $\boldsymbol{a}$ 和 $\boldsymbol{b}$ 的偏导。

算法 10.1 按时间展开的反向传播（BPTT）

输入：训练集 $S=\{(\boldsymbol{x}^l(t), \boldsymbol{y}^l(t)), 1\leqslant l\leqslant N, 0\leqslant t\leqslant T\}$，网络结构

输出：网络权值 $\boldsymbol{W}$、$\boldsymbol{V}$、$\boldsymbol{U}$ 和偏置 $\boldsymbol{a}$、$\boldsymbol{b}$

1. 随机初始化所有权值和偏置

2. 初始化 $\frac{\partial L_N}{\partial \boldsymbol{W}}=\boldsymbol{0}$，$\frac{\partial L_N}{\partial \boldsymbol{V}}=\boldsymbol{0}$，$\frac{\partial L_N}{\partial \boldsymbol{U}}=\boldsymbol{0}$，$\frac{\partial L_N}{\partial \boldsymbol{a}}=\boldsymbol{0}$，$\frac{\partial L_N}{\partial \boldsymbol{b}}=\boldsymbol{0}$

$\boldsymbol{h}^l(0)=f(\boldsymbol{u}^l(0))=f(\boldsymbol{V}\boldsymbol{x}^l(0)+\boldsymbol{b})$；

$\boldsymbol{o}^l(0)=g(\boldsymbol{v}^l(0))=g(\boldsymbol{W}\boldsymbol{h}^l(0)+\boldsymbol{a})$；

for t from 1 to T **do**

$\boldsymbol{h}^l(t)=f(\boldsymbol{u}^l(t))=f(\boldsymbol{V}\boldsymbol{x}^l(t)+\boldsymbol{U}\boldsymbol{h}^l(t-1)+\boldsymbol{b})$；

$\boldsymbol{o}^l(t)=g(\boldsymbol{v}^l(t))=g(\boldsymbol{W}\boldsymbol{h}^l(t)+\boldsymbol{a})$；

end for

for t from T down to 1 **do**

$\boldsymbol{\delta}^l(\boldsymbol{v}^l(t))=(\boldsymbol{o}^l(t)-\boldsymbol{y}^l(t))\circ g'(\boldsymbol{v}^l(t))$

$\boldsymbol{\delta}^l(\boldsymbol{u}^l(t))=[(\boldsymbol{W})^{\mathrm{T}}\boldsymbol{\delta}^l(\boldsymbol{v}^l(t))]\circ f'(\boldsymbol{u}^l(t))$

$$\begin{cases}\frac{\partial L_N}{\partial \boldsymbol{W}}=\frac{\partial L_N}{\partial \boldsymbol{W}}+\sum_{l=1}^{N}\boldsymbol{\delta}^l(\boldsymbol{v}^l(t))(\boldsymbol{h}^l(t))^{\mathrm{T}}\\ \frac{\partial L_N}{\partial \boldsymbol{V}}=\frac{\partial L_N}{\partial \boldsymbol{V}}+\sum_{l=1}^{N}\boldsymbol{\delta}^l(\boldsymbol{u}^l(t))(\boldsymbol{x}^l(t))^{\mathrm{T}}\\ \frac{\partial L_N}{\partial \boldsymbol{U}}=\frac{\partial L_N}{\partial \boldsymbol{U}}+\sum_{l=1}^{N}\boldsymbol{\delta}^l(\boldsymbol{u}^l(t))(\boldsymbol{h}^l(t-1))^{\mathrm{T}}\\ \frac{\partial L_N}{\partial \boldsymbol{a}}=\frac{\partial L_N}{\partial \boldsymbol{a}}+\sum_{l=1}^{N}\boldsymbol{\delta}^l(\boldsymbol{v}^l(t))\\ \frac{\partial L_N}{\partial \boldsymbol{b}}=\frac{\partial L_N}{\partial \boldsymbol{b}}+\sum_{l=1}^{N}\boldsymbol{\delta}^l(\boldsymbol{u}^l(t))\end{cases}$$

end for

$\boldsymbol{\delta}^l(\boldsymbol{v}^l(0))=(\boldsymbol{o}^l(0)-\boldsymbol{y}^l(0))\circ g'(\boldsymbol{v}^l(0))$

$\boldsymbol{\delta}^l(\boldsymbol{u}^l(0))=[(\boldsymbol{W})^{T}\boldsymbol{\delta}^l(\boldsymbol{v}^l(0))]\circ f'(\boldsymbol{u}^l(0))$

$$\begin{cases}\frac{\partial L_N}{\partial \boldsymbol{W}}=\frac{\partial L_N}{\partial \boldsymbol{W}}+\sum_{l=1}^{N}\boldsymbol{\delta}^l(\boldsymbol{v}^l(0))(\boldsymbol{h}^l(0))^{\mathrm{T}}\\ \frac{\partial L_N}{\partial \boldsymbol{V}}=\frac{\partial L_N}{\partial \boldsymbol{V}}+\sum_{l=1}^{N}\boldsymbol{\delta}^l(\boldsymbol{u}^l(0))(\boldsymbol{x}^l(0))^{\mathrm{T}}\\ \frac{\partial L_N}{\partial \boldsymbol{a}}=\frac{\partial L_N}{\partial \boldsymbol{a}}+\sum_{l=1}^{N}\boldsymbol{\delta}^l(\boldsymbol{v}^l(0))\\ \frac{\partial L_N}{\partial \boldsymbol{b}}=\frac{\partial L_N}{\partial \boldsymbol{b}}+\sum_{l=1}^{N}\boldsymbol{\delta}^l(\boldsymbol{u}^l(0))\end{cases}$$

3. 更新网络中的所有权值和偏置。

类似地，也可以得到 Jordan 循环神经网络的学习算法[264]。此外，结合逐层无监督预训练

的思想，还可以进一步改善采用 BPTT 算法对循环神经网络的训练效果[266]。

10.3 循环神经网络的变种模型

循环神经网络的一个常用变种是双向循环网络（bidirectional RNN）[267]，如图 10.5 所示。双向循环网络与标准循环网络的区别在于，标准循环网络在 t 时刻的状态只与过去时刻（$t-1$，$t-2$，…，0）的状态有关，而双向循环网络在 t 时刻的状态不仅与过去时刻（$t-1$，$t-2$，…，0）的状态有关，而且与未来时刻（$t+1$，$t+2$，…，T）的状态有关。

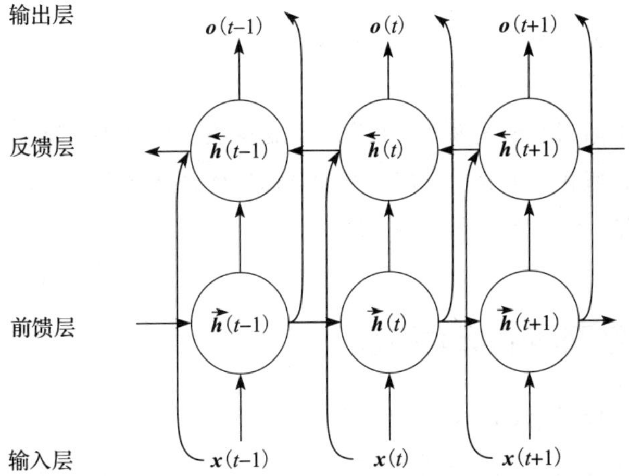

图 10.5 双向循环网络的结构

循环神经网络的另一个变种是指针网络（pointer network）[268]。这种网络具有类似 CPU 的结构，可以使用极深的层数（如 1 百万层）学习输出序列的条件概率，其中包含与输入序列位置有关的标记。

循环神经网络最重要、最令人感兴趣的变种是长短时记忆（long short-term memory，LSTM）网络[53]。这种网络的特征在于，它的基本单元拥有一个记忆细胞（memory cell），可以存储一个时刻的状态，在保存、写入和读取信息时受到门控保护。由于长短时记忆网络在深度学习中具有广泛应用，所以在第 11 章将对其进行更为详细的介绍。

CHAPTER 11

第11章 长短时记忆网络

长短时记忆网络是循环神经网络的一种重要改进模型。这种网络的特点在于利用记忆模块代替普通的隐含节点，确保梯度在传递跨越很多时间步骤之后不消失或爆炸，从而能够克服传统循环神经网络训练中遇到的某些困难。长短时记忆网络已经在手写字符识别、语音识别、机器翻译和图像描述等领域获得了成功应用，可望全面取代经典循环神经网络。本章将介绍长短时记忆网络的标准模型、学习算法和有关变种。

11.1 长短时记忆网络的标准模型

长短时记忆网络（LSTM network），又称长短时记忆循环神经网络（LSTM RNN），是一种在经典循环神经网络的基础上发展起来的改进模型，由 Hochreiter 和 Schmidhuber 于 1997 年提出[53]。像大多数循环神经网络一样，长短时记忆网络在理论上也可以完成传统计算机所能做的任何计算，只要具有足够多的基本单元和合适的权值矩阵。与传统循环神经网络的不同之处在于，长短时记忆网络非常适合于从经验中学习分类，以及处理和预测那些在重要事件之间存在未知时长延迟的时间序列。随着深度学习的兴起，长短时记忆网络因学习过程更容易收敛而开始发挥越来越重要的作用，正在逐步取代经典循环神经网络。

传统长短时记忆网络包含一些称为记忆块（memory block）的子网络，用于代替循环神经网络中的隐含节点，具有一个隐含节点的循环神经网络和具有一个记忆块的长短时记忆网络之间的对应关系如图 11.1 所示。如图 11.2 所示，传统记忆块由一个（或多个）具有内部状态的记忆细胞（memory cell）、一个输入挤压单元（input squashing unit）、一个输入门控单元（input gating unit）一个输入门单元（input gate unit）、一个输出门单元（output gate unit）、一个输出挤压单元（output squashing unit）和一个输出门控单元（output gating unit）组成。由于记忆块的存在，一个长短时记忆网络可以将信息的存储跨越任意的延迟，将误差信号返回到很久以前的时间。然而，这个潜在的优势在某些情况下也可能是缺点：记忆细胞的内部状态在一个时间序列的呈现期间常常趋向线性增长。如果输入是一个连续流，内部状态还可能以无界的方式增长，引起输出挤压单元的饱和与导数消失，从而导致进入误差受阻、细胞输出等于输出门的输出激活。其结果是，整个记忆细胞将退化为普通隐含节点，失去记忆功能。

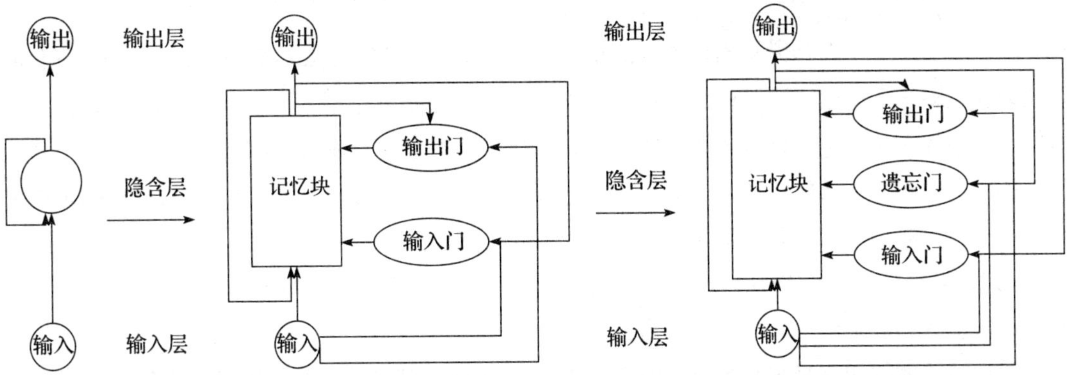

图 11.1　循环神经网络和长短时记忆网络之间的对应关系

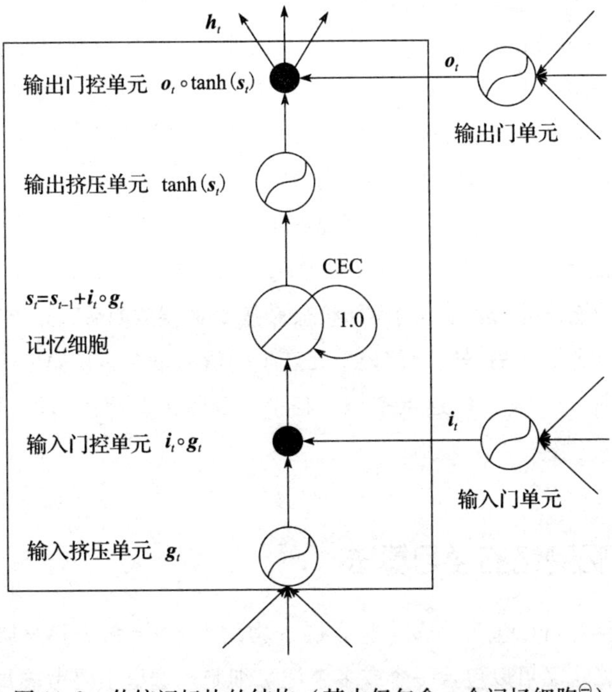

图 11.2　传统记忆块的结构（其中仅包含一个记忆细胞⊖）

为解决上述问题，Gers 等人在 1999 年提出了扩展记忆块的思想[269]。这种扩展记忆块是现

⊖ 记忆细胞的自循环连接可以看作是一条 CEC，而它的对角线表示一个线性函数，即恒等连接函数。

代长短时记忆网络的基础，而具有这种扩展记忆块的长短时记忆网络在本书被看作是标准长短时记忆网络。标准长短时记忆网络就是一种包含许多扩展记忆块的循环神经网络模型。扩展记忆块的特别之处在于具有遗忘门单元，使网络能够学会“忘记”并远离饱和状态[269]。图 11.3 为一个扩展记忆块的结构，下面是对其中所有单元的详细说明[270]。

输入挤压单元的典型激活函数为双曲正切函数 tanh，其功能是把 t 时刻的输入 $\boldsymbol{x}_t$ 和 $t-1$ 时刻的隐含层输出 $\boldsymbol{h}_{t-1}$ 在计算加权和之后，按 tanh 进行非线性变换[271-275]，并产生值向量 g_t。注意，在原创的长短时记忆网络中并不使用 tanh 函数，而是使用 sigmoid 函数[53]。

输入门单元是长短时记忆网络的一个突出特征，其功能是对 $\boldsymbol{x}_t$ 和 $\boldsymbol{h}_{t-1}$ 的加权和按 sigmoid 函数激活，并在激活值为 0 时，切断来自另一个节点的信息流，而在激活值为 1 时让信息流通过。在图 11.2 和图 11.3 中，输入门控单元的值向量等于输入门单元的值向量 $\boldsymbol{i}_t$ 逐点乘输入挤压单元的值向量 $\boldsymbol{g}_t$，其中逐点乘就是阿达马积，用符号“ $\circ$ ”表示。

遗忘门单元的功能是对 $\boldsymbol{x}_t$ 和 $\boldsymbol{h}_{t-1}$ 的加权和按 sigmoid 函数激活，并产生值向量 $\boldsymbol{f}_t$。在图 11.3 中，遗忘门单元在当前时刻的值向量 $\boldsymbol{f}_t$ 逐点乘内部状态前一时刻的值向量 $\boldsymbol{s}_{t-1}$ 之后，输入记忆细胞，用于刷新（或忘记）记忆细胞的状态。

记忆细胞在记忆块的中心，具有一条自连接的循环边，并按恒等线性函数激活。自连接边又称为“恒常误差传送带（Constant Error Carousel，CEC）”，其中流过的误差可以按常数权值在相邻时刻传播，既不会消失也不会爆炸。记忆细胞的状态称为记忆块的内部状态。如果使用向量表达，传统记忆块的内部状态在当前时刻的更新为 $\boldsymbol{s}_t=\boldsymbol{s}_{t-1}+\boldsymbol{i}_t\circ\boldsymbol{g}_t$（见图 11.2），而扩展记忆块的内部状态更新为 $\boldsymbol{s}_t=\boldsymbol{s}_{t-1}\circ\boldsymbol{f}_t+\boldsymbol{i}_t\circ\boldsymbol{g}_t$（见图 11.3）。

输出门单元的功能是对 $\boldsymbol{x}_t$ 和 $\boldsymbol{h}_{t-1}$ 的加权和按 sigmoid 函数激活，并产生值向量 $\boldsymbol{o}_t$。

输出挤压单元的功能是对记忆细胞的内部状态 $\boldsymbol{s}_t$ 按 tanh 函数激活，并产生值向量 $\tanh(\boldsymbol{s}_t)$。

整个记忆块的值向量，也就是输出门控单元产生的值向量 $\boldsymbol{h}_t$，是输出门单元的值向量 $\boldsymbol{o}_t$ 和输出挤压单元的值向量 $\tanh(\boldsymbol{s}_t)$ 的逐点乘积。其中，双曲正切函数 tanh 可以用校正线性单元 ReLU 代替[270]，以方便训练。

11.2　长短时记忆网络的学习算法

标准长短时记忆网络可以包含许多个隐含层（常用 1 个），每个隐含层也可以包含许多扩展记忆块，而每个记忆块又可以包含一个或多个记忆细胞。这里主要考虑每个记忆块只有一个记忆细胞的情况。假设 $\boldsymbol{W}^{xg}$ 表示 $\boldsymbol{x}_t$ 与输入挤压单元之间的权值矩阵，$\boldsymbol{W}^{hg}$ 表示记忆块在 $t-1$ 时刻的记忆块输出 $\boldsymbol{h}_{t-1}$ 与输入挤压单元之间的权值矩阵，$\boldsymbol{W}^{xi}$ 表示 $\boldsymbol{x}_t$ 与输入门单元之间的权值矩阵，$\boldsymbol{W}^{hi}$ 表示 $\boldsymbol{h}_{t-1}$ 与输入门单元之间的权值矩阵，$\boldsymbol{W}^{xf}$ 表示 $\boldsymbol{x}_t$ 与遗忘门单元之间的权值矩阵，$\boldsymbol{W}^{hf}$ 表示 $\boldsymbol{h}_{t-1}$ 与遗忘门单元之间的权值矩阵，$\boldsymbol{W}^{xo}$ 表示 $\boldsymbol{x}_t$ 与输出门单元之间的权值矩阵，$\boldsymbol{W}^{ho}$ 表示

$\boldsymbol{h}_{t-1}$与输出门单元之间的权值矩阵。同时，用 $\boldsymbol{b}_g$、$\boldsymbol{b}_i$、$\boldsymbol{b}_f$ 和 $\boldsymbol{b}_o$ 分别表示记忆块、输入门单元、遗忘门单元和输出门单元的偏置。那么，对于具有 Elman 结构的长短时记忆网络，其中一个记忆块在时刻 t 的计算过程可以如下表示：

$$\begin{cases} \boldsymbol{g}_t = \tanh(\boldsymbol{W}^{xg}\boldsymbol{x}_t + \boldsymbol{W}^{hg}\boldsymbol{h}_{t-1} + \boldsymbol{b}_g) \\ \boldsymbol{i}_t = \sigma(\boldsymbol{W}^{xi}\boldsymbol{x}_t + \boldsymbol{W}^{hi}\boldsymbol{h}_{t-1} + \boldsymbol{b}_i) \\ \boldsymbol{f}_t = \sigma(\boldsymbol{W}^{xf}\boldsymbol{x}_t + \boldsymbol{W}^{hf}\boldsymbol{h}_{t-1} + \boldsymbol{b}_f) \\ \boldsymbol{s}_t = \boldsymbol{s}_{t-1} \circ \boldsymbol{f}_t + \boldsymbol{i}_t \circ \boldsymbol{g}_t \\ \boldsymbol{o}_t = \sigma(\boldsymbol{W}^{xo}\boldsymbol{x}_t + \boldsymbol{W}^{ho}\boldsymbol{h}_{t-1} + \boldsymbol{b}_o) \\ \boldsymbol{h}_t = \boldsymbol{o}_t \circ \tanh(\boldsymbol{s}_t) \end{cases} \tag{11.1}$$

如果采用循环神经网络的目标函数（10.3），还可以对长短时记忆网络设计相应的反向传播算法，优化其权值和偏置。由于在记忆块之外的反向传播与循环神经网络类似，因此这里只给出 t 时刻扩展记忆块内部的反向传播过程，详见算法 11.1。

Jozefowicz 指出算法 11.1 在优化遗忘门单元的偏置 $\boldsymbol{b}_f$ 时有一个重要问题[276]。这个问题是说，随机初始化常常不能对具有长时依赖性的数据给出良好的训练结果。一种解决办法是把 $\boldsymbol{b}_f$ 初始化为一个较大的实数值，如 $\boldsymbol{b}_f = 1.0$。

此外，可以把算法 11.1 推广到多细胞扩展记忆块的情况。比如，在图 11.4 所示的 LSTM 网络中，每个扩展记忆块包含两个记忆细胞。考虑算法类似，不再赘述。

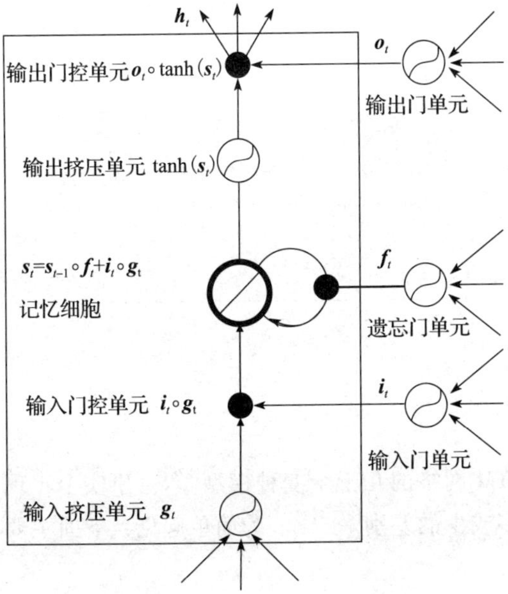

图 11.3　扩展记忆块的结构（其中遗忘门可以重置记忆细胞的内部状态 $\boldsymbol{s}_t$）

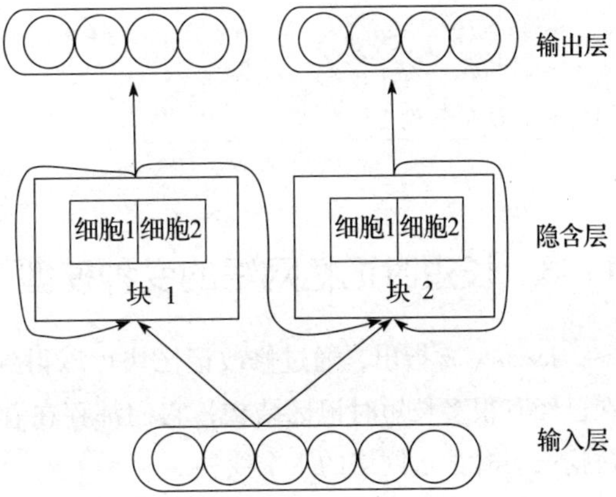

图 11.4　一个具有多细胞扩展记忆块的 LSTM 网络

算法 11.1　长短时扩展记忆块的反向传播过程

输入：训练集 $S=\{(\boldsymbol{x}_t^l, \boldsymbol{y}_t^l), 1\leqslant l\leqslant N\}$，网络结构

输出：网络的权值和偏置 $\boldsymbol{W}$、$\boldsymbol{W}^{xg}$、$\boldsymbol{W}^{hg}$、$\boldsymbol{W}^{xi}$、$\boldsymbol{W}^{hi}$、$\boldsymbol{W}^{xf}$、$\boldsymbol{W}^{hf}$、$\boldsymbol{W}^{xo}$、$\boldsymbol{W}^{ho}$、$\boldsymbol{b}_g$、$\boldsymbol{b}_i$、$\boldsymbol{b}_f$、$\boldsymbol{b}_o$、$\boldsymbol{b}$

1. 随机初始化权值和偏置：$\boldsymbol{W}=\boldsymbol{W}^{xg}=\boldsymbol{W}^{hg}=\boldsymbol{W}^{xi}=\boldsymbol{W}^{xf}=\boldsymbol{W}^{hf}=\boldsymbol{W}^{xo}=\boldsymbol{W}^{ho}\approx\boldsymbol{0}$，$\boldsymbol{b}_g=\boldsymbol{b}_i=\boldsymbol{b}_o=\boldsymbol{b}\approx\boldsymbol{0}$，$\boldsymbol{b}_f=1$

2. 计算 $\begin{cases}\boldsymbol{g}_t^l=\tanh(\boldsymbol{u}_{g,t}^l)=\tanh(\boldsymbol{W}^{xg}\boldsymbol{x}_t^l+\boldsymbol{W}^{hg}\boldsymbol{h}_{t-1}^l+\boldsymbol{b}_g)\\ \boldsymbol{i}_t^l=\sigma(\boldsymbol{u}_{i,t}^l)=\sigma(\boldsymbol{W}^{xi}\boldsymbol{x}_t^l+\boldsymbol{W}^{hi}\boldsymbol{h}_{t-1}^l+\boldsymbol{b}_i)\\ \boldsymbol{f}_t^l=\sigma(\boldsymbol{u}_{f,t}^l)=\sigma(\boldsymbol{W}^{xf}\boldsymbol{x}_t^l+\boldsymbol{W}^{hf}\boldsymbol{h}_{t-1}^l+\boldsymbol{b}_f)\\ \boldsymbol{o}_t^l=\sigma(\boldsymbol{u}_{o,t}^l)=\sigma(\boldsymbol{W}^{xo}\boldsymbol{x}_t^l+\boldsymbol{W}^{ho}\boldsymbol{h}_{t-1}^l+\boldsymbol{b}_o)\\ \boldsymbol{s}_t^l=\boldsymbol{s}_{t-1}^l\circ\boldsymbol{f}_t^l+\boldsymbol{i}_t^l\circ\boldsymbol{g}_t^l\\ \boldsymbol{h}_t^l=\boldsymbol{o}_t^l\circ\tanh(\boldsymbol{s}_t^l)\end{cases}$

3. 计算 $\boldsymbol{o}_t^l=\sigma(\boldsymbol{u}_t^l)=\sigma(\boldsymbol{W}\boldsymbol{h}_t^l+\boldsymbol{b})$

4. 计算 $\boldsymbol{\delta}_t^l=(\boldsymbol{o}_t^l-\boldsymbol{y}_t^l)\circ\sigma'(\boldsymbol{u}_t^l)$

5. 计算 $\boldsymbol{\delta}_{o,t}^l=(\boldsymbol{W}^{\mathrm{T}}\boldsymbol{\delta}_t^l)\circ\tanh(\boldsymbol{s}_t^l)\circ\sigma'(\boldsymbol{u}_{o,t}^l)$

6. 计算 $\boldsymbol{\delta}_{f,t}^l=(\boldsymbol{W}^{\mathrm{T}}\boldsymbol{\delta}_t^l)\circ\tanh'(\boldsymbol{s}_t^l)\circ\sigma'(\boldsymbol{u}_{f,t}^l)\circ\boldsymbol{s}_{t-1}^l\circ\boldsymbol{o}_t^l$

7. 计算 $\boldsymbol{\delta}_{i,t}^l=(\boldsymbol{W}^{\mathrm{T}}\boldsymbol{\delta}_t^l)\circ\tanh'(\boldsymbol{s}_t^l)\circ\sigma'(\boldsymbol{u}_{i,t}^l)\circ\boldsymbol{g}_t^l\circ\boldsymbol{o}_t^l$

8. 计算 $\boldsymbol{\delta}_{g,t}^l=(\boldsymbol{W}^{\mathrm{T}}\boldsymbol{\delta}_t^l)\circ\tanh'(\boldsymbol{s}_t^l)\circ\tanh'(\boldsymbol{u}_{g,t}^l)\circ\boldsymbol{i}_t^l\circ\boldsymbol{o}_t^l$

9. 计算 $\begin{cases}\dfrac{\partial L_N}{\partial \boldsymbol{W}}=\sum\limits_{l=1}^{N}\boldsymbol{\delta}_t^l(\boldsymbol{h}_t^l)^{\mathrm{T}}\\ \dfrac{\partial L_N}{\partial \boldsymbol{b}}=\sum\limits_{l=1}^{N}\boldsymbol{\delta}_t^l\end{cases}$

10. 计算 $\begin{cases}\dfrac{\partial L_N}{\partial \boldsymbol{W}^{x\tau}}=\sum\limits_{l=1}^{N}\boldsymbol{\delta}_{\tau,t}^l(\boldsymbol{x}_t^l)^{\mathrm{T}}\\ \dfrac{\partial L_N}{\partial \boldsymbol{W}^{h\tau}}=\sum\limits_{l=1}^{N}\boldsymbol{\delta}_{\tau,t}^l(\boldsymbol{h}_{t-1}^l)^{\mathrm{T}},\ \tau\in\{g,i,f,o\}\\ \dfrac{\partial L_N}{\partial \boldsymbol{b}_\tau}=\sum\limits_{l=1}^{N}\boldsymbol{\delta}_{\tau,t}^l\end{cases}$

11. 更新权值和偏置

11.3　长短时记忆网络的变种模型

Jozefowicz 指出，通过修改记忆块可以得到 LSTM 网络的几千个变种模型[276]。事实上，现在已经有很多长短时记忆结构，它们都存在着或多或少的差别[277-279]。为简单起见，下面主要讨论长短时记忆网络的 4 个变种。

1. 门控循环单元

第 1 个变种是由门控循环单元（Gated Recurrent Unit，GRU）组成的[280]。门控循环单元如

图 11.5 所示，与扩展记忆块的区别在于：它只有一个重置门单元和一个更新门单元，没有记忆细胞和遗忘门单元。在时刻 t，门控循环单元的计算过程可以描述为

$$\begin{cases} \boldsymbol{r}_t = \sigma(\boldsymbol{W}^{rx}\boldsymbol{x}_t + \boldsymbol{W}^{rh}\boldsymbol{h}_{t-1} + \boldsymbol{b}_r) \\ \boldsymbol{z}_t = \sigma(\boldsymbol{W}^{xz}\boldsymbol{x}_t + \boldsymbol{W}^{hz}\boldsymbol{h}_{t-1} + \boldsymbol{b}_z) \\ \widetilde{\boldsymbol{h}}_t = \tanh(\boldsymbol{W}^{x\widetilde{h}}\boldsymbol{x}_t + \boldsymbol{W}^{\widetilde{h}}(\boldsymbol{r}_t \circ \boldsymbol{h}_{t-1}) + \boldsymbol{b}_{\widetilde{h}}) \\ \boldsymbol{h}_t = \boldsymbol{z}_t \circ \boldsymbol{h}_{t-1} + (1 - \boldsymbol{z}_t) \circ \widetilde{\boldsymbol{h}}_t \end{cases} \tag{11.2}$$

其中，$\boldsymbol{h}_t$ 是门控循环单元的输出，$\widetilde{\boldsymbol{h}}_t$ 是候选输出，$\boldsymbol{W}^{rx}$、$\boldsymbol{W}^{rh}$、$\boldsymbol{W}^{xz}$、$\boldsymbol{W}^{hz}$、$\boldsymbol{W}^{x\widetilde{h}}$、$\boldsymbol{W}^{\widetilde{h}}$ 是有关的权值矩阵，$\boldsymbol{b}_r$、$\boldsymbol{b}_z$、$\boldsymbol{b}_{\widetilde{h}}$ 分别是重置门单元、更新门单元和候选输出的偏置。

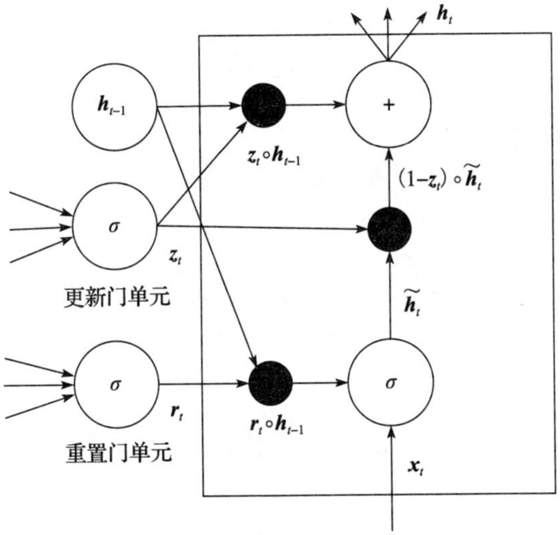

图 11.5 门控循环单元的结构，其中包含更新门单元和重置门单元

2. 窥孔记忆块

第 2 个变种是由窥孔记忆块（peephole memory block）组成的[281]。如图 11.6 所示，窥孔记忆块实际上就是在扩展记忆块的基础上增加了三个窥孔连接，从记忆细胞分别连到输入门单元、遗忘门单元和输出门单元。其计算过程如下：

$$\begin{cases} \boldsymbol{g}_t = \tanh(\boldsymbol{W}^{xg}\boldsymbol{x}_t + \boldsymbol{W}^{hg}\boldsymbol{h}_{t-1} + \boldsymbol{b}_g) \\ \boldsymbol{i}_t = \sigma(\boldsymbol{W}^{xi}\boldsymbol{x}_t + \boldsymbol{W}^{hi}\boldsymbol{h}_{t-1} + \boldsymbol{W}^{si}\boldsymbol{s}_{t-1} + \boldsymbol{b}_i) \\ \boldsymbol{f}_t = \sigma(\boldsymbol{W}^{xf}\boldsymbol{x}_t + \boldsymbol{W}^{hf}\boldsymbol{h}_{t-1} + \boldsymbol{W}^{sf}\boldsymbol{s}_{t-1} + \boldsymbol{b}_f) \\ \boldsymbol{s}_t = \boldsymbol{s}_{t-1} \circ \boldsymbol{f}_t + \boldsymbol{i}_t \circ \boldsymbol{g}_t \\ \boldsymbol{o}_t = \sigma(\boldsymbol{W}^{xo}\boldsymbol{x}_t + \boldsymbol{W}^{ho}\boldsymbol{h}_{t-1} + \boldsymbol{W}^{co}\boldsymbol{s}_t + \boldsymbol{b}_o) \\ \boldsymbol{h}_t = \boldsymbol{o}_t \circ \tanh(\boldsymbol{s}_t) \end{cases} \tag{11.3}$$

其中，W^{si}、W^{sf}和W^{co}分别表示从记忆细胞到输入门单元、遗忘门单元和输出门单元的窥孔连接的权值。

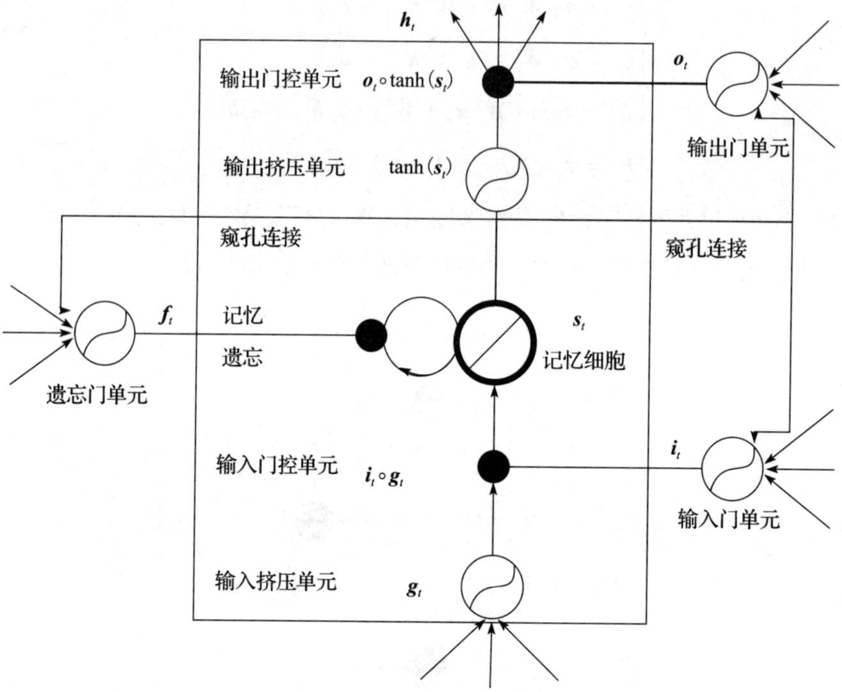

图 11.6 窥孔记忆块的结构

3. 动态皮层记忆

第 3 个变种是由动态皮层记忆（dynamic cortex memory，DCM）块组成的[282]。如图 11.7 所示，动态皮层记忆块是通过给窥孔记忆块增加更多连接得到的，包括输入门单元、遗忘门单元和输出门单元的自连接以及它们之间的互连接。这些连接使门单元能够共享信息，从而一起学习常见的重要模式。动态皮层记忆块的计算过程可以表达为

$$\begin{cases} \boldsymbol{g}_t = \tanh(\boldsymbol{W}^{xg}\boldsymbol{x}_t + \boldsymbol{W}^{hg}\boldsymbol{h}_{t-1} + \boldsymbol{b}_g) \\ \boldsymbol{i}_t = \sigma(\boldsymbol{W}^{xi}\boldsymbol{x}_t + \boldsymbol{W}^{hi}\boldsymbol{h}_{t-1} + \boldsymbol{W}^{si}\boldsymbol{s}_{t-1} + \boldsymbol{W}^{ii}\boldsymbol{i}_{t-1} + \boldsymbol{W}^{fi}\boldsymbol{f}_{t-1} + \boldsymbol{W}^{oi}\boldsymbol{o}_{t-1} + \boldsymbol{b}_i) \\ \boldsymbol{f}_t = \sigma(\boldsymbol{W}^{xf}\boldsymbol{x}_t + \boldsymbol{W}^{hf}\boldsymbol{h}_{t-1} + \boldsymbol{W}^{sf}\boldsymbol{s}_{t-1} + \boldsymbol{W}^{if}\boldsymbol{i}_{t-1} + \boldsymbol{W}^{ff}\boldsymbol{f}_{t-1} + \boldsymbol{W}^{of}\boldsymbol{o}_{t-1} + \boldsymbol{b}_f) \\ \boldsymbol{s}_t = \boldsymbol{s}_{t-1} \circ \boldsymbol{f}_t + \boldsymbol{i}_t \circ \boldsymbol{g}_t \\ \boldsymbol{o}_t = \sigma(\boldsymbol{W}^{xo}\boldsymbol{x}_t + \boldsymbol{W}^{ho}\boldsymbol{h}_{t-1} + \boldsymbol{W}^{co}\boldsymbol{s}_t + \boldsymbol{W}^{io}\boldsymbol{i}_{t-1} + \boldsymbol{W}^{fo}\boldsymbol{f}_{t-1} + \boldsymbol{W}^{oo}\boldsymbol{o}_{t-1} + \boldsymbol{b}_o) \\ \boldsymbol{h}_t = \boldsymbol{o}_t \circ \tanh(\boldsymbol{s}_t) \end{cases}$$

其中，W^{ii}、W^{fi}和W^{oi}分别表示输入门单元的自连接权值矩阵、从输入门单元到遗忘门单元的互连权值矩阵和从输入门单元到输出门单元的权值矩阵；W^{if}、W^{ff}和W^{of}分别表示从输入门单元到

遗忘门单元的互连权值矩阵、遗忘门单元的自连接权值矩阵和从输出门单元到遗忘门单元的互连权值矩阵；$\boldsymbol{W}^{io}$、$\boldsymbol{W}^{fo}$和$\boldsymbol{W}^{oo}$分别表示从输入门单元到输出门单元的互连权值矩阵、从遗忘门单元到输出门单元的互连权值矩阵和输出门单元的自连接权值矩阵。

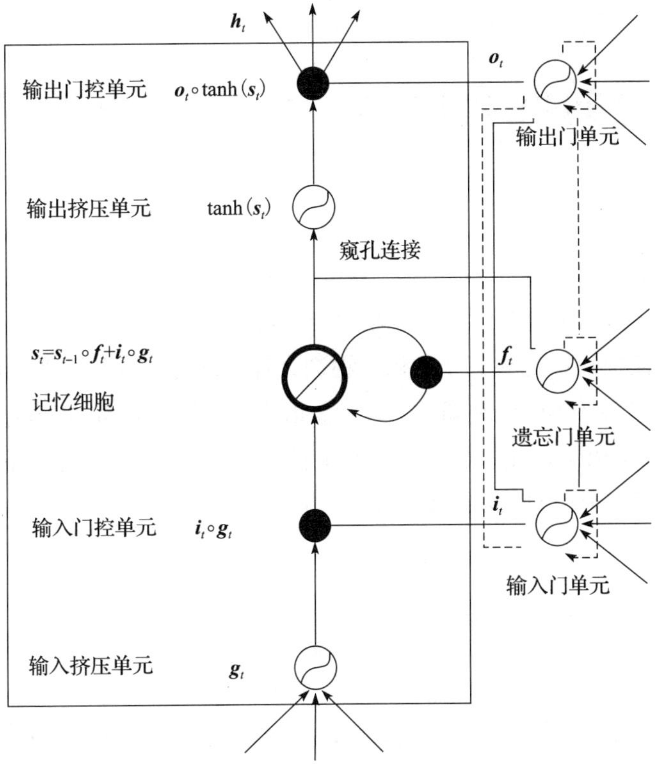

图 11.7　动态皮层记忆块的结构

（其中在输入门单元、遗忘门单元和输出门单元增加了更多的连接）

4. 神经图灵机

第 4 个变种是 Google DeepMind 提出的神经图灵机（neural Turing machine）[283]。这个重要的模型通过注意过程耦合与外部记忆资源的相互作用，实现对长短时记忆网络的扩展。

长短时记忆网络的其他变种包括：多模长短时记忆网络（multimodal LSTM）[284]、深层门控循环神经网络（depth gated RNN）[285]、网格 LSTM（grid LSTM）[286]、门控反馈循环神经网络（gated feedback RNN）[287]、记忆网络（memory networks）[288]和随机存取机器（random-access machine）[289]等。

CHAPTER 12

第12章

深度学习的混合模型、广泛应用和开发工具

除了前面提到的标准模型和变种模型，深度学习还发展了许许多多的混合模型以处理复杂的问题。从结构和学习的角度看，混合模型包括结构的混合和学习方式的混合。基于各种各样的模型，深度学习已经被广泛应用于图像与视频处理、语音与音频处理、自然语言处理等领域。特别是，卷积神经网络已经在图像、视频、语音和音频处理等方面取得了突飞猛进的成果，循环神经网络则开始在诸如文本、语音和生物信息等序列数据处理方面初露锋芒[290]。本章将讨论深度学习的混合模型、应用领域和开发工具。

12.1 深度学习的混合模型

在标准模型和变种模型的基础上，通过与其他方法相结合，深度学习也建立了琳琅满目的混合模型[291-294]。在这些混合模型中，生成成分可以从两个方面用来促进判别目标的最终实现：一是通过预训练使模型参数的优化变得更为容易；二是通过正则化使模型学习的复杂度得到有效控制。

需要指出的是，这里应从两个方面来理解“混合”一词的含义：

1）指混合成分结构，即那些结合了不同模型成分的深层结构。

2）指混合学习结构，即那些结合了不同学习策略的深层结构。

1. 从混合模型成分的角度

从混合模型成分的角度来看，主要有 4 种深层混合结构，分别描述和说明如下：

（1）生成 + 生成（generative + generative）混合结构

生成 + 生成混合结构是指生成模型之后再加一个生成模型，如深层信念网络和隐马尔可夫模型的混合结构 DBN-HMM，以及深层信念网络和马尔可夫随机场的混合结构 DBN-MRF[295]。

（2）判别 + 判别（discriminative + discriminative）混合结构

判别 + 判别混合结构是指在判别模型之后再加一个判别模型，如多层感知器和支持向量机的混合结构 MLP-SVM[296]、区域卷积网络和支持向量机的混合结构 RCNN-SVM[253]、卷积神经

网络和分类受限玻耳兹曼机的混合结构 CNN-ClassRBM[297]，以及卷积神经网络和联合贝叶斯的混合结构 CNN-Joint Bayesian[298]。

（3）判别 + 生成（discriminative + generative）混合结构

判别 + 生成混合结构是指在判别模型之后再加一个生成模型，如卷积神经网络和循环神经网络的混合结构 CNN-RNN[299,300]、卷积神经网络和隐马尔可夫模型的混合结构 CNN-HMM[301]、卷积神经网络和长短时记忆神经网络的混合结构 CNN-LSTM（又称长程循环卷积神经网络，long-term recurrent CNN，LRCN）[302]，以及神经响应机（neural responsonding machine）[303]和编码解码网络（encoder-decoder network）[280]。

（4）生成 + 判别（generative + discriminative）混合结构

生成 + 判别混合结构是指生成模型之后再加一个判别模型，如深层信念网络和条件随机场的混合结构 DBN-CRF[304]。

2. 从混合学习策略的角度

从混合学习策略的角度来看，主要有 6 种深层混合结构，分别说明和描述如下：

（1）无监督 + 有监督学习（unsupervised + supervised learning）混合结构

无监督 + 有监督学习混合结构是指先使用无监督的方式预训练深层神经网络，再使用有监督的方式进行调优，如自编码器的学习（详见 4.2 节）。

（2）深度 + 贝叶斯学习（deep + Bayesian learning）混合结构

深度 + 贝叶斯学习混合结构是指结合贝叶斯学习方法训练深层神经网络，如在一个复合分层深层模型（compound hierarchical deep model）中的学习[305]。

（3）深度 + 核学习（deep + kernel learning）混合结构

深度 + 核学习混合结构是指结合核学习方法训练深层神经网络，如在一个多层核机器（multilayer kernel machine）中的学习[306]。

（4）深度 + 迁移学习（deep + transfer learning）混合结构

深度 + 迁移学习混合结构是指结合迁移学习方法训练深层神经网络，如在同一个深层结构中共享不同类别数据的高层抽象特征[307]。

（5）深度 + 强化学习（deep + reinforcement learning）混合结构

深度 + 强化学习混合结构是指结合强化学习方法训练深层神经网络。在这种混合结构中，一个强化学习的主体必须找到如何与动态的、初始未知的环境进行交互的办法，目的是最大化它的期望累计奖励信号[308]。其中，只是偶尔可以在无教师的情况下利用实值奖惩信号。经典的强化学习为了简化问题需要做出马尔可夫决策过程（Markov Decision Process，MDP）的假设[309]。这个假设是说，提供给强化学习主体的当前输入必须包含计算下一步最优输出事件或决策的所有必要信息。利用该假设和动态规划技术，不仅可以有效地减小一个强化学习前馈网络的得分路径深度[310]，而且足以保证网络实现把输入映射到合适的输出事件或行为的策略。

然而，做出马尔可夫假设常常是不现实的。更现实的方法是采用强化学习循环神经网络，以便能够根据所看到的历史状态特征，学会记住哪些事件和忽略哪些事件[311]。强化学习也可以得益于深层无监督学习对输入数据的预处理[312]。例如，强化学习与基于慢特征分析的深层无监督学习相结合，能够让一个真正的人形机器人从原始的高维视频流中学习到有用的技能[313]；在具有脉冲神经元（spiking neurons）和生物学合理性的循环神经网络中，某些类型的强化学习也可以与深层无监督学习结合[314]。此外，20世纪90年代初期以来还开展了深度分层强化学习（deep hierarchical reinforcement learning）方面的工作[315]。特别是，利用前馈神经网络或循环神经网络的梯度子目标发现策略可以把强化学习任务分解为强化学习子模块的子任务[316]，而且近年的深度分层强化学习可以把有潜力的强化学习子模块组织成为受神经生理发现启示的自组织二维运动控制映射（2D motor control map）[317]。深度Q-网络是一个深度+强化学习混合结构的著名案例，也是一类较新的深度学习模型，由Google DeepMind提出，初步结果发表于2014年，相关论文于2015年发表在顶尖学术刊物《Nature》上[100]。深度Q-网络把强化学习中的Q-学习与卷积神经网络相结合，只需接收场景像素和游戏得分作为输入进行训练，就可以在很多视频游戏中达到与专业人类玩家相当的水平，其潜在价值和应用前景相当深远。

（6）深度+另类学习（deep + other learning）混合结构

深度+另类学习（deep + other learning）混合结构是指结合另类学习方法训练深层神经网络，如在一个深层编码网络（deep coding network）中的学习[318]和在一个大存储检索神经网络（large memory storage and retrieval neural network）中的学习[319]。

12.2 深度学习的广泛应用

12.2.1 图像和视频处理

在图像和视频处理领域，深度学习显著改善了维数约简、图像重建（image reconstruction）[1]、手写数字识别[62]、3D目标识别（3D object recognition）[65]、图像修复（image completion）[66]、图像分类[4]、单目标定位（single-object localization）[250]、目标检测（object detection）[252]、人脸验证（face verification）[320]、交通标志识别（traffic sign recognition）[95]、视频游戏（video game playing）[100]和视频分类（video classification）[321]等很多方面的结果。值得强调的是，卷积神经网络已经在这个领域的大量应用中取得了非凡的成就和神奇的效果。

在维数约简方面，深层自编码器能够取得比标准PCA和逻辑PCA更好的效果[1]，在图像重建方面也是如此[1]。

在手写数字识别方面，Hinton等人于2006年使用深层信念网络在MNIST数据集上获得了1.25%的错误率，打破了之前由支持向量机创造的记录（1.4%）[62]。同年，Hinton和Salakhutdinov使用一个具有784-500-500-2000-10结构的深层感知器在MNIST数据集上获得了1.2%的错误率[1]。2009年，Salakhutdinov和Hinton使用结构为784-500-1000的深层玻耳兹曼机在MNIST数据集上获得了0.95%的错误率[65]，而且，采用连接丢失（dropconnect）技术的卷积神经网络创造了更低的错误率0.21%[69]。

在3D目标识别方面，最高两层使用三阶受限玻耳兹曼机的深层信念网络于2009年在NORB数据集上获得了6.5%的错误率，大大低于支持向量机的结果（11.6%）[216]。同年，结构为9216-4000-4000-4000的深层玻耳兹曼在NORB数据集上获得了10.8%的错误率[65]。

在图像修复方面，Poon等人于2011年实现了一个生成和积网络，对图像的修复效果很好，获得的均方误差小于深层信念网络、深层玻耳兹曼机、主成分分析和近邻方法的结果[66]。

在图像分类方面，Gens和Domingos提出了一个判别和积网络，在CIFAR-10和STL-10数据集上分别获得了83.96%和62.3%的分类准确率，高于许多其他的分类器[235]。通过在大规模无标签图像数据集上使用模型并行机制和异步随机梯度下降方法预训练一个9层的稀疏自编码器，Le等人不仅得到了对平移、缩放和平面外旋转具有鲁棒性的人脸检测器[4]，而且进一步实现了具有附加一对多逻辑分类器（one-versus-all logistic classifiers）的深层前馈神经网络，在识别来自ImageNet数据集的22 000目标类别时，获得了15.8%的正确率，比之前最好的结果（9.3%）相对降低了70%。同时，由Krizhevsky、Sutskever和Hinton组织的超级视觉队（Super Vision）实现了一个大规模深层卷积神经网络参加2012年的大规模视觉识别挑战赛（ImageNet Large Scale Visual Recognition Challenge 2012，ILSVRC-2012），获得了最好的前五测试错误率（16.4%），比第二名的成绩低10%左右。这个卷积神经网络现在称为AlexNet[3]，通过“dropout”和“ReLU”技巧，以及非常有效的GPU实现，显著加快了训练过程。在随后三年（即2013年、2014年和2015年）的比赛中，最好的分类系统：Claeifai[322]、GoogLeNet[252]和ResNet[258]，也都是使用卷积神经网络设计和实现的，获得的前五测试错误率分别为11.7%、6.7%和3.57%。

在单目标定位任务中，获得ILSVR 2012-2015比赛最好错误率的系统都集成了卷积神经网络。这些系统分别是：AlexNet[3]、Overfeat[323]、VGG[250]和ResNet[258]。相应的最好错误率分别为34.2%、29.9%、25.3%[34]和9.02%。

在目标检测方面，Lin等人将区域卷积神经网络（R-CNN）和网中网（NIN）结合，在ILSVRC-2014比赛中获得了37.2%的平均准确率[34]。在该比赛中，Szegedy等人使用摄入模块（inception module）对区域卷积网络进行扩展，获得了43.9%的平均准确率[252]。在ILSVRC-2015比赛中，He等人将更快区域卷积网络（faster R-CNN）和残差网络（ResNet）相结合，获得了62.1%的平均准确率，比第二名高出了8.5%[258]。

在人脸验证方面，Fan等人于2014年建立了一个金字塔卷积神经网络（pyramid CNN），在LFW数据集上获得了97.3%的准确率，其中LFW是“Labeled Faces in the Wild”的缩写[320]。2015年，Ding等人利用精心设计的卷积神经网络和三层堆叠的自编码器建立了一个复杂的混合模型，在 LFW 数据集上获得了高于 99.0% 的准确率[324]。Sun 等人提出了一个由卷积层和摄入层（inception layer）堆叠而成的 DeepID3 模型，在 LFW 数据集上获得了 99.53% 的准确率[298]。同时，Schroff 等人实现了“FaceNet”系统，在 LFW 和 YouTube 人脸数据集上分别获得了 99.63% 和 95.12% 的准确率[325]。

在交通信号识别方面，Ciresan 等人于 2011 年实现了一个由卷积神经网络和多层感知器构成的委员会机器，在德国交通信号识别标准数据集（German traffic sign recognition benchmark，GTSRB）上获得了 99.15% 的准确率[95]。2012 年，Ciresan 等人提出了一个多列卷积神经网络，在 GTSRB 上获得了 99.46% 的准确率，超过了人类的识别结果[96]。

在视频游戏方面，Mnih 等人于 2015 年通过结合卷积神经网络和强化学习，开发了一个深度 Q-网络智能体[100]，只需输入场景像素和游戏得分进行训练，就能够为经典的 Atari 2600 游戏学会成功的操作策略。深度 Q-网络在高维感知输入和行为之间的鸿沟上架起了桥梁，极为擅长处理各种具有挑战性的任务。

在视频分类方面，使用独立子空间分析（independent subspace analysis，ISA）方法，Le 等人于 2011 年提出了堆叠卷积 ISA 网络，能够从无标签视频数据中学习不变的时空特征。该网络在 Hollyword 2 和 YouTube 数据集上分别获得了 53.3% 和 75.8% 的准确率[321]。2014 年，Karpathy 等人对卷积神经网络在大规模视频分类上的效果进行了广泛的经验评估，在 Sports-1M 测试集的 200 000 个视频上获得了 63.9% 的 Hit@1 值（即前 1 准确率）[326]。2015 年，Ng 等人提出了 CNN + LSTM 混合模型，在 Sports-1M 测试集上获得了 73.1% 的 Hit@1 值[327]。

深度学习还可应用于图像和视频处理的其他任务，包括图像去噪（image denoising）[328]、人体跟踪（human tracking）[329]、纹理分类（texture classification）[330]、白瞳症分类（leukocoria classification）[331]、钢材缺陷分类（steel defect classification）[332]、手写数字重建（handwritten digit reconstruction）[333]、场景标注（scene labeling）[334,335]、人脸表情识别（facial expression recognition）[336]、文档图像分类（document image categorization）[337]、嘴唇跟踪（lip tracking）[338]、面部美容预测（facial beauty prediction）[339]、阴影检测（shadow detection）[340]等。

12.2.2　语音和音频处理

在语音和音频处理领域，深度学习已经在很多任务上获得了成功应用，包括说话人识别（speaker identification）[341]、音乐风格分类（music genre classification）[342]、语音合成（speech synthesis）[343]、语音转换（voice conversion）[344]、语义槽填充（semantic slot filling）[345]、对话状态跟踪（dialog state tracking）[346]和语音识别（speech recognition）[347]。

在说话人识别方面，2009 年 Lee 等人使用卷积深层信念网络在 TIMIT 数据集上，获得了达到了 97.9% 的摘要统计准确率和 100% 的所有帧准确率[341]。

在音乐风格分类方面，2010 年 Hamel 等人使用离散傅里叶变换代替帧级特征，实现了一个深层信念网络，在 Tzanetakis 数据集上获得了 84.3% 的准确率，高于帧级特征的结果（79.0%）[342]。

在语音合成方面，2013 年 Ling 等人使用一个结构为 1539-10 的受限玻耳兹曼机和一个结构为 1539-10-10-10 的深层信念网络，对光谱包络进行建模，在 1 小时的中文语音数据集上分别获得了 3.89 和 4.10 的平均光谱失真，高于高斯混合模型（GMM）的结果 3.8[343]。

在语音转换方面，2014 年 Chen 等人利用一种受限玻耳兹曼机的混合模型，在一个中文语音数据集上获得了 437.13 的平均对数概率，高于高斯混合模型的结果 429.31[344]。

在语义槽填充方面，2015 年 Mesnil 等人设计了一个结合 Elman 和 Jordan 结构的循环神经网络变种，在航空旅游信息系统（ATIS）标准数据集上获得了 95.06% 的 F1 值，比条件随机场高 2% 左右[345]。

在 2013 年对话状态跟踪挑战赛（Dialog State Tracking Challenge，DSTC）中，Henderson 等人设计了一个含有三个隐含层的多层感知器，获得的准确率高于 60%[348]。在 2014 年（第二届）对话状态跟踪挑战赛（DSTC2）中，Henderson 等人使用降噪自编码器预训练一个循环神经网络，然后再对其调优，获得了 76.8% 的准确率[348]。在第三届对话状态跟踪挑战赛（DSTC3）中，Henderson 等人采用在线无监督自适应方法实现了一个基于单词的循环神经网络，获得了 64.6% 的准确率，高于不采用的结果 62.3%[349]。

在语音识别方面，邓力等人发现利用深层信念网络预训练一个深层前馈神经网络再调优，能够显著提高语音识别的准确率[347]。这个发现被微软亚洲研究院用来进一步建立大规模神经网络，把在 Switchboard 数据集上的最小错误率从之前的 27.4% 降低到 18.5%，相对降低了 33%[71]。2012 年，Dahl 等人利用深层信念网络 DBN 代替上下文相关高斯混合隐马尔可夫模型 CD-GMM-HMM 中的 GMM，提出了上下文相关深层信念网络隐马尔可夫模型 CD-DBN-HMM[350]。该模型在通过 Bing 移动语音搜索应用系统创建的商业搜索数据集上获得了 30.4% 的话音识别错误率，显著低于 CD-GMM-HMM 的错误率 36.2%，相对降低了 16.0%。2013 年，Graves 等人利用深层双向长短时记忆（Deep Bidirectional LSTM，DBLSTM）网络在 TIMIT 数据集上获得了当时最好的错误率 17.7%[351]，略低于深层双向长短时记忆和隐马尔可夫的混合模型 DBLSTM-HMM 得到的结果 17.99%。不过，DBLSTM-HMM 在 TIMIT 数据集上的错误率比深层双向循环神经网络 DBRNN 大约要低 3.93%[352]，比基于注意的循环神经网络（attention-based RNN）大约要低 0.58%[353]，比深层神经网络和隐马尔可夫模型 DNN-HMM 也大约要低 0.8%[354]。同时，Jaity 等人也设计了一个基于 DNN-HMM 的单词识别系统，在一个 5 780 小时的数据集上获得了 12.3% 的错误率[355]，比基于 GMM 的系统相对降低了 23%。Ngiam 等人利用一个深层自编码器提取孤立字母和数字的音频视觉语音分类特征，在 AVLetters 和 CUAVE 数据集上分别获得了 65.8% 和 69.7% 的准确率[356]。此外，Graves 等人通过把深层双向长短时记忆网络（DBLSTM network）与连接时间分类（Connectionist Temporal Classification，CTC）目标函数相结合，于2014年提出了CTC-BLSTM模型，并应用于语音单词识别。在华尔街日报语料库（Wall Street Journal corpus）上，该模型在不使用先验语言信息的情况下，错误率为27.3%，在仅使用允许词词典的情况下，错误率为21.9%，在使用三元语言模型的情况下，错误率为8.2%[357]。2015年，Rao等人建立了联合n元和CTC-DBLSTM的混合模型并应用于单词识别，在公开可得的CMU发音字典上获得了21.3%的错误率，与联合n元和条件随机场的混合模型在之前的最好错误率23.4%相比，相对降低了9%[358]。

深度学习还可以应用于语音和音频处理方面的其他任务，包括音乐作曲家分类（music artist classification）[359]、说话人性别分类（speaker gender classification）[360]、声学建模（acoustic modeling）[361,362]、音乐信息检索（music information retrieval）[363]等。

12.2.3 自然语言处理

在自然语言处理领域，深度学习也对许多相关任务做出了贡献，包括词性标注（part-of-speech tagging，POS）[364]、组块（chunking）[364]/命名实体识别（named entity recognition，NER）[364]、语义角色标注（semantic role labeling，SRL）[364]、信息检索（information retrieval）[365]、知识库修复（knowledge base completion）[366]、语言生成（language generation）[367]、语言理解（language understanding）[368]、单关系问答（single-relation question answersing）[369]和机器翻译（machine translation）[5]。

在词性标注、组块、命名实体识别、语义角色标注等标准任务方面，Collobert等人采用深层前馈神经网络在WSJ数据集上获得了97.29%的单词标注准确率和94.32%的组块F1值，在Reuters数据集上获得了89.59%的命名实体识别F1值，在SRL数据集上获得了75.49%的语义角色标注F1值[364]。

在信息检索方面，Kim等人通过将典型相关分析（canonical correlation analysis）与一个结构为500-500-3000-128的深层信念网络相结合[365]，设计了一个跨语言信息检索模型，在AH 2003数据集上的平均准确率（mean average precision）相对提高了0.21%～3.21%[370]。Salskhutdinov和Hinton利用深层自编码器产生二值编码，提出了一种称为语义哈希（semantic hashing）的映射技术，性能优于之前的相似文档搜索方法，如局部敏感哈希[371]。

在知识库修复方面，Socher等人提出了一种神经张量网络（neural tensor network），在WordNet和Freebase数据集上分别获得了86.2%和90.0%的准确率，高于双线性模型的结果84.1%和87.7%[366]。

在语言生成方面，Wen等人建立了一个循环神经网络和卷积神经网络的混合模型RNN-CNN，用于随机生成语音对话系统的语言，提供有关旧金山餐馆的信息。该模型的BLEU得分为77.7，高于k-NN方法的得分59.1和O&R方法的得分75.7，其中O&R方法是指Oh和Rudnicky提出的n元方法[367]。

在语言理解方面，Li 等人提出了一种多列卷积神经网络（multi-column CNN），用于理解答案路径、答案上下文和答案类型这三个方面的问题，并学习这些问题的分布式表达，在 WEBQUESTIONS 数据集上获得了 40.8% 的 F1 值[368]。

在单关系问答方面，Yih 等人实现了一种基于卷积神经网络的语义模型，在 PARALEX 数据集上获得了 61% 的 F1 值，高于 PARALEX 系统 7 个百分点[369]。同时，Sarikaya 等人提出了一种语义分类深层信念网络应用于自然语言呼叫路由任务，在包含 27K 个句子的数据集上获得了 90.8% 的准确率，高于提升（boosting）的结果 88.1% 和支持向量机方法的结果 90.3%[372]。

在机器翻译方面，Gao 等人通过集成深层前馈神经网络和对数线性模型，建立了一个连续空间短语翻译模型，在 WMT test2006 数据集的英文－法语（English-to-French）任务中，获得了 34.39 的 BLEU 得分，高于判别投影模型的结果 33.29 和马尔可夫随机场的结果 33.91[5]。同时，Yao 等人实现了一个深层门控长短时记忆网络，在 BTEC 英文翻译任务中获得了 34.48 的 BLEU 得分，高于窥孔长短时记忆网络的结果 32.43[285]。

深度学习还可以应用的其他自然语言处理任务包括：情感分析（sentiment parsing）[373]、文本分类（text classification）[374]、自动摘要（automatic summarization）[375]、文档建模（document modeling）[376]、释义检测（paraphrase detection）[377]等。

12.2.4 其他应用

在其他领域，深度学习同样有益于许多方面，包括迁移学习（transfer learning）[307]、生物信息学（bioinformatics）[378]、有丝分裂检测（mitosis detection）[379]、药物发现（drug discovery）[380]、浮游生物分类（plankton classification）[381]、图像检索和描述（image retrieval and description）[300]、顾客关系管理（customer relationship management）[382]、基因本体注释预测（gene ontology annotation prediction）[383]等。

在迁移学习方面，Mesnil 等人把降噪自编码器和收缩自编码器提取的特征，再次用到无监督和迁移学习挑战赛的不同任务中，获得的结果远远好于直接用原始数据达到的结果[307]。

在生物信息学方面，Dahl 等人使用多任务深层神经网络预测混合物的生物分子靶标，在 2012 年的默克分子活动挑战赛（Merck Molecular Activity Challenge）中胜出[378,384]。

在有丝分裂检测方面，Schmidhuber 等人利用一个最大池化卷积神经网络检测有丝分裂，在 MICCAI 有丝分裂检测大挑战赛中胜出，其中 MICCAI 是医学图像计算和计算机辅助干预（Medical Image Computing and Computer Assisted Interventions）的缩写[379]。

在药物发现方面，Hochreiter 等人利用一个深层感知器检测营养食品、家居产品和医疗药品中环境化学物质的脱靶和毒性效应，赢得了美国国立卫生研究院（NIH）、食品药品监督管理局（FDA）和国家推进转化科学中心（NCATS）的 Tox21 数据挑战赛[380,385]。通过结合各种不同来源的数据，这个深层感知器的药物发现功能后来又被 Google 和 Stanford 的研究者进一步提高[386]。

在浮游生物分类方面，Dambre 等人实现了一个深层卷积神经网络，赢得了国家数据科学杯比赛（national data science bowl）[381]。

在图像检索和描述方面，Karpathy 等人提出了一个卷积神经网络和循环神经网络混合模型 CNN-RNN，构建了一个视觉和自然语言数据的深层多模嵌入，用于图像和句子的双向检索，能够更好地完成图像句子检索任务[387]。此外，Karpathy 等人又提出一个区域卷积神经网络和双向循环神经网络的混合模型，用以生成图像和其中区域的自然语言描述，在 Flickr8K、Flickr30K 和 MSCOCO 数据集上的检索实验中取得了当时的最好结果[300]。

在顾客关系管理方面，利用深层感知器在客户状态空间近似的可能行为值，深度强化学习可被用来管理市场环境[382]。

在基因本体注释预测方面，Chicco 等人提出了一个基于自编码器的深度学习方法，用于预测基因本体注释和基因功能关系[383]。

最后，深度学习还有大量本书没有讨论的应用，包括蛋白质结构预测（protein structure prediction）[6]、情感识别（emotion recognition）[7]、知识推断（knowledge inference）[388]、恶意软件分类（malicious software categories）[389]、压缩感知（compressed sensing）[390-392]、网络流量预测（Internet traffic prediction）[393]、结构预测（structure prediction）[394]、健康诊断（health diagnosis）[395]、医院死亡率预测（hospital mortality prediction）[396]、电子病历关系抽取（relation extraction in EMRs）[397]、3D 图像客观质量评价（objective quality assessment for 3D images）[398]、移动学习推荐系统（mobile learning recommender system）[399]、贸易信号预测（trade signal prediction）[400]、飞机检测（aircraft detection）[401]、视网膜疾病分类（multi- retinal disease classification）[402]、植物叶片分类（plant leaves classification）[403]、气体识别（gas recognition）[404]、恶意代码检测（malicious code detection）[405]、协同过滤（collaborative filtering）[406]，等等。

12.3 深度学习的开发工具

目前，已经有许多精心设计和实现的深度学习开发工具可以应用解决实际问题。表 12.1 收集了一些相关的软件资源，下面逐一进行描述。

表 12.1 深度学习工具箱

Name	GitHub	Primary Language	Key Dependency	Origin
TensorFlow	https://github.com/tensorflow/tensorflow	Python		Google
Caffe	https://github.com/BVLC/caffe	C++		BVLC
ConvNetJS	https://github.com/karpathy/convnetjs	Javascript		MIT
ConvNet	https://github.com/TorontoDeepLearning/convnet	C++		

（续）

Name	GitHub	Primary Language	Key Dependency	Origin
MatConvNet	https://github.com/vlfeat/matconvnet	Matlab		
Keras	https://github.com/fchollet/keras	Python	Theano	MIT
Torch7	https://github.com/torch/torch7	LuaJIT		
Theano	https://github.com/Theano/Theano	Python		
Gensim	https://github.com/piskvorky/gensim	Python	Numpy, Scipy	
Pylearn2	https://github.com/lisa-lab/pylearn2	Python	Theano	UdeM
DeepBeliefSDK	https://github.com/jetpacapp/DeepBeliefSDK	C++		Jetpac
DeepLearnToolbox	https://github.com/rasmusbergpalm/DeepLearnToolbox	Matlab		
Deeplearning4j	https://github.com/deeplearning4j/deeplearning4j	Java		
Lasagne	https://github.com/Lasagne/Lasagne	Python	Theano	
Neon	https://github.com/NervanaSystems/neon	Python		Nervana
MXNet	https://github.com/dmlc/mxnet	C++		
Hebel	https://github.com/hannes-brt/hebel	Python		PyCUDA
Brainstrom	https://github.com/IDSIA/brainstorm	Python		
Chainer	https://github.com/pfnet/chainer	Python		
Fbcunn	https://github.com/facebook/fbcunn		Torch	Facebook
DeepPy	https://github.com/andersbll/deeppy	Python	Numpy	
Neuralnetworks	https://github.com/ivan-vasilev/neuralnetworks	Java		
Scikit-neural network	https://github.com/aigamedev/scikit-neuralnetwork	Python	Theano	
Deepnet	https://github.com/nitishsrivastava/deepnet	Python	ConvNet	
Blocks	https://github.com/mila-udem/blocks	Pyhton	Theano	
Nolearn	https://github.com/dnouri/nolearn	Python		
Overfeat	https://github.com/sermanet/OverFeat	C++	Torch7	
Apache SINGA	https://github.com/apache/incubator-singa		glog	
Theano-Lights	https://github.com/Ivaylo-Popov/Theano-Lights	Python	Theano	
DeepCL	https://github.com/hughperkins/DeepCL	C++		
TheaNets	https://github.com/lmjohns3/theanets	Python	Theano	
RNNLM	https://github.com/dennybritz/rnn-tutorial-rnnlm	Python	Theano	
RNNLMPara	https://github.com/zhiheng-huang/RNNLMPara	Python	Theano	
OpenNN	https://github.com/orian/opennn	C++		
SyntaxNet	https://github.com/tensorflow/models/tree/master/syntaxnet	Python	TensorFlow	

- TensorFlow：http://tensorflow.org。一个使用数据流图、用于数值计算的开源库。
- Caffe[407]：http://caffe.berkeleyvision.org。一个考虑了表达、速度和模块化的深度学习框架。
- ConvNetJS：http://cs.stanford.edu/people/karpathy/convnetjs。使用 Javascript 编写的深度

学习库，可以在浏览器上训练卷积神经网络。

- ConvNet：卷积神经网络的一种 GPU 实现。
- MatConvNet：http://www.vlfeat.org/matconvnet。一个面向计算机视觉应用实现的卷积神经网络 Matlab 工具箱。
- Keras：http://keras.io。基于 Theano 的深度学习库，包括卷积神经网络、循环神经网络等模型。
- Torch7：http://torch.ch。一个科学计算框架。
- Theano[408]：http://www.deeplearning.net/software/theano。一个 Python 库，用于有效定义、优化和评价涉及多维数组的数学表达式。
- Gensim：http://radimrehurek.com/gensim。一个用 Python 编程语言实现的自然语言处理工具箱。
- Pylearn2[409]：http://deeplearning.net/software/pylearn2。基于 Theano 的机器学习库。
- DeepBeliefSDK：应用于 iOS 的图像识别框架。
- DeepLearnToolbox[410]：一个深度学习的 Matlab/Octave 工具箱，包括深层信念网络、堆叠自编码器、卷积神经网络、卷积自编码器和 vanilla 神经网络。
- Deeplearning4j：http://deeplearning4j.org。一个使用 Java 和 Scala 编写的开源分布式神经网络库。
- Lasagne：http://lasagne.readthedocs.org。一个轻量级的库，用于在 Theano 中创建和训练神经网络。
- Neon：http://neon.nervanasys.com。一个基于 Python 的深度学习库，由 Nervana 发布。
- MXNet：http://mxnet.rtfd.org。一个轻量级、轻便、快速和灵活的分布式深度学习库，支持 Python、R、Julia、Go 等语言环境。
- Hebel[411]：https://zenodo.org/record/10050。一种 GPU 加速深度学习库，用 Python 编写。
- Brainstorm：一个快速、灵活和有趣的神经网络库。
- Chainer：http://chainer.org。一个灵活的神经网络框架，用于深度学习。
- Fbcunn：一个 torch/cunn 的扩展库，由 Facebook 开发。
- DeepPy：一个用 Python 编写的深度学习框架，基于 NumPy 实现。
- Neuralnetworks：用 Java 实现的一些训练深层神经网络的算法。
- Scikit-neural network：一个与 scikit-learn 兼容的打包库，用于简易实现深层神经网络。
- Deepnet：一个实现了一些深度学习算法的库，主要依赖 CUDAMat 和 ConvNet。
- Blocks[412]：一个用于建立和训练神经网络的 Theano 框架。
- Nolearn：http://pythonhosted.org/nolearn。一些包、抽象和现有神经网络库，最值得注

意的是 Lasagne，以及一些机器学习实用模块。

- Overfeat：一个基于卷积神经网络的图像分类器和特征提取器。
- Apache SINGA[413,414]：http://singa.incubator.apache.org。一个分布式深度学习平台，具有可扩展性、可用性和延伸性，主要依赖于 glog、google-protobuf、openblas、zeromq、czmq 和 zookeeprer。
- Theano-Lights：一个基于 Theano 的深度学习研究框架。
- DeepCL：一个训练深层卷积神经网络的 OpenCL 库。
- TheaNets：一个神经网络工具箱，用于 Python。
- RNNLM：一个循环神经网络模型的开源库。
- RNNLMPara：一个并行循环神经网络训练器。
- OpenNN：http://www.opennn.net。一个用 C++编写的软件库，用于预测分析。
- SyntaxNet：一个基于 TensorFlow 的自然语言理解系统。

最后强调一下，在上述的开发工具中，Caffe 对卷积神经网络的实现较好，RNNLM 对循环神经网络的实现较好。

CHAPTER 13

第 13 章

深度学习的总结、批评和展望

深度学习是一种实现人工智能的强大技术，与无监督学习、有监督学习和强化学习有关。迄今为止，已经有大量的深度学习模型出现。然而，并非所有模型都是在 2006 年之后提出的，其中一些早在二三十年前就已出现。例如，受限玻耳兹曼机[63]、自编码器[1]和卷积神经网络[33]。因此，从模型的观点看，深度学习可能并不是一种新生的事物。深度学习的主要优势是在深层网络的节点数规模保持大致不变时，可以通过增加节点的层数来获得更为强大的函数表达能力。而且，这种能力常常可以通过调整网络权值和偏置得以实现。在解决各种实际问题的过程中，利用这种能力可以创造关于静态数据、序列数据或者策略数据的越来越抽象的层次表达结构。深度学习最值得称道的实质创新是学习方法的变革，主要包括受限玻耳兹曼机的 CD-k 学习算法[64]和用受限玻耳兹曼机对深层网络进行无监督预训练，以提高有监督训练效果的策略[1]。此外，深度学习还需要用到几个经典学习算法，包括反向传播算法[173]、醒睡算法[62]、平均场算法[65]和期望最大化算法[66]，等等。各种训练深层网络的方法大多都是上述算法的特例、改进、发展、组合或者优化，并且其速度和性能可以通过形形色色的技巧得到显著提高。这些技巧包括：迷你块[1]、最大池化[68]、丢失连接（dropconnect）[69]、丢失节点（dropout）[70]、并行处理[415]、多 GPU 训练[416]、随机池化[417]、随机采样[418]、maxout[419]、RmsProp[420]、Adagrad[421]、Adadelta[422]、贝叶斯优化[423]、校正非线性特性[3]以及精心设计的初始化、参数更新、自适应学习率、逐层特征归一化[424]，等等。最后应该指出的是，受限玻耳兹曼的逐层无监督预训练，对改善深层网络的有监督训练结果来说，并不一定是达到更小的代价函数值，也可能是防止过拟合并提高泛化能力。

尽管深度学习在大量应用中取得了引人注目的成果和激动人心的成功，但是也受到了不同角度的批判和评价[425-427]。例如，深层结构的大部分学习内容只是梯度下降算法的变种，而且有些算法还缺乏坚实的理论基础。事实上，CD-k 算法的收敛性仍然只有经验上的证实和启发式的分析，并无严格的理论证明。另一方面，有些成功的深度学习模型不仅可能把随机图像识别为一个并非随机的熟悉类别，还可能把本已正确分类图像在细微改变后又识别成一个错误的结果[428]。此外，深度学习需要相当多的技能和经验，去尝试各种深层网络的配置和结构[73,429]，其中还有许多变种和大量的高维参数。至今，任何单一的深度学习技术都不能应付所有的分类任务，更不用说应付所有的人工智能任务。至多，深度学习只是建造智能机器宏伟蓝图的一个小部分[426]，是通向强人工智能的一个步骤，但既不是灵丹妙药，也不是所向披靡的解决办法。

为了更好地理解深度学习的成功和失败，针对有监督和无监督学习建立一个坚实可行的优化理论是必要的[431-432]。这个理论应该能够对有关学习算法的收敛、速度和逼近等特性给出清楚的解释，甚至对某些内容给出严格的证明。同时，为了进一步改善深度学习的理论和模型，也有必要推进初始化、正则化、因子化和稀疏化等方面的工作，以及随机梯度下降、替代搜索、结构选择、合适目标、高层先验、赢者通吃机制、能量和通信代价、概率隐变量模型、近似二阶方法和奥卡姆剃刀准则等方面的研究。这不仅将使“自动超参搜索（automating hyperparameter search）”在大数据处理中变得更加方便、有效和可靠，而且将有助于更有效地处理一些难题，如那些由于局部极小、梯度消失、过拟合和病态条件等产生的困难。

虽然无监督学习对深度学习的创生具有催化作用，但与纯有监督学习的耀眼光环相比，现在已经显得黯然失色[290]。不过从长远来看，如果要像人类和动物那样通过大致的观察来发现世界的结构，那么无监督学习将变得更为重要。无监督学习仍然还有许许多多未解决的问题，其中两个尤为突出：一个是预训练对调优的重要性，另一个是自编码器的流形学习局限性（或者更具体的情况，曲线拟合局限性）。第一个问题主要产生于三个方面：

1）“预训练 + 调优”的流行策略虽然在许多任务上取得了成功，但却在有些任务上失败了[1]。

2）在可以利用大量带标签数据时，通过合适的初始化和非线性选择，一个很深的网络即使没有经过逐层预训练，也能够以纯有监督的方式得到成功训练[3,431-432]。

3）大多数竞赛获奖的深层网络根本就不使用这种策略[3,252,258]。

第二个在这里被强调的问题是一个几乎被忽视的问题，因为根据通用逼近定理[48-49]，自编码器似乎能够对任意复杂的数据进行非线性降维。但理论上可以证明，不管层数多深，自编码器都是有局限性的，只能表达嵌入流形，不能表达浸入流形，甚至都不能表达二维平面上的自交曲线。仿真实验也表明，自编码器在学习一条曲线时常常是不可靠的，主要原因有两个：局部极小问题和连续（或拓扑）破缺问题。局部极小是神经网络在学习训练过程中普遍存在的问题，连续性破缺则是自编码器在学习训练过程中还可能出现的另一类问题。在学习自交流形时，哪怕是自交曲线，自编码器都会出现连续性破缺问题。这一问题的存在，不仅增加了自编码器学习训练的难度，而且决定了自编码器不可能学会任何的自交流形结构，包括最简单的二维自交曲线。即使偶尔看起来训练成功了，所学到的低维结构也不可能与自交流形的内在结构完全一致。Cottrell 曾经评论过 Hinton 和 Salakhutdinov 在《Science》上发表的论文[433]，认为他们提出的深度学习方法可能为解决自编码器的曲线拟合问题指明了方向。可是在自交曲线的情况下，这恰恰是自编码器的一个固有缺陷，根本就不是一个学习方法的问题。

在计算机视觉方面，深度学习无疑推进了图像分类以及目标定位、分割和检测等技术的跨越式发展，但仍然缺乏像人类（或动物）那样的主动性。人类能够非常灵活地把注视点移向感兴趣区域，主动感知有关事物。从仿生的发展趋势看，尽快将深度学习应用于主动视觉的研究是非常必要的，重点是结合卷积神经网络和循环神经网络，通过强化学习实现对所视目标的选择性注意机制，特别是实现扫视控制[434]和注视点控制[435]等复杂的运动或内部行为。这种类型的视觉系统，尽管还在婴儿期，但从多目标识别[34]和玩视频游戏[100]的角度看，性能已经非常了不起。此外，除了卷积神经网络，深度学习模型几乎都不能直接处理矩阵数据（如图像），需要事先把矩阵数据拉直成为向量数据后才能处理。所以，为了更好地发挥深度学习的作用，也应尽快建立一系列深层网络的新模型，提高对矩阵数据的处理能力。同时，还应根据深层网络模型中短程连接多、长程连接少的类脑分布特点，考虑增加合理的跨层连接和反馈连接，以便更好地模拟真实的生物神经网络。

在自然语言处理领域，深度学习仍然继续发挥重要作用，特别是推动图像描述的发展。通过一次注意一部分的学习策略，采用循环神经网络的系统对句子和篇章的理解能力将得到加强[438]；而结合卷积神经网络和循环神经网络的系统，将能够对图像（甚至视频）生成更好的自然语言描述[299]。同时，比循环神经网络结构更复杂，但功能更强大的长短时记忆网络，将逐渐成为一种主流模型，变得越来越强大。此外，这些技术还将促进自主机器人的视觉导航和人机交互技术的发展[439]。

另一个深度学习可能产生较大影响的方面是迁移学习[307]。相比浅层模型，深层模型在训练样本分布不同于测试样本时具有更大的优势[438]。这与深层神经网络的学习表达能力有关，尤其是学习“抽象”表达的能力，有助于对关键特征的分解和共享[439]。

最后，深度学习已经成为学术界和工业界共同关注的焦点。在处理大规模实际问题时，深度学习的训练对计算资源的依赖程度很大，往往取决于机器数量的多寡和并行架构的好坏。学术界虽然在机器数量方面很难敌过工业界，但可以通过构建 GPU 集群系统和编写 GPU 代码与工业界一拼高下。同时，应该注意到，深度学习只是机器学习领域的一个相对火热的方向，并不能完全取代其他方向。通过与传统模型相结合，通过建立新模型和新算法，以及对科学技术和商务管理中各种大规模问题的探索和应用，深度学习将会发挥更加巨大的作用并产生更加广泛的影响，最终推动人工智能取得实质性的进步。

PART 2

第二部分

案例分析

本书第二部分的主要内容是对一些深度学习的基本案例进行细致的说明和分析，指导读者学习有关的程序代码和开发工具，以便在解决实际问题时灵活运用。本部分涉及的代码有两个来源：一是原始论文提供的程序代码，如自编码器、深层信念网络和深层玻耳兹曼机的程序代码；二是互联网上提供的开发工具，如卷积神经网络、循环神经网络和长短时记忆网络的开发工具。其目的一方面是帮助读者通过分析程序代码尽快掌握深度学习的模型和算法，另一方面是帮助读者迅速了解如何使用现有开发工具编写更为复杂的深度学习程序。

第 14 章介绍案例分析的实验背景，主要是说明案例的运行环境、实验数据和代码工具，以及有关的下载地址。第 15 ~ 22 章详细分析深度学习的若干基本案例，涉及的模型包括自编码器、深层感知器、深层信念网络、深层玻耳兹曼机、卷积神经网络、循环神经网络和长短时记忆网络等。每个案例程序都分为模块简介、运行过程、代码分析和使用技巧等四个部分，以便于读者灵活选择感兴趣的内容，提高学习效率。

CHAPTER 14

第14章 实验背景

目前，深度学习已经发展了大量的模型，并获得了广泛的应用。案例分析是一种帮助读者快速掌握有关模型并在解决实际问题时加以灵活运用的有效方法。本书第二部分将讨论自编码器、深层感知器、深层信念网络、深层玻耳兹曼机、卷积神经网络、循环神经网络和长短时记忆网络等常用模型的若干基本案例。本章则简要介绍这些案例涉及的运行环境、实验数据、代码工具，以及有关的下载地址。

14.1 运行环境

本书的所有案例实验均在 i7-3770 CPU、3.40GHz、8.00GB RAM 的 DELL 台式机上运行完成。其中自编码器降维程序、深层感知器识别程序、深层信念网络生成程序、深层信念网络分类程序、深层玻耳兹曼机识别程序，以及卷积神经网络的 DeepLearnToolbox 程序都在 Matlab R2015b 的编程环境中运行完成。卷积神经网络的 Caffe 程序在 Microsoft Visio Studio 2013 的编程环境中运行完成。循环神经网络填充程序和长短时记忆网络分类程序在 Python 2.7.8 的编程环境中运行完成。

14.2 实验数据

本章讨论的案例涉及三个数据集，分别为 MNIST（Mixed National Institute of Standards and Technology）、ATIS（Airline Travel Information System）、IMDB（Internet Movie Database）。这些数据集的信息描述和下载地址详见表 14.1。在表 14.1 中，因 ATIS 和 IMDB 中数据样本是自然语言的句子，而句子的长度不唯一，故“单个样本大小”栏为空。

表 14.1 实验数据的信息描述和下载地址

数据集	单个样本大小	训练集大小	测试集大小	下载地址
MNIST	28×28	60 000	10 000	http://yann.lecun.com/exdb/mnist/index.html

（续）

数据集	单个样本大小	训练集大小	测试集大小	下载地址
ATIS		3 983	893	https://www.dropbox.com/s/3lxl9jsbw0j7h8a/atis.pkl dl = 0
IMDB		1 998	500	http://www.iro.umontreal.ca/~lisa/deep/data/imdb.pkl

注：由于上述源代码的存放网址可能会有变动，导致读者无法正常获取相关文件，若出现此类情况，读者也可从 http://hzbook.com/Books/9565.html#上获取。

下面依次具体介绍 MNIST、ATIS、和 IMDB 这三个数据集。

1. MNIST

MNIST 是一个手写数字数据集，其中每幅图像的大小为 28×28 像素，仅包含一个单一的手写数字字符。每个像素的取值范围是［0, 255］，含义稍有特殊，用 0 表示黑，用 255 表示白，中间值表示灰度级。图 14.1 是一些 MNIST 数据集的数字图像实例。

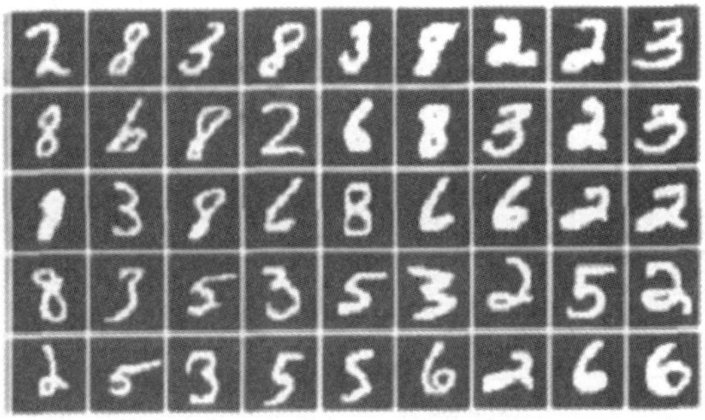

图 14.1　MNIST 的手写数字图像实例

2. ATIS

ATIS 是一个在口语理解领域广泛使用的数据集，其中每个句子的表达方式为 Inside Outside Beginning（IOB）。例如，句子"show Flights from Boston to New York today"的 IOB 表达，见表 14.2。其中包含槽/概念（Slots/Concepts）、名字实体（Named Entity）、意图（Intent）以及领域（Domain）。在表 14.2 所示的表达例子中，Boston 和 New York 分别是起飞和到达城市在用户语句中的槽值。在 Slots \ Concepts 和 Named Entity 行中，字母 O 表示在槽填充任务中不需要找出的词。在 Slots \ Concepts 行中，B-dept 表示起飞城市，B-arr 和 I-arr 表示到达城市。因为 New York 包含两个单词，所以使用 B-arr 表示到达城市的起点标志，I-arr 表示到达城市的结束标志。如果一个城市包含多个单词，则使用一个 B-arr 表示城市的起点标志，使用多个 I-arr 表示城市的结束标志。B-date 表示航班的起飞时间。在 Named Entity 行中，B-city 表示城市实体的起点标志，I-city 表示城市实体的结束标志。

表 14.2　ATIS 中的 IOB 表达举例

Sentence	show	Flights	from	Boston	to	New	York	today
Slots \ Concepts	O	O	O	B-dept	O	B-arr	I-arr	B-date
Named Entity	O	O	O	B-city	O	B-city	I-city	O
Intent	Find Flight							
Domain	Airline Travel							

3. IMDB

IMDB 是一个关于互联网电影和电视的评论数据集，其中每条评论都是利用爬虫从对每部电影或电视的评论页面上抓取获得的。IMDB 的评论数据是经过封装的，分为正面和负面两类情感。IMDB 的训练集和测试集具有类似的封装格式，其中训练集的格式如下：

train_set[0]：一个包含所有句子的二重列表，其中每个元素是一个用列表表示的句子，内容为：[词索引 1，词索引 2，…，词索引 n]

每个词索引都指向词库中的一个词，在需要时可以通过对照索引从词库获取。

train_set[0][k]：第 k 个句子。

train_set[1]：一个一重列表，只包含一个取 0 或 1 的列表元素，表示句子的情感标签。

14.3 代码工具

本书进行案例分析需要用到 7 个关于代码工具的文件，分别是 Autoencoder_Code. tar、DBN_MNIST_Generating. tar、DeeBNetV3. 1. zip、code_DBM. tar、DeepLearnToolbox、Caffe、is13 和 lstm。这些文件的下载地址如表 14.3 所示。

表 14.3　代码工具文件的下载地址

文件名称	下载地址
Autoencoder_Code. tar	http://www. cs. toronto. edu/ ~ hinton/MatlabForSciencePaper. html
DBN_MNIST_Generating. tar	https://github. com/TingZhang08/DBN_MNIST_Generating
DeeBNetV3. 1. zip	http://ceit. aut. ac. ir/ ~ keyvanrad/DeeBNet%20Toolbox. html
code_DBM. tar	http://www. cs. toronto. edu/ ~ rsalakhu/DBM. html
DeepLearnToolbox	https://github. com/rasmusbergpalm/DeepLearnToolbox
Caffe	https://github. com/happynear/caffe-windows
is13	http://github. com/mesnilgr/is13
lstm	http://deeplearning. net/tutorial/lstm. html

注：由于上述源代码的存放网址可能会有变动，导致读者无法正常获取相关文件，若出现此类情况，读者也可从 http://hzbook. com/Books/9565. html#上获取。

Autoencoder_Code. tar 文件包含了自编码器降维和深层感知器识别两个案例的程序，是用 Matlab 编写的。DBN_MNIST_Generating. tar 文件是深层信念网络的生成案例程序，由本书作者用 Matlab 编写并上传到开源网站 GitHub。DeeBNetV3. 1. zip 文件是深层信念网络的一个 Matlab 开源库，在深层信念网络分类案例中用到，但仅使用了对 MNIST 数据集进行分类的功能，其他功能有兴趣的读者可自行探索。code_DBM. tar 文件也是用 Matlab 编写的，实现了深层玻耳兹曼机的模型。DeepLearnToolbox 是一个深度学习的 Matlab 开源库，实现了深层感知器、自编码器、卷积神经网络等多种深层网络的模型，但本书仅用到卷积神经网络部分。Caffe 是一个使用 C ++ 语言编写的卷积神经网络开源库，应用比较广泛，在讨论卷积神经网络识别案例时将重点介绍。is13 和 lstm 都是基于 Theano 开源库编写的，分别用于循环神经网络填充案例和长短时记忆网络分类案例。其中，is13 给出了 Elman 和 Jordan 两种类型的循环神经网络，但在循环神经网络填充案例部分仅使用了 Elman 类型的代码，有兴趣的读者可在有余力的情况下进一步学习 Jordan 类型的代码。

CHAPTER 15

第15章

自编码器降维案例

数据降维是自编码器的一个基本功能。在本章的案例中，将讨论如何利用自编码器对MNIST数据集中的手写数字图像进行降维，并重建图像。下面依次介绍自编码器降维程序的模块、运行过程、代码分析和使用技巧。

15.1 自编码器降维程序的模块简介

从表14.3选择相应网站下载Autoencoder_Code.tar，将其解压后保存在一个单独的文件夹中。

在该程序中，自编码器的网络结构为784-1000-500-250-30-250-500-1000-784。按照运行流程，程序主要包括三个模块：RBM逐层预训练模块、目标函数对参数的偏导数模块、共轭梯度算法更新参数模块。RBM逐层预训练模块主要包括rbm.m和rbmhidlinear.m文件，目标函数对参数的偏导数模块主要包括CG_MNIST.m文件，共轭梯度算法更新参数模型主要包括backprop.m和minimize.m文件。程序的主程序为mnistdeepauto.m文件。程序中主要文件的参数、释义和缺省值分别如表15.1~表15.5所示。

表15.1 mnistdeepauto.m文件的参数描述

名称	释义	缺省值
numhid	第一个隐含层的节点数	1000
numpen	第二个隐含层的节点数	500
numpen2	第三个隐含层的节点数	250
numopen	中间层的节点数	30
maxepoch	训练RBM的最大迭代次数	50

表15.2 rbm.m文件的参数描述

名称	释义	缺省值
epsilonw	二值RBM权值学习率	0.1
epsilonvb	可视节点的偏置学习率	0.1

（续）

名称	释义	缺省值
epsilonhb	隐含节点的偏置学习率	0.1
weightcost	权值衰减系数	0.0002
initialmomentum	初始动量项	0.5
finalmomentum	确定动量项	0.9

表 15.3　rbmhidlinear.m 文件的参数描述

名称	释义	缺省值
epsilonw	线性 RBM 权值学习率	0.001
epsilonvb	可视节点的偏置学习率	0.001
epsilonhb	隐含层节点的偏置学习率	0.001
weightcost	权值衰减系数	0.0002
initialmomentum	初始动量项	0.5
finalmomentum	确定动量项	0.9

表 15.4　backprop.m 文件的参数描述

名称	释义	缺省值
maxepoch	调优阶段的最大迭代次数	200

表 15.5　minimize.m 文件的参数描述

名称	释义	缺省值
INT	重估范围系数	0.1
EXT	当前步长的扩展系数	3.0
MAX	最大函数评价数	20
RATIO	允许的最大斜率比	10
SIG	控制 Wolfe-Powell 条件的常数	0.1

15.2　自编码器降维程序的运行过程

打开 Matlab，进入程序所在的目录。在 Matlab 命令框中输入以下命令：

```
>> run mnistdeepauto.m
```

依次产生如下结果：

1）将数据集的原始文件转换成 Matlab 格式的文件。

```
Converting Raw files into Matlab format You first need to download files:
  train - images - idx3 - ubyte. gz
  train - labels - idx1 - ubyte. gz
  t10k - images - idx3 - ubyte. gz
  t10k - labels - idx1 - ubyte. gz
  from http://yann. lecun. com/exdb/mnist/
  and gunzip them
Starting to convert Test MNIST images (prints 10 dots)
............

Starting to convert Test MNIST images (prints 10 dots)
............
   980 Digits of class 0
  1135 Digits of class 1
  1032 Digits of class 2
  1010 Digits of class 3
   982 Digits of class 4
   892 Digits of class 5
   958 Digits of class 6
  1028 Digits of class 7
   974 Digits of class 8
  1009 Digits of class 9
Starting to convert Training MNIST images (prints 60 dots)
............
  5923 Digits of class 0
  6742 Digits of class 1
  5958 Digits of class 2
  6131 Digits of class 3
  5842 Digits of class 4
  5421 Digits of class 5
  5918 Digits of class 6
  6265 Digits of class 7
  5851 Digits of class 8
  5949 Digits of class 9
```

2）利用 RBM 逐层预训练自编码器的编码结构部分。在预训练过程中，RBM 以迷你块的形式处理数据集。训练集共有 60 000 个样本，共分为 600 个迷你块，每个迷你块包含 100 个样本。依次处理完全部的迷你块后，输出一次迭代的训练重构误差。经过 50 次迭代后，从输入层到中间层，4 个 RBM 的重构误差的曲线图分别如图 15.1 ~ 图 15.4 所示。

3）先利用 RBM 预训练产生的权值初始化整个自编码器，再使用共轭梯度算法对自编码器进行调优训练。在此阶段，需要对训练集重新组合分块，把原来的 600 个迷你块按每 10 个合并，共得到 60 个更大的迷你块，每个迷你块包含 1 000 个样本。调优产生的重建效果如图 15.5 ~ 图 15.7 所示，其中每个图的第 1 行是原始图像，第 2 行是重建图像。

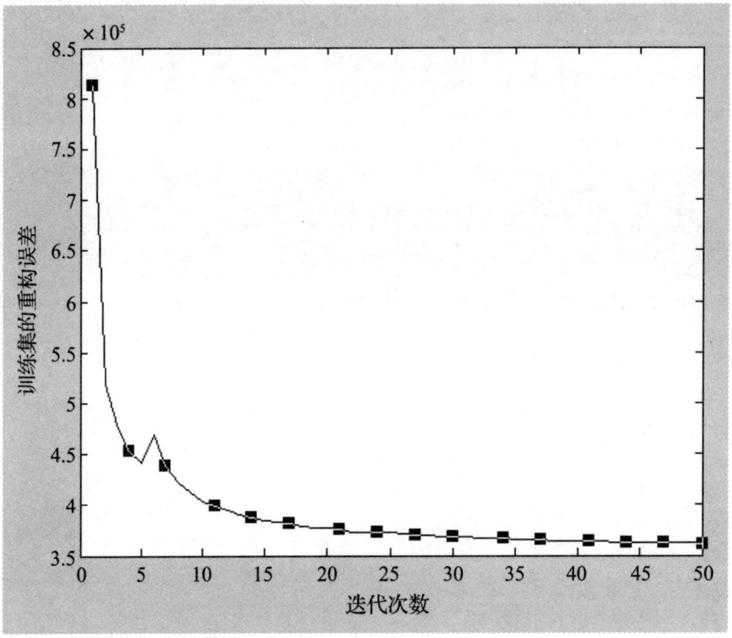

图 15.1　第 1 个 RBM 的重构误差曲线

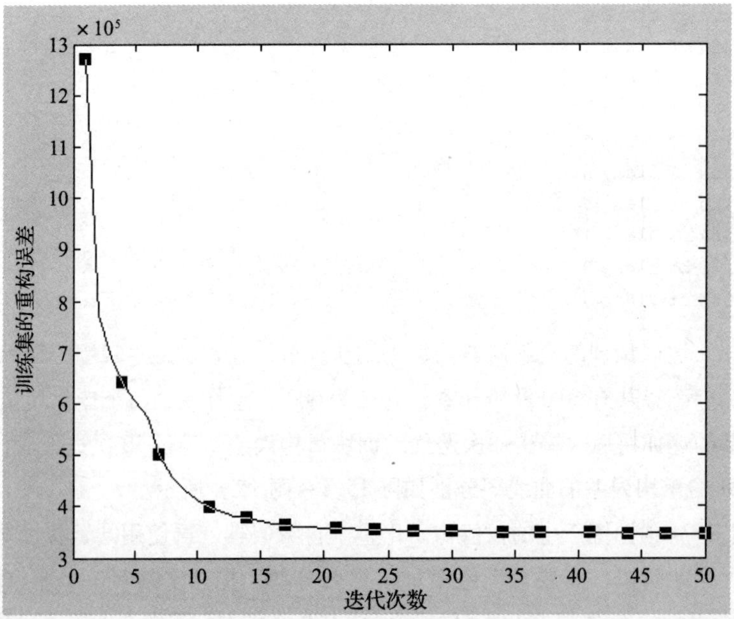

图 15.2　第 2 个 RBM 的重构误差曲线

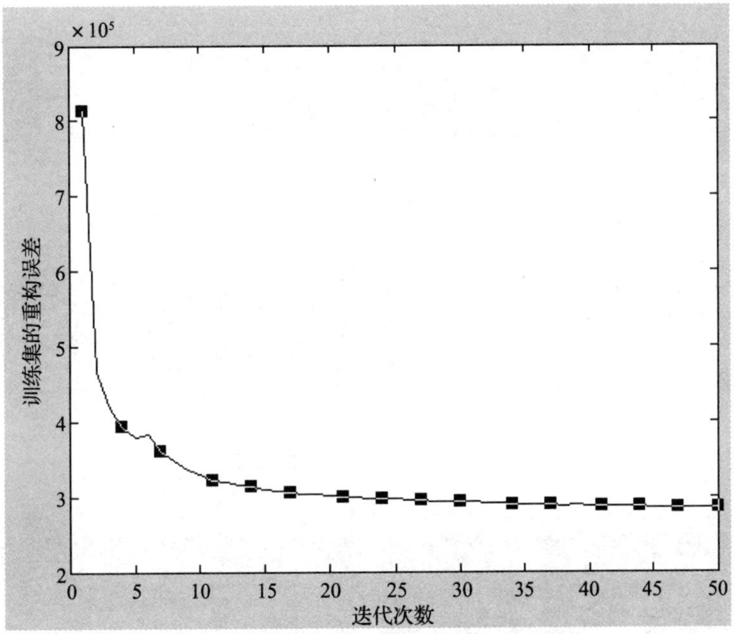

图 15.3　第 3 个 RBM 的重构误差曲线

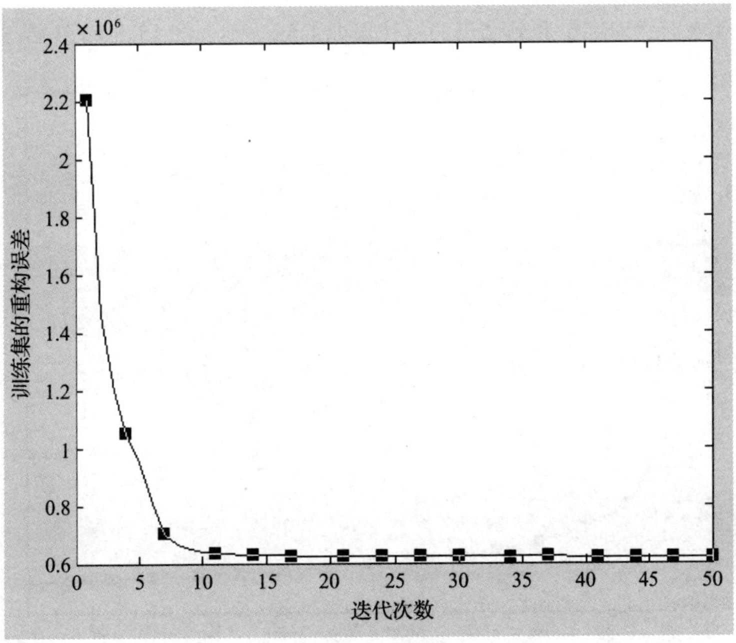

图 15.4　第 4 个 RBM 的重构误差曲线

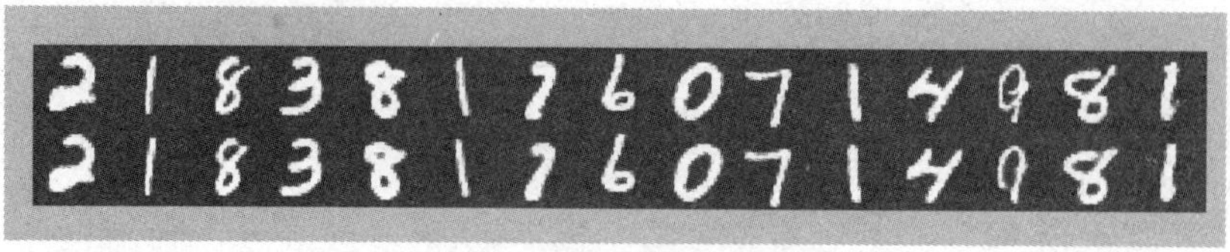

图 15.5　第一次重建的效果

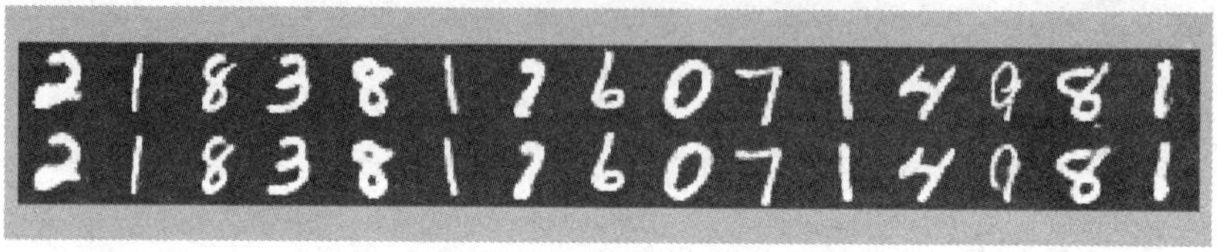

图 15.6　第二次重建的效果

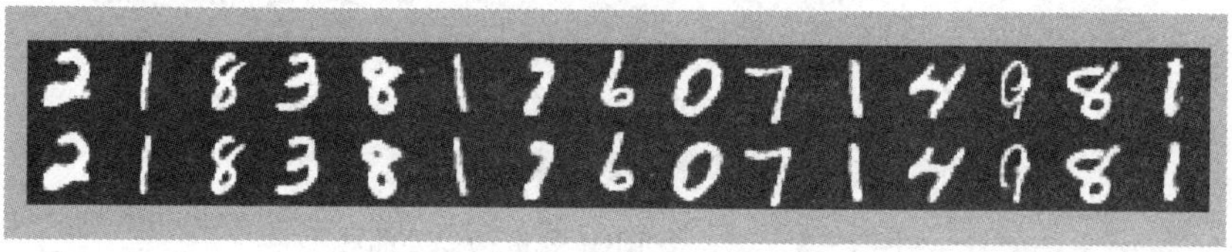

图 15.7　第 200 次重建的效果

4）调优 200 次后，训练集和测试集的重建误差曲线分别如图 15.8 和图 15.9 所示。

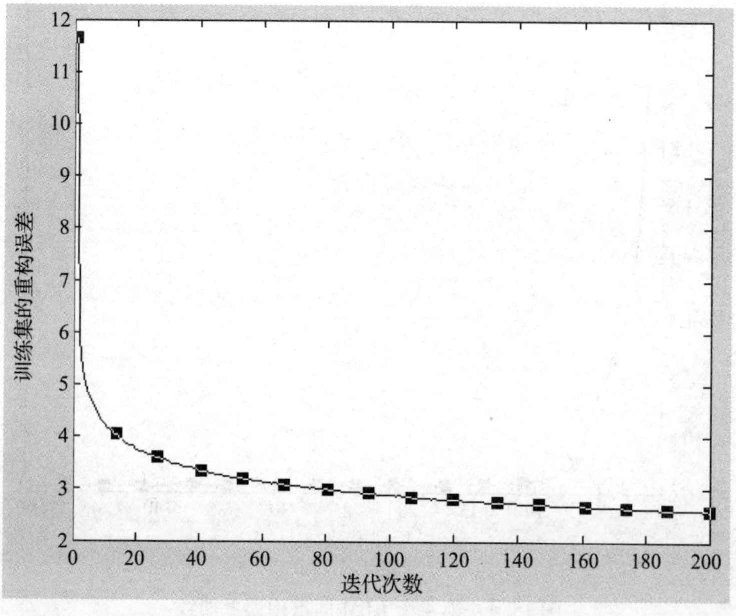

图 15.8　调优 200 次后训练集的重构误差曲线

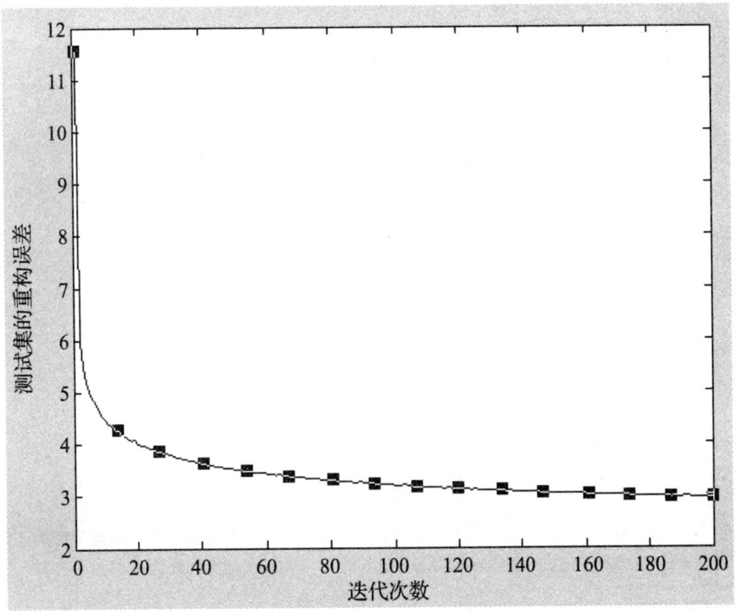

图 15.9 调优 200 次后测试集的重构误差曲线

15.3 自编码器降维程序的代码分析

15.3.1 关键模块或函数的主要功能

下面解释关键模块或函数的主要功能。

- mnistdeepauto. m：使用自编码器对 MNIST 手写数字进行降维的主程序。
- converter. m：将样本集从. ubyte 格式转换成. ascii 格式，然后继续转换成. mat 格式。
- rbm. m：使用 CD-*k* 算法训练 RBM。需要注意的是，严格来说，此程序使用的并非是二值 RBM，因为程序中并未将可视层进行二值化。
- rbmlinear. m：使用 CD-*k* 算法训练 RBM，该 RBM 的隐含层节点使用线性激活函数。
- makebatches. m：将原本的二维数据集分成很多迷你块，变成三维形式。
- CG_MNIST. m：计算网络目标函数值，以及目标函数对网络中各个参数的偏导数。需要注意的是，在该程序中，权值和偏置是同时处理的。
- minimize. m：使用共轭梯度的方法对网络的各个参数进行优化。
- backprop. m：训练自编码器时的反向传播过程。
- mnistdisp. m：在调优阶段展示重建图像。

15.3.2 主要代码分析及注释

(1) 主程序 mnistdeepauto. m

```
clear all
close all

maxepoch =50;
%设置自编码器中编码阶段各个隐含层的节点数
numhid =1000; numpen =500; numpen2 =250; numopen =30;
                                          %转换数据为 matlab 的格式,即.mat 格式
fprintf(1,'Converting Raw files into Matlab format \n');
converter;

fprintf(1,'Pretraining a deep autoencoder. \n');
fprintf(1,'The Science paper used 50 epochs. This uses %3i \n',maxepoch);

makebatches;                                        %将二维的数据集转换成三维形式
[numcases numdims numbatches] =size(batchdata);     %得到数据集的大小:100*784*600

fprintf(1,'Pretraining Layer 1 with RBM: %d -%d \n',numdims,numhid);
restart =1;
rbm;    %第 1 个 RBM 的训练,其可视层大小为 784,隐含层大小为 1 000
hidrecbiases =hidbiases;                            %hidbiases 为隐含层的偏置值
save mnistvh vishid hidrecbiases visbiases;
   %保存每层的变量,分别为权值、隐含层偏置值、可视层偏置值,mnistvh 为所保存的文件名

fprintf(1,'\nPretraining Layer 2 with RBM: %d -%d \n',numhid,numpen);
batchdata =batchposhidprobs;   %batchposhidprobs 为第一个 rbm 的隐含层的输出概率值
numhid =numpen;
restart =1;
rbm;    %第 2 个 RBM 的训练,其可视层大小为 1 000,隐含层大小为 500
hidpen =vishid; penrecbiases =hidbiases; hidgenbiases =visbiases;
save mnisthp hidpen penrecbiases hidgenbiases; %保存第 2 个 RBM 的参数,mnisthp 为所保存的文件名

fprintf(1,'\nPretraining Layer 3 with RBM: %d -%d \n',numpen,numpen2);
batchdata =batchposhidprobs;
numhid =numpen2;
restart =1;
rbm;                                     %第 3 个 RBM 的训练,其可视层大小为 500,隐含层大小为 250
hidpen2 =vishid; penrecbiases2 =hidbiases; hidgenbiases2 =visbiases;
save mnisthp2 hidpen2 penrecbiases2 hidgenbiases2;
   %保存第 3 个 RBM 的参数,所有参数保存在 mnisthp2 文件中

fprintf(1,'\nPretraining Layer 4 with RBM: %d -%d \n',numpen2,numopen);
batchdata =batchposhidprobs;                   %第 4 个 RBM 的输入是第 3 个 RBM 隐含层的输出
numhid =numopen;
restart =1;
rbmhidlinear;                                  %第 4 个 RBM 的训练,其可视层大小为 250,隐含层大小为 30
```

```
hidtop=vishid; toprecbiases=hidbiases; topgenbiases=visbiases;
save mnistpo hidtop toprecbiases topgenbiases;

backprop;                                %反向传播过程,调整自编码器的参数
```

(2) 受限玻耳兹曼机程序 rbm. m

```
epsilonw      =0.1;                      %权值学习率
epsilonvb     =0.1;                      %可视节点的偏置学习率
epsilonhb     =0.1;                      %隐含节点的偏置学习率

weightcost =0.0002;                      %权值衰减系数
initialmomentum =0.5;                    %初始动量项
finalmomentum   =0.9;                    %确定动量项

[numcases numdims numbatches]=size(batchdata);    %得到 batchdata 的大小为 100*784*600

if restart ==1,
  restart=0;
  epoch=1;

%初始化对称权值和偏置
  vishid     =0.1*randn(numdims,numhid); %随机初始化权值矩阵,大小为 784*1 000
  hidbiases  =zeros(1,numhid);           %初始化隐含节点的偏置为 0 向量
  visbiases  =zeros(1,numdims);          %初始化可视节点的偏置为 0 向量

  poshidprobs=zeros(numcases,numhid);    %初始化单个迷你块正向传播时隐含层的输出概率
  neghidprobs=zeros(numcases,numhid);
  posprods    =zeros(numdims,numhid);
  negprods    =zeros(numdims,numhid);
  vishidinc  =zeros(numdims,numhid);
  hidbiasinc=zeros(1,numhid);
  visbiasinc=zeros(1,numdims);
                                         %整个数据集正向传播时隐含层的输出概率
  batchposhidprobs=zeros(numcases,numhid,numbatches);
end

for epoch=epoch:maxepoch,                %一共迭代 50 次
  fprintf(1,'epoch %d\r',epoch);
  errsum=0;
  for batch=1:numbatches,                %每次迭代都有遍历所有的块,即处理所有的数据
    fprintf(1,'epoch %d batch %d\r',epoch,batch);

%%%%%%%%%%%%%%%%%%%%%%%%%%%%%%%%%%%开始正向阶段的计算%%%%%%%%%%%%%%%%%%%%%%%%%%%%%%%%%%%

    data=batchdata(:,:,batch);           %每次迭代选择一个迷你块的数据,每一行代表一个样本值,
                                         %这里的数据并非二值的,严格来说,应该将其进行二值化
    poshidprobs=1./(1+exp(-data*vishid-repmat(hidbiases,numcases,1)));
      %计算隐含层节点的输出概率,使用的是 sigmoid 函数
    batchposhidprobs(:,:,batch)=poshidprobs;
```

```
%%%%%%%%%%%%%%%%%%%%%%%%%%%%%%计算正向阶段的参数统计量%%%%%%%%%%%%%%%%%%%%%%%%%%%%%%
    posprods   = data' * poshidprobs;   %用可视层节点向量和隐含层节点向量的乘积计算正向散度统计量
    poshidact   = sum(poshidprobs);     %针对样本值进行求和,用于计算隐含节点的偏置
    posvisact   = sum(data);            %对数据进行求和,用于计算可视节点的偏置,当迷你块中样本的个数
                                        %为1时,求得的偏置向量中的元素相同,此时会影响预训练结果

%%%%%%%%%%%%%%%%%%%%%%%%%%%%正向阶段结束%%%%%%%%%%%%%%%%%%%%%%%%%%%%%%%%%%%%%%%%%%%

    poshidstates = poshidprobs > rand(numcases,numhid);
      %将隐含层的概率激活值 poshidprobs 进行 0、1 二值化,按照概率值大小来判定。rand(m,n)产生
      %m*n 大小的矩阵,矩阵中元素为(0,1)之间的均匀分布。这行代码执行的过程是,将 poshidprobs 中
      %的元素和 rand 产生的随机矩阵的对应元素相比较,如果 poshidprobs 中的元素值大于随机矩阵对应
      %位置的元素值,则将 poshidstates 中的相应位置为 1,否则置为 0

%%%%%%%%%%%%%%%%%%%%%%%%%%%%%%%%%开始反向阶段的计算%%%%%%%%%%%%%%%%%%%%%%%%%%%%%%%%%%%%%%

    negdata = 1./(1 + exp(-poshidstates*vishid' - repmat(visbiases,numcases,1)));
      %反向阶段计算可视层节点的值
    neghidprobs = 1./(1 + exp(-negdata*vishid - repmat(hidbiases,numcases,1)));
      %计算隐含层节点的概率值
    negprods = negdata'*neghidprobs;           %计算反向散度统计量
    neghidact = sum(neghidprobs);
    negvisact = sum(negdata);

%%%%%%%%%%%%%%%%%%%%%%%%%%%%%%%%%%%反向阶段结束%%%%%%%%%%%%%%%%%%%%%%%%%%%%%%%%%%%%%%%%
    err = sum(sum( (data - negdata).^2 ));     %计算训练集中原始数据和重构数据之间的重构误差
    errsum = err + errsum;
      if epoch > 5,
        momentum = finalmomentum;              %在迭代更新参数过程中,前4次使用初始动量项,之后使用
                                               %确定动量项
      else
        momentum = initialmomentum;
      end;

%%%%%%%%%%%%%%%%%%%%%%%%%%%%以下代码用于更新权值和偏置 %%%%%%%%%%%%%%%%%%%%%%%%%%%%%%
      vishidinc = momentum*vishidinc + ...     %权值更新时的增量
                epsilonw*( (posprods - negprods)/numcases - weightcost*vishid);
      visbiasinc = momentum*visbiasinc + (epsilonvb/numcases)*(posvisact - negvisact);
        %可视层偏置更新时的增量
      hidbiasinc = momentum*hidbiasinc + (epsilonhb/numcases)*(poshidact - neghidact);
        %隐含层偏置更新时的增量

      vishid = vishid + vishidinc;             %更新权值
      visbiases = visbiases + visbiasinc;      %更新可视层偏置
      hidbiases = hidbiases + hidbiasinc;      %更新隐含层偏置

%%%%%%%%%%%%%%%%%%%%%%%%%%%%%%%%%%%%结束更新%%%%%%%%%%%%%%%%%%%%%%%%%%%%%%%%%%%%%%%%%%%%
   end
```

```
    fprintf(1,'epoch %4i error %6.1f  \n',epoch,errsum); %每次迭代结束后,显示训练集的重构误差
end;
```

(3) 计算偏导数程序 CG_MNIST.m

```
function [f,df] =CG_MNIST(VV,Dim,XX);

l1 =Dim(1);                                                    %设置自编码器每层的节点数
l2 =Dim(2);
l3 =Dim(3);
l4 =Dim(4);
l5 =Dim(5);
l6 =Dim(6);
l7 =Dim(7);
l8 =Dim(8);
l9 =Dim(9);
N =size(XX,1);                                                 %样本的个数

%复原权值
  w1 =reshape(VV(1:(l1 +1)*l2),l1 +1,l2);
  xxx = (l1 +1)*l2;
  w2 =reshape(VV(xxx +1:xxx + (l2 +1)*l3),l2 +1,l3);
  xxx =xxx + (l2 +1)*l3;
  w3 =reshape(VV(xxx +1:xxx + (l3 +1)*l4),l3 +1,l4);
  xxx =xxx + (l3 +1)*l4;
  w4 =reshape(VV(xxx +1:xxx + (l4 +1)*l5),l4 +1,l5);
  xxx =xxx + (l4 +1)*l5;
  w5 =reshape(VV(xxx +1:xxx + (l5 +1)*l6),l5 +1,l6);
  xxx =xxx + (l5 +1)*l6;
  w6 =reshape(VV(xxx +1:xxx + (l6 +1)*l7),l6 +1,l7);
  xxx =xxx + (l6 +1)*l7;
  w7 =reshape(VV(xxx +1:xxx + (l7 +1)*l8),l7 +1,l8);
  xxx =xxx + (l7 +1)*l8;
  w8 =reshape(VV(xxx +1:xxx + (l8 +1)*l9),l8 +1,l9);       %以上步骤完成对权值的矩阵化
  XX = [XX ones(N,1)];                                        %自编码器的输入
  w1probs =1./(1 +exp( -XX*w1)); w1probs = [w1probs  ones(N,1)];
     %依次计算自编码器每个隐含层的输出
  w2probs =1./(1 +exp( -w1probs*w2)); w2probs = [w2probs  ones(N,1)];
  w3probs =1./(1 +exp( -w2probs*w3)); w3probs = [w3probs  ones(N,1)];
  w4probs =w3probs*w4; w4probs = [w4probs  ones(N,1)];
  w5probs =1./(1 +exp( -w4probs*w5)); w5probs = [w5probs  ones(N,1)];
  w6probs =1./(1 +exp( -w5probs*w6)); w6probs = [w6probs  ones(N,1)];
  w7probs =1./(1 +exp( -w6probs*w7)); w7probs = [w7probs  ones(N,1)];
  XXout =1./(1 +exp( -w7probs*w8));                          %自编码器的输出

 f = -1/N*sum(sum( XX(:,1:end -1).*log(XXout) + (1 -XX(:,1:end -1)).*log(1 -XXout)));
    %交叉熵函数作为目标函数
 IO =1/N*(XXout -XX(:,1:end -1));
 Ix8 =IO;
```

```
dw8 = w7probs'*Ix8;                             %目标函数对输出层权值 w8 的偏导

Ix7 = (Ix8*w8').*w7probs.*(1 - w7probs);        %计算第七个隐含层的反传误差信号
Ix7 = Ix7(:,1:end -1);
dw7 = w6probs'*Ix7;                             %目标函数对权值 w7 的偏导

Ix6 = (Ix7*w7').*w6probs.*(1 - w6probs);        %计算第六个隐含层的反传误差信号
Ix6 = Ix6(:,1:end -1);
dw6 = w5probs'*Ix6;                             %目标函数对权值 w6 的偏导

Ix5 = (Ix6*w6').*w5probs.*(1 - w5probs);        %计算第五个隐含层的反传误差信号
Ix5 = Ix5(:,1:end -1);
dw5 = w4probs'*Ix5;                             %目标函数对权值 w5 的偏导

Ix4 = (Ix5*w5');                                %计算第四个隐含层的反传误差信号
Ix4 = Ix4(:,1:end -1);
dw4 = w3probs'*Ix4;                             %目标函数对权值 w4 的偏导

Ix3 = (Ix4*w4').*w3probs.*(1 - w3probs);        %计算第三个隐含层的反传误差信号
Ix3 = Ix3(:,1:end -1);
dw3 = w2probs'*Ix3;                             %目标函数对权值 w3 的偏导

Ix2 = (Ix3*w3').*w2probs.*(1 - w2probs);        %计算第二个隐含层的反传误差信号
Ix2 = Ix2(:,1:end -1);
dw2 = w1probs'*Ix2;                             %目标函数对权值 w2 的偏导

Ix1 = (Ix2*w2').*w1probs.*(1 - w1probs);        %计算第一个隐含层的反传误差信号
Ix1 = Ix1(:,1:end -1);
dw1 = XX'*Ix1;                                  %目标函数对权值 w1 的偏导

df = [dw1(:)' dw2(:)' dw3(:)' dw4(:)' dw5(:)' dw6(:)' dw7(:)' dw8(:)']';
```

(4) 反向传播算法程序 backprop. m

```
maxepoch =200;                                  %调优的最大迭代次数
fprintf(1,'\nFine -tuning deep autoencoder by minimizing cross entropy error. \n');
   %其调优通过最小化交叉熵来实现
fprintf(1,'60 batches of 1 000 cases each. \n'); %调优时,分为 60 个迷你块,每块 1 000 个样本

load mnistvh                         %分别导入 4 个 RBM 的参数,用于初始化自编码器的权值和偏置
load mnisthp
load mnisthp2
load mnistpo

makebatches;
[numcases numdims numbatches] =size(batchdata);
N =numcases;

%%%%%%%%%%%%%%%%%%使用逐层预训练阶段得到的权值和偏置初始化自编码器%%%%%%%%%%%%%%%%%%
w1 = [vishid; hidrecbiases];      %分别初始化每层的权值和偏置值,将它们作为一个整体,一起处理
```

```
w2 = [hidpen; penrecbiases];
w3 = [hidpen2; penrecbiases2];
w4 = [hidtop; toprecbiases];
w5 = [hidtop'; topgenbiases];   %因为自编码器具有对称结构,所以初始化权值也相应地具有对称性质
w6 = [hidpen2'; hidgenbiases2];
w7 = [hidpen'; hidgenbiases];
w8 = [vishid'; visbiases];

%%%%%%%%%%%%%%%%%%%%%%%%%%%%%%%%结束预初始化%%%%%%%%%%%%%%%%%%%%%%%%%%%%%%%%

l1 = size(w1,1) -1;                         %每个网络层中节点的个数
l2 = size(w2,1) -1;
l3 = size(w3,1) -1;
l4 = size(w4,1) -1;
l5 = size(w5,1) -1;
l6 = size(w6,1) -1;
l7 = size(w7,1) -1;
l8 = size(w8,1) -1;
l9 = l1;                                    %输出层节点数和输入层的节点数一样
test_err = [];
train_err = [];

for epoch = 1:maxepoch                      %迭代次数的循环

%% %%%%%%%%%%%%%在更新权值和偏置之前,首先计算训练集的重建和测试集的重建%%%%%%%%%%%%%%%

err = 0;
[numcases numdims numbatches] = size(batchdata); %得到 batchdata 的大小为 100*784*600
N = numcases;                               %将 numcases 的赋值给 N,方便之后的计算
  for batch = 1:numbatches                  %遍历每一个迷你块,依次处理全部的数据
  data = [batchdata(:,:,batch)];
  data = [data ones(N,1)];                  %数据加上一维,因为有偏置项
  w1probs = 1./(1 + exp(-data*w1)); w1probs = [w1probs  ones(N,1)];
     %正向传播,依次计算每一层的输出,且同时在输出上增加一维(值为常量 1)
  w2probs = 1./(1 + exp(-w1probs*w2)); w2probs = [w2probs ones(N,1)];
  w3probs = 1./(1 + exp(-w2probs*w3)); w3probs = [w3probs  ones(N,1)];
  w4probs = w3probs*w4; w4probs = [w4probs  ones(N,1)];
  w5probs = 1./(1 + exp(-w4probs*w5)); w5probs = [w5probs  ones(N,1)];
  w6probs = 1./(1 + exp(-w5probs*w6)); w6probs = [w6probs  ones(N,1)];
  w7probs = 1./(1 + exp(-w6probs*w7)); w7probs = [w7probs  ones(N,1)];
  dataout = 1./(1 + exp(-w7probs*w8));
  err = err + 1/N*sum(sum( (data(:,1:end-1) - dataout).^2 ));     %计算重构误差值
  end
  train_err(epoch) = err/numbatches;        %训练集的总误差值

%%%%%%%%%%%%%%%%%%%%%%%%%%%%%%%%结束训练集重构计算%%%%%%%%%%%%%%%%%%%%%%%%%%%%%%%%

%%%%%%%%%%%%%%%以下代码展示图像,上面一行为原始图像,下面一行为重建图像%%%%%%%%%%%%%%%%
fprintf(1,'Displaying in figure 1: Top row - real data, Bottom row -- reconstructions \n');
```

```
output = [];
  for ii =1:15                                    %一共展示15个图像
    output = [output data(ii,1:end -1)' dataout(ii,:)'];
        %输出为15组(因为是显示15个数字),每组2列,分别为原始数据和重构数据
  end
      if epoch ==1
      close all
      figure('Position',[100,600,1 000,200]);
      else
      figure(1)
      end
      mnistdisp(output);                          %画出图像
      drawnow;
%%%%%%%%%%%%%%%%%%%%%%%%%%%%%%计算测试集的重建误差%%%%%%%%%%%%%%%%%%%%%%%%%%%%%%
[testnumcases testnumdims testnumbatches] = size(testbatchdata);
   %得到测试数据的大小为100*784*100
N = testnumcases;
err =0;
for batch =1:testnumbatches                        %遍历测试数据的迷你块,依次处理全部的测试数据
data = [testbatchdata(:,:,batch)];                 %得到1个迷你块的测试数据
data = [data ones(N,1)];
w1probs =1./(1 +exp( -data*w1)); w1probs = [w1probs  ones(N,1)];
w2probs =1./(1 +exp( -w1probs*w2)); w2probs = [w2probs  ones(N,1)];
w3probs =1./(1 +exp( -w2probs*w3)); w3probs = [w3probs  ones(N,1)];
w4probs = w3probs*w4; w4probs = [w4probs  ones(N,1)];
w5probs =1./(1 +exp( -w4probs*w5)); w5probs = [w5probs  ones(N,1)];
w6probs =1./(1 +exp( -w5probs*w6)); w6probs = [w6probs  ones(N,1)];
w7probs =1./(1 +exp( -w6probs*w7)); w7probs = [w7probs  ones(N,1)];
dataout =1./(1 +exp( -w7probs*w8));
err = err + 1/N*sum(sum( (data(:,1:end -1) -dataout).^2 ));
end
test_err(epoch) =err/testnumbatches;               %得到测试集的重构误差值
fprintf(1,'Before epoch %d Train squared error: %6.3f Test squared error: %6.3f \t \t \n',
epoch,train_err(epoch),test_err(epoch));   %输出每次迭代时的训练重建误差值和测试重构误差值

%%%%%%%%%%%%%%%%%%%%%%%%%%%%%%测试集的重构计算结束%%%%%%%%%%%%%%%%%%%%%%%%%%%%%%%%
tt =0;
  for batch =1:numbatches/10
    fprintf(1,'epoch %d batch %d\r',epoch,batch);

%%%%%%%%%%%%%%%%%%%%%%%%%%%将10个迷你块组合成1个更大的迷你块%%%%%%%%%%%%%%%%%%%%%%%%%

    tt =tt +1;
    data = [];
    for kk =1:10                                   %该循环的作用是将迷你块重新整合,组成更大的迷你块
      data = [data
          batchdata(:,:,(tt -1)*10 +kk)];          %对于训练集,将10个迷你块组成1个更大的迷你块
    end
```

```
%%%%%%%%%%%%%%%%%%%%%%%%%%%以下代码执行共轭梯度线性搜索,更新参数%%%%%%%%%%%%%%%%%%%%%%%%%%%%
    max_iter=3;                                                    %共轭梯度线性搜索的次数是 3
    VV=[w1(:)' w2(:)' w3(:)' w4(:)' w5(:)' w6(:)' w7(:)' w8(:)']';
        %把所有权值(已经包括了偏置值)变成一个大的列向量
    Dim=[l1; l2; l3; l4; l5; l6; l7; l8; l9];                      %每层网络对应节点的个数(不包括偏置值)

    [X,fX]=minimize(VV,'CG_MNIST',max_iter,Dim,data);            %使用共轭梯度更新参数

    w1=reshape(X(1:(l1+1)*l2),l1+1,l2);
    xxx=(l1+1)*l2;
    w2=reshape(X(xxx+1:xxx+(l2+1)*l3),l2+1,l3);
    xxx=xxx+(l2+1)*l3;
    w3=reshape(X(xxx+1:xxx+(l3+1)*l4),l3+1,l4);
    xxx=xxx+(l3+1)*l4;
    w4=reshape(X(xxx+1:xxx+(l4+1)*l5),l4+1,l5);
    xxx=xxx+(l4+1)*l5;
    w5=reshape(X(xxx+1:xxx+(l5+1)*l6),l5+1,l6);
    xxx=xxx+(l5+1)*l6;
    w6=reshape(X(xxx+1:xxx+(l6+1)*l7),l6+1,l7);
    xxx=xxx+(l6+1)*l7;
    w7=reshape(X(xxx+1:xxx+(l7+1)*l8),l7+1,l8);
    xxx=xxx+(l7+1)*l8;
    w8=reshape(X(xxx+1:xxx+(l8+1)*l9),l8+1,l9); %依次重新赋值为优化后的参数

%%%%%%%%%%%%%%%%%%%%%%%%%%%%%结束具有 3 次线性搜索的共扼梯度%%%%%%%%%%%%%%%%%%%%%%%%%%%%%

  end

  save mnist_weights w1 w2 w3 w4 w5 w6 w7 w8;                      %保存自编码器的权值
  save mnist_error test_err train_err;                             %保存训练误差和测试误差

end
```

(5) 共轭梯度更新参数的程序 minimize.m

```
function [X,fX,i]=minimize(X,f,length,varargin)
INT = 0.1;                                  %在当前选取的 0.1 范围内,不重新估计
EXT = 3.0;                                  %外推的最大范围为当前的步长 3 倍
MAX = 20;                                   %每次线性搜索进行最多 20 次函数估计
RATIO = 10;                                 %斜率允许的最大值
SIG=0.1; RHO=SIG/2;
%SIG和RHO是控制Wolfe-Powell条件的常量。SIG是允许的之前的新斜率的最大比率值,因此,设置SIG为
%小的正值使线性搜索具有更高的精确率。RHO是允许的期望的fraction的最小值。这两个常量必须满足0<
%RHO<SIG<1。调整 SIG 可能会加速最小化过程,可能不值得关注太多 RHO
%在最速下降方向开始初始的线性搜索之后,该程序主要包括3部分:1)首先进入while循环,该whie循环
%使用点p1和点p2计算外推点p3,直到我们外推得足够远(根据Wolfe-Powel条件)。2)如果必要,进入
%第二个循环,该循环使用p2、p3和p4选择包含局部极小值的子区间,更新它,直到找到一个可接受的点(根据
%Wolfe-Powel条件)。注意,这些点总是保持如下的顺序:p0<=p1<=p2<p3<p4。3)使用共轭梯度计算新的
%搜寻方向,或者返回最速下降方向,如果在之前的线性搜索中存在问题。返回截止目前最好的值,如果两次连续的
```

```
%线性搜索失败,或者超过函数评价、线性搜索的次数。在外推过程中,f函数可能失败、遇到错误、返回NaN或Inf,
%minimize 程序应该能够优美地处理此问题。

if max(size(length))==2,red=length(2); length=length(1); else red=1; end
if length>0,S='Linesearch'; else S='Function evaluation'; end

i=0;                                                    %运行长度的计数器
ls_failed=0;                                            %初始化线性搜索失败的次数
[f0 df0]=feval(f,X,varargin{:});                        %获得函数的值和梯度
fX=f0;                                                  %将函数值赋给 fX
i=i+(length<0);
%初始的线性搜索方向和斜率。初始的线性搜索方向是最速下降方向
s=-df0; d0=-s'*s;
x3=red/(1-d0);                                          %初始步骤的计算方式

while i < abs(length)                                   %如果没有结束
  i=i+(length>0);

  X0=X; F0=f0; dF0=df0;                                 %给当前值做拷贝
  if length>0,M=MAX; else M=min(MAX,-length-i); end

  while 1                                               %如果必要,继续计算
    x2=0; f2=f0; d2=d0; f3=f0; df3=df0;
    success=0;
    while ~success && M > 0
      try
        M=M-1; i=i+(length<0);
        [f3 df3]=feval(f,X+x3*s,varargin{:});           %获得此时的函数值和梯度
        if isnan(f3) || isinf(f3) || any(isnan(df3)+isinf(df3)),error(''),end
        success=1;
      catch                                             %捕获异常
        x3=(x2+x3)/2;                                   %平分,然后继续
      end
    end
    if f3 < F0,X0=X+x3*s; F0=f3; dF0=df3; end           %保存最优值
    d3=df3'*s;                                          %新的斜率
    if d3 > SIG*d0 || f3 > f0+x3*RHO*d0 || M==0         %是否完成了外推
      break
    end
    x1=x2; f1=f2; d1=d2;                                %从点 2 移动到点 1
    x2=x3; f2=f3; d2=d3;                                %从点 3 移动到点 2
    A=6*(f1-f2)+3*(d2+d1)*(x2-x1);
    B=3*(f2-f1)-(2*d1+d2)*(x2-x1);
    x3=x1-d1*(x2-x1)^2/(B+sqrt(B*B-A*d1*(x2-x1)));
    if ~isreal(x3) || isnan(x3) || isinf(x3) || x3 < 0 %num prob | wrong sign?
      x3=x2*EXT;                                        %外推最大量
    elseif x3 > x2*EXT                                  %新的点是否超出限制
      x3=x2*EXT;                                        %外推最大量
    elseif x3 < x2+INT*(x2-x1)                          %判断新的点是否与之前的点太近
```

```
      x3 = x2 + INT* (x2 - x1);
    end
  end                                                          %结束外推

  while (abs(d3) > -SIG*d0 || f3 > f0 + x3*RHO*d0) && M > 0    %保持插值
    if d3 > 0 || f3 > f0 + x3*RHO*d0                           %选择子区间
      x4 = x3; f4 = f3; d4 = d3;                               %点 3 移动到点 4
    else
      x2 = x3; f2 = f3; d2 = d3;                               %点 3 移动到点 2
    end
    if f4 > f0
      x3 = x2 - (0.5*d2*(x4 - x2)^2)/(f4 - f2 - d2*(x4 - x2));  %二次内推
    else
      A = 6*(f2 - f4)/(x4 - x2) + 3*(d4 + d2);                 %三次内推
      B = 3*(f4 - f2) - (2*d2 + d4)*(x4 - x2);
      x3 = x2 + (sqrt(B*B - A*d2*(x4 - x2)^2) - B)/A;
    end
    if isnan(x3) || isinf(x3)
      x3 = (x2 + x4)/2;                                        %处理异常情况
    end
    x3 = max(min(x3,x4 - INT*(x4 - x2)),x2 + INT*(x4 - x2));   %不接受太近的点
    [f3 df3] = feval(f,X + x3*s,varargin{:});
    if f3 < F0,X0 = X + x3*s; F0 = f3; dF0 = df3; end          %保持最优值
    M = M - 1; i = i + (length < 0);
    d3 = df3'*s;                                               %新的斜率
  end                                                          %结束

  if abs(d3) < -SIG*d0 && f3 < f0 + x3*RHO*d0                  %如果线性搜索成功
    X = X + x3*s; f0 = f3; fX = [fX' f0]';                     %更新变量
    fprintf('%s %6i;  Value %4.6e\r',S,i,f0);
    s = (df3'*df3 - df0'*df3)/(df0'*df0)*s - df3;              %共轭梯度的方向
    df0 = df3;                                                 %交换偏导
    d3 = d0; d0 = df0'*s;
    if d0 > 0                                                  %新的斜率必须是负的
      s = -df0; d0 = -s'*s;                                    %否则使用最速下降方向
    end
    x3 = x3 * min(RATIO,d3/(d0 - realmin));                    %此斜率不是最大的 RATIO
    ls_failed = 0;                                             %该次线性搜索没有失败
  else
    X = X0; f0 = F0; df0 = dF0;                                %重新排列到目前为止的最优点
    if ls_failed || i > abs(length)                            %线性搜索连续失败两次
      break;                                                   %或者运行超时,放弃
    end
    s = -df0; d0 = -s'*s;                                      %使用最速下降方向
    x3 = 1/(1 - d0);
    ls_failed = 1;                                             %当前线性搜索失败
  end
end
fprintf('\n');
```

15.4　自编码器降维程序的使用技巧

1）在运行程序之前，确保有足够的空间存储整个 MNIST 数据集。

2）第一次运行程序时，直接运行主程序即可；之后若要再运行，可注释掉 converter. m 函数，不用再转换数据格式（因为第一次运行程序时，已经转换为. mat 格式的文件）。

3）在将此程序应用于其他数据集时，可以调整的参数有：最大迭代次数、学习率、网络结构、动量项，等等。

CHAPTER 16

第16章

深层感知器识别案例

模式识别是深层感知器的基本功能。在本章的案例中，将讨论如何利用深层感知器识别MNIST数据集中的手写数字图像。

16.1 深层感知器识别程序的模块简介

从表14.3中选择相应网站下载Autoencoder_Code.tar，将其解压后保存在一个单独的文件夹中。

由于这个案例程序也使用Autoencoder_Code.tar，所以很容易让人误以为自编码器也能够用来识别手写数字。事实上，该案例使用深层感知器识别手写字符。深层感知器的网络结构为784-500-500-2000-10。按照运行流程，程序主要包括三个模块，分别为：RBM逐层预训练模块、目标函数对参数的偏导数模块、共轭梯度算法更新参数模块。使用RBM逐层预训练模块主要包括rbm.m文件，计算目标函数对参数的偏导数模块主要包括CG_CLASSIFY_INIT.m和CG_CLASSIFY.m文件，使用共轭梯度算法更新参数模块主要包括backpropclassify.m和minimize.m文件。程序的主程序为mnistclassify.m文件。

在该程序中，rbm.m文件的参数描述可参考表15.2，minimize.m文件的参数描述可参考表15.5。mnistclassify.m文件和backpropclassify.m文件的参数描述分别如表16.1和表16.2所示。

表16.1 mnistclassify.m文件的参数描述

名称	释义	缺省值
numhid	第一个隐含层的节点数	500
numpen	第二个隐含层的节点数	500
numpen2	第三个隐含层的节点数	1000
maxepoch	训练RBM的最大迭代次数	50

表16.2 backpropclassify.m文件的参数描述

名称	释义	缺省值
maxepoch	调优阶段的最大迭代次数	200
w_class	输出层的权值	0.1 * randn()

16.2　深层感知器识别程序的运行过程

打开 Matlab，进入程序所在的目录。在 Matlab 命令框中输入以下命令：

```
>> run mnistclassify.m
```

依次产生如下结果：

1）利用 RBM 逐层预训练深层感知器，在预训练过程中，RBM 以迷你块的形式处理数据集。训练集共有 60 000 个样本，共分为 600 个迷你块，每个迷你块包含 100 个样本。依次处理完全部的迷你块后，输出一次迭代的训练重构误差。在逐层预训练阶段，从深层感知器的输入层到输出层，三个 RBM 的重构误差曲线图分别如图 16.1 ~ 图 16.3 所示。

2）逐层预训练之后，使用共轭梯度算法对整个网络进行调优训练。在此阶段，对训练集重新进行了分块，将之前的 600 个迷你块，每 10 个块进行组合，得到更大的迷你块。最后，共得到 60 个迷你块，每个迷你块包含 1 000 个样本。此外，前 5 次调优仅对分类权值进行调整训练，其余的 195 次调优对整个网络的参数进行调整训练。在调优阶段，训练集的分类误差如图 16.4 所示，测试集的分类误差如图 16.5 所示。

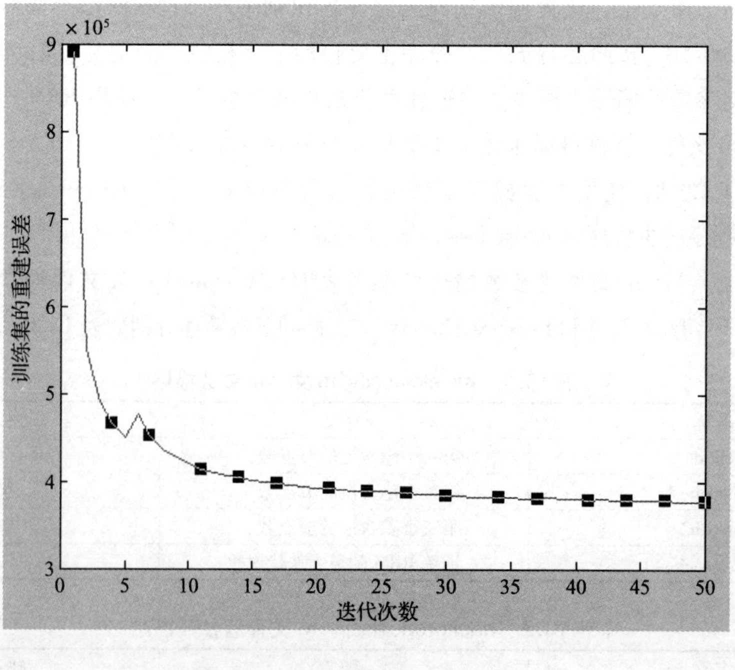

图 16.1　第 1 个 RBM 的重建误差

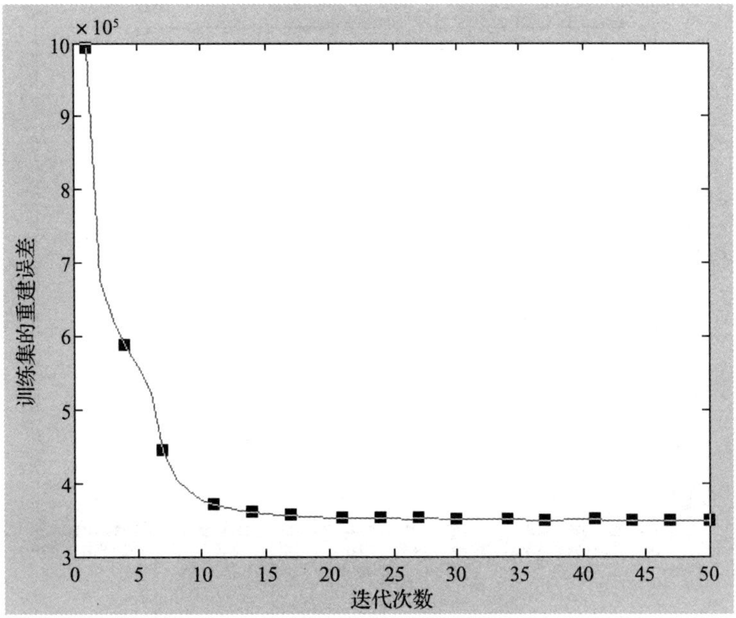

图 16.2　第 2 个 RBM 的重建误差

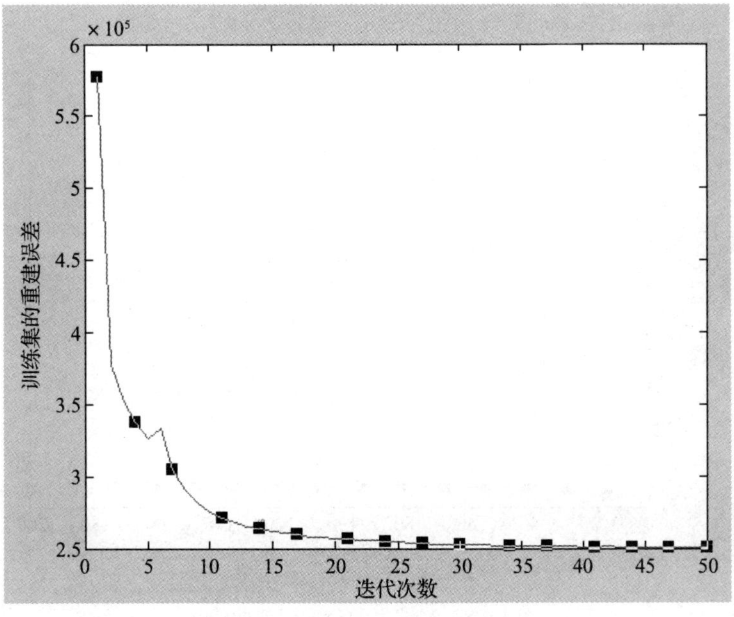

图 16.3　第 3 个 RBM 的重建误差

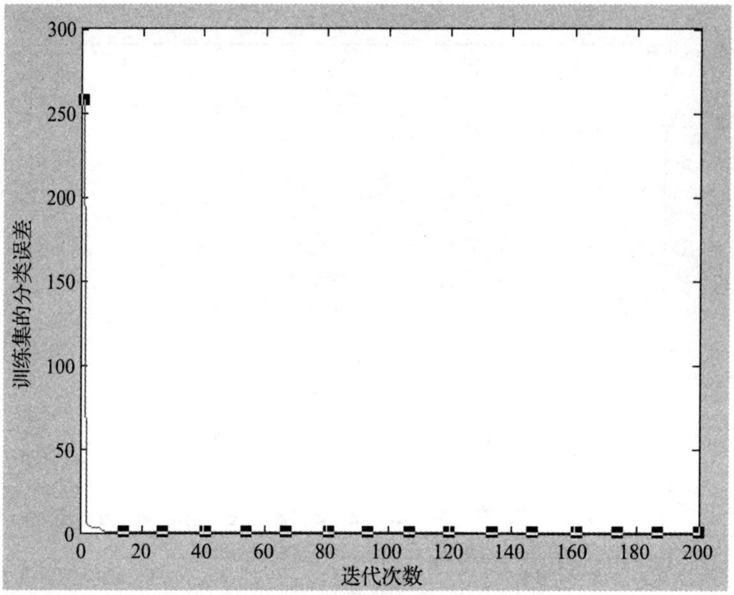

图 16.4　训练集的分类误差曲线

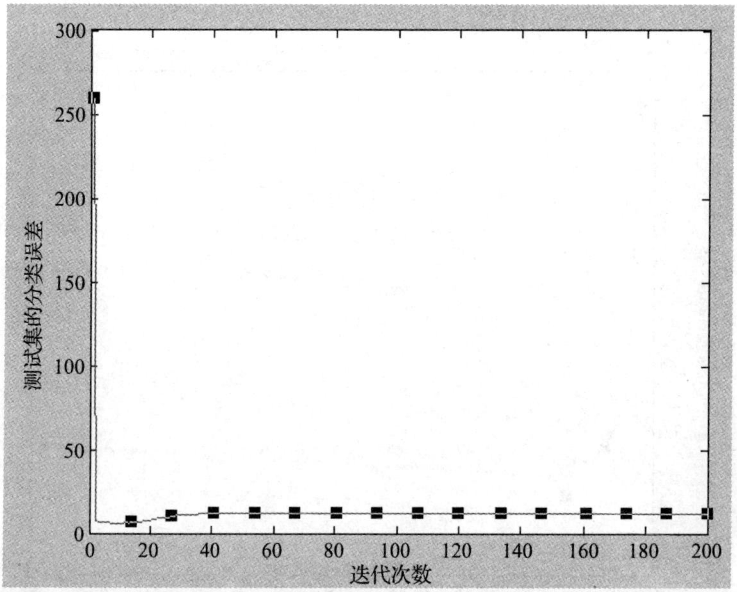

图 16.5　测试集的分类误差曲线

16.3　深层感知器识别程序的代码分析

16.3.1　关键模块或函数的主要功能

- mnistclassify. m：使用深层感知器对 MNIST 手写体数字进行识别的主程序。
- converter. m：将样本集从. ubyte 格式转换成. ascii 格式，然后继续转换成. mat 格式。
- rbm. m：使用 CD-*k* 算法训练二值 RBM。
- makebatches. m：将原本的二维数据集分成很多迷你块，变成三维形式。
- CG_CLASSIFY_INIT. m：计算网络的目标函数值和计算目标函数对分类权值的偏导数。需要注意的是，在该程序中，权值和偏置是同时处理的。
- CG_CLASSIFY. m：计算网络目标函数值和目标函数对网络中各个参数的偏导数。需要注意的是，在该程序中，权值和偏置是同时处理的。
- backpropclassify. m：训练整个网络的反向传播过程。
- minimize. m：使用共轭梯度的方法优化网络的各个参数。

16.3.2　主要代码分析及注释

1. 主程序 mnistclassify. m

```
clear all
close all

maxepoch =50;                                          %RBM 的训练次数
numhid =500; numpen =500; numpen2 =2 000;              %深层感知器中三个隐含层的节点数

fprintf(1,'Converting Raw files into Matlab format \n');
converter;

fprintf(1,'Pretraining a deep autoencoder. \n');
fprintf(1,'The Science paper used 50 epochs. This uses %3i \n',maxepoch);

makebatches;
[numcases numdims numbatches] =size(batchdata);

fprintf(1,'Pretraining Layer 1 with RBM: %d -%d \n',numdims,numhid);
   %训练第 1 个 RBM,其可视层节点数为 784,隐含层节点数为 500
restart =1;
rbm;                                                   %使用 CD -k 算法训练 RBM
hidrecbiases =hidbiases;
save mnistvhclassify vishid hidrecbiases visbiases; %保存第 1 个 RBM 的权值和偏置

fprintf(1,'\nPretraining Layer 2 with RBM: %d -%d \n',numhid,numpen);
```

```
    %训练第 2 个 RBM,其可视层节点数为 500,隐含层节点数为 500
batchdata = batchposhidprobs;                          %第 2 个 RBM 的输入是第 1 个 RBM 隐含层的输出
numhid = numpen;
restart =1;
rbm;
hidpen = vishid; penrecbiases = hidbiases; hidgenbiases = visbiases;
save mnisthpclassify hidpen penrecbiases hidgenbiases; %保存第 2 个 RBM 的权值和偏置

fprintf(1,'\nPretraining Layer 3 with RBM: %d - %d \n',numpen,numpen2);
    %训练第 3 个 RBM,其可视层节点数为 500,隐含层节点数为 2 000
batchdata = batchposhidprobs;
numhid = numpen2;
restart =1;
rbm;
hidpen2 = vishid; penrecbiases2 = hidbiases; hidgenbiases2 = visbiases;
save mnisthp2classify hidpen2 penrecbiases2 hidgenbiases2;  %保存第 3 个 RBM 的权值和偏置

backpropclassify;                                       %反向传播过程,调整整个网络的参数
```

2. 反向传播调整参数程序 backpropclassify. m

```
maxepoch =200;              %反向传播迭代次数
fprintf(1,'\nTraining discriminative model on MNIST by minimizing cross entropy error. \n');
fprintf(1,'60 batches of 1000 cases each. \n');

load mnistvhclassify        %依次导入 3 个 RBM 的参数,用于初始化深层感知器的权值和偏置
load mnisthpclassify
load mnisthp2classify

makebatches;                %对数据集进行分块,此时仍然分为 600 个迷你块,每个迷你块包含 100 个样本
[numcases numdims numbatches] = size(batchdata);
N = numcases;

%%%%%%%%%%%%%%%%%%%%%%%%%%%%%初始化判别模型的权值%%%%%%%%%%%%%%%%%%%%%%%%%%%%%%%%%%%
w1 = [vishid; hidrecbiases]; %将权值和偏置组合,作为一个统一的矩阵进行处理
w2 = [hidpen; penrecbiases]; %使用预训练阶段得到的权值和偏置初始化深层感知器隐含层的权值和偏置
w3 = [hidpen2; penrecbiases2];
w_class =0.1*randn(size(w3,2) +1,10);  %随机初始化输出层的权值和偏置,即分类参数

%%%%%%%%%%%%%%%%%%%%%%%%%%%%%%%%结束初始化权值%%%%%%%%%%%%%%%%%%%%%%%%%%%%%%%%%%%%%%

l1 =size(w1,1) -1;                            %输入层的节点数
l2 =size(w2,1) -1;                            %第一个隐含层的节点数
l3 =size(w3,1) -1;                            %第二个隐含层的节点数
l4 =size(w_class,1) -1;                       %第三个隐含层的节点数
l5 =10;                                       %输出层的节点数
test_err = [];
train_err = [];

for epoch =1:maxepoch                         %迭代次数的循环
```

```
%%%%%%%%%%%%%%%%%%%%%%%%%%%%%%计算训练的错分类误差%%%%%%%%%%%%%%%%%%%%%%%%%%%%%%
err =0;
err_cr =0;
counter =0;
[numcases numdims numbatches] = size(batchdata);          %对训练集进行分块
N = numcases;
for batch =1:numbatches                                   %每一次迭代,依次处理每个迷你块
  data = [batchdata(:,:,batch)];
  target = [batchtargets(:,:,batch)];
  data = [data ones(N,1)];                                %深层感知器的输入
  w1probs =1./(1 +exp(-data*w1)); w1probs = [w1probs  ones(N,1)];
     %依次计算网络每层的输出值
  w2probs =1./(1 +exp(-w1probs*w2)); w2probs = [w2probs ones(N,1)];
  w3probs =1./(1 +exp(-w2probs*w3)); w3probs = [w3probs  ones(N,1)];
  targetout =exp(w3probs*w_class);                        %输出层使用 softmax 分类器
  targetout =targetout./repmat(sum(targetout,2),1,10); %得到输出节点的概率

    [I J] =max(targetout,[],2);      %I 和 J 是索引值,计算 targetout 中每一行中最大值的位置
    [I1 J1] =max(target,[],2);                            %计算 target 中每一行中最大值的位置
    counter =counter +length(find(J ==J1));              %计算训练集中正确分类的样本数
    err_cr =err_cr -sum(sum( target(:,1:end).*log(targetout))) ;
      %计算训练误差,这里使用的是交叉熵
end
train_err(epoch) = (numcases*numbatches - counter);      %计算训练集中错误分类的样本数
train_crerr(epoch) =err_cr/numbatches;                   %计算总的训练误差

%%%%%%%%%%%%%%%%%%%%%%%%%%%%%结束计算训练的错分类误差%%%%%%%%%%%%%%%%%%%%%%%%%%%%%%

%%%%%%%%%%%%%%%%%%%%%%%%%%%%%%计算测试的错分类误差%%%%%%%%%%%%%%%%%%%%%%%%%%%%%%%%
err =0;
err_cr =0;
counter =0;
[testnumcases testnumdims testnumbatches] =size(testbatchdata); %对测试集进行分块
N =testnumcases;
for batch =1:testnumbatches
    data = [testbatchdata(:,:,batch)];
    target = [testbatchtargets(:,:,batch)];
    data = [data ones(N,1)];                                    %深层感知器的输入
    w1probs =1./(1 +exp(-data*w1)); w1probs = [w1probs  ones(N,1)];
      %依次计算网络每层的输出值
    w2probs =1./(1 +exp(-w1probs*w2)); w2probs = [w2probs ones(N,1)];
    w3probs =1./(1 +exp(-w2probs*w3)); w3probs = [w3probs  ones(N,1)];
    targetout =exp(w3probs*w_class);
    targetout =targetout./repmat(sum(targetout,2),1,10);

    [I J] =max(targetout,[],2);
    [I1 J1] =max(target,[],2);
    counter =counter +length(find(J ==J1));                      %计算测试集中正确分类的样本数
```

```
     err_cr=err_cr-sum(sum( target(:,1:end).*log(targetout))) ;
         %计算测试误差,同样使用的是交叉熵
  end
    test_err(epoch)=testnumcases*testnumbatches-counter;      %计算测试集中错误分类的样本数
    test_crerr(epoch)=err_cr/testnumbatches;                  %计算总的测试误差

  %输出显示训练集和测试集的错误分类样本数
    fprintf(1,'Before epoch %d Train # misclassified: %d (from %d). Test # misclassified: %
d (from %d) \t \t \n',...epoch,train_err(epoch),numcases*numbatches,test_err(epoch),test-
numcases*testnumbatches);
  %%%%%%%%%%%%%%%%%%%%%%%%%%%%结束计算测试的错分类误差%%%%%%%%%%%%%%%%%%%%%%%%%%%%%%

    tt=0;
    for batch=1:numbatches/10    %将训练集重新分块,每相邻10个块进行组合,得到更大的迷你块
    fprintf(1,'epoch %d batch %d\r',epoch,batch);

  %%%%%%%%%%%%%%%%%%%%%%%%%将10个迷你块组合成1个更大的迷你块%%%%%%%%%%%%%%%%%%%%%%%%
    tt=tt+1;
    data=[];
    targets=[];
    for kk=1:10
      data=[data batchdata(:,:,(tt-1)*10+kk)];                %得到新的输入数据
      targets=[targets
      batchtargets(:,:,(tt-1)*10+kk)];                        %得到新的输入数据对应的标签
    end

  %%%%%%%%%%%%%%%%%%%%%%%%%%执行具有3次线性搜索的共扼梯度%%%%%%%%%%%%%%%%%%%%%%%%%
     max_iter=3;                                              %共轭梯度中线性搜索的次数

     if epoch<6  %前5次调优,只调整输出层的权值,即只调整softmax分类器的参数
         N=size(data,1);
         XX=[data ones(N,1)];
         w1probs=1./(1+exp(-XX*w1)); w1probs=[w1probs  ones(N,1)];
         w2probs=1./(1+exp(-w1probs*w2)); w2probs=[w2probs ones(N,1)];
         w3probs=1./(1+exp(-w2probs*w3)); %w3probs=[w3probs  ones(N,1)];

         VV=[w_class(:)']';
         Dim=[l4; l5];
         [X,fX]=minimize(VV,'CG_CLASSIFY_INIT',max_iter,Dim,w3probs,targets);
              %使用共轭梯度更新参数,这里只调整softmax分类器的参数
         w_class=reshape(X,l4+1,l5);

     else
         VV=[w1(:)' w2(:)' w3(:)' w_class(:)']';
         Dim=[l1; l2; l3; l4; l5];
         [X,fX]=minimize(VV,'CG_CLASSIFY',max_iter,Dim,data,targets);
              %使用共轭梯度更新参数,这里对整个网络的参数进行调整
         w1=reshape(X(1:(l1+1)*l2),l1+1,l2);
         xxx=(l1+1)*l2;
```

```
        w2 = reshape(X(xxx +1:xxx + (l2 +1)*l3),l2 +1,l3);
        xxx = xxx + (l2 +1)*l3;
        w3 = reshape(X(xxx +1:xxx + (l3 +1)*l4),l3 +1,l4);
        xxx = xxx + (l3 +1)*l4;
        w_class = reshape(X(xxx +1:xxx + (l4 +1)*l5),l4 +1,l5);

    end
%%%%%%%%%%%%%%%%%%%%%%%%%结束具有3次线性搜索的共扼梯度%%%%%%%%%%%%%%%%%%%%%%%%%
  end

  save mnistclassify_weights w1 w2 w3 w_class
      %保存网络每层的权值,存放在文件 mnistclassify_weights 中
  save mnistclassify_error test_err test_crerr train_err train_crerr;
      %保存训练误差和测试误差,存放在文件 mnistclassify_error 中
end
```

3. 计算分类网络的参数的偏导数程序 CG_ CLASSIFY. m

```
function [f,df] = CG_CLASSIFY(VV,Dim,XX,target);

l1 = Dim(1);
l2 = Dim(2);
l3 = Dim(3);
l4 = Dim(4);
l5 = Dim(5);
N = size(XX,1);

%复原权值
  w1 = reshape(VV(1:(l1 +1)*l2),l1 +1,l2);
  xxx = (l1 +1)*l2;
  w2 = reshape(VV(xxx +1:xxx + (l2 +1)*l3),l2 +1,l3);
  xxx = xxx + (l2 +1)*l3;
  w3 = reshape(VV(xxx +1:xxx + (l3 +1)*l4),l3 +1,l4);
  xxx = xxx + (l3 +1)*l4;
  w_class = reshape(VV(xxx +1:xxx + (l4 +1)*l5),l4 +1,l5);

  XX = [XX ones(N,1)];                                            %分类网络的输入
  w1probs = 1./(1 + exp( - XX*w1)); w1probs = [w1probs  ones(N,1)];
  w2probs = 1./(1 + exp( - w1probs*w2)); w2probs = [w2probs ones(N,1)];
  w3probs = 1./(1 + exp( - w2probs*w3)); w3probs = [w3probs  ones(N,1)];

  targetout = exp(w3probs*w_class);
  targetout = targetout./repmat(sum(targetout,2),1,10); %分类网络的输出
  f = - sum(sum( target(:,1:end).*log(targetout))) ;       %目标函数的计算

 IO = (targetout - target(:,1:end));
 Ix_class = IO;
 dw_class =  w3probs'*Ix_class;                                   %目标函数对分类权值的偏导数

 Ix3 = (Ix_class*w_class').*w3probs.*(1 - w3probs);
```

```
Ix3 = Ix3(:,1:end-1);
dw3 = w2probs'*Ix3;                          %目标函数对权值 w3 的偏导数

Ix2 = (Ix3*w3').*w2probs.*(1-w2probs);
Ix2 = Ix2(:,1:end-1);
dw2 = w1probs'*Ix2;                          %目标函数对权值 w2 的偏导数

Ix1 = (Ix2*w2').*w1probs.*(1-w1probs);
Ix1 = Ix1(:,1:end-1);
dw1 = XX'*Ix1;                               %目标函数对权值 w1 的偏导数

df = [dw1(:)' dw2(:)' dw3(:)' dw_class(:)']';
```

16.4 深层感知器识别程序的使用技巧

1）在将此程序应用于其他数据集时，可以调整的参数有：最大迭代次数、学习率、网络结构、动量项等。

2）在使用反向传播算法调整网络的参数时，可以使用其他的梯度更新方法，如最速梯度下降、随机梯度下降、牛顿法等。

CHAPTER 17

第 17 章

深层信念网络生成案例

对数据本身进行建模，是深层信念网络作为一种生成模型的基本功能。在本章的案例中，将讨论如何利用深层信念网络生成 MNIST 数据集中的手写数字图像。

17.1 深层信念网络生成程序的模块简介

深层信念网络生成程序的代码是作者根据参考文献[62]的描述用 Matlab 编写的。深层信念网络的结构为784-500-500-2000-10，其中最后的数字 10 代表标签向量的维数。按照程序运行流程，主程序文件是 mnistgenerating. m。另外还包括三个模块：RBM 逐层预训练模块、醒睡算法更新参数模块和数据样本生成模块。与这三个模块对应的实现文件是 rbm. m、wake_sleep. m 和 generating_samples. m。

该程序使用的训练数据集是从 MNIST 数据集中挑选出的 2 000 个样本，其中包含 10 类数据，每类 200 个样本。在用深层信念网络生成手写数字时，先固定一个类别的标签向量，再通过采样过程生成该类的手写数字。每个类别标签生成 5 个手写数字，10 个类别标签共生成 50 个手写数字。

在该程序中，mnistgenerating. m 文件的参数描述可参考表 17. 1，rbm. m 文件的参数描述可参考表 17.2，top_rbm. m 文件的参数描述可参考表 17. 3，wake_sleep. m 文件的参数可参考表 17. 4，generating_samples. m 文件的参数可参考表 17.5。需要注意的是，本案例中这 5 个文件的参数是本书作者设置的经验值，而非通过验证集寻找的最优值。虽然生成手写数字的效果不如参考文献[62]所给的那么好，但这是一种折中办法，因为参考文献[62]并未提供源码和有关训练参数。

表 17.1 mnistgenerating. m 文件的参数描述

名称	释义	缺省值
maxepoch	RBM 的训练次数	30
numhid	第一个隐含层的节点数	500
numpen	第二个隐含层的节点数	500
numpen2	第三个隐含层的节点数	2 000

表 17.2　rbm.m 文件的参数描述

名称	释义	缺省值
epsilonw	权值学习率	0.1
epsilonvb	可视节点的偏置学习率	0.1
epsilonhb	隐含节点的偏置学习率	0.1
weightcost	权重衰减系数	0.0002
initialmomentum	初始动量项	0.5
finalmomentum	确定动量项	0.9

表 17.3　top_rbm.m 文件的参数描述

名称	释义	缺省值
epsilonw	权值学习率	0.1
epsilonvb	可视节点的偏置学习率	0.1
epsilonhb	隐含节点的偏置学习率	0.1
weightcost	权重衰减系数	0.0002
initialmomentum	初始动量项	0.5
finalmomentum	确定动量项	0.9

表 17.4　wake_sleep.m 文件的参数描述

名称	释义	缺省值
maxepoch	醒睡算法的最大迭代次数	550
epsilonw	权值学习率	0.01
epsilonvb	可视节点的偏置学习率	0.1
epsilonhb	隐含节点的偏置学习率	0.1
weightcost	权值衰减系数	0.0002
initialmomentum	初始动量项	0.5
finalmomentum	确定动量项	0.9

表 17.5　generating_samples.m 文件的参数描述

名称	释义	缺省值
maxepoch	吉布斯采样的次数	1 000

17.2　深层信念网络生成程序的运行过程

打开 Matlab，进入程序所在的目录。在 Matlab 命令框中输入以下命令：

```
>> run mnistgenerating.m
```

依次产生如下结果：

1）利用 RBM 逐层预训练深层信念网络，在预训练过程中，RBM 以迷你块的形式处理数据集。训练集共有2 000个样本，共分为20个迷你块，每个迷你块包含100个样本。依次处理完全部的数据后，输出一次迭代的训练重构误差。在逐层预训练阶段，从深层信念网络的输入层到输出层，三个RBM的重构误差曲线图分别如图17.1～图17.3所示。

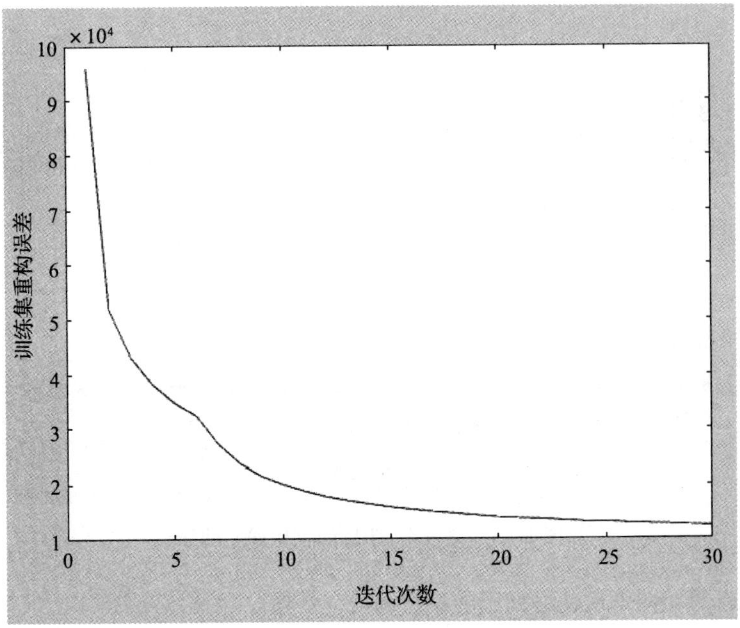

图17.1　第一个RBM的重构误差曲线

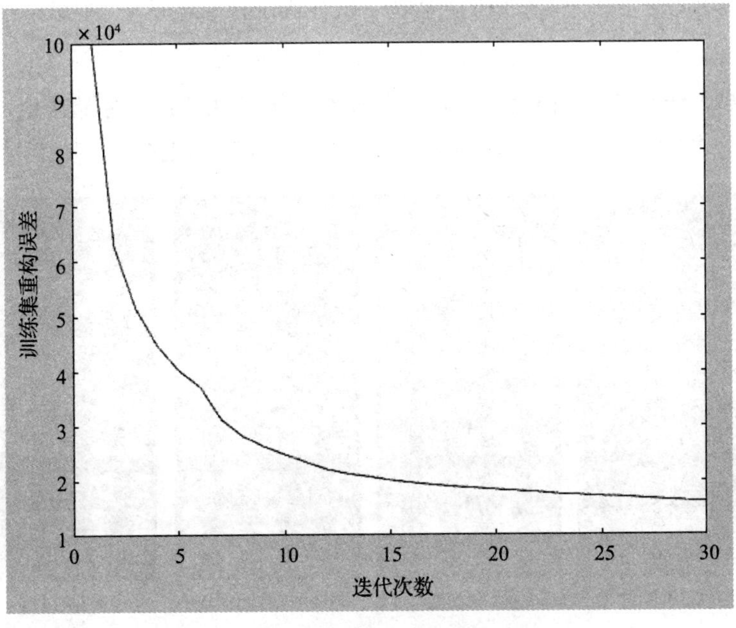

图17.2　第二个RBM的重构误差曲线

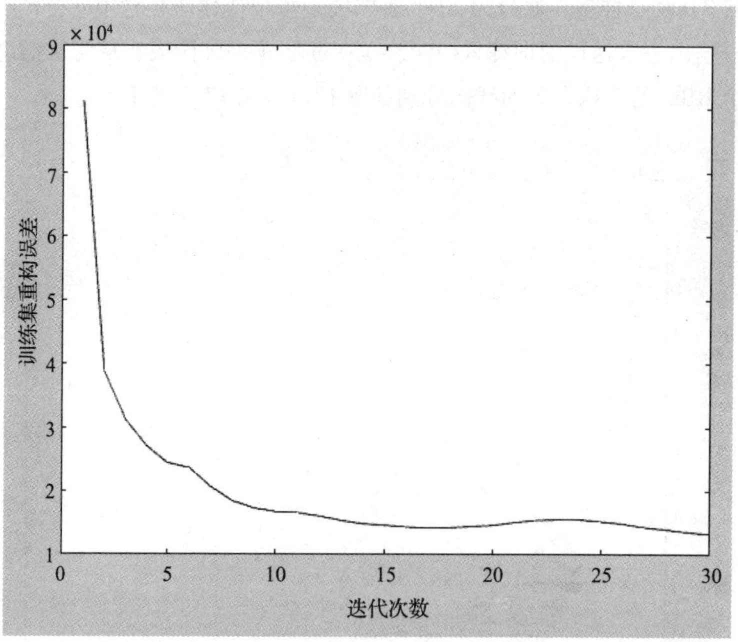

图 17.3　第三个 RBM 的重构误差曲线

2）利用醒睡算法对深层信念网络的参数调优。具体过程是，以 RBM 预训练的结果初始化深层信念网络，反复通过醒睡算法对网络参数调优。在调优过程中，分别间隔 50 次对网络进行一次测试，生成手写数字图像。生成的过程为：首先固定标签向量 $\boldsymbol{y}$，把第二个隐含层向量 $\boldsymbol{h}_2$ 初始化为生成偏置 $\boldsymbol{b}_2$；然后从（$\boldsymbol{y}$，$\boldsymbol{h}_2$）到 $\boldsymbol{h}_3$、从 $\boldsymbol{h}_3$ 到 $\boldsymbol{h}_2$ 来回采样 1 000 次；最后根据采样得到的 $\boldsymbol{h}_2$，从上到下计算可视层向量，得到生成图像。图 17.4 给出了原始图像，以及深层信念网络在第 10 次、第 100 次、第 550 次调优之后生成的手写数字图像。

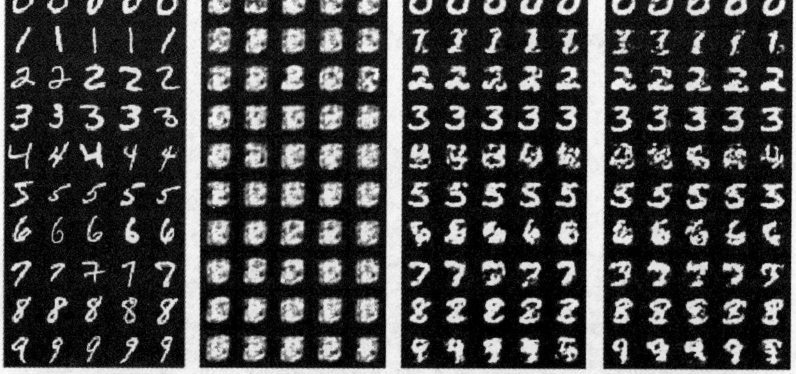

a）原始图像　b）第10次　c）第100次　d）第550次

图 17.4　原始图像和深层信念网络在第 10 次、第 100 次、第 550 次调优后生成的手写数字图像

17.3 深层信念网络生成程序的代码分析

17.3.1 关键模块或函数的主要功能

- mnistgenerating. m：使用深层感知器识别 MNIST 手写体数字的主程序。
- converter. m：将样本集从. ubyte 格式转换成. ascii 格式，然后继续转换成. mat 格式。
- makebatches. m：将原本的二维数据集分成很多迷你块，变成三维形式。
- rbm. m：使用 CD-k 算法训练二值 RBM。
- top_rbm. m：使用标签 CD-k 算法训练 ClassRBM。
- wake_sleep. m：使用醒睡算法调整深层信念网络中的权值和偏置。
- generating_samples. m：使用训练好的深层信念网络生成数据样本。
- dispims. m：显示生成的数据样本。

17.3.2 主要代码分析及注释

1. mnistgenerating. m

```
clear all
close all

maxepoch =30;                                             %训练受限玻耳兹曼机的次数
numhid =500; numpen =500; numpen2 =2 000;                 %深层信念网络隐含层的节点数

converter;
   %将数据集格式转换成 matlab 文件格式,即.mat 格式。注意,在该案例中,只使用了训练集,而没有使用测试集

makebatches;                                              %将数据集分块
[numcases numdims numbatches] = size(batchdata);
   %获得数据集每块的样本个数,单个样本的大小和块的个数

fprintf(1,'Pretraining Layer 1 with RBM: %d - %d \n',numdims,numhid);
   %训练第一个 RBM,该 RBM 的可视层节点数为 784,隐含层节点数为 500
restart =1;
rbm;          %使用 CD-k 算法训练 rbm,注意,此 RBM 的可视层不是二值的,而隐含层是二值的
hidrecbiases = hidbiases;
save mnistvhclassify vishid hidrecbiases visbiases;       %保存第一个 RBM 的权值和偏置

fprintf(1,'\nPretraining Layer 2 with RBM: %d - %d \n',numhid,numpen);
   %训练第二个 RBM,该 RBM 的可视层节点数和隐含节点数都为 500
batchdata = batchposhidprobs;         %将第一个 RBM 的隐含层的输出作为第二个 RBM 的输入
numhid = numpen;                      %将 numpen 的值赋值给 numhid,作为第二个 RBM 隐含层的节点数
restart =1;
rbm;                                  %训练第二个 RBM
hidpen = vishid; penrecbiases = hidbiases; hidgenbiases = visbiases;
```

```
save mnisthpclassify hidpen penrecbiases hidgenbiases; %保存第二个 RBM 的权值和偏置

fprintf(1,'\nPretraining Layer 3 with RBM: %d-%d \n',numpen,numpen2);
    %训练第三个 RBM,此 RBM 的隐含层节点数为 2 000。可视层包含两部分,一部分是第二个 RBM 的隐含层的
    %输出,一部分是训练样本对应的标签数据
batchdata=batchposhidprobs;     %将第二个 RBM 隐含层的输出作为第三个 RBM 的输入
numhid=numpen2;                 %将 numpen2 的值赋值给 numhid,作为第三个 RBM 隐含层的节点数
restart=1;
top_rbm;                        %训练最高层的 RBM,此 RBM 为 ClassRBM
hidpen2=vishid; penrecbiases2=hidbiases; hidgenbiases2=visbiases;
save mnisthp2classify hidpen2 labtop penrecbiases2 hidgenbiases2 labbiases;
    %保存最高层的 RBM 的权值和偏置。注意,该 RBM 的权值同时包含标签节点和第三个隐含层节点之间的权值
    %labtop,也包含标签节点的偏置 labbiases

wake_sleep;                     %使用醒睡算法调整深层信念网络的权值和偏置
```

2. top_rbm.m

```
epsilonw     =0.01;             %权值学习率
epsilonvb    =0.1;              %可视节点的学习率
epsilonhb    =0.1;              %隐含节点的学习率
weightcost =0.0002;
initialmomentum =0.5;
finalmomentum   =0.9;

[numcases numdims numbatches]=size(batchdata);

if restart==1,
  restart=0;
  epoch=1;

  %初始化权值和偏置

  vishid     =0.1*randn(numdims,numhid);         %可视节点到隐含节点之间的权值的初始化
  labtop     =0.1*randn(10,numhid);              %标签节点到隐含节点之间的权值的初始化
  hidbiases  =zeros(numcases,numhid);            %隐含节点的初始化
  visbiases  =zeros(numcases,numdims);           %可视节点的初始化
  labbiases  =zeros(numcases,10);                %标签节点的初始化

  poshidprobs=zeros(numcases,numhid);
  neghidprobs=zeros(numcases,numhid);
  posprods    =zeros(numdims,numhid);
  negprods    =zeros(numdims,numhid);
  vishidinc    =zeros(numdims,numhid);
  labtopinc    =zeros(10,numhid);
  hidbiasinc  =zeros(numcases,numhid);
  visbiasinc  =zeros(numcases,numdims);
  labbiasesinc=zeros(numcases,10);
  batchposhidprobs=zeros(numcases,numhid,numbatches);
end
```

```
for epoch = epoch:maxepoch,
  fprintf(1,'epoch %d\r',epoch);
  errsum = 0;
  for batch = 1:numbatches,
    fprintf(1,'epoch %d batch %d\r',epoch,batch);

%%%%%%%%%%%%%%%%%%%%%%%%%%%%%%%%开始正向阶段的计算%%%%%%%%%%%%%%%%%%%%%%%%%%%%%%%%%%%
    data = batchdata(:,:,batch);                       %以块为单位处理数据
    target = batchtargets(:,:,batch);                  %训练数据对应的标签
    poshidprobs = 1./(1 + exp( - data*vishid - target*labtop - hidbiases));
        %使用 data 及其对应的标签计算隐含层的概率
    batchposhidprobs(:,:,batch) = poshidprobs;
    posprods    = data' * poshidprobs;                 %计算正向散度统计量
    poslabtopstatistics = target' * poshidprobs;
    poshidact   = sum(poshidprobs);
    posvisact   = sum(data);
    poslabact   = sum(target);

    %%%%%%%%%%%%%%%%%%%%%%%%%%%%%%%%正向阶段结束%%%%%%%%%%%%%%%%%%%%%%%%%%%%%%%%%%%%

    poshidstates = poshidprobs > rand(numcases,numhid); %对隐含层的概率进行随机采样

    %%%%%%%%%%%%%%%%%%%%%%%%%%%%%%%%开始反向阶段的计算%%%%%%%%%%%%%%%%%%%%%%%%%%%%%%%

    visible_prob_pre = 1./(1 + exp( - poshidstates*vishid' - visbiases));
        %使用隐含层的采样值计算可视节点的激活概率
        %计算标签节点的概率,具体使用的是 softmax 函数
    temp_exponential = exp(poshidstates*labtop' + labbiases);
    neglabprobs = temp_exponential./repmat(sum(temp_exponential,2),1,10);


    %以下代码实现的功能是对 neglabprobs 进行采样
    [n_samples,n_classes] = size(neglabprobs);
        %得到 neglabprobs 的大小,n_samples 表示样本个数,n_classes 表示样本所属的类别个数
    neglabstates = zeros(n_samples,n_classes);         %将 neglabstates 初始化为零矩阵
    r = rand(n_samples,1);                             %随机初始化 r 为 n_samples*1 大小的列向量
    for ii = 1:n_samples
      aux = 0;
      for j = 1:n_classes
        aux = aux + neglabprobs (ii,j);
            %对于每个样本,将其计算得到的标签向量的元素依次相加,结果保存到 aux 中
        if aux > = r(ii)    %如果 aux 的值不小于 r(ii),则将 neglabstates 中的对应位置设置为 1
          neglabstates(ii,j) = 1;
          break;            %本次循环结束,继续对下一个样本的 neglabprobs 进行采样
        end
      end
    end
```

```
%使用 visible_prob_pre 和 neglabstates 的值计算隐含层的概率,并进行随机初始化
neghidprobs =1./(1 +exp(-visible_prob_pre*vishid -neglabstates *labtop -hidbiases));
neghidstates =neghidprobs > rand(numcases,numhid);
%计算反向散度统计量
negprods  =visible_prob_pre'*neghidprobs;
neglabtopstatistics =double(neglabstates ') * neghidprobs;
neghidact =sum(neghidprobs);
negvisact =sum(visible_prob_pre);
neglabact =sum(neglabstates);

%%%%%%%%%%%%%%%%%%%%%%%%%%%%%反向阶段结束 %%%%%%%%%%%%%%%%%%%%%%%%%%%%%%%%%

err =sum(sum( (data -visible_prob_pre).^2 ));     %计算数据的重构误差
errsum =err +errsum;

if epoch >5,
  momentum =finalmomentum;
else
  momentum =initialmomentum;
end;

%%%%%%%%%%%%%%%%%%%%%%%%%%%%%更新权值和偏置%%%%%%%%%%%%%%%%%%%%%%%%%%%%%%%%

vishidinc =momentum*vishidinc + ...
  epsilonw*( (posprods -negprods)/numcases -weightcost*vishid);
visbiasinc =momentum*visbiasinc + (epsilonvb/numcases)*(repmat(posvisact,numcases,
1) -repmat(negvisact,numcases,1));
hidbiasinc =momentum*hidbiasinc + (epsilonhb/numcases)*(repmat(poshidact,numcases,
1) -repmat(neghidact,numcases,1));
labtopinc =momentum * labtopinc + epsilonw * ((poslabtopstatistics - neglabtopstatis-
tics)/numcases -weightcost * labtop);
labbiasesinc =momentum *labbiasesinc + (epsilonhb/numcases)*(repmat(poslabact,num-
cases,1) -repmat(neglabact,numcases,1));

vishid =vishid +vishidinc;
labtop =labtop +labtopinc;
visbiases =visbiases +visbiasinc;
hidbiases =hidbiases +hidbiasinc;
labbiases =labbiases +labbiasesinc;

%%%%%%%%%%%%%%%%%%%%%%%%%%%%%%%参数更新结束%%%%%%%%%%%%%%%%%%%%%%%%%%%%%%%%
end
fprintf(1,'epoch %4i error %6.1f  \n',epoch,errsum);  %输出显示当前的重构误差
end;
```

3. wake_ sleep. m

```
maxepoch =1000;                                          %使用醒睡算法训练的最大迭代次数

display('Generatively fine -tuning the model using wake sleep........');
```

```
load mnistvhclassify                          %依次导入三个 RBM 的权值和偏置
load mnisthpclassify
load mnisthp2classify

epsilonw=0.01;                                %权值学习率
epsilonvb=0.01;
epsilonhb=0.01;
weightcost =0.0002;                           %权值衰减系数
initialmomentum =0.5;                         %初始动量项
finalmomentum   =0.9;                         %确定动量项

pengenbiases=zeros(numcases,numpen);
wakehidstates=zeros(numcases,numhid);
wakepenstates=zeros(numcases,numpen);
postopstates=zeros(numcases,numpen2);
penhid=hidpen';                               %使用第二个隐含层的识别权值初始化它的生成权值

makebatches;
[numcases numdims numbatches]=size(batchdata);
N=numcases;
hidvis=vishid';                               %使用识别权值初始化生成权值
hidvisinc=zeros(numhid,numdims);              %依次对相应的变量进行初始化
visbiasinc=zeros(numcases,numdims);
penhidinc=zeros(numpen,numhid);
hidgenbiasesinc=zeros(numcases,numhid);
labtopinc=zeros(10,numpen2);
labgenbiasesinc=zeros(numcases,10);
hidpen2inc=zeros(numpen,numpen2);
pengenbiasesinc=zeros(numcases,numpen);
penrecbiases2inc=zeros(numcases,numpen2);
hidpeninc=zeros(numhid,numpen);
penrecbiasesinc=zeros(numcases,numpen);
vishidinc=zeros(numdims,numhid);
hidrecbiasesinc=zeros(numcases,numhid);

for epoch=1:maxepoch                          %迭代次数的循环
  for batch=1:numbatches                      %依次遍历数据集中的每个块,以块为单位依次处理数据
    data=[batchdata(:,:,batch)];              %输入数据
    target=[batchtargets(:,:,batch)];         %输入数据对应的标签
    wakehidprobs=1./(1+exp(-data*vishid-hidrecbiases));
        %第一个隐含层的计算
    wakehidstates=wakehidprobs>rand(numcases,numhid);
        %对得到的第一个隐含层的激活概率进行随机二值化
    wakepenprobs=1./(1+exp(-wakehidstates*hidpen-penrecbiases));
        %计算第二个隐含层的激活概率
    wakepenstates=wakepenprobs>rand(numcases,numpen);
        %随机二值化 wakepenprobs
    postopprobs=1./(1+exp(-wakepenstates*hidpen2-target*labtop-penrecbiases2));
        %计算第三个隐含层的激活概率
```

```
postopstates = postopprobs > rand(numcases,numpen2);

%计算正向散度统计量
poslabtopstatistics = target' * postopprobs;
pospentopstatistics = wakepenstates'* postopprobs;

posvisact = sum(data);
postarget = sum(target);
pospengen = sum(wakepenstates);
postop = sum(postopstates);

%以下代码对深层信念网络顶层的联想记忆进行吉布斯采样,吉布斯采样的次数为 numCDiters

%不同的迭代次数使用不同的采样次数
negtopstates = postopstates;                    %将醒阶段最高层的值作为睡阶段的初始值
  if (1 <= epoch <=100)                         %前 100 次的吉布斯采样次数为 3
  numCDiters = 3;
elseif (101 <= epoch <= 200)                    %第 101 ~ 第 200 次迭代时的吉布斯采样次数为 6
  numCDiters = 6;
elseif (201 <= epoch <= 550)                    %最后 350 次吉布斯采样次数为 10
  numCDiters = 10;
end

%对联想记忆模块进行吉布斯采样
for iter = 1:numCDiters
%计算第二个隐含层的激活概率
  negpenprobs = 1./(1 + exp( - negtopstates*hidpen2' - pengenbiases));
%对 negpenprobs 进行随机二值化
  negpenstates = negpenprobs > rand(numcases,numpen);
%计算标签层的激活概率
  neglabprobs = exp(negtopstates*labtop' + labgenbiases);
  neglabprobs = neglabprobs./(repmat(sum(neglabprobs,2),1,10));

  %以下代码实现的功能是对 neglabprobs 进行采样
  [n_samples,n_classes] = size(neglabprobs);
     %得到 neglabprobs 的大小,n_samples 表示样本个数,n_classes 表示样本所属的类别个数
  neglabstates = zeros(n_samples,n_classes);  %将 neglabstates 初始化为零矩阵
  r = rand(n_samples,1);                        %随机初始化 r 为 n_samples*1 大小的列向量
  for ii = 1:n_samples
    aux = 0;
    for j = 1:n_classes
      aux = aux + neglabprobs (ii,j);
        %对于每个样本,将其计算得到的标签向量的元素依次相加,结果保存到 aux 中
      if aux > = r(ii)      %如果 aux 的值不小于 r(ii),则将 neglabstates 中对应位置设置为 1
        neglabstates(ii,j) = 1;
        break;              %本次循环结束,继续对下一个样本的 neglabprobs 进行采样
      end
    end
  end
```

```
  %根据采样得到的 negpenstates 和 neglabstates,计算第三个隐含层的激活概率,并进行随机采样,
  %其结果保存在 negtopstates 中
    negtopprobs =1./(1 +exp(-negpenstates*hidpen2 -neglabstates*labtop -penrecbiases2));
    negtopstates =negtopprobs > rand(numcases,numpen2);

  end                                %吉布斯采样过程结束

  %计算反向散度统计量
negpentopstatistics =double(negpenstates') *double( negtopprobs);
neglabtopstatistics =double(neglabstates') * negtopprobs;

negtarget =sum(neglabstates);
negtop =sum(negtopstates);

  %对联想记忆模块进行吉布斯采样之后,使用 negpenstates 的值执行从上到下的生成过程,获得睡阶段的
  %概率和采样状态
sleeppenstates =negpenstates;    %将 negpenstates 的值作为睡阶段的初始值,计算从上到下的过程
sleephidprobs =1./(1 +exp(-sleeppenstates*penhid -hidgenbiases));
    %计算第一个隐含层睡阶段的概率
sleephidstates =sleephidprobs > rand(100,numhid);    %将 sleephidprobs 进行随机二值化
sleepvisprobs =1./(1 +exp(-sleephidstates*hidvis -visbiases));  %计算可视层睡阶段的概率

%predictiions  分别使用睡阶段和醒阶段的概率进行预测
psleeppenstates =1./(1 +exp(-sleephidstates*hidpen -penrecbiases));
    %使用第一个隐含层睡阶段的采样值,预测第二个隐含层的概率值
possleeppenstates =psleeppenstates > rand(numcases,numpen);
psleephidstates =1./(1 +exp(-sleepvisprobs*vishid -hidrecbiases));
    %使用可视层睡阶段的概率预测第一个隐含层的概率值
negsleephidstates =psleephidstates > rand(numcases,numhid);
pvisprobs =1./(1 +exp(-wakehidstates*hidvis -visbiases));
    %使用第一个隐含层醒阶段的采样值预测可视层的概率值
phidprobs =1./(1 +exp(-wakepenstates*penhid -hidgenbiases));
    %使用第二个隐含层醒阶段的采样值预测第一个隐含层的概率值
phidstates =phidprobs > rand(numcases,numhid);
negvisact =sum(pvisprobs);
poshidgen =sum(wakehidstates);
neghidgen =sum(phidstates);
negpengen =sum(negpenstates);
possleeppen =sum(sleeppenstates);
negpsleeppen =sum(possleeppenstates);
possleephid =sum(sleephidstates);
negpsleephid =sum(negsleephidstates);

if epoch > 5,
  momentum =finalmomentum;          %针对不同的迭代次数,使用不同的动量项
else
  momentum =initialmomentum;
end;
```

```
        %更新深层信念网络中的生成权值和生成偏置,这里并不包含联想记忆模块的权值和偏置
        hidvisinc = momentum * hidvisinc + epsilonw* (wakehidprobs' * (data - pvisprobs) /numcases
 - weightcost * hidvis);
        visbiasinc = momentum * visbiasinc + (epsilovb/numcases) * ( repmat (posvisact, numcases,
1) - repmat (negvisact, numcases,1));
        penhidinc = momentum * penhidinc + epsilonw* (wakepenprobs' * (wakehidstates - phidprobs) /
numcases - weightcost * penhid);
        hidgenbiasesinc = momentum * hidgenbiasesinc + (epsilohb/numcases) * ( repmat (poshidgen,
numcases,1) - repmat (neghidgen, numcases,1));

        hidvis = hidvis + hidvisinc;
        visbiases = visbiases + visbiasinc;
        penhid = penhid + penhidinc;
        hidgenbiases = hidgenbiases + hidgenbiasesinc;

        %更新最高层联想记忆模块的参数
        labtopinc = momentum * labtopinc + epsilonw * ((poslabtopstatistics - neglabtopstatis-
tics) /numcases - weightcost * labtop);
        labgenbiasesinc = momentum *labgenbiasesinc + (epsilohb/numcases) *( repmat (postarget,
numcases,1) - repmat (negtarget, numcases,1));
        hidpen2inc = momentum * hidpen2inc + epsilonw * ((pospentopstatistics - negpentopstatis-
tics) /numcases - weightcost * hidpen2);
        pengenbiasesinc = momentum * pengenbiasesinc + (epsilohb/numcases) * (repmat (pospen-
gen, numcases,1) - repmat (negpengen, numcases,1));
        penrecbiases2inc = momentum * penrecbiases2inc + (epsilohb/numcases) * (repmat (postop,
numcases,1) - repmat (negtop, numcases,1));

        labtop = labtop + labtopinc;
        labgenbiases = labgenbiases + labgenbiasesinc;
        hidpen2 = hidpen2 + hidpen2inc;
        pengenbiases = pengenbiases + pengenbiasesinc;
        penrecbiases2 = penrecbiases2 + penrecbiases2inc;

        %更新识别参数,包括识别权值和识别偏置
        hidpeninc = momentum * hidpeninc + epsilonw * ((sleephidprods ' * (sleeppenstates -
psleeppenstates) /numcases) - weightcost * hidpen);
        penrecbiasesinc = momentum * penrecbiasesinc + (epsilohb/numcases) * (repmat (possleep-
pen, numcases,1) - repmat (negpsleeppen, numcases,1));
        vishidinc = momentum * vishidinc + epsilonw * ((sleepvisprobs' * (sleephidstates - pslee-
phidstates) /numcases) - weightcost * vishid);
        hidrecbiasesinc = momentum * hidrecbiasesinc + (epsilohb/numcases) * (repmat (possleep-
hid, numcases,1) - repmat (negpsleephid, numcases,1)
        );

        hidpen = hidpen + hidpeninc;
        penrecbiases = penrecbiases + penrecbiasesinc ;
        vishid = vishid + vishidinc ;
        hidrecbiases = hidrecbiases + hidrecbiasesinc;

    end %单个块的数据处理完毕,继续循环处理下一个块的数据
```

```
save parameters hidvis visbiases penhid hidgenbiases labtop labgenbiases hidpen2 pengen-
biases penrecbiases2 hidpen penrecbiases vishid hidrecbiases;
    %所有数据处理完之后,保存网络的当前的权值和偏置
fprintf(1,'After epoch %d Train. \n',epoch);  %显示训练的次数

generating_samples;                           %一次训练之后,对深层信念网络进行测试

end

%generating_samples;                           %也可以在训练阶段结束之后,再对深层信念网络进行测试
```

4. generating_samples. m

```
maxepoch =1000;

data = [];
testtarget = [];
%初始化 testtarget,共包含10类不同的标签,每种标签有5个,最后 testtarget 的大小为5*10
testtarget = [testtarget; repmat([1 0 0 0 0 0 0 0 0 0],5,1)];
testtarget = [testtarget; repmat([0 1 0 0 0 0 0 0 0 0],5,1)];
testtarget = [testtarget; repmat([0 0 1 0 0 0 0 0 0 0],5,1)];
testtarget = [testtarget; repmat([0 0 0 1 0 0 0 0 0 0],5,1)];
testtarget = [testtarget; repmat([0 0 0 0 1 0 0 0 0 0],5,1)];
testtarget = [testtarget; repmat([0 0 0 0 0 1 0 0 0 0],5,1)];
testtarget = [testtarget; repmat([0 0 0 0 0 0 1 0 0 0],5,1)];
testtarget = [testtarget; repmat([0 0 0 0 0 0 0 1 0 0],5,1)];
testtarget = [testtarget; repmat([0 0 0 0 0 0 0 0 1 0],5,1)];
testtarget = [testtarget; repmat([0 0 0 0 0 0 0 0 0 1],5,1)];

%使用第二个隐含层的生成偏置对第二个隐含层进行初始化,其值保存在 pen_sampled 中,注意,
%这里对第二个隐含层生成偏置进行了二值化,将二值化后的数据作为第二个隐含层的初始值
pen_sampled = double(hidgenbiases2 > rand(numcases,numpen));

%使用 pen_sampled 和 testtarget 计算最高层的概率,并对结果进行随机二值化
topprobs =1./(1 +exp( -testtarget*labtop -pen_sampled*hidpen2 -penrecbiases2));
negtopstates = topprobs  > rand(numcases,numpen2);

%%%%%%%%%%%%%%%%%%%%%%%%%%%%%%%吉布斯采样%%%%%%%%%%%%%%%%%%%%%%%%%%%%%%
%%%%%%%%%%%%固定标签,对联想记忆模块的第三个隐含层和第二个隐含层进行吉布斯采样%%%%%%%%%%%%
for epoch = epoch:maxepoch

  negpenprobs =1./(1 +exp( -negtopstates*hidpen2' -pengenbiases));
  negpenstates = negpenprobs > rand(numcases,numpen);
  negtopprobs =1./(1 +exp( -negpenstates*hidpen2 -testtarget*labtop -penrecbiases2));
  negtopstates = negtopprobs > rand(numcases,numpen2);

end

%从上到下阶段
```

```
%对最高两层采样完后,执行从上到下的过程,依次计算每层的概率,最后得到生成数据,其结果保存在 datagen 中
penprobsgen =1./(1 +exp(-topprobs*hidpen2' -pengenbiases));     %计算第二个隐含层的概率
hidprobsgen =1./(1 +exp(-penprobsgen*penhid -hidgenbiases));    %计算第一个隐含层的概率
datagen =1./(1 +exp(-hidprobsgen*hidvis -visbiases));           %得到生成数据

figure(1);
dispims(datagen',28,28,0,2,5);     %显示生成数据,每行 5 个数据,共 10 行
```

17.4　深层信念网络生成程序的使用技巧

1）本案例训练阶段共使用了 2 000 个训练数据，测试阶段共得到了 50 个生成数据。读者可根据自己的情况，在学习之余增加训练数据进行实验。

2）本案例中的参数是作者设置的经验值，读者可调整参数以获得更好的生成数据。

3）本案例在训练时对标签按循环方式采样，虽然效率不高，但是便于阅读和理解。读者可进一步改写成用向量方式实现。

CHAPTER 18

第 18 章

深层信念网络分类案例

虽然深层信念网络是一个生成模型，但是也可以用来进行模式分类。在本章的案例中，将讨论如何利用深层信念网络对 MNIST 数据集中的手写数字图像进行分类。

18.1 深层信念网络分类程序的模块简介

从表 14.3 选择相应网站下载 DeeBNetV3.1.zip，将其解压后保存在一个单独的文件夹中。

DeeBNetV3.1 是一个面向对象的 Matlab 工具箱。该工具箱定义了一些类和函数，用于管理数据、定义采样方法，以及 DBN 和不同的 RBM。图 18.1 为 DeeBNetV3.1 工具箱中实现的类之间的关系。

在使用深层信念网络对 MNIST 手写数字进行分类的程序中，深层信念网络的结构为 784-500-500-2000。其中，最高层的 RBM 是分类 RBM，其可视层由 softmax 节点和输入节点两部分组成。softmax 节点的个数为 10。

按照运行流程，程序主要包括两个模块：RBM 逐层预训练模块和反向传播算法更新参数模块。RBM 逐层预训练模块主要包括 Rbm.m 和 RbmParameters.m 文件，反向传播算法更新参数模块主要包括 DBN.m 文件。程序的主程序为 test_classificationMNIST.m 文件。

在该程序中，test_classificationMNIST.m 文件的参数描述可参考表 18.1。DBN.m 文件的参数描述可参考表 18.2。RbmParameters.m 文件的参数描述可参考表 18.3。Pcd.m 文件的参数描述可参考表 18.4。

表 18.1 test_classificationMNIST.m 文件的参数描述

名称	释义	缺省值
RbmParameters 的第一个参数	RBM 的隐含层节点的个数	500、500 或者 2000
rbmParams.maxEpoch	RBM 的训练次数	50

表 18.2 DBN.m 文件的参数描述

名称	释义	缺省值
opts.numepochs	调优的迭代次数	200
opts.batchsize	迷你块大小	100
obj.net.dropoutFraction	Dropout 的丢失率	0.1

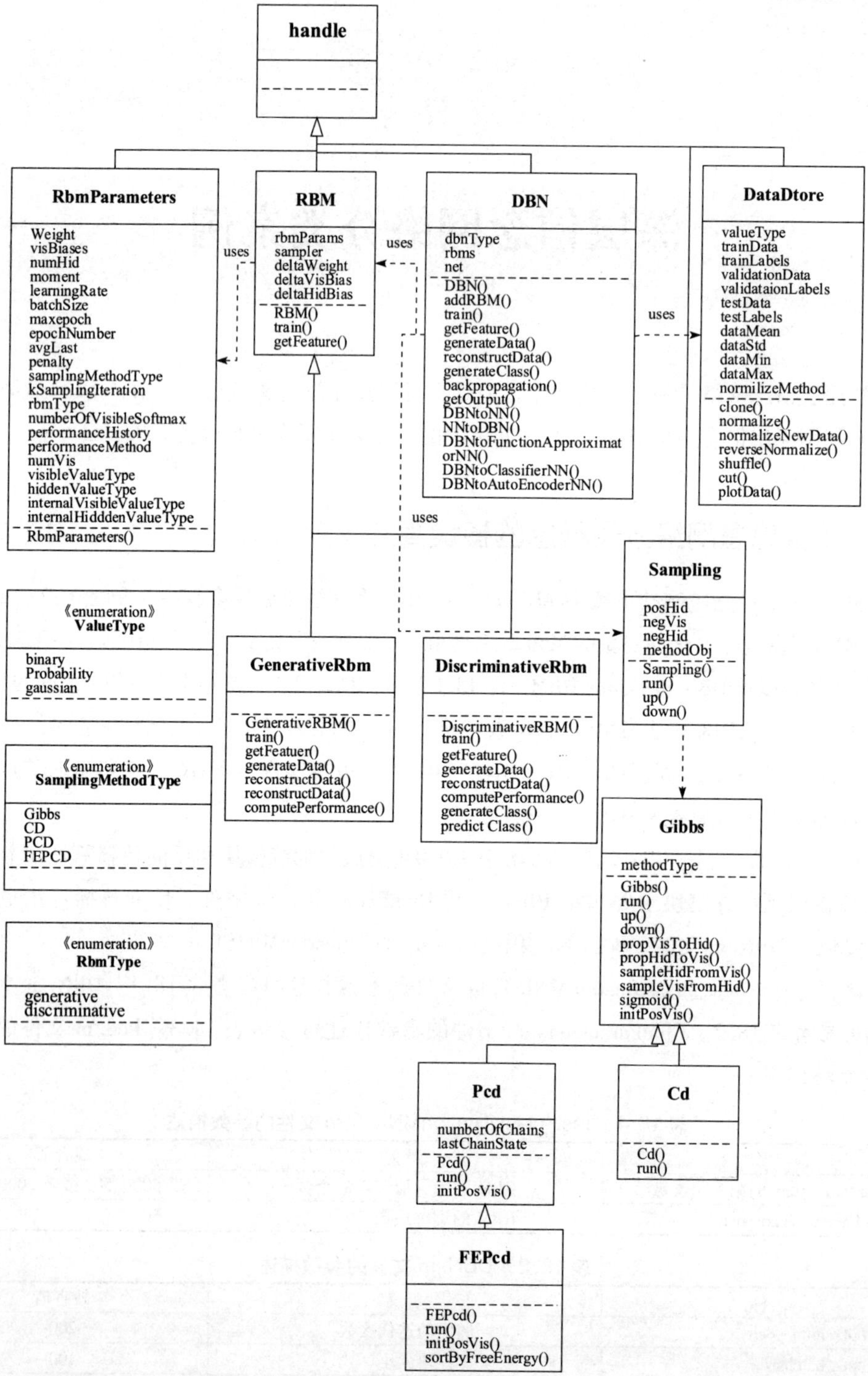

图 18.1 DeeBNet 工具箱中实现的类的关系示意图

表 18.3　RbmParameters. m 文件的参数描述

名称	释义	缺省值
obj. moment	动量项	[0.5 0.4 0.3 0.4 0.1 0]
obj. batchSize	迷你块大小	100
obj. maxEpoch	RBM 训练次数	50
obj. epochNumber	已训练的次数	0
obj. avgLast	从最大迭代次数的前多少次开始计算平均值	5
obj. learningRateChanged	学习率是否变化	0
obj. penalty	学习过程中的惩罚项	0.0002
obj. samplingMethodType	采样方法的类型	CD
obj. kSamplingIteration	采样次数	1
obj. numberOfVisibleSoftmax	可视 softmax 节点的个数	0
obj. performanceHistory	保存 RBM 每次迭代的性能	[ ]
obj. performanceMethod	计算 RBM 性能的方法	'freeEnergy'
obj. sparsity	是否使用稀疏性	0
obj. sparsityCost	学习过程中稀疏性的损失	0.1
obj. sparsityTarget	隐含节点期望激活的目标值	0.05
obj. sparsityVariance	标准稀疏方法中的方差	0.1
obj. sparsityMethod	进行稀疏的方法	'quadratic'
obj. gpu	是否使用 gpu	0

表 18.4　Pcd. m 文件的参数描述

名称	释义	缺省值
obj. numberOfChains	链的个数	25

18.2　深层信念网络分类程序的运行过程

打开 Matlab，进入程序所在的目录。在 Matlab 命令框中输入以下命令：

```
>> run test_classificationMNIST.m
```

依次产生如下结果：

1）首先转换数据格式，然后使用 RBM 进行逐层预训练。在利用 RBM 逐层预训练时，RBM 以迷你块的形式处理数据集。训练集共有 60 000 个样本，分为 600 个迷你块，每个迷你块包含 100 个样本。依次处理完全部的迷你块后，输出 RBM 在测试集上的性能。在逐层预训练过程中，Matlab 的命令窗口中会输出三个 RBM 每次迭代时，在测试集上的性能及训练时间的信息，如下所示。

```
Beginning to convert
End of conversion
  ****** RBM 1 ******* 784 -500
epoch number: 1    performance: 0.0203526    remained RBM training time: 731.255
epoch number: 2    performance: 0.0150709    remained RBM training time: 725.353
epoch number: 3    performance: 0.0116287    remained RBM training time: 729.57
```

```
epoch number: 4   performance: 0.00994684  remained RBM training time: 674.906
epoch number: 5   performance: 0.00856736  remained RBM training time: 696.526
epoch number: 6   performance: 0.00855968  remained RBM training time: 673.343
epoch number: 7   performance: 0.00775409  remained RBM training time: 593.388
epoch number: 8   performance: 0.00732337  remained RBM training time: 618.993
epoch number: 9   performance: 0.00771526  remained RBM training time: 571.443
epoch number: 10  performance: 0.00688708  remained RBM training time: 550.321
epoch number: 11  performance: 0.00736823  remained RBM training time: 539.167
epoch number: 12  performance: 0.00664796  remained RBM training time: 528.135
epoch number: 13  performance: 0.00688674  remained RBM training time: 571.353
epoch number: 14  performance: 0.00666729  remained RBM training time: 579.446
epoch number: 15  performance: 0.00674614  remained RBM training time: 515.762
epoch number: 16  performance: 0.00640204  remained RBM training time: 527.468
epoch number: 17  performance: 0.00626793  remained RBM training time: 535.851
epoch number: 18  performance: 0.00658256  remained RBM training time: 490.178
epoch number: 19  performance: 0.00640342  remained RBM training time: 470.27
epoch number: 20  performance: 0.00663955  remained RBM training time: 414.453
epoch number: 21  performance: 0.00615519  remained RBM training time: 404.409
epoch number: 22  performance: 0.00655149  remained RBM training time: 383.265
```

2）预训练结束后，可以画出每个 RBM 在测试集上的性能。其中，第一个和第二个 RBM 是标准的二值 RBM，使用重建误差衡量其性能，而第三个 RBM 是 ClassRBM，使用分类错误率衡量其性能。第一个 RBM、第二个 RBM 和第三个 RBM 的性能分别如图 18.2 ~ 图 18.4 所示。

3）逐层预训练之后，Matlab 的命令窗口会显示此时的分类误差，如下：

```
errorBeforeBP =
  0.0269
```

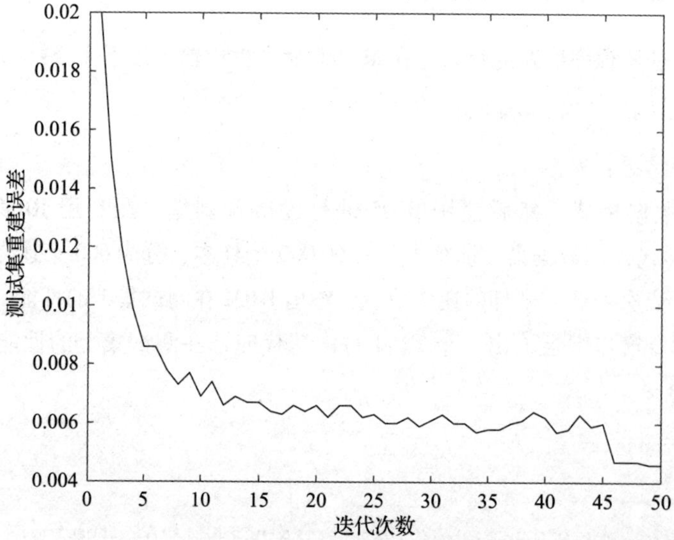

图 18.2 第一个 RBM 的性能曲线

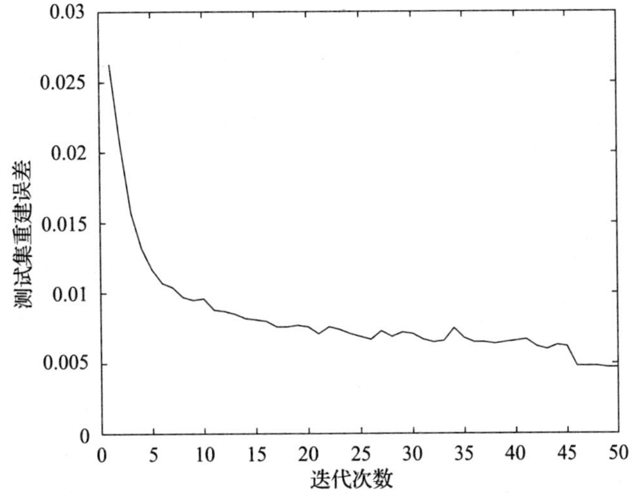

图 18.3　第二个 RBM 的性能曲线

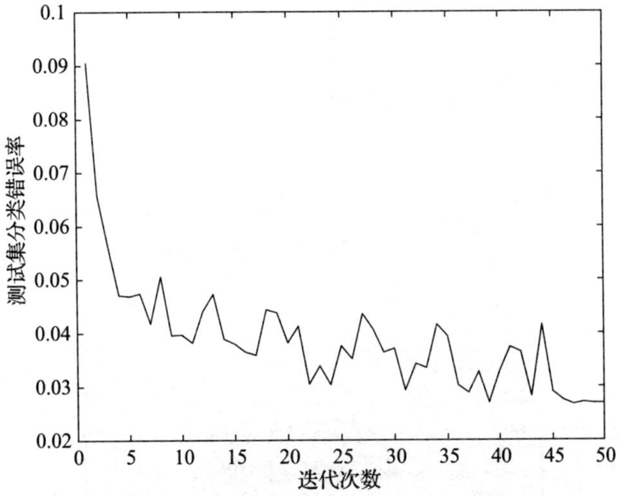

图 18.4　第三个 RBM 的性能曲线

4）使用反向传播算法调整网络的参数，在调优过程中，若达到设置的最大迭代次数，或者达到最小的梯度，则停止调优。在此过程中，程序会显示每次迭代的信息。图 18.5 ~ 图 18.7 分别为第 1 次、第 7 次和第 188 次迭代的信息。

5）此次调优过程中，程序找到了最小的梯度，因此终止训练。此时，在 Matlab 的命令窗口输出当前调优消耗的时间和调优之后网络的分类错误率，如下：

```
Elapsed time is 6884.114937 seconds.
errorAfterBP =
  0.0114
```

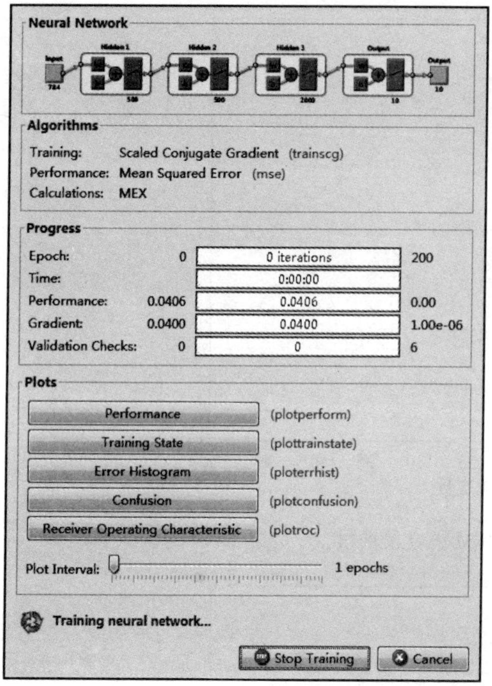

图 18.5　第 1 次迭代的信息

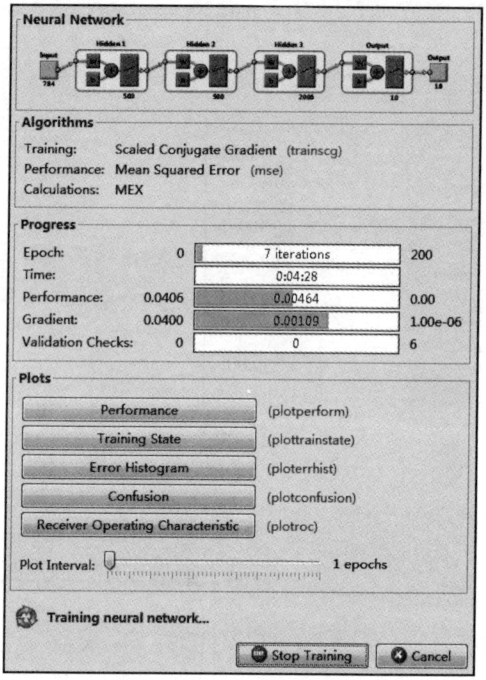

图 18.6　第 7 次迭代的信息

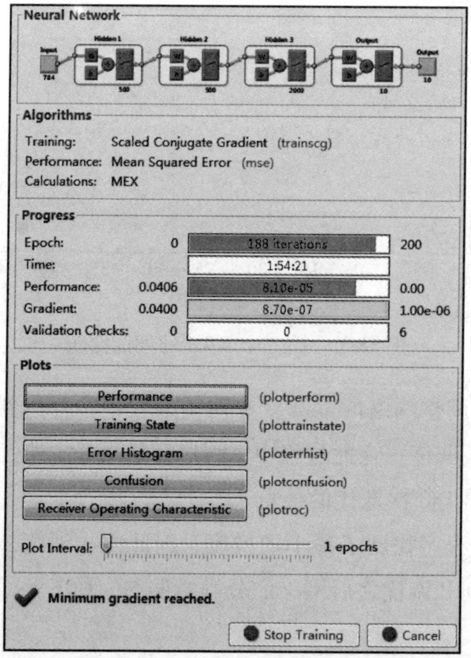

图 18.7　第 188 次迭代的信息

6）程序结束之后，可画出在调优过程中训练集每次迭代时的均方误差变化曲线，如图 18.8 所示。

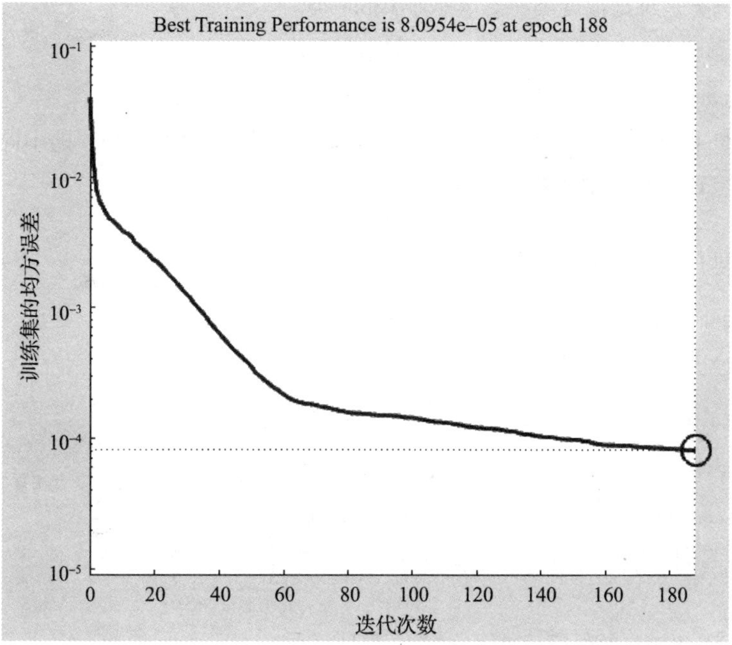

图 18.8　调优过程中训练集的均方误差曲线

18.3　深层信念网络分类程序的代码分析

18.3.1　关键模块或函数的主要功能

- test_classificationMNIST. m：使用深层信念网络对 MNIST 数据集分类的主程序。
- prepareMNIST. m：将原始数据形式转换为 Matlab 格式的形式。
- DataStore. m：该类主要管理训练、测试和验证数据。此外，该类还有一些有用的函数，如归一化（normalize）和洗牌（shuffle）函数。
- DBN. m：该类允许使用当前的 RBM 类创建一个任意的 DBN，且在逐层预训练之后，使用反向传播算法调整网络的参数。
- RBM. m：该类是一个抽象类，它定义了所有类型的 RBM 必需的函数（如训练方法）和特征（如采样目标）。
- RbmParameters. m：该类包含 RBM 的所有参数，包括权值矩阵、偏置、学习率等。
- RbmType. m：该类定义了生成和判别的 RBM。
- GenerativeRBM. m：该类包含训练、获得特征、生成数据等方法。

- DiscriminativeRBM. m：该类与 GenerativeRBM 类相似，不同之处在于，该类还包括生成类别（generateClass）和预测类别（predictClass）的方法。
- Cd. m：该类是对比散度类，它继承于 Gibbs 类。
- Pcd. m：该类是持续对比散度类，它同样继承于 Gibbs 类。
- Sampling. m：该类是一个接口类，用于实现采样方法。
- SamplingMethodType. m：该类是一个枚举类型的类，包含用于 RBM 的不同采样方法。
- Gibbs. m：该类是其他采样方法的父类。

18.3.2 主要代码分析及注释

1. test_classificationMNIST. m

```
%使用 DBN 对 MNIST 数据集进行分类
clc;
clear all;
res = {};
more off;                                   %不允许在 Matlab 的命令窗口中调度页面
addpath(genpath('DeepLearnToolboxGPU'));    %加载路径
addpath('DeeBNet');                         %加载路径
data = MNIST.prepareMNIST('G:\my program\DeeBNetV3.1\');
                                            %加入数据集的路径
%data = MNIST.prepareMNIST_Small(' + MNIST\');
%对数据进行归一化,data 是 DataStore 类的对象,调用了 normalize 方法
data.normalize('minmax');
%将数据集中的元素按随机顺序重新排列,调用 DataStore 类的 shuffle 函数
data.shuffle();
data.validationData = data.testData;        %测试集
data.validationLabels = data.testLabels;    %测试集对应的标签
dbn = DBN('classifier');                    %使用 DBN 进行分类,DBN 的构造函数,dbn 是 DBN 类的对象

%设置每个 RBM 的类型及采样方法
%第一个 RBM
rbmParams = RbmParameters (500,ValueType.binary);
%设置 RBM 的参数,500 表示隐含层节点的个数,ValueType.binary 表示隐含层节点的类型,即二值类型
rbmParams.samplingMethodType = SamplingClasses.SamplingMethodType.PCD;
%RBM 的采样方法,这里使用的是 PCD 方法
rbmParams.performanceMethod = 'reconstruction';    %设置重建方法
rbmParams.maxEpoch = 50;                           %设置 RBM 的训练次数
dbn.addRBM(rbmParams);                             %在堆叠的 RBM 的上面增加新的 RBM

%第二个 RBM
rbmParams = RbmParameters(500,ValueType.binary);
%第二个 RBM 的隐含层的节点个数为 500,类型同样是二值的
%使用 PCD 方法采样
rbmParams.samplingMethodType = SamplingClasses.SamplingMethodType.PCD;
rbmParams.performanceMethod = 'reconstruction';    %重建方法
```

```
rbmParams.maxEpoch = 50;
dbn.addRBM(rbmParams);
%第三个 RBM
rbmParams = RbmParameters(2000,ValueType.binary);
%第三个 RBM 的隐含层的节点数为 2000,类型为二值的
rbmParams.samplingMethodType = SamplingClasses.SamplingMethodType.PCD;
                                                %使用 PCD 方法进行采样
rbmParams.maxEpoch = 50;
rbmParams.rbmType = RbmType.discriminative;     %该 RBM 的类型是判别式的
rbmParams.performanceMethod = 'classification'; %使用该 RBM 进行分类
dbn.addRBM(rbmParams);
%开始预训练 DBN
ticID = tic;                                    %计时开始
dbn.train(data);                                %对得到的 DBN 网络进行预训练,即逐层训练每个 RBM
toc(ticID)                                      %计时结束,此时会输出预训练消耗的时间
%预训练之后,计算此时的分类误差
classNumber = dbn.getOutput(data.testData,'bySampling'); %根据 DBN 的类型,计算其输出
errorBeforeBP = sum(classNumber ~ = data.testLabels)/length(classNumber)
   %输出预训练之后,反向传播之前,测试样本的误差使用反向传播算法调整 DBN 的参数
ticID = tic;
dbn.backpropagation(data);                      %反向传播过程,调用 DBN 类中的方法
toc(ticID);
%调优之后,计算测试样本的误差
classNumber = dbn.getOutput(data.testData);     %获得测试数据的输出
errorAfterBP = sum(classNumber ~ = data.testLabels)/length(classNumber)  %计算测试数据的误差
```

2. DataStore. m

DataStore 类的作用是存储数据的所有部分，同样该类有一些有用的函数，如对数据进行归一化的归一化函数、对训练数据进行随机排序的 shuffle 函数，以及切分训练数据以获得更小的训练数据的切分函数。最后，可以使用 plotData 函数对数据的一些部分画图，这对比较某些过程前后的数据是很有用的。下面是 DataStore 类的具体定义。

```
classdef DataStore < handle

  %公有属性
  properties (Access = public)
    %用于训练、测试和验证数据类型
    %valueType 用于获得 ValueType 的枚举值
    valueType

    %训练样本,矩阵大小是 m*n,即有 m 个样本,每个样本有 n 个值
    trainData

    %训练样本的标签向量,该向量有 m 个样本标签,与训练样本相对应
    trainLabels

    %验证样本,矩阵大小是 m*n,即 m 个样本,每个样本有 n 个值
```

```
  validationData

  %验证样本的标签,该向量有m个样本标签,与验证样本相对应
  validationLabels

  %测试样本,矩阵大小是m*n,即有m个样本,每个样本有n个值
  testData

  %测试样本的标签,该向量有m个样本标签,与测试样本相对应
  testLabels

  %训练数据的平均向量,该向量的值在meanvar中归一化的方法里设定
  dataMean

  %训练数据的标准差向量,该值在meanvar中的归一化方法里设定
  dataStd

  %训练数据的最小值向量,其值在minmax中的归一化方法里设定
  dataMin

  %训练数据的最大值向量,其值在minmax中的归一化方法里设定
  dataMax

  %归一化方法有两种选择:"minmax"和"meanvar"
  normilizeMethod

end %结束公有属性

%公有方法
methods (Access=public)

  %从DataStore object中创建一个副本
  %DataStoreObj:DataStore object的副本
  function DataStoreObj=clone(obj)              %克隆函数
    DataStoreObj=DataClasses.DataStore();
    DataStoreObj.valueType=obj.valueType;
    DataStoreObj.trainData=obj.trainData;
    DataStoreObj.trainLabels=obj.trainLabels;
    DataStoreObj.validationData=obj.validationData;
    DataStoreObj.validationLabels=obj.validationLabels;
    DataStoreObj.testData=obj.testData;
    DataStoreObj.testLabels=obj.testLabels;
    DataStoreObj.dataMean=obj.dataMin;
    DataStoreObj.dataStd=obj.dataMax;
    DataStoreObj.dataMean=obj.dataMean;
    DataStoreObj.dataStd=obj.dataStd;
    DataStoreObj.normilizeMethod=obj.normilizeMethod;
  end %克隆函数结束
```

```
%对数据进行归一化
%方法:归一化的方法由用户指定:minmax 或者 meanvar
function normalize(obj,method)
  obj.normilizeMethod = method;                    %传入归一化的方法
  batchSize = obj.computeBatchSize();              %计算迷你块的大小
  %使用 minmax 方法对数据进行归一化
  if (strcmp(method,'minmax'))                     %判断,如果归一化方法是 minmax
    %使用 minmax 归一化方法,样本值被映射到[0 1]的范围内,因此,valueType 的类型将会改变
    obj.valueType = ValueType.probability;         %将 ValueType 的概率作为 obj 的值的类别
    obj.dataMin = min(min(obj.trainData));         %获得训练数据的最小值
    obj.dataMax = max(max(obj.trainData));         %获得训练数据的最大值
    %处理训练数据
    batchArraySize = ceil(size(obj.trainData,1)/batchSize);
    %获得训练数据的迷你块的总个数
    for i =1:batchArraySize
      batchData = obj.trainData((i -1)*batchSize +1:min(i*batchSize,end),:);
      obj.trainData((i -1)*batchSize +1:min(i*batchSize,end),:) = (batchData - obj.
      dataMin)/...
      (obj.dataMax - obj.dataMin);                 %对数据进行归一化
    end
  %处理验证数据
    if (~isempty(obj.validationData))
      batchArraySize = ceil(size(obj.validationData,1)/batchSize);
      for i =1:batchArraySize
        batchData = obj.validationData((i -1)*batchSize +1:min(i*batchSize,end),:);
        obj.validationData((i -1)*batchSize +1:min(i*batchSize,end),:) = (batchData
        - obj.dataMin)/...
        (obj.dataMax - obj.dataMin);
      end
    end
  %处理测试数据
    if (~isempty(obj.testData))
      batchArraySize = ceil(size(obj.testData,1)/batchSize);
      for i =1:batchArraySize
        batchData = obj.testData((i -1)*batchSize +1:min(i*batchSize,end),:);
        obj.testData((i -1)*batchSize +1:min(i*batchSize,end),:) = (batchData - obj.
        dataMin)/...
        (obj.dataMax - obj.dataMin);
      end
    end
  end
  %使用 meanvar 方法对数据进行归一化
  if (strcmp(method,'meanvar'))
    %使用 meanvar 归一化方法,值被映射到均值为 0,方差为 1 的范围内,因此,
    %valueType 将被改变
    obj.valueType = ValueType.gaussian;            %valueType 变为高斯型
    obj.dataMean = mean(obj.trainData,1);          %获得数据的均值
    obj.dataStd = std(obj.trainData,1) + eps;      %计算标准差
    %处理训练数据
```

```
    batchArraySize = ceil(size(obj.trainData,1)/batchSize);
    for i =1:batchArraySize
      batchData = obj.trainData((i -1)*batchSize +1:min(i*batchSize,end),:);
      obj.trainData((i -1)*batchSize +1:min(i*batchSize,end),:) = (batchData - rep-
      mat(obj.dataMean,size(batchData,1),1))./...
      (repmat(obj.dataStd,size(batchData,1),1));
          %对数据进行归一化
    end
    %处理验证数据
    if (~isempty(obj.validationData))
      batchArraySize = ceil(size(obj.validationData,1)/batchSize);
      for i =1:batchArraySize
        batchData = obj.validationData((i -1)*batchSize +1:min(i*batchSize,end),:);
        obj.validationData((i -1)*batchSize +1:min(i*batchSize,end),:) = (batchData
        - repmat(obj.dataMean,size(batchData,1),1))./...
        (repmat(obj.dataStd,size(batchData,1),1));
      end
    end
    %处理测试数据
    if (~isempty(obj.testData))
      batchArraySize = ceil(size(obj.testData,1)/batchSize);
      for i =1:batchArraySize
        batchData = obj.testData((i -1)*batchSize +1:min(i*batchSize,end),:);
        obj.testData((i -1)*batchSize +1:min(i*batchSize,end),:) = (batchData - rep-
        mat(obj.dataMean,size(batchData,1),1))./...
        (repmat(obj.dataStd,size(batchData,1),1));
      end
    end
  end
end %归一化函数结束

%对新的数据进行归一化
%数据:一个大小为 m*n 的矩阵,表示有 m 个样本,每个样本有 n 个值,这些值将根据归一化
%方法进行行归一化
function normalizedData = normalizeNewData(obj,data)
  %使用 minmax 方法进行归一化
  if (strcmp(obj.normilizeMethod,'minmax'))
    normalizedData = (data - obj.dataMin)/...
    (obj.dataMax - obj.dataMin);
  end
  %使用 meanvar 方法进行归一化
  if (strcmp(obj.normilizeMethod,'meanvar'))
    normalizedData = (data - repmat(obj.dataMean,size(data,1),1))./...
    (repmat(obj.dataStd,size(data,1),1));
  end
end%结束对新数据的归一化处理

%逆转归一化数据
%dataMatrix:大小为 m*n 的矩阵,具有 m 个样本,每个样本有 n 个归一化的值
```

```
function deNormalizedData = reverseNormalize(obj,dataMatrix)
  deNormalizedData = dataMatrix;
  %对"minmax"方法进行逆转
  if (strcmp(obj.normilizeMethod,'minmax'))
    deNormalizedData = (dataMatrix*(obj.dataMax - obj.dataMin) + obj.dataMin);
  end
  %对 meanvar 方法进行逆转
  if (strcmp(obj.normilizeMethod,'meanvar'))
    deNormalizedData = repmat(obj.dataStd,size(dataMatrix,1),1).*dataMatrix + ...
      repmat(obj.dataMean,size(dataMatrix,1),1);
  end
end %逆转归一化函数结束

%打乱数据的顺序
function shuffle(obj)
  %创建一个随机数列表,并将它应用于训练数据
  randomOrder = randperm(size(obj.trainData,1));          %打乱训练数据
  if(~tools.isoctave)
    filename = ['tempShuffle' num2str(randi(1000)) '.mat']; %设置文件名
    trainData = zeros(1,size(obj.trainData,2));
    save(filename,'trainData','-v7.3');
    %按照 7.3 以上版本的格式把 trainData 保存到 filename 文件中
    m = matfile(filename,'Writable',true);                  %开启写权限
    %将训练数据拷贝到 matfile 中
    batchSize = obj.computeBatchSize();
    batchArraySize = ceil(size(obj.trainData,1)/batchSize);
    for i =1:batchArraySize
      batchDataIndex = randomOrder((i -1)*batchSize +1:min(i*batchSize,end));
      batchData = obj.trainData(batchDataIndex,:);
      m.trainData((i -1)*batchSize +1:min(i*batchSize,size(obj.trainData,1)),:) =
      batchData;
    end
    obj.trainData = [];
    obj.trainData = m.trainData;
    delete(filename);
  else
    obj.trainData = obj.trainData(randomOrder,:);         %打乱顺序后的训练样本
  end
  if (~isempty(obj.trainLabels))
    obj.trainLabels = obj.trainLabels(randomOrder,:); %打乱顺序后的训练样本对应的标签
  end
end %打乱函数结束
%计算合适的块的大小
function batchSize = computeBatchSize(obj)
  tmp = obj.trainData(1,:);
  s = whos('tmp');
  bytesPerSample = s.bytes;
  if (ispc && ~tools.isoctave())                         %判断是否是 Windows 版本的 Matlab
    [userview systemview] = memory;
```

```
        bytesAvailable = systemview.PhysicalMemory.Available;
      elseif (isunix)                                    %判断是否是 UNIX 版本的 Matlab
        [r,w] = unix('free | grep Mem');
        stats = str2double(regexp(w,'[0 -9]*','match'));
        bytesAvailable = (stats(3) + stats(end))*1024;
      else
    %使用 50 MB 的块
        bytesAvailable = 50*1e6;
      end
    %总的空闲内存的五分之一
      batchSize1 = floor((bytesAvailable/bytesPerSample)/5);
    %总的训练数据
      batchSize2 = size(obj.trainData,1);
      batchSize3 = 50000;
      batchSize = min([batchSize1,batchSize2,batchSize3]);%选择最小的值,作为迷你块的大小
    end %结束 computeBatchSize()函数

    %对数据进行切分
    %CutRatio:切分率
    %训练数据按照一定比例进行切分,只保留第一部分,去除其余部分
    function cut(obj,cutRatio)
      obj.trainData = obj.trainData(1:floor(end/cutRatio),:);
      obj.trainLabels = obj.trainLabels(1:floor(end/cutRatio),:);
    end%切分函数结束

  end %公有方法结束

  %静态方法
  methods(Static)
    %对数据画图
    %dataCells:细胞数组,每一个细胞包含一个数据矩阵
    %isInversed:在画数据之前将每个数据样本逆转
    %例如,MNIST 中的图像必须在画图之前逆转
    %sizeX:数据样本在 X 方向上的大小。例如,MNIST 数据在 X 方向上的大小为 28
    %sizeY:数据样本在 Y 方向上的大小。例如,MNIST 数据在 Y 方向上的大小为 28
    function plotData(dataCells,isInversed,sizeX,sizeY)
      if nargin < 2
        isInversed = 0;
      end
      %如果没有设置 sizeX,则将数据样本个数的平方根作为 sizeX 的值
      if nargin < 3
        sizeX = sqrt(size(dataCells{1},2));
      end
      %如果没有设置 sizeY,则将数据样本个数的平方根作为 sizeY 的值
      if nargin < 4
        sizeY = size(dataCells{1},2)/sizeX;
      end
      %画出每个细胞中的数据矩阵,一幅图表示一个数据
      for dcl = 1:length(dataCells)
```

```
      dataMat = dataCells{dcl};                         %获得细胞中的每个数据矩阵
      dataMat = (dataMat - min(min(dataMat)))/(max(max(dataMat)) - min(min(dataMat)));
      %numImgDir:一幅图中每个方向上的数据样本的数量
      numImgDir = floor(sqrt(size(dataMat,1)));
      %img:包含细胞中所有数据样本的图像
      img = zeros(numImgDir*sizeY,numImgDir*sizeX);
      counter = 0;
      for i = 1:numImgDir
        for j = 1:numImgDir
          counter = counter + 1;
          if (isInversed == 0)
            img((i - 1) * sizeY + 1:i * sizeY, (j - 1) * sizeX + 1:j * sizeX) = reshape(dataMat
            (counter,:),sizeY,sizeX);
          else
            img((i - 1) * sizeY + 1:i * sizeY, (j - 1) * sizeX + 1:j * sizeX) = reshape(dataMat
            (counter,:),sizeX,sizeY)';
          end
        end
      end
      subplot(1,length(dataCells),dcl);imshow(img);     %画出图像
      xlabel(dcl);
    end
  end %对数据画图的函数结束

 end %静态方法结束

end %类的定义结束
```

3. DBN. m

DBN 类继承于 handle 类，具体定义如下：

```
classdef DBN < handle

  %公有属性
  properties (Access = public)

    %设置 DBN 的类型
    dbnType;

    %保存堆叠的 RBM
    rbms;

    %当反向传播需要时,保存神经网络对象
    net;

  end %公有属性结束

  %公有方法
  methods (Access = public)
```

```
%构造函数
%dbnType:DBN的类型可以是自编码器,也可以是分类器
%rbms:堆叠RBM,可以从其他训练的DBN中得到
function obj = DBN(dbnType, rbms)
  if nargin <1
    dbnType = 'autoEncoder';                         %DBN的类型是自编码器
  end
  if nargin <2
    rbms = [];
  end
  obj.dbnType = dbnType;
%如果有可用的堆叠的RBM,那么使用它们
  obj.rbms = rbms;
  obj.net = [];
end %构造函数结束

%将gpuArray转移到局部工作空间
function [obj] = gather(obj)
  for i =1:length(obj.rbms)
    obj.rbms{i}.gather();
  end
end%转移函数结束

%在GPU上创建DBN
function obj = gpuArray(obj)
  for i =1:length(obj..rbms)
    obj.rbms{i}.gpuArray();
  end
end %gpuArray()函数结束

%在堆叠的RBM上面增加新的RBM
%rbmParams:新的RBM的参数
function addRBM(obj, rbmParams)
  if (rbmParams.sparsity ==0)                        %非稀疏RBM
    switch rbmParams.rbmType                         %判断RBM的类型,有两种类型:判别和生成
      case RbmType.discriminative
        rbm = DiscriminativeRBM(rbmParams);          %判别RBM,又称为分类RBM
      case RbmType.generative
        rbm = GenerativeRBM(rbmParams);
    end
  elseif(rbmParams.sparsity ==1)                     %稀疏RBM
    switch rbmParams.rbmType
      case RbmType.discriminative
        rbm = SparseDiscriminativeRBM(rbmParams); %稀疏判别RBM
      case RbmType.generative
        rbm = SparseGenerativeRBM(rbmParams);      %稀疏生成RBM
    end
  end
  if isempty(obj.rbms)
```

```
    obj.rbms = {rbm};
  else
    obj.rbms = [obj.rbms,{rbm}];
  end
end %addRBM()函数结束

%逐层训练 RBM
%data:类 DataStore 的对象,用于训练它的训练数据
function train(obj,data)
  visibleData = data..clone();
  %训练每一个 RBM
  for i =1:length(obj.rbms)
    rbm = obj.rbms{i};
    fprintf(1,'\n ****** RBM %d ******* %d - %d\n',i,size(visibleData.trainData,2),
    rbm.rbmParams.numHid);
    rbm.train(visibleData);              %训练 RBM,调用相应类型的 RBM 类的 train 方法
    if(i < length(obj.rbms))
      visibleData.trainData = rbm.getFeature(visibleData.trainData);
        %调用相应 RBM 类的 getfeature 方法
      visibleData.validationData = rbm.getFeature(visibleData.validationData);
      if (rbm.rbmParams.hiddenValueType == ValueType.binary)
        visibleData.valueType = ValueType.probability;
      else
        visibleData.valueType = rbm.rbmParams.hiddenValueType;
      end
    end
  end
end %训练函数结束

%从数据获得特征的函数
%dataMatrix:行数据矩阵
%k:采样的次数
%extractedFeature:已经提取的特征
function [extractedFeature] = getFeature(obj,dataMatrix,k,layerNumber,beforeBP)
  if nargin <3
    k =1;                              %采样次数默认为 1
  end
  if nargin <4
    layerNumber = length(obj.rbms);    %层数
  end
  if nargin <5
    if (isempty(obj.net))
      beforeBP =1;
    else
      beforeBP =0;
    end
  end
  extractedFeature = dataMatrix;
  if (beforeBP ==1)
```

```
    %逐层获得特征
    for i =1:layerNumber -1
      rbm = obj.rbms{i};
      extractedFeature = rbm.getFeature(extractedFeature);  %依次获得每个隐含层的特征
    end
    rbm = obj.rbms{layerNumber};
    extractedFeature = rbm.getFeature(extractedFeature,k);  %获得最后一个 RBM 的特征
  else %在 BP 之后
    if (isobject(obj.net))
      ocOld = obj.net.outputConnect;
      obj.net.outputConnect = zeros(1,obj.net.numLayers);
      obj.net.outputConnect(1,layerNumber) =1;
      [extractedFeature] = obj.net(dataMatrix');
      extractedFeature = extractedFeature';
      obj.net.outputConnect = ocOld;
    else
      obj.net.testing =1;
      obj.net = nnff(obj.net,dataMatrix,zeros(size(dataMatrix,1),obj.net.size(end)));
      obj.net.testing =0;
      extractedFeature = obj.net.a{layerNumber +1};
    end
  end
end %获得特征函数结束

%从隐含特征生成数据
%extractedFeature:隐含特征
%k:采样次数
%generatedData:生成的可视数据
function [generatedData] = generateData(obj,extractedFeature,k,beforeBP)
  if nargin <3
    k =1;
  end
  if nargin <4
    if (isempty(obj.net))
      beforeBP =1;
    else
      beforeBP =0;
    end
  end
  if (beforeBP ==1)
  generatedData = extractedFeature;
  rbm = obj.rbms{end};
  generatedData = rbm.generateData(generatedData,k);
  for i = length(obj.rbms) -1: -1:1
    rbm = obj.rbms{i};
    generatedData = rbm.generateData(generatedData);          %生成数据
  end
  else %beforeBP ==0
    if (isobject(obj.net))
```

```
        generatedData = extractedFeature;
        for i = length(obj.rbms) +1:2*length(obj.rbms)
          generatedData = feval(obj.net.layers{i}.transferFcn,generatedData*obj.net.
          LW{i,i -1}' + repmat(obj.net.b{i},1,size(generatedData,1))');
        end
      else
        error('generateData after BP without MATLAB toolbox,not implemented yet.');
      end
    end
  end %生成数据函数结束

  %重建可视数据
  %dataMatrix:行数据矩阵
  %k:采样次数
  %fixedDimensions:重建的最后将被固定
  %reconstructedData:已重建的可视数据
  function [reconstructedData] = reconstructData (obj, dataMatrix, k, fixedDimensions,
  beforeBP)
    if nargin <3
      k =1;
    end
    if nargin <4
      fixedDimensions = [];
    end
    if nargin <5
      if (isempty(obj.net))
        beforeBP =1;
      else
        beforeBP =0;
      end
    end
    if (beforeBP ==1)
      [extractedFeature] =obj.getFeature(dataMatrix,k);
      [generatedData] =obj.generateData(extractedFeature);
      generatedData(:,fixedDimensions) =dataMatrix(:,fixedDimensions);
      reconstructedData =generatedData;
    else
      if (isobject(obj.net))
        reconstructedData =obj.net(dataMatrix')';
      else
        obj.net.testing =1;
        obj.net =nnff(obj.net,dataMatrix,zeros(size(dataMatrix,1),obj.net.size(end)));
        obj.net.testing =0;
        reconstructedData =obj.net.a{end};
      end
    end
  end %重建数据函数结束

  %根据类别生成数据
```

```
%classNumber:类别向量
%k:重建数据的个数
%generatedData:根据类别向量生成的可视数据
function [generatedData] = generateClass(obj,classNumber,k)
  rbm = obj.rbms{end};
  if (rbm.rbmParams.rbmType ~ = RbmType.discriminative)     %判断最高层的 RBM 的类型
    error('The last RBM must be discriminative');
  end
  [generatedData] = rbm.generateClass(classNumber,k);         %根据类别生成数据
  for i = length(obj.rbms) -1: -1:1
    rbm = obj.rbms{i};
    generatedData = rbm.generateData(generatedData);          %依次生成数据
  end
end %生成类别函数结束

%在 DBN 中,使用 MATLAB 的反向传播算法
%data:DataStore 类的对象,使用 DataStore 类的训练数据
%反向传播过程
function backpropagation(obj,data,useGPU,matlabNN)
  if nargin <3
    useGPU = 'no';                                            %默认不适用 GPU
  end
  if nargin <4
    if(tools.isoctave())
      matlabNN =0;
    else
      matlabNN =1;
    end
  end
  %创建 MATLAB 神经网络对象,并且设置它的参数
  obj.net = DBNtoNN(obj,data,matlabNN);  %将 DBN 网络转换为 NN,调用 DBNtoNN 方法
  if(matlabNN ==1)
    obj.net.trainParam.epochs =200;                           %迭代次数
    reductionFactor = ceil(size(data.trainData,1)/5000);      %下降系数
    %训练神经网络
    switch (obj.dbnType)
      case 'autoEncoder'
        obj.net = train(obj.net,data.trainData',data.trainData','reduction',reduc-
        tionFactor,'useGPU',useGPU);
          obj.net.outputConnect = zeros(1,obj.net.numLayers);
          obj.net.outputConnect(1,ceil(obj.net.numLayers/2)) =1;
      case 'classifier'
        trainLabel = full(tools.ind2vec(data.trainLabels' +1)); %训练样本的标签
        obj.net = train(obj.net,data.trainData',trainLabel,'reduction',reductionF-
        actor,'useGPU',useGPU);
      case 'functionApproximator'                             %函数近似
        obj.net = train(obj.net,data.trainData',data.trainLabels','reduction',re-
        ductionFactor,'useGPU',useGPU);
    end
```

```
  else
    opts.numepochs = 200;                                   %迭代次数
    opts.plot = 0;
    opts.batchsize = 100;                                   %迷你块大小
    obj.net.dropoutFraction = 0.1;                          %dropout 系数
    switch (obj.dbnType)
      case 'autoEncoder'
        [nn,L] = nntrain(obj.net,data.trainData,data.trainData ,opts);
        obj.net = nn;
      case 'classifier'
        trainLabel = full(tools.ind2vec(data.trainLabels' +1))';
        [nn,L] = nntrain(obj.net,data.trainData,trainLabel ,opts);
        obj.net = nn;
      case 'functionApproximator'
        [nn,L] = nntrain(obj.net,data.trainData,trainLabel ,opts);
        obj.net = nn;
    end
  end
end %反向传播函数结束

%根据 DBN 的类型得到其输出
%dataMatrix:行数据矩阵
%method:从模型获得输出的方法
function output = getOutput(obj,dataMatrix,method)
  if nargin < 3
    method = 'byFreeEnergy';                                %默认方法:自由能
  end
  switch (obj.dbnType)
    %自编码器
    case 'autoEncoder'
      [extractedFeature] = obj.getFeature(dataMatrix,1);
      output = extractedFeature;                            %特征即为输出
      %分类器
    case 'classifier'
      if (isempty(obj.net))
        if (obj.rbms{end}.rbmParams.rbmType == RbmType.discriminative)
          extractedFeature = dataMatrix;
          for i =1:length(obj.rbms) -1         %输入层到最后一个隐含层
            rbm = obj.rbms{i};
            extractedFeature = rbm.getFeature(extractedFeature,1);     %提取特征
          end
          rbm = obj.rbms{length(obj.rbms)};   %最后一个 RBM
          classNumber = rbm.predictClass(extractedFeature,method);     %预测类别
        else %用 MATLAB 神经网络分类
          error('In this type of DBN you must first run backpropagation function.');
        end
      else
        if (isobject(obj.net))
          y = obj.net(dataMatrix');
```

```
            classNumber = vec2ind(y)' -1;
          else
            y = nnpredict(obj.net,dataMatrix);
            classNumber = y -1;
          end
        end
        output = classNumber;
        %函数逼近
      case 'functionApproximator'
        if (isobject(obj.net))
          y = obj.net(dataMatrix');
          output = y';
        else
          obj.net.testing = 1;
          obj.net = nnff(obj.net,dataMatrix,zeros(size(dataMatrix,1),obj.net.size(end)));
          obj.net.testing = 0;
          output = obj.net.a{end};
        end
    end %选取 DBN 类型结束
  end %获得输出函数结束

  function bases = plotBases(obj,rbmNumber)
    bases = obj.rbms{1}.rbmParams.weight...
      (obj.rbms{1}.rbmParams.numberOfVisibleSoftmax +1:end,:);

    for i =2:rbmNumber
      rbm = obj.rbms{i};
      bases = bases*rbm.rbmParams.weight...
        (obj.rbms{i}.rbmParams.numberOfVisibleSoftmax +1:end,:);
    end
    bases = bases';
    bases = (bases - repmat(min(bases,[],2),1,size(bases,2)))./(repmat(max(bases,[],
    2),1,size(bases,2)) - repmat(min(bases,[],2),1,size(bases,2)));
    DataClasses.DataStore.plotData({tools..gather(bases)},1);
  end
end %公有方法结束

%私有方法
methods (Access = private)
  %根据 DBN 类型,将 DBN 转化为 NN
  %data:DataStore 类的对象,使用 DataStore 类的属性
  function net = DBNtoNN(obj,data,matlabNN)
    switch (obj.dbnType)
      case 'autoEncoder'
        net = obj.DBNtoAutoEncoderNN(matlabNN);
      case 'classifier'
        net = obj.DBNtoClassifierNN(data,matlabNN);
      case 'functionApproximator'
        net = obj.DBNtoFunctionApproximatorNN(data,matlabNN);
    end
```

```
end %DBN 到 NN 的转化结束

%使 Khademian 实现
function [sizes,hidd_type] =process_rbms(obj,output_size)
  sizes =zeros(1,length(obj.rbms) +1);

  for i =1:length(obj.rbms)
    sizes(i) =obj..rbms{i}.rbmParams.numHid;
  end

  if (obj..rbms{end}.rbmParams..rbmType ==RbmType.discriminative)
    sizes(end) =obj.rbms{end}.rbmParams.numberOfVisibleSoftmax;
  else
    sizes(end) =output_size;
  end

  hidd_type =obj.rbms{1}.rbmParams.hiddenValueType;
  for i =2:(length(obj.rbms) -1)
    if (obj.rbms{i}.rbmParams.hiddenValueType ~ =hidd_type)
      error('DBN2DeepLearnNN: not supported -all hidden layers must have same activa-
      tion function');
    end
  end
  sizes =[obj.rbms{1}.rbmParams.numVis - obj.rbms{1}.rbmParams.numberOfVisible-
  Softmax,sizes];
end %process_rbms 结束

%将 DBN 分类器转换为 NN
%data: DataStore 类的对象,使用 DataStore 类的属性
function net =DBNtoClassifierNN(obj,data,matlabNN)
  if (matlabNN ==1)
    net =patternnet(5*ones(1,length(obj.rbms)));
    net.trainFcn ='trainscg';
    net.inputs{1}.processFcns ={};
    net.outputs{end}.processFcns ={};
    net.performFcn ='mse';
    net.divideFcn ='';
    %设置 NN 结构
    for i =1:length(obj.rbms)
      rbm =obj.rbms{i};
      if (i ==1)
        net.inputs{1}.size =rbm..rbmParams.numVis -rbm.rbmParams.numberOfVisibleSoftmax;
      end
      switch rbm.rbmParams..hiddenValueType
        case ValueType.binary
          net.layers{i}.dimensions =rbm.rbmParams.numHid;
          net.layers{i}.transferFcn ='logsig';
        case ValueType.probability
          net.layers{i}.dimensions =rbm.rbmParams.numHid;
```

```
            net.layers{i}.transferFcn = 'logsig';
          case ValueType.gaussian
            net.layers{i}.dimensions = rbm.rbmParams.numHid;
            net.layers{i}.transferFcn = 'purelin';
        end
      end %结束所有的 RBM
      net.layers{end}.dimensions = max(data.trainLabels) +1;
      net.layers{end}.transferFcn = 'logsig';
      %设置 NN 权值
      for i =1:length(obj.rbms)
        rbm = obj.rbms{i};
        if(i ==1)
          net.IW{1,1} = double(tools.gather(rbm.rbmParams.weight(rbm.rbmParams.num-
          berOfVisibleSoftmax +1:end,:)'));
          net.b{i} =double(tools.gather(rbm.rbmParams.hidBias'));
        else
          net.LW{i,i - 1} = double(tools.gather(rbm.rbmParams.weight(rbm.rbmParams.
          numberOfVisibleSoftmax +1:end,:)'));
          net.b{i} =double(tools.gather(rbm.rbmParams.hidBias'));
        end
      end %结束所有的 RBM
      rbm = obj.rbms{end};
      if (rbm.rbmParams.rbmType == RbmType.discriminative)
        net.LW{end, end - 1} = double(tools.gather(rbm.rbmParams.weight(1:rbm.rbm-
        Params.numberOfVisibleSoftmax,:)));
        net.b{end} = double(tools.gather(rbm.rbmParams.visBias(1:rbm.rbmParams.num-
        berOfVisibleSoftmax)'));
      else
        %最后一层的权值进行随机初始化
        net.LW{end,end -1} =0.1*randn(size(net.LW{end,end -1}));
      end
    else %使用另一种工具箱进行 BP
      output_size =max(data.trainLabels) +1;
      [sizes,hidd_type] =obj.process_rbms(output_size);
      net =nnsetup(sizes);
      switch hidd_type
        case ValueType.binary
          net.activation_function = 'sigm';
      end

      for i =1:length(obj.rbms)
        rbm =obj.rbms{i};
        net.W{i} =rbm.rbmParams.weight(rbm.rbmParams.numberOfVisibleSoftmax +1:end,:)';
        net.b{i} =rbm.rbmParams.hidBias';
      end
      rbm =obj.rbms{end};
      if (rbm.rbmParams.rbmType == RbmType.discriminative)
        net.W{end} =rbm.rbmParams.weight(1:rbm.rbmParams.numberOfVisibleSoftmax,:);
        net.b{end} =rbm.rbmParams.visBias(1:rbm.rbmParams.numberOfVisibleSoftmax)';
```

```
    else
      net.W{end} = 0.1*randn(size(net.W{end}));
    end
  end
end %将 DBN 转换为 NN 的函数结束

%将自编码器转换为 NN
function net = DBNtoAutoEncoderNN(obj,matlabNN)
  if (matlabNN == 1)
    net = fitnet(5*ones(1,length(obj.rbms)*2 -1));
    net.trainFcn = 'trainscg';
    net.inputs{1}.processFcns = {};
    net.outputs{end}.processFcns = {};
    net.performFcn = 'mse';
    net.divideFcn = '';
    %设置 NN 结构
    for i =1:length(obj.rbms)
      rbm = obj.rbms{i};
      switch rbm.rbmParams.hiddenValueType
        case ValueType.binary
          net.layers{i}.dimensions = rbm.rbmParams.numHid;
          net.layers{i}.transferFcn = 'logsig';
          net.layers{length(net.layers) - i}.dimensions = rbm.rbmParams.numHid;
          net.layers{length(net.layers) - i}.transferFcn = 'logsig';
        case ValueType.probability
          net.layers{i}.dimensions = rbm.rbmParams.numHid;
          net.layers{i}.transferFcn = 'logsig';
          net.layers{length(net.layers) - i}.dimensions = rbm.rbmParams.numHid;
          net.layers{length(net.layers) - i}.transferFcn = 'logsig';
        case ValueType.gaussian
          net.layers{i}.dimensions = rbm.rbmParams.numHid;
          net.layers{i}.transferFcn = 'purelin';
          net.layers{length(net.layers) - i}.dimensions = rbm.rbmParams.numHid;
          net.layers{length(net.layers) - i}.transferFcn = 'purelin';
      end
    end %结束所有的 RBM
    %为自编码器的第一层和最后一层设置 NN 结构
    rbm = obj.rbms{1};
    switch rbm.rbmParams.visibleValueType
      case ValueType.binary
        net.inputs{1}.size = rbm.rbmParams.numVis;
        net.layers{end}.dimensions = rbm.rbmParams.numVis;
        net.layers{end}.transferFcn = 'logsig';
      case ValueType.probability
        net.inputs{1}.size = rbm.rbmParams.numVis;
        net.layers{end}.dimensions = rbm.rbmParams.numVis;
        net.layers{end}.transferFcn = 'logsig';
      case ValueType.gaussian
        net.inputs{1}.size = rbm.rbmParams.numVis;
```

```
            net.layers{end}.dimensions = rbm.rbmParams.numVis;
            net.layers{end}.transferFcn = 'purelin';
        end
        %设置 NN 权值
        for i =1:length(obj.rbms)
          rbm = obj.rbms{i};
          if(i ==1)
            net.IW{1,1} = double(tools.gather(rbm.rbmParams.weight'));
            net.b{i} = double(tools.gather(rbm.rbmParams.hidBias'));
          else
            net.LW{i,i -1} = double(tools.gather(rbm.rbmParams.weight'));
            net.b{i} = double(tools.gather(rbm.rbmParams.hidBias'));
          end
          net.LW{end - i +1,end - i} = double(tools.gather(rbm..rbmParams.weight));
          net.b{end - i +1} = double(tools.gather(rbm.rbmParams.visBias'));
        end %结束所有的 RBM
      else %使用另一个工具箱进行 BP
        {sizes,hidd_type} = obj.process_rbms(obj.rbms{1}..rbmParams.numVis);
        sizes = {sizes(1:end -1),sizes(end -2: -1:1)};
        net = nnsetup(sizes);
        switch hidd_type
          case ValueType.binary
            net..activation_function = 'sigm';
        end
        for i =1:length(obj.rbms)
          rbm = obj.rbms{i};
          net..W{i} = rbm.rbmParams.weight';
          net..b{i} = rbm.rbmParams.hidBias';
          net.W{end - i +1} = rbm..rbmParams.weight;
          net.b{end - i +1} = rbm.rbmParams.visBias';
        end
        t =5;
      end
    end %将 DBN 转换为 NN 的函数结束

    %将函数逼近 DBN 转换成 NN
    %data:DataStore 类的对象,使用 DataStore 类的属性
    function net = DBNtoFunctionApproximatorNN(obj,data,matlabNN)
      if (matlabNN ==1)
        net = fitnet(5*ones(1,length(obj.rbms)));
        net.trainFcn = 'trainscg';
        net.inputs{1}.processFcns = {};
        net.outputs{end}.processFcns = {};
        net.divideFcn = '';
        %设置 NN 结构
        for i =1:length(obj.rbms)
          rbm = obj.rbms{i};
          if (i ==1)
            net.inputs{1}.size = rbm.rbmParams.numVis;
          end
```

```
        switch rbm.rbmParams.hiddenValueType
          case ValueType.binary
            net.layers{i}.dimensions = rbm.rbmParams.numHid;
            net.layers{i}.transferFcn = 'logsig';
          case ValueType.probability
            net.layers{i}.dimensions = rbm.rbmParams.numHid;
            net.layers{i}.transferFcn = 'logsig';
          case ValueType.gaussian
            net.layers{i}.dimensions = rbm.rbmParams.numHid;
            net.layers{i}.transferFcn = 'purelin';
        end
      end %结束所有的 RBM
      net.layers{end}.transferFcn = 'purelin';
      net.layers{end}.dimensions = size(data.trainLabels,2);
      %设置 NN 权值
      for i =1:length(obj.rbms)
        rbm = obj.rbms{i};
        if(i ==1)
          net.IW{1,1} = double(tools.gather(rbm.rbmParams.weight'));
          net.b{1} = double(tools.gather(rbm.rbmParams.hidBias'));
        else
          net.LW{i,i -1} = double(tools.gather(rbm.rbmParams.weight'));
          net.b{i} = double(tools.gather(rbm.rbmParams.hidBias'));
        end
      end %结束所有的 RBM
      %随机设置最后一层
      net.LW{end,end -1} =0.05*randn(size(net.LW{end,end -1}));
    else %使用另一个工具箱进行 BP
      output_size = size(data.trainLabels,2);
      {sizes,hidd_type} = obj.process_rbms(output_size);
      net = nnsetup(sizes);
      switch hidd_type
        case ValueType.binary
          net.activation_function = 'sigm';
      end
      for i =1:length(obj.rbms)
        rbm = obj.rbms{i};
        net.W{i} = rbm.rbmParams.weight';
        net.b{i} = rbm.rbmParams.hidBias';
      end
      net.W{end} =0.1*randn(size(net.W{end}));
    end
  end %DBN 转移到函数逼近 NN 的函数结束

 end %私有方法结束

end %DBN 类结束
```

4. RbmParameters.m

```
classdef RbmParameters < handle
```

```
%公有属性
properties (Access =public)

  %RBM 的权值矩阵,矩阵的行表示可视节点的数量,矩阵的列表示隐含层节点的数量
  weight;

  %可视层的偏置,一个长度为 numVis 的向量
  visBias;

  %隐含层的偏置,一个长度为 numHid 的向量
  hidBias;

  %隐含节点的数量
  numHid;

  %学习过程中的动量项
  %它是一个决定每次迭代中动量值的向量
  moment;

  %学习过程中块的大小
  batchSize;

  %学习过程中的最大迭代次数
  maxEpoch;

  %迭代次数
  epochNumber;

  %达到最大迭代次数之前在哪一次开始计算平均
  avgLast;

  %学习过程中的惩罚项
  penalty;

  %在 RBM 中使用的采样方法
  samplingMethodType;

  %采样次数
  kSamplingIteration;

  %设定 RBM 的类型
  rbmType;

  %可视 softmax 节点的数量
  numberOfVisibleSoftmax;

  %记录每次迭代的性能
  performanceHistory;
```

```
    %计算 RBM 性能的方法
    performanceMethod;

    %设定是否使用稀疏性。0 表示不使用,1 表示使用
    sparsity;

    %学习中的稀疏损失
    sparsityCost;

    %隐含节点激活值的目标值
    sparsityTarget;

    %稀疏方法:"二次""比率失真""平常"
    sparsityMethod;

    %决定在 RBM 中是否使用 GPU,0:不使用 1:使用
    gpu;

    %决定使用其他类型
    %@ single:单精度 @ double:双精度
    cast;

end %公有属性结束

%私有属性
properties (Access =private)

    %可视节点的值的类型
    %VisibleValueType 获得 ValueType 的枚举值
    internalVisibleValueType;

    %隐含节点的值的类型
    %HiddenValueType 获得 ValueType 的枚举值
    internalHiddenValueType;
    internalLearningRate;
    learningRateChanged;

end %私有属性结束

%依赖属性
properties (Dependent)

    %可视节点的数量
    numVis;

    %可视节点的类型
    %visibleValueType 获得 ValueType 的枚举值
    visibleValueType;
```

```
    %隐含节点的值的类型
    %hiddenValueType 获得 ValueType 的枚举值
    hiddenValueType;

    %学习过程中的学习率
    learningRate;

  end %依赖属性结束

  %公有方法
  methods

    %构造函数
    %numHid:隐含节点的数量
    %hiddenValueType:隐含节点的类型
    function obj = RbmParameters(numHid,hiddenValueType)
      if nargin <1
        numHid =100;
      end
      if nargin <2
        hiddenValueType = ValueType.binary;                          %默认是二值类型
      end
      obj.numHid = numHid;
      obj.hiddenValueType = hiddenValueType;
      obj.hidBias = zeros(1,numHid);
      obj.rbmType = RbmType.generative;
         %在当前定义中,向量中的每一个值用于每一次的迭代,最后的值用于其他的迭代
      obj.moment = [0.5 0.4 0.3 0.2 0.1 0];
      obj.batchSize =100;
      obj.maxEpoch =50;
      obj.epochNumber =0;
      obj.avgLast =5;
      obj.learningRateChanged =0;
      obj.penalty =0.0002;
      obj.samplingMethodType = SamplingClasses.SamplingMethodType.CD; %使用 CD
      obj.kSamplingIteration =1;
      obj.numberOfVisibleSoftmax =0;
      obj.performanceHistory = [];
      obj.performanceMethod = 'freeEnergy';
      obj.sparsity =0;
      obj.sparsityCost =0.1;
      obj.sparsityTarget =0.05;
      obj.sparsityVariance =0.1;
      obj.sparsityMethod = 'quadratic';
      obj.gpu =0;
      obj.cast =@ double;
    end %构造函数结束

    %设置 gpu 和 cast
```

```
function [] =redefineValues(obj)
  if (obj.gpu)
    obj.weight =gpuArray(obj.cast(obj.weight));
  else
    obj.weight =obj.cast(obj.weight);
  end
end %重新定义值函数结束

%将 gpuArray 转移到局部工作空间
function [obj] =gather(obj)
  obj.weight =tools.gather(obj.weight);
  obj.visBias =tools.gather(obj.visBias);
  obj.hidBias =tools.gather(obj.hidBias);
  obj.performanceHistory =tools.gather(obj.performanceHistory);
    p =properties(obj);
    for i =1:length(p)
      param =get(obj,p{i});
      if (isequal(class(param),'gpuArray'))
        set(obj,p{i},gather(param));
      end
    end
  obj.gpu =0;
end

%以下函数为依赖属性设定值,返回 numVis 的属性
  function numVis =get.numVis(obj)
  numVis =size(obj.weight,1);
end

%返回 visibleValueType 属性
function visibleValueType =get.visibleValueType(obj)
  visibleValueType =obj.internalVisibleValueType;
end

%设置 visibleValueType 属性
function set.visibleValueType(obj,value)
  obj.internalVisibleValueType =value;
end

%返回 hiddenValueType 属性
function hiddenValueType =get.hiddenValueType(obj)
  hiddenValueType =obj.internalHiddenValueType;
end

%设置 hiddenValueType 属性
function set.hiddenValueType(obj,value)
  obj.internalHiddenValueType =value;
end
```

```
    %返回 hiddenValueType 属性
    function learningRate = get.learningRate(obj)
      if (obj.learningRateChanged)
        learningRate = obj.internalLearningRate;
      else
        if(obj.hiddenValueType == ValueType.gaussian || obj.visibleValueType == Value-
        Type.gaussian)
          learningRate = 0.001;
        else
          learningRate = 0.1;
        end
      end
    end

    %设置 hiddenValueType 属性
    function set.learningRate(obj,value)
      obj.internalLearningRate = value;
      obj.learningRateChanged = 1;
    end

  end %公有方法结束

end %RbmParameters 类结束
```

5. DiscriminativeRBM. m

```
  %判别 RBM 类
classdef DiscriminativeRBM < RBM  %该类继承于 RBM 类
  %公有方法
  methods (Access = public)

    %构造函数
    function obj = DiscriminativeRBM(rbmParams)
      obj = obj@ RBM(rbmParams);
      obj.rbmParams.rbmType = RbmType.discriminative;
    end %构造函数结束

    %训练函数
    %data:DataStore 类对象,使用它的训练函数
    function train(obj,data)

    %在可视层为标签设置 softmax 节点
      numberOfClasses = max(data.trainLabels) +1;
      obj.rbmParams.numberOfVisibleSoftmax = numberOfClasses;
      trainDataPatch = full(tools.ind2vec(data.trainLabels' +1)');

      %初始化模型参数
      if (isempty(obj.rbmParams.weight))
        obj.rbmParams.visibleValueType = data.valueType;
```

```
%初始化权值和偏置
obj.rbmParams.weight = 0.1 * randn (size (data.trainData, 2 ) + numberOfClasses, obj.rbm-
Params.numHid);
        obj.rbmParams.visBias = zeros(1,size(data.trainData,2) + numberOfClasses);
      end
      if (isempty(obj.deltaWeight))
        obj.deltaWeight = zeros(size(obj.rbmParams.weight));
        obj.deltaVisBias = zeros(size(obj.rbmParams.visBias));
        obj.deltaHidBias = zeros(size(obj.rbmParams.hidBias));
      end
      obj.rbmParams.redefineValues();
      %创建一个采样类的对象
      if (isempty(obj.sampler))
        obj.sampler = SamplingClasses.Sampling(obj.rbmParams.samplingMethodType);
      end
      batchArraySize = ceil(size(data.trainData,1)/obj.rbmParams.batchSize);
      %计算开始迭代的平均
      avgstart = obj.rbmParams.maxEpoch + obj.rbmParams.epochNumber - obj.rbmParams.avgLast;
      %降低平均中的因子
      t = 0;
      %开始训练,迭代次数循环
      for epoch = 1:obj.rbmParams.maxEpoch
        ticID = tic;
        obj.rbmParams.epochNumber = obj.rbmParams.epochNumber + 1;
        for batchNumber = 1:batchArraySize  %迷你块的循环
          %使用 softmax 节点,准备训练数据
          batchTrainDataPatch = trainDataPatch(...
            (batchNumber - 1) * obj.rbmParams.batchSize + 1:min(batchNumber * obj.rbm-
            Params.batchSize,end),:);
          batchData = [batchTrainDataPatch,data.trainData(...
            (batchNumber - 1) * obj.rbmParams.batchSize + 1:min(batchNumber * obj.rbm-
            Params.batchSize,end),:)];
          obj.sampler.run(obj.rbmParams,batchData);
          %权值
          obj.deltaWeight = obj.rbmParams.moment(min(obj.rbmParams.epochNumber,end)) *
         obj.deltaWeight + obj.rbmParams.learningRate*...
            ((batchData'*obj.sampler.posHid - obj.sampler.negVis'*obj.sampler.negHid)/
            size(batchData,1) - ...
            obj.rbmParams.penalty*obj.rbmParams.weight);
          weight = obj.rbmParams.weight + obj.deltaWeight;
          %可视偏置
          obj.deltaVisBias = obj.rbmParams.moment(min(obj.rbmParams.epochNumber,end))
          *obj.deltaVisBias + obj.rbmParams.learningRate*...
            ((sum(batchData,1) - sum(obj.sampler.negVis,1))/size(batchData,1));
          visBias = obj.rbmParams.visBias + obj.deltaVisBias;
          %隐含偏置
          obj.deltaHidBias = obj.rbmParams.moment(min(obj.rbmParams.epochNumber,end))
          *obj.deltaHidBias + obj.rbmParams.learningRate*...
            ((sum(obj.sampler.posHid,1) - sum(obj.sampler.negHid,1))/size(batchData,1));
```

```
        hidBias = obj.rbmParams.hidBias + obj.deltaHidBias;
        %Using regularization term gradient
        %加入规则化
        [deltaWeightReg, deltaVisBiasReg, deltaHidBiasReg] = obj.getRegularizationGra-
        dient(batchData, obj.sampler.posHid);
        weight = weight + deltaWeightReg;
        visBias = visBias + deltaVisBiasReg;
        hidBias = hidBias + deltaHidBiasReg;
        %Averaging in some last layers
        if (avgstart > 0 && obj.rbmParams.epochNumber > avgstart)
          t = t + 1;
          obj.rbmParams.weight = obj.rbmParams.weight - (1/t) * (obj.rbmParams.weight -
          weight);
          obj.rbmParams.visBias = obj.rbmParams.visBias - (1/t) * (obj.rbmParams.vis-
          Bias - visBias);
          obj.rbmParams.hidBias = obj.rbmParams.hidBias - (1/t) * (obj.rbmParams.hid-
          Bias - hidBias);
        else
          obj.rbmParams.weight = weight;
          obj.rbmParams.visBias = visBias;
          obj.rbmParams.hidBias = hidBias;
        end
      end %结束块
      elapsedTime = toc(ticID);
      estimatedTime = elapsedTime * (obj.rbmParams.maxEpoch - epoch);
      perf = obj.computePerformance(data);    %计算 RBM 的性能
      obj.rbmParams.performanceHistory = [obj.rbmParams.performanceHistory; [perf,
      elapsedTime]];
      fprintf(1, 'epoch number:%g\t performance:%g\t remained RBM training time:%g\n',
      obj.rbmParams.epochNumber, perf, estimatedTime);
    end                                       %迭代结束
  end                                         %训练函数结束

  %从数据获得特征
  %dataMatrix:行数据矩阵
  %k:采样次数
  %fixedDimensions:采样过程中设定的维度
  %extractedFeature:提取的特征
  %dataMatrixLabels:数据矩阵的标签
  function [extractedFeature] = getFeature(obj, dataMatrix, k, fixedDimensions, dataMa-
  trixLabels)
    if nargin < 3
      k = 1;
    end
    if nargin < 4
      fixedDimensions = [];
    else
      fixedDimensions = fixedDimensions + obj.rbmParams.numberOfVisibleSoftmax;
    end
```

```
  %准备 softmax 节点值
  if nargin <5 || isempty(dataMatrixLabels)
    dataMatrixLabelsVector = zeros (size (dataMatrix, 1 ), obj. rbmParams. numberOfVisi-
    bleSoftmax);
  else
    dataMatrixLabelsVector = full ( tools. ind2vec ( dataMatrixLabels ' + 1, obj. rbm-
    Params.numberOfVisibleSoftmax)');
  end
  %使用 softmax 节点准备数据矩阵
  dataMatrix = [dataMatrixLabelsVector,dataMatrix];
  batchArraySize = ceil (size (dataMatrix,1) /obj.rbmParams.batchSize);
  %提取的特征矩阵
  extractedFeature = zeros (size (dataMatrix,1), obj.rbmParams.numHid);
  for i =1:batchArraySize
    batchData = dataMatrix ((i - 1) * obj.rbmParams.batchSize + 1:min (i * obj.rbmParams.
    batchSize,end),:);
    [hidSample,hidProb] = obj.sampler.up (obj.rbmParams,batchData);
    for j =2:k
      [visSample, ~ ] = obj.sampler.down (obj.rbmParams,hidSample);
      visSample (:,fixedDimensions) = batchData (:,fixedDimensions);
      [hidSample,hidProb] = obj.sampler.up(obj.rbmParams,visSample);
    end
    extractedFeature ((i -1) * obj.rbmParams.batchSize + 1:min (i * obj.rbmParams.batch-
    Size,end),:) = ...
      tools.gather (hidProb);
  end
end %提取特征函数

%从隐含特征中获得数据
%extractedFeature:隐含特征
%k:采样次数
%generatedData:生成的可视数据
%generatedLabel:生成的 softmax 节点的标签
function [generatedData,generatedLabel] = generateData (obj,extractedFeature,k)
  if nargin <3
    k =1;
  end
  [visSample,visProb] = obj.sampler.down (obj.rbmParams,extractedFeature);
  for i =2:k
    [hidSample, ~ ] = obj.sampler.up (obj.rbmParams,visSample);
    [visSample,visProb] = obj.sampler.down (obj.rbmParams,hidSample);
  end
  %确定标签
  [ ~ ,I] = max (visProb (:,1:obj.rbmParams.numberOfVisibleSoftmax), [],2);
  generatedLabel = I -1;
  %确定数据
  generatedData = tools.gather (visSample (:,obj.rbmParams.numberOfVisibleSoftmax +1:end));
end %生成数据函数结束
%重建可视数据
```

```
%dataMatrix:行数据矩阵
%k:采样次数
%fixedDimensions:采样过程中设定的维度
%dataMatrixLabels:重建的可视数据
%reconstructedLabel:生成的 softmax 节点标签
function [reconstructedData, reconstructedLabel] = reconstructData (obj, dataMatrix,
k,fixedDimensions,dataMatrixLabels)
  if nargin <3
    k =1;
  end
  if nargin <4
    fixedDimensions = [];
  end
  if nargin <5
    dataMatrixLabels = [];
  end
  [extractedFeature] =obj.getFeature(dataMatrix,k,fixedDimensions,dataMatrixLabels);
  [reconstructedData,reconstructedLabel] =obj.generateData(extractedFeature,1);
end %重建函数结束

%根据不同的情况,计算 RBM 的性能
%data:DataStore 类的对象,使用它的验证数据
%perf:计算验证数据在训练模型上的性能
function perf =computePerformance(obj,data)
  perf = [];
  if (isempty(data.validationData))
    fprintf('Computing performance needs validataion data.');
  else
    switch obj.rbmParams.performanceMethod
      %根据模型计算验证数据的自由能
      case 'freeEnergy'
        dataMatrixLabelsVector = zeros (size (data. validationData, 1), obj. rbmParams.
        numberOfVisibleSoftmax);
        dataMatrix = [dataMatrixLabelsVector,data.validationData];
        FE = SamplingClasses.freeEnergy(obj.rbmParams,dataMatrix);
        perf =mean(FE);
        %在模型中计算验证数据的重建误差
      case 'reconstruction'
        [reconstructedData] =obj.reconstructData(data.validationData);
        perf =sum(sum((data.validationData - reconstructedData).^2 ))/...
          (size(data.validationData,1)*size(data.validationData,2));
        %在模型中计算验证数据的分类误差
      case 'classification'
        classNumber =obj.predictClass(data.validationData,'bySampling');
        perf =sum(classNumber ~ =data.validationLabels)/length(classNumber);
      otherwise
        fprintf(1,'Your performance method (%s) is not defined or is empty. \n', obj.
        rbmParams.performanceMethod);
    end
  end
```

```
end %计算性能函数结束

%根据类别生成数据
%classNumber:类别值
%k:需要重建数据的个数
%generatedData:根据类别生成的可视数据
function [generatedData] =generateClass(obj,classNumber,k)
  if nargin <3
    k =1;
  end
  reconstructedData = zeros (length (classNumber), obj. rbmParams. numVis - obj. rbm-
  Params.numberOfVisibleSoftmax);
  dataMatrixLabels =classNumber;
  for i =1:k
    [reconstructedData] =obj.reconstructData(reconstructedData,3,[],dataMatrixLabels);
  end
  generatedData =reconstructedData;
end                                              %生成类别函数结束

%从输入数据预测类别
%dataMatrix:行数据矩阵
%method:分类方法
%classNumber:预测的类别向量
function classNumber =predictClass(obj,dataMatrix,method)
  if nargin <3
    method ='byFreeEnergy';
  end
  switch method
    %使用采样方法预测类别
    case 'bySampling'
      [ ~,classNumber] =obj.reconstructData(dataMatrix,1);
      %使用自由解预测类别
    case 'byFreeEnergy'
      numclasses= obj.rbmParams.numberOfVisibleSoftmax;
      numcases= size(dataMatrix, 1);
      F= zeros(numcases, numclasses);
      X= zeros(numcases, numclasses);
      dataMatrix =[X,dataMatrix];
      %依次设置每个类的值,并且找到配置的自由解
      for i =1:numclasses
        X(:, max(1,i -1)) =0;
        X(:, i) =1;
        dataMatrix(1:size(X,1),1:size(X,2)) =X;
        F(:,i) =tools.gather(SamplingClasses.freeEnergy(obj.rbmParams,dataMatrix));
      end
      %获得最小值
      [ ~,I] = min(F, [], 2);
      classNumber =I -1;
  end %switch 方法结束
```

```
    end %预测类别函数结束

  end %公有方法结束

end %判别 RBM 类结束
```

6. Pcd. m

```
%Pcd 类继承于 Gibbs 类
classdef Pcd < SamplingClasses.Gibbs
  %保护属性
  properties (Access = protected)
    numberOfChains
    lastChainState
  end                                                   %保护属性结束

  %公有方法
  methods (Access = public)
    %Constructor
    function obj = Pcd()
      obj.methodType = 'Pcd';                           %设置方法为'Pcd'
      obj.numberOfChains = 25;                          %设置链的个数,为 25
      obj.lastChainState = [];
    end %构造函数结束

    %运行采样方法生成可视节点的隐含节点的新值
    %modelParams:RBM 模型的参数
    %posVis:正的可视数据。在 PCD 方法中,该矩阵将被用于正的隐含节点
    %posHid:正的隐含节点
    %negVis:负的可视节点
    %negHid:负的隐含节点
    function [obj,posHid,negVis,negHid] = run(obj,modelParams,posVis)
      %PCD 方法在最后的更新步骤中使用最后链的状态,换句话说,PCD 使用连续
      %吉布斯采样估计模型样本
      if(isempty(obj.lastChainState))
        %创建 PCD 链,调用 initPosVis 方法
        obj.lastChainState = obj.initPosVis(modelParams,obj.numberOfChains);
      end
      negVis = [];
      negHid = [];
      [ ~ ,hidProb] = obj.up(modelParams,posVis); %计算 hidProb,调用 Gibbs 类中的 up 方法
      posHid = hidProb;
      [hidSample,hidProb] = obj.up(modelParams,obj.lastChainState);
      for j =1:ceil(size(posVis,1)/obj.numberOfChains)
        for i =1:modelParams.kSamplingIteration;
          [visSample,visProb] = obj.down(modelParams,hidSample);
              %计算 visProb,调用 Gibbs 类中的 down 方法
          [hidSample,hidProb] = obj.up(modelParams,visSample);
        end
        negVis = [negVis;visSample];
```

```
        negHid = [negHid;hidProb];
      end
      obj.lastChainState = visSample;                    %最终得到的 visSample 作为最后链的状态
      negVis = negVis(1:size(posVis,1),:);
      negHid = negHid(1:size(posVis,1),:);
    end                                                  %运行函数结束

    %转移 gpuArray 到本地工作空间
    function [obj] = gather(obj)
      obj.numberOfChains = tools.gather(obj.numberOfChains);
      obj.lastChainState = tools.gather(obj.lastChainState);
    end
  end %公有方法结束

  %私有方法
  methods (Access = private)

    %初始化 PCD 链
    %modelParams:RBM 模型的参数
    %numberOfChains:PCD 方法在最后更新步骤使用的最终链的状态
    function [posVis] = initPosVis( ~ ,modelParams,numberOfChains)
      %初始化 PosVis 数据
      switch modelParams.visibleValueType
        case ValueType.probability
          posVis = rand(numberOfChains,modelParams.numVis);
        case ValueType.binary
          posVis = 0.5 > rand(numberOfChains,modelParams.numVis);
        case ValueType.gaussian
          posVis = randn(numberOfChains,modelParams.numVis);
      end
    end %initPosVis 函数结束

  end %私有方法结束

end %Pcd 类结束
```

18.4　深层信念网络分类程序的使用技巧

1）在使用此程序时，可以调整的参数有：隐含层的节点数、学习率、稀疏系数等。

2）除了用作分类器之外，该工具箱还实现了深层信念网络的生成数据的功能。

3）在将此工具箱应用于其他问题时，若需要增加功能，只需在相应的类中增加相应的方法，然后调用相应的方法即可。

CHAPTER 19

第 19 章

深层玻耳兹曼机识别案例

虽然深层玻耳兹曼机是一个生成模型，但是也可以用来进行模式识别。在本章的案例中，将讨论如何利用深层玻耳兹曼机对 MNIST 数据集中的手写数字图像进行识别。

19.1 深层玻耳兹曼机识别程序的模块简介

从表 14.3 选择相应网站下载 code_DBM.tar，将其解压后保存在一个单独的文件夹中。

在该程序中，深层感知器的网络结构为 784-500-1000。按照运行流程，程序主要包括三个模块，分别为：RBM 逐层预训练模块、目标函数对参数的偏导数模块、共轭梯度算法更新参数模块。RBM 逐层预训练模块主要包括 rbm.m 和 rbm_l2.m 文件，目标函数对参数的偏导数模块主要包括 CG_MNIST_INIT.m 和 CG_MNIST.m 文件，共轭梯度算法更新参数模块主要包括 backprop.m 和 minimize.m 文件。程序的主程序为 demo.m 文件。

在该程序中，rbm.m 文件的参数描述可参考表 19.1。demo.m 文件的参数描述如表 19.2 所示。

表 19.1 rbm.m 文件的参数描述

名称	释义	缺省值
epsilonw	权值学习率	0.05
epsilonvb	可视节点的偏置学习率	0.05
epsilonhb	隐含节点的偏置学习率	0.05
CD	采样的次数	1
weightcost	权值衰减	0.001
initialmomentum	初始动量项	0.5
finalmomentum	确定动量项	0.9

表 19.2　demo.m 文件的参数描述

名称	释义	缺省值
numhid	第一个隐含层的节点个数	500
numpen	第二个隐含层的节点个数	1000
maxepoch	平均场训练的次数	500
maxepoch	反向传播的迭代次数	100

19.2　深层玻耳兹曼机识别程序的运行过程

打开 Matlab，进入程序所在的目录。在 Matlab 命令框中输入以下命令：

```
>> run demo.m
```

依次产生如下结果：

1）利用 RBM 逐层预训练深层感知器，在预训练过程中，RBM 以迷你块的形式处理数据集。训练集共有 60 000 个样本，共分为 600 个迷你块，每个迷你块包含 100 个样本。依次处理完全部的迷你块后，输出一次迭代的训练重构误差。在逐层预训练阶段，从深层玻耳兹曼机的输入层到输出层，两个 RBM 的重构误差的曲线图分别如图 19.1 和图 19.2 所示。需要注意的是，在训练第二个 RBM 时，仍然使用原始数据的重建误差作为计算标准。

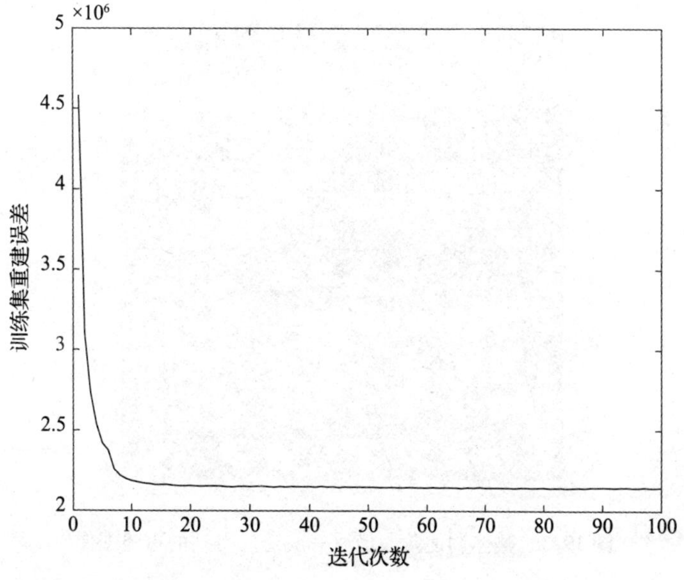

图 19.1　第一个 RBM 的重构误差曲线

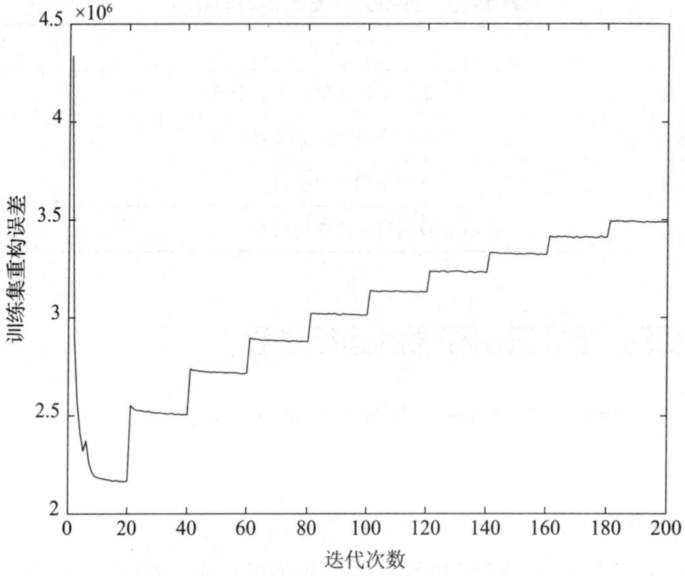

图 19.2　第二个 RBM 的重构误差曲线

2）逐层训练之后，使用平均场算法同时调整 DBM 每层的权值和偏置。在此阶段，可以得到重建数据的图像，如图 19.3 所示。同时训练之后，可以得到原始训练数据的重构误差曲线，如图 19.4 所示。

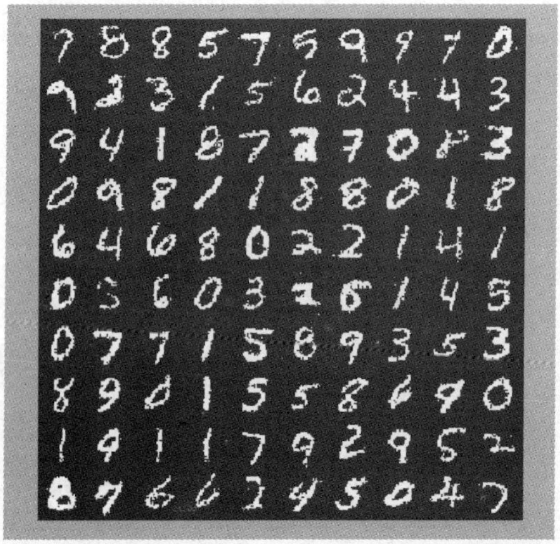

图 19.3　整体调优阶段最后一次迭代得到的重建图像

3）在调优阶段，首先，将深层玻耳兹曼机展开并扩展成深层感知器，随机初始化输出层的权值（即分类权值），再使用共轭梯度算法对整个网络进行调优训练。在此阶段，对训练集重新进行分块，将之前的 600 个迷你块，每 100 个块进行组合，得到更大的迷你块。最后，共得到 6 个迷你块，每个迷你块包含 10 000 个样本。此外，前 5 次调优仅对分类权值进行调整，其余的 195 次调优对整个网络的参数进行调整训练。在调优阶段，训练集的错误分类数如图 19.5 所示，测试集的错误分类数如图 19.6 所示。

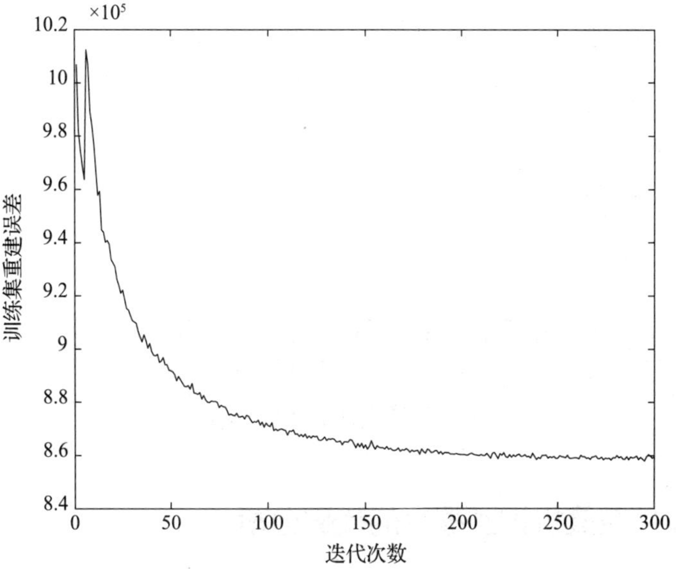

图 19.4　平均场算法训练的重建误差曲线

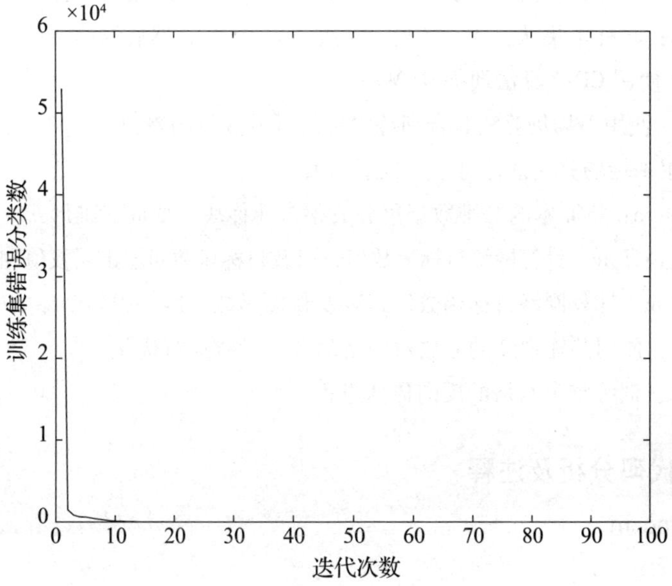

图 19.5　训练集错误分类数

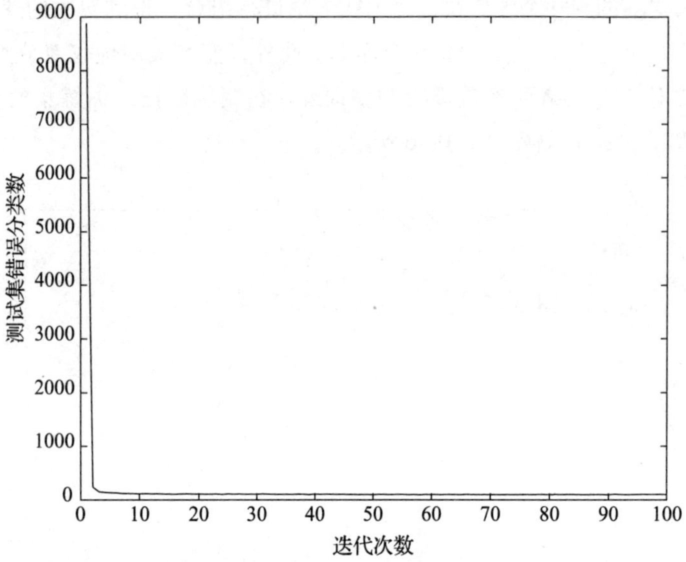

图 19.6 测试集错误分类数

19.3 深层玻耳兹曼机识别程序的代码分析

19.3.1 关键模块或函数的主要功能

- demo. m：使用深层玻耳兹曼机对 MNIST 手写体数字进行识别的主程序。
- converter. m：将样本集从. ubyte 格式转换成. ascii 格式，然后继续转换成. mat 格式。
- rbm_l2. m：使用 CD-k 算法训练 RBM。
- dbm_mf. m：使用平均场算法联合训练深层波耳兹曼机的参数。
- mf_m：使用平均场算法估计每个隐含层的值。
- makebatches. m：将原本的二维数据集分成很多迷你块，变成三维形式。
- CG_MNIST_INIT. m：计算网络目标函数值，以及目标函数对输出层权值和偏置的偏导数。
- CG_MNIST. m：计算网络目标函数值，以及目标函数对网络中各个参数的偏导数。
- minimize. m：使用共轭梯度的方法对网络的各个参数进行优化。
- backprop. m：训练整个网络的反向传播过程。

19.3.2 主要代码分析及注释

1. 主程序 demo. m

```
randn('state',100);
rand('state',100);
warning off
```

```
clear all
close all

fprintf(1,'Converting Raw files into Matlab format \n');  %转换数据格式
converter;

fprintf(1,'Pretraining a Deep Boltzmann Machine. \n');
makebatches;                                              %对数据集进行分块
[numcases numdims numbatches] =size(batchdata);           %分块之后的训练集为:100*784*600

%%%%%%%%%%%%%%%%%%%%%%%%%%%%%%%%%%%%%%%%训练第1层%%%%%%%%%%%%%%%%%%%%%%%%%%%%%%%%%%%%%%%%%
numhid =500; maxepoch =100;  %第一个隐含层的节点数为500,第一个RBM的训练次数为100
fprintf(1,'Pretraining Layer 1 with RBM: %d -%d \n',numdims,numhid);
   %第一个RBM的结构为784 -500
restart =1;
rbm;                          %训练第一个RBM
%%%%%%%%%%%%%%%%%%%%%%%%%%%%%%%%%%%%%%%%训练第2层%%%%%%%%%%%%%%%%%%%%%%%%%%%%%%%%%%%%%%%%%
close all
numpen =1000;
maxepoch =200;                %第二个隐含层的节点数为1 000,第二个RBM的训练次数为200
fprintf(1,'\nPretraining Layer 2 with RBM: %d -%d \n',numhid,numpen);
   %第二个RBM的结构为500 -1000
restart =1;
makebatches;
rbm_l2;                       %训练第2个RBM

%%%%%%%%%%%%%%%%%%%%%%%%%%%%%%%%%%%%%%训练两层的玻耳兹曼机%%%%%%%%%%%%%%%%%%%%%%%%%%%%%%%%%%%%%
close all
numhid =500;
numpen =1000;
maxepoch =500;

fprintf(1,'Learning a Deep Bolztamnn Machine. \n');
restart =1;
makebatches;
dbm_mf;                       %同时训练所有层

%%%%%%%%%%%%%%%%%%%%%%%%%%%%%%%%%%%%%微调两层的玻耳兹曼机以分类%%%%%%%%%%%%%%%%%%%%%%%%%%%%%%%%%%%%
maxepoch =100;                                   %反向传播的迭代次数
makebatches;
backprop;                                        %使用反向传播算法调整深层玻耳兹曼机的参数
```

2. rbm_l2. m

```
if restart ==1,

epsilonw_0      =0.05;                           %权值学习率
epsilonvb_0      =0.05;                          %可视层节点的偏置学习率
epsilonhb_0      =0.05;                          %隐含层节点的偏置学习率
```

```
weightcost =0.001;                               %权值衰减系数
initialmomentum =0.5;
finalmomentum   =0.9;

load fullmnistvh                                 %导入第一个 RBM 的参数
vishid_10 =vishid;                               %使用了第一个 RBM 的权值,偏置
hidbiases_10 =hidbiases;
visbiases_10 =visbiases;
[numcases numdims numbatches] =size(batchdata);
numdims_10 =numdims;

numdims =numhid;                                 %第二个 RBM 的可视层节点的个数为 500
numhid =numpen;                                  %第二个 RBM 的隐含层的节点的个数为 1 000

  restart =0;
  epoch =1;

%初始化对称权值和偏置
  vishid     =0.01*randn(numdims,numhid);        %初始化第二个 RBM 的权值
  hidbiases =zeros(1,numhid);                    %初始化隐含层节点的偏置
  visbiases =zeros(1,numdims);                   %初始化可视层节点的偏置

  poshidprobs =zeros(numcases,numhid);
  neghidprobs =zeros(numcases,numhid);
  posprods    =zeros(numdims,numhid);
  negprods    =zeros(numdims,numhid);
  vishidinc  =zeros(numdims,numhid);
  hidbiasinc =zeros(1,numhid);
  visbiasinc =zeros(1,numdims);

  numlab =10;                                    %类别数目
  labhid =0.01*randn(numlab,numhid);             %标签到隐含层的权值
  labbiases =zeros(1,numlab);                    %标签的偏置
  labhidinc = zeros(numlab,numhid);
  labbiasinc = zeros(1,numlab);

epoch =1;

end

for epoch =epoch:maxepoch
  fprintf(1,'epoch %d\r',epoch);
  CD =ceil(epoch/20);

  epsilonw =epsilonw_0/(1*CD);                   %在训练过程中,权值和偏置的学习率是变化的
  epsilonvb =epsilonvb_0/(1*CD);
  epsilonhb =epsilonhb_0/(1*CD);
```

```
errsum=0;
for batch=1:numbatches,
fprintf(1,'epoch %d batch %d\r',epoch,batch);

%%%%%%%%%%%%%%%%%%%%%%%%%%%%%开始正向阶段%%%%%%%%%%%%%%%%%%%%%%%%%%%%%%%%%%

data_l0=batchdata(:,:,batch);                      %每次处理一个迷你块的数据
poshidprobs_l0=1./(1+exp(-data_l0*(2*vishid_l0)-repmat(2*hidbiases_l0,numcases,1)));
%第一个隐含层的激活概率
data=poshidprobs_l0 > rand(numcases,numdims);  %将第一个隐含层的激活概率二值化
targets=batchtargets(:,:,batch);                   %数据对应的标签

bias_hid=repmat(hidbiases,numcases,1);            %对偏置的处理
bias_vis=repmat(2*visbiases,numcases,1);
bias_lab=repmat(labbiases,numcases,1);

poshidprobs=1./(1+exp(-data*(vishid)-targets*labhid-bias_hid));
   %第二个隐含层的激活概率
posprods   =data' * poshidprobs;
posprodslabhid=targets'*poshidprobs;

poshidact  =sum(poshidprobs);
posvisact=sum(data);
poslabact  =sum(targets);

%%%%%%%%%%%%%%%%%%%%%%%%%%%%%正向阶段结束%%%%%%%%%%%%%%%%%%%%%%%%%%%%%%%%%%
poshidprobs_temp=poshidprobs;                      %第二个隐含层的激活概率作为吉布斯采样的初始值

%%%%%%%%%%%%%%%%%%%%%%%%%%%%%开始反向阶段%%%%%%%%%%%%%%%%%%%%%%%%%%%%%%%%%%
for cditer=1:CD                                     %迭代次数
  poshidstates=poshidprobs_temp > rand(numcases,numhid);       %转换为二值数据

  totin=poshidstates*labhid'+bias_lab;
  neglabprobs=exp(totin);
  neglabprobs=neglabprobs./(sum(neglabprobs,2)*ones(1,numlab));
     %计算输出层,使用的是softmax分类器

  xx=cumsum(neglabprobs,2);                        %计算neglabprobs各行的累加和
  xx1=rand(numcases,1);
  neglabstates=neglabprobs*0;                      %状态设置为0
  for jj=1:numcases
    index=min(find(xx1(jj) <=xx(jj,:)));
    neglabstates(jj,index)=1;
  end
  xxx=sum(sum(neglabstates)) ;

  negdata=1./(1+exp(-poshidstates*(2*vishid)'-bias_vis));   %计算数据的激活概率
  negdata=negdata > rand(numcases,numdims);
  poshidprobs_temp=1./(1+exp(-negdata*(vishid)-neglabstates*labhid-bias_hid));
end
```

```
  neghidprobs = poshidprobs_temp;

  negprods  = negdata'*neghidprobs;
  neghidact = sum(neghidprobs);
  negvisact = sum(negdata);
  neglabact = sum(neglabstates);
  negprodslabhid = neglabstates'*neghidprobs;

%%%%%%%%%%%%%%%%%%%%%%%%%%%%%%反向阶段结束%%%%%%%%%%%%%%%%%%%%%%%%%%%%%%%%%%
  err = sum(sum( (data - negdata).^2 ));
  errsum = err + errsum;

    if epoch >5,
      momentum = finalmomentum;
    else
      momentum = initialmomentum;
    end;

%%%%%%%%%%%%%%%%%%%%%%%%%%%%%更新权值和偏置值%%%%%%%%%%%%%%%%%%%%%%%%%%%%%%%
    vishidinc = momentum*vishidinc + ...
              epsilonw*( (posprods - negprods)/numcases - weightcost*vishid);
    labhidinc = momentum*labhidinc + ...
              epsilonw*( (posprodslabhid - negprodslabhid)/numcases - weightcost*labhid);

    visbiasinc = momentum*visbiasinc + (epsilonvb/numcases)*(posvisact - negvisact);
    hidbiasinc = momentum*hidbiasinc + (epsilonhb/numcases)*(poshidact - neghidact);
    labbiasinc = momentum*labbiasinc + (epsilonvb/numcases)*(poslabact - neglabact);

    vishid = vishid + vishidinc;            %更新第一个隐含层到第二个隐含层的权值
    labhid = labhid + labhidinc;            %更新第二个隐含层到标签层的权值

    visbiases = visbiases + visbiasinc;    %可视层节点的偏置更新
    hidbiases = hidbiases + hidbiasinc;    %隐含层节点的偏置更新
    labbiases = labbiases + labbiasinc;    %标签层节点的偏置更新

  end
%%%%%%%%%%%%%%%%%%%%%%%%%%%%%%%%结束更新%%%%%%%%%%%%%%%%%%%%%%%%%%%%%%%%%%%%
  fprintf(1,'epoch %4i error %6.1f  \n',epoch,errsum);

%%%%%%%%%%%%%%%%%%%%%%%%%%%%%%%查看测试分数%%%%%%%%%%%%%%%%%%%%%%%%%%%%%%%%%
  if rem(epoch,10) ==0
       %训练结束,计算测试误差
    err =  testerr(testbatchdata,testbatchtargets,vishid_10,hidbiases_10,...
        vishid,visbiases,hidbiases,labhid,labbiases);
    fprintf(1,'Number of misclassified test examples: %d out of 10000 \n',err);
  end

  save fullmnistpo labhid labbiases vishid hidbiases visbiases epoch   %保存第二个RBM的参数

end;
```

3. dbm_mf. m

```
close all
if restart == 1,
  epsilonw = 0.001;                          %权值的学习率
  epsilonvb = 0.001;                         %可视节点偏置的学习率
  epsilonhb = 0.001;                         %隐含节点偏置的学习率
  weightcost =0.0002;
  initialmomentum =0.5;
  finalmomentum   =0.9;

  [numcases numdims numbatches] =size(batchdata);

  numlab =10;
  numdim =numdims;                           %可视层的节点个数

    restart =0;
    epoch =1;

    vishid    =0.001*randn(numdim,numhid); %初始化可视层到第一个隐含层的权值,大小为784*500
       %初始化第一个隐含层到第二个隐含层的权值,大小为500*1 000
    hidpen    =0.001*randn(numhid,numpen);

    labpen =0.001*randn(numlab,numpen);     %初始化输出层到第二个隐含层的权值,大小为10*1 000

    hidbiases =zeros(1,numhid);             %初始化第一个隐含层的偏置,大小为1*500
    visbiases =zeros(1,numdim);             %初始化可视层的偏置,大小为1*784
    penbiases =zeros(1,numpen);             %初始化第二个隐含层的偏置,大小为1*1 000
    labbiases =zeros(1,numlab);             %初始化输出层的偏置,大小为1* 10

    poshidprobs =zeros(numcases,numhid);
    neghidprobs =zeros(numcases,numhid);
    posprods    =zeros(numdim,numhid);
    negprods    =zeros(numdim,numhid);

    vishidinc =zeros(numdim,numhid);
    hidpeninc =zeros(numhid,numpen);
    labpeninc = zeros(numlab,numpen);

    hidbiasinc =zeros(1,numhid);
    visbiasinc =zeros(1,numdim);
    penbiasinc =zeros(1,numpen);
    labbiasinc =zeros(1,numlab);

%%%%%%%% %%%%%%%%%%%%%%%%%%%%%在该程序中加入稀疏惩罚%%%%%%%%%%%%%%%%%%%%%%%%%%%%%
  sparsetarget =.2;
  sparsetarget2 =.1;
  sparsecost =.001;
  sparsedamping =.9;
```

```
    hidbiases  =0*log(sparsetarget/(1-sparsetarget))*ones(1,numhid);     %第一个隐含层的偏置
    hidmeans=sparsetarget*ones(1,numhid);
    penbiases  =0*log(sparsetarget2/(1-sparsetarget2))*ones(1,numpen);  %第二个隐含层的偏置
    penmeans=sparsetarget2*ones(1,numpen);

  load fullmnistpo.mat                             %导入第二个 RBM 的参数:权值和偏置

  hidpen=vishid;                                   %使用第二个 RBM 的参数初始化 DBM
  penbiases=hidbiases;
  visbiases_l2=visbiases;
  labpen=labhid;
  clear labhid;

  load fullmnistvh.mat                             %导入第一个 RBM 的参数:权值和偏置
  hidrecbiases=hidbiases;
  hidbiases=(hidbiases+visbiases_l2);
      %第一个隐含层的偏置为第一次训练得到的偏置和第二次训练得到的偏置之和
  epoch=1;

  neghidprobs=(rand(numcases,numhid));
  neglabstates=1/10*(ones(numcases,numlab));
  data=round(rand(100,numdims));
  neghidprobs=1./(1+exp(-data*(2*vishid)-repmat(hidbiases,numcases,1)));
      %第一个隐含层的激活概率

  epsilonw     =epsilonw/(1.000015^((epoch-1)*600));
      %权值和偏置的学习率随着迭代次数的变化而变化
  epsilonvb     =epsilonvb/(1.000015^((epoch-1)*600));
  epsilonhb     =epsilonhb/(1.000015^((epoch-1)*600));

  tot=0;
end

for epoch=epoch:maxepoch
  [numcases numdims numbatches]=size(batchdata);

  fprintf(1,'epoch %d \t eps %f\r',epoch,epsilonw);
  errsum=0;

  [numcases numdims numbatches]=size(batchdata);

  counter=0;
  rr=randperm(numbatches);                        %随机产生 600 个随机数,其范围是 1~600
  batch=0;
  for batch_rr=rr;                                %如果等于第 rr 个块
    batch=batch+1;
    fprintf(1,'epoch %d batch %d\r',epoch,batch);
    tot=tot+1;
    epsilonw=max(epsilonw/1.000015,0.00010);
```

```
    epsilonvb = max(epsilonvb/1.000015,0.00010);
    epsilonhb = max(epsilonhb/1.000015,0.00010);

%%%%%%%%%%%%%%%%%%%%%%%%%%%%%%%%%%开始正向阶段%%%%%%%%%%%%%%%%%%%%%%%%%%%%%%%%%%%%%
    data = batchdata(:,:,batch);
    targets = batchtargets(:,:,batch);
    data = double(data > rand(numcases,numdim))%将数据转换为二值形式

%%%%%%%%%%%%%%%%%%%%%%%%%%%%%%%%%%%%%%%%平均场%%%%%%%%%%%%%%%%%%%%%%%%%%%%%%%%%%%%%%
    [poshidprobs,pospenprobs] = ...
        mf(data,targets,vishid,hidbiases,visbiases,hidpen,penbiases,labpen,hidrecbiases);
            %平均场函数,计算两个隐含层的激活值
    bias_hid = repmat(hidbiases,numcases,1);
    bias_pen = repmat(penbiases,numcases,1);
    bias_vis = repmat(visbiases,numcases,1);
    bias_lab = repmat(labbiases,numcases,1);

    posprods    = data' * poshidprobs;
    posprodspen = poshidprobs'*pospenprobs;
    posprodslabpen = targets'*pospenprobs;

    poshidact   = sum(poshidprobs);
    pospenact   = sum(pospenprobs);
    poslabact   = sum(targets);
    posvisact = sum(data);

%%%%%%%%%%%%%%%%%%%%%%%%%%%%%%%%%%正向阶段结束%%%%%%%%%%%%%%%%%%%%%%%%%%%%%%%%%%%%%

    negdata_CD1 = 1./(1 + exp( - poshidprobs*vishid' - bias_vis));
        %使用第一个隐含层计算输入数据的重建数据
    totin = bias_lab + pospenprobs*labpen';
    poslabprobs1 = exp(totin);
    targetout = poslabprobs1./(sum(poslabprobs1,2)*ones(1,numlab));  %计算输出的概率
    [I J] = max(targetout,[],2);                                     %实际的网络输出
    [I1 J1] = max(targets,[],2);                                     %期望的网络输出
    counter = counter + length(find(J == J1));

%%%%%%%%%%%%%%%%%%%%%%%%%%%%%%%%%%开始反向阶段%%%%%%%%%%%%%%%%%%%%%%%%%%%%%%%%%%%%%
  for iter = 1:5
    neghidstates = neghidprobs > rand(numcases,numhid);  %将第一个隐含层的激活概率二值化

    negpenprobs = 1./(1 + exp( - neghidstates*hidpen - neglabstates*labpen - bias_pen));
      %计算第二个隐含层的输出概率
    negpenstates = negpenprobs > rand(numcases,numpen);  %将第二个隐含层的激活概率二值化

    negdataprobs = 1./(1 + exp( - neghidstates*vishid' - bias_vis));     %计算数据的重建
    negdata = negdataprobs > rand(numcases,numdim);                        %将重建数据二值化

    totin = negpenstates*labpen' + bias_lab;
```

```
    neglabprobs = exp(totin);
    neglabprobs = neglabprobs./(sum(neglabprobs,2)*ones(1,numlab));  %计算输出

    xx = cumsum(neglabprobs,2);
    xx1 = rand(numcases,1);
    neglabstates = neglabstates*0;
    for jj =1:numcases
      index = min(find(xx1(jj) <= xx(jj,:)));
      neglabstates(jj,index) =1;                                     %输出二值数据
    end
    xxx = sum(sum(neglabstates)) ;

    totin = negdata*vishid + bias_hid + negpenstates*hidpen';
    neghidprobs =1./(1 + exp( - totin));
       %计算第一个隐含层的实际输出,由输入层和第二个隐含层共同作为输入得到

  end
  negpenprobs =1./(1 +exp( - neghidprobs*hidpen - neglabprobs*labpen - bias_pen));
     %计算第二个隐含层的实际输出,由第一个隐含层和输出层共同作为输入

  negprods  =negdata'*neghidprobs;
  negprodspen = neghidprobs'*negpenprobs;
  neghidact = sum(neghidprobs);
  negpenact   = sum(negpenprobs);
  negvisact = sum(negdata);
  neglabact = sum(neglabstates);
  negprodslabpen = neglabstates'*negpenprobs;

%%%%%%%%%%%%%%%%%%%%%%%%%%%%%%%%%反向阶段结束%%%%%%%%%%%%%%%%%%%%%%%%%%%%%%%%%%%%
  err = sum(sum( (data - negdata_CD1).^2 ));     %计算训练数据的重建误差
  errsum = err + errsum;

   if epoch >5,
     momentum = finalmomentum;
   else
     momentum = initialmomentum;
   end;

%%%%%%%%%%%%%%%%%%%%%%%%%%%%%%%%%%更新权值和偏置值%%%%%%%%%%%%%%%%%%%%%%%%%%%%%%%%

   visbiasinc = momentum*visbiasinc + (epsilonvb/numcases)*(posvisact - negvisact);
   labbiasinc = momentum*labbiasinc + (epsilonvb/numcases)*(poslabact - neglabact);

   hidmeans = sparsedamping*hidmeans + (1 - sparsedamping)*poshidact/numcases;
   sparsegrads = sparsecost*(repmat(hidmeans,numcases,1) - sparsetarget);

   penmeans = sparsedamping*penmeans + (1 - sparsedamping)*pospenact/numcases;
   sparsegrads2 = sparsecost*(repmat(penmeans,numcases,1) - sparsetarget2);
```

```
  labpeninc = momentum*labpeninc + ...
            epsilonw* ( (posprodslabpen - negprodslabpen)/numcases - weightcost* lab-
            pen);

  vishidinc = momentum*vishidinc + ...
            epsilonw*( (posprods - negprods)/numcases - weightcost*vishid - ...
            data'*sparsegrads/numcases );
  hidbiasinc = momentum*hidbiasinc + epsilonhb/numcases*(poshidact - neghidact) ...
              - epsilonhb/numcases*sum(sparsegrads);

  hidpeninc = momentum*hidpeninc + ...
            epsilonw*( (posprodspen - negprodspen)/numcases - weightcost*hidpen - ...
            poshidprobs' * sparsegrads2/numcases - (pospenprobs' * sparsegrads)'/num-
            cases );
  penbiasinc = momentum*penbiasinc + epsilonhb/numcases*(pospenact - negpenact) ...
              - epsilonhb/numcases*sum(sparsegrads2);

  vishid = vishid + vishidinc;              %每层的权值及偏置的更新
  hidpen = hidpen + hidpeninc;
  labpen = labpen + labpeninc;
  visbiases = visbiases + visbiasinc;
  hidbiases = hidbiases + hidbiasinc;
  penbiases = penbiases + penbiasinc;
  labbiases = labbiases + labbiasinc;
%%%%%%%%%%%%%%%%%%%%%%%%%%%%%%%%%%%%%%%%%%%%%结束更新%%%%%%%%%%%%%%%%%%%%%%%%%%%%%%%%%%%%%%%%%%%%%
   if rem(batch,50) ==0                     %如果当前块的标号是50的倍数
     figure(1);
     dispims(negdata',28,28);               %将重建数据画出来
   end

 end
 fprintf(1,'epoch %4i reconstruction error %6.1f \n Number of misclassified training ca-
 ses %d (out of 60000) \n',epoch,errsum,60000 - counter);

 save  fullmnist_dbm labpen labbiases hidpen penbiases vishid hidbiases visbiases epoch;
    %保存网络的全部参数

end;
```

4. mf. m

```
function  [temp_h1,temp_h2] = ...
    mf(data,targets,vishid,hidbiases,visbiases,hidpen,penbiases,labpen,hidrecbiases);

[numdim numhid] = size(vishid);             %得到可视层和第一个隐含层之间权值的大小
[numhid numpen] = size(hidpen);             %得到第一个隐含层和第二个隐含层之间权值的大小

  numcases = size(data,1);
  bias_hid = repmat(hidbiases,numcases,1);
  bias_pen = repmat(penbiases,numcases,1);
```

```
  big_bias = data*vishid;
  lab_bias = targets*labpen;

temp_h1 =1./(1 +exp(-data*(2*vishid) -repmat(hidbiases,numcases,1)));
   %第一个隐含层的近似激活值
temp_h2 =1./(1 +exp(-temp_h1*hidpen -targets*labpen -bias_pen)); %第二个隐含层的激活值

temp_h1_old =temp_h1;        %将计算得到的值分别作为第一个隐含层和第二个隐含层的初始值
temp_h2_old =temp_h2;

for ii =1:10 %平均域更新
    totin_h1 =big_bias +bias_hid +(temp_h2*hidpen');
    temp_h1_new =1./(1 +exp(-totin_h1)); %第一个隐含层的新值

    totin_h2 = (temp_h1_new*hidpen +bias_pen +lab_bias);
    temp_h2_new =1./(1 +exp(-totin_h2)); %第二个隐含层的新值

  diff_h1 =sum(sum(abs(temp_h1_new -temp_h1),2))/(numcases*numhid); %计算两次值的差
  diff_h2 =sum(sum(abs(temp_h2_new -temp_h2),2))/(numcases*numpen); %计算两次值的差
    fprintf(1,'\t\t\t\tii =%d Mean -Field: h1 =%f h2 =%f\r',ii,diff_h1,diff_h2);
     if (diff_h1 < 0.0000001 & diff_h2 < 0.0000001) %如果满足条件,则跳出循环
        break;
     end
    temp_h1 =temp_h1_new;
    temp_h2 =temp_h2_new;
end

temp_h1 =temp_h1_new;        %得到第一个隐含层和第二个隐含层的值,并作为平均场估计的结果
temp_h2 =temp_h2_new;
```

5. backprop.m

```
test_err =[];
test_crerr =[];
train_err =[];
train_crerr =[];

fprintf(1,'\nTraining discriminative model on MNIST by minimizing cross entropy error. \n');
fprintf(1,'60 batches of 1000 cases each. \n');

[numcases numdims numbatches] =size(batchdata);
N =numcases;

load fullmnist_dbm                                  %导入同时训练得到的权值和偏置
[numdims numhids] =size(vishid);
[numhids numpens] =size(hidpen);

%%%%%%%%%%%%%%%%%%%%%%%%%%%%%%%%%%%%%%%预处理数据%%%%%%%%%%%%%%%%%%%%%%%%%%%%%%%%%%%%%%

[testnumcases testnumdims testnumbatches] =size(testbatchdata);
```

```
    %得到测试数据分块后的大小:100*784*100
N = testnumcases;
temp_h2_test = zeros(testnumcases,numpens,testnumbatches);
for batch = 1:testnumbatches
  data = [testbatchdata(:,:,batch)];                    %此时的输入数据是测试数据
  [temp_h1,temp_h2] = ...
    mf_class(data,vishid,hidbiases,visbiases,hidpen,penbiases);
       %对于测试数据,使用平均场算法,与在训练时的平均场算法不同,此时计算第二个隐含层的概率时,
       %没有使用到样本的标签
  temp_h2_test(:,:,batch) = temp_h2;                    %得到测试数据的第二个隐含层的平均场概率
end

[numcases numdims numbatches] = size(batchdata); %训练数据
N = numcases;
temp_h2_train = zeros(numcases,numpens,numbatches);
for batch = 1:numbatches
  data = [batchdata(:,:,batch)];
  [temp_h1,temp_h2] = ...
    mf_class(data,vishid,hidbiases,visbiases,hidpen,penbiases);
       %使用平均场算法估计两个隐含层的概率。注意,这里的平均场算法并没有使用到标签信息
  temp_h2_train(:,:,batch) = temp_h2;                   %得到训练数据的第二个隐含层的平均场概率
end

%%%%%%%%%%%%%%%%%%%%%%%%%%%%%%%%%%%%%%%%%%%%%%%%%%%%%%%%%%%%%%%%%%%%%%%%%%%%%%%%%%%

w1_penhid = hidpen';                                    %第二个隐含层到第一个隐含层的权值
w1_vishid = vishid;                                     %可视层到第一个隐含层的权值
w2 = hidpen;                                            %第一个隐含层到第二个隐含层的权值
h1_biases = hidbiases; h2_biases = penbiases;

w_class = 0.1*randn(numpens,10);
    %初始化分类权值。注意,在反向传播阶段,重新随机初始化了分类权值,而没有使用由联合训练阶段
    %得到的分类权值
topbiases = 0.1*randn(1,10);                            %  初始化输出层的偏置

for epoch = 1:maxepoch

%%%%%%%%%%%%%%%%%%%%%%%%%%%%%%计算测试集的分类错误率%%%%%%%%%%%%%%%%%%%%%%%%%%%%%%%
  [testnumcases testnumdims testnumbatches] = size(testbatchdata);
  N = testnumcases;
  bias_hid = repmat(h1_biases,N,1);
  bias_pen = repmat(h2_biases,N,1);
  bias_top = repmat(topbiases,N,1);

  err = 0;
  err_cr = 0;
  counter = 0;
  for batch = 1:testnumbatches
    data = [testbatchdata(:,:,batch)];
```

```
  temp_h2 = temp_h2_test(:,:,batch);     %平均场算法在测试集上得到的第二个隐含层的激活值
  target = [testbatchtargets(:,:,batch)];

  w1probs = 1./(1 + exp(-data*w1_vishid - temp_h2*w1_penhid - bias_hid));
     %计算第一个隐含层的激活
  w2probs = 1./(1 + exp(-w1probs*w2 - bias_pen));                %计算第二个隐含层的激活
  targetout = exp(w2probs*w_class + bias_top);
  targetout = targetout./repmat(sum(targetout,2),1,10);         %计算网络的输出
  [I J] = max(targetout,[],2);
  [I1 J1] = max(target,[],2);
  counter = counter + length(find(J ~ = J1));
  err_cr = err_cr - sum(sum( target(:,1:end).*log(targetout))) ;
end

test_err(epoch) = counter;
test_crerr(epoch) = err_cr;
%输出显示测试集的分类错误率和分类误差
fprintf(1,'\nepoch %d test  misclassification err %d (out of 10000),  test cross entro-
py error %f \n',epoch,test_err(epoch),test_crerr(epoch));

%%%%%%%%%%%%%%%%%%%%%%%%%%%%%%%%计算训练样本的误差%%%%%%%%%%%%%%%%%%%%%%%%%%%%%%%%
[numcases numdims numbatches] = size(batchdata);
N = numcases;
err = 0;
err_cr = 0;
counter = 0;
for batch = 1:numbatches
  data = [batchdata(:,:,batch)];
  temp_h2 = temp_h2_train(:,:,batch);    %平均场算法在训练集上得到的第二个隐含层的激活
  target = [batchtargets(:,:,batch)];

  w1probs = 1./(1 + exp(-data*w1_vishid - temp_h2*w1_penhid - bias_hid ));
  w2probs = 1./(1 + exp(-w1probs*w2 - bias_pen));
  targetout = exp(w2probs*w_class + bias_top );
  targetout = targetout./repmat(sum(targetout,2),1,10);
  [I J] = max(targetout,[],2);
  [I1 J1] = max(target,[],2);
  counter = counter + length(find(J ~ = J1));

  err_cr = err_cr - sum(sum( target(:,1:end).*log(targetout))) ;
end                                         %计算误差,使用的是交叉熵

train_err(epoch) = counter;
train_crerr(epoch) = err_cr;
fprintf(1,'epoch %d train misclassification err %d train (out of 60000),train cross en-
tropy error %f \n',epoch,train_err(epoch),train_crerr(epoch));
%%%%%%%%%%%%%%%%%%%%%%%%%%%%%%%%%%%%%%%%%%%%%%%%%%%%%%%%%%%%%%%%%%%%%%%%%%%%%%%%%
save backprop_weights w1_vishid w1_penhid w2 w_class h1_biases h2_biases topbiases test_
err test_crerr train_err train_crerr
```

```
%%%%%%%%%%%%%%%%%%%%%%%%%%%%%%%%%%共轭梯度优化%%%%%%%%%%%%%%%%%%%%%%%%%%%%%%%%%%

    rr = randperm(600);
    for batch =1:numbatches/100                    %分为 6 个块,每个块包含 10 000 个样本
      fprintf(1,'epoch %d batch %d\r',epoch,batch);
      data = zeros(10000,numdims);
      temp_h2 = zeros(10000,numpens);
      targets = zeros(10000,10);
      tt1 = (batch -1)*100 +1:batch*100;
      for tt =1:100
        data( (tt -1)*100 +1:tt*100,:) =batchdata(:,:,rr(tt1(tt)));
        temp_h2( (tt -1)*100 +1:tt*100,:) =temp_h2_train(:,:,rr(tt1(tt)));
        targets( (tt -1)*100 +1:tt*100,:) =batchtargets(:,:,rr(tt1(tt)));
      end

%%%%%%%%%%%%%%%%%%%%%%%%%%%使用具有3 次线性搜索的共扼梯度%%%%%%%%%%%%%%%%%%%%%%%%%%

      VV =[w1_vishid(:)' w1_penhid(:)' w2(:)' w_class(:)' h1_biases(:)' h2_biases(:)' top-
biases(:)']';
      Dim =[numdims; numhids; numpens; ];

  %checkgrad('CG_MNIST_INIT',VV,10^ -5,Dim,data,targets);
      max_iter =3;
      if epoch <6
        [X,fX,num_iter,ecg_XX] =minimize(VV,'CG_MNIST_INIT',max_iter,Dim,data,targets,temp_h2);
      else
        [X,fX,num_iter,ecg_XX] =minimize(VV,'CG_MNIST',max_iter,Dim,data,targets,temp_h2);
      end
      w1_vishid = reshape(X(1:numdims*numhids),numdims,numhids);
      xxx = numdims*numhids;
      w1_penhid = reshape(X(xxx +1:xxx + numpens*numhids),numpens,numhids);
      xxx = xxx + numpens*numhids;
      w2 = reshape(X(xxx +1:xxx + numhids*numpens),numhids,numpens);
      xxx = xxx + numhids*numpens;
      w_class = reshape(X(xxx +1:xxx + numpens*10),numpens,10);
      xxx = xxx + numpens*10;
      h1_biases = reshape(X(xxx +1:xxx + numhids),1,numhids);
      xxx = xxx + numhids;
      h2_biases = reshape(X(xxx +1:xxx + numpens),1,numpens);
      xxx = xxx + numpens;
      topbiases = reshape(X(xxx +1:xxx +10),1,10);
      xxx = xxx +10;

    end

  end
```

19.4　深层玻耳兹曼机识别程序的使用技巧

1）在测试阶段，需要先使用测试集计算第二个隐含层的近似后验概率。

2）在该程序中，可以调整的参数有：学习率、网络结构、每层的节点数，等等。

CHAPTER 20

第20章

卷积神经网络识别案例

大量研究结果表明，卷积神经网络具有很强的图像识别功能。在本章的案例中，将讨论如何使用卷积神经网络对 MNIST 数据集中的手写数字图像进行识别。本章实际上包括两个案例：DeepLearnToolbox 识别案例和 Caffe 识别案例。它们分别使用 DeepLearnToolbox 和 Caffe 的开源库。

20.1 DeepLearnToolbox 程序的模块简介

从表 14.3 选择相应网站下载 DeepLearnToolbox，将其解压后保存在一个单独的文件夹中。

在该程序中，卷积神经网络的结构为：输入层、卷积层、下采样层、卷积层、下采样层、输出层。其中，第一个卷积层的卷积核的大小为 5×5，卷积面的个数是 6；第二个卷积层的卷积核的大小为 5×5，卷积面的个数是 12；两个下采样层的滑动窗口的大小都为 2×2。按照运行流程，程序主要包括三个模块：创建模块 cnnsetup.m 文件，训练模块 cnntrain.m 文件和测试模块 cnntest.m 文件。主程序为 test_example_CNN_MNIST.m 文件。

在该程序中，test_example_CNN_MNIST.m 文件的参数描述可参考表 20.1。

表 20.1 test_example_CNN_MNIST.m 文件的参数描述

名称	释义	缺省值
outputmaps	输出映射面的个数	6 或者 12
kernelsize	卷积核的边的长度	5
scale	滑动窗口的边的长度	2
opts.alpha	学习率	0.1
opts.batchsize	迷你块包含的样本数	50
opts.numepochs	迭代次数	50

20.2 DeepLearnToolbox 程序的运行过程

打开 Matlab，进入程序所在的目录。在 Matlab 命令框中输入以下命令：

```
>> run test_example_CNN_MNIST.m
```

依次产生如下结果：

```
epoch 1/100
Elapsed time is 60.955466 seconds.
epoch 2/100
Elapsed time is 60.581046 seconds.
epoch 3/100
Elapsed time is 61.189861 seconds.
epoch 4/100
Elapsed time is 61.013360 seconds.
epoch 5/100
Elapsed time is 61.806483 seconds.
```

在程序结束后，可以得到训练集和测试集的分类错误率曲线，如图 20.1 和图 20.2 所示。

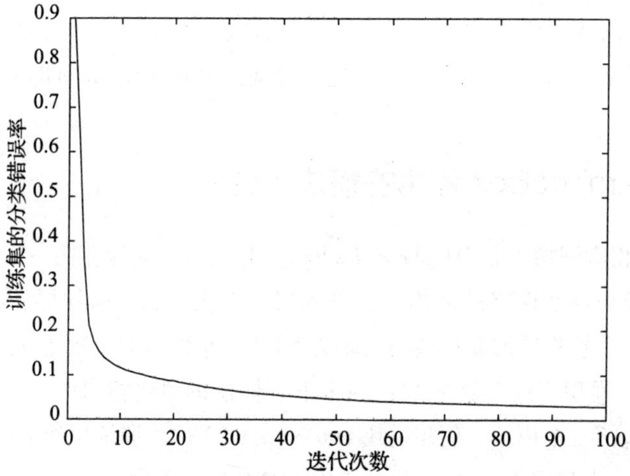

图 20.1　训练集的分类错误率曲线

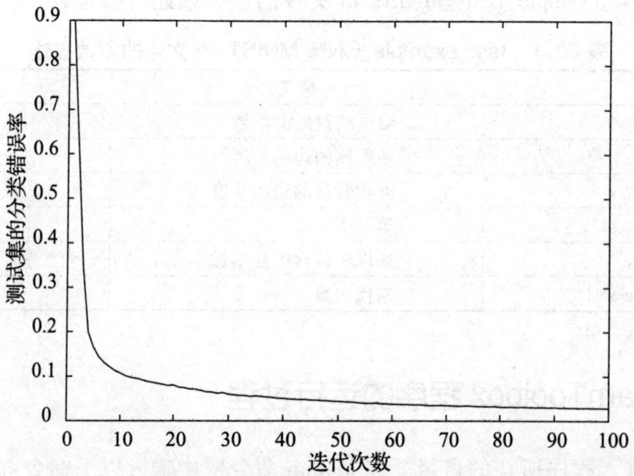

图 20.2 测试集的分类错误率曲线

20.3　DeepLearnToolbox 程序的代码分析

20.3.1　关键函数的主要功能

- test_example_CNN_MNIST. m：该函数是使用卷积神经网络识别 MNIST 手写数字的主函数。
- cnnsetup_m：建立卷积神经网络的函数。
- cnntrain. m：使用训练样本对卷积神经网络进行训练的函数。
- cnntest. m：使用测试样本对卷积神经网络进行测试的函数。
- cnnff. m：卷积神经网络的前向计算过程。
- cnnbp. m：计算目标函数值，以及目标函数对权值和偏置的偏导数。
- cnnapplygrads. m：更新网络的权值和偏置。

20.3.2　主要代码分析及注释

1. test_example_CNN_MNIST. m

```
function test_example_CNN
load mnist_uint8;                                              %导入数据集

train_x = double(reshape(train_x',28,28,60000))/255;  %使用 MNIST 数据,将图像进行归一化
test_x = double(reshape(test_x',28,28,10000))/255;    %将测试图像进行归一化
train_y = double(train_y'); %强制类型转换  转换为 double 型  大小为 10*60 000
test_y = double(test_y');  %大小为 10*10 000

%训练一个 6c -2s -12c -2s 的 CNN
  rng(0)                    %rng(sd) 生成随机数
cnn.layers = {
    struct('type','i') %input layer  输入层
    struct('type','c','outputmaps',6,'kernelsize',5)
       %convolution layer 卷积层 输出 6 个卷积面,卷积核大小为 5*5
    struct('type','s','scale',2) %sub sampling layer  %下采样层,滑动窗口大小为 2*2
    struct('type','c','outputmaps',12,'kernelsize',5)
       %convolution layer  卷积层,输出 12 个卷积面,卷积核大小为 5*5
    struct('type','s','scale',2) %subsampling layer   %下采样层,滑动窗口大小为 2*2
};
cnn = cnnsetup(cnn,train_x,train_y);%这里把 cnn 的设置给 cnnsetup,它会据此构建一个完整的 CNN 网络

opts.alpha = 0.1;    %学习率
%每次挑出一个 batchsize 的 batch 来训练,也就是每用 batchsize 个样本就调整一次权值
opts.batchsize = 50;
%训练次数,用同样的训练集
%1 时,11.41%error
%5 时,4.2%error
%10 时,2.73%error
```

```
%50 时,1.89%error
opts.numepochs =1;

%将训练样本给网络,开始训练这个 CNN 网络
cnn = cnntrain(cnn,train_x,train_y,opts);

%用测试样本进行测试
[er,bad] = cnntest(cnn,test_x,test_y);

%输出均方误差
figure; plot(cnn.rL);
%  assert(er <0.12,'Too big error');

%画图显示
disp([num2str(er*100) '%error']);
```

2. cnnsetup. m

```
function net = cnnsetup(net,x,y)
  inputmaps =1;
  mapsize = size(squeeze(x(:,:,1)));
  %B = squeeze(A)返回和矩阵 A 的元素相同但所有单一维都移除的矩阵 B,单一维是满足 size(A,dim) =1 的维
  %train_x 中图像的存放方式是三维的 reshape(train_x',28,28,60000),前面两维表示图像的行与列,
  %第三维表示有多少个图像。这样 squeeze(x(:,:,1))相当于取第一个样本后,再把第三维移除,此时就变成了
  %28*28 的矩阵,也就是得到了一幅图像,再使用 size 函数就可得到训练样本图像的行数和列数


%通过传入 net 结构体来逐层构建 CNN 网络
%n = numel(A) 返回数组 A 中的元素个数
%net.layers 中 5 个 struct 类型的元素实际上就表示 CNN 一共有 5 层,这里的范围是 5
  for l =1 : numel(net.layers)                        %layer numel 元素总数
    if strcmp(net.layers{l}.type,'s')                 %类型 S 层  下采样层
    %subsampling 层的 mapsize,mapsize 的初始值是每张图的大小 28*28,这里除以 scale =2,就是池化
    %之后图的大小,池化域之间没有重叠,所以池化后的图像为 14*14,这里右边的 mapsize 保存的都是上一层
    %每张特征 map 的大小,它会随着循环进行不断更新
      mapsize = mapsize / net.layers{l}.scale;
      assert(all(floor(mapsize) ==mapsize),['Layer ' num2str(l) ' size must be integer.
      Actual: ' num2str(mapsize)]);
      for j =1 : inputmaps                            %inputmap 就是上一层特征图的张数
        net.layers{l}.b{j} =0;                        %偏置初始化为 0
      end
    end
    if strcmp(net.layers{l}.type,'c')                 %隐含层的类型(如果是卷积层)

    %旧的 mapsize 保存的是上一层的特征 map 的大小,如果卷积核的移动步长是 1,那么用 kernelsize*kernelsize
    %大小的卷积核卷积上一层的特征 map 后,得到的新的 map 的大小如下
      mapsize = mapsize - net.layers{l}.kernelsize +1;


      %该层需要学习的参数个数
```

```
    %这里 fan_out 只保存卷积核,偏置在下面独立保存
    fan_out = net.layers{l}.outputmaps * net.layers{l}.kernelsize ^ 2;
    for j = 1 : net.layers{l}.outputmaps


    fan_in = inputmaps * net.layers{l}.kernelsize ^ 2;
    for i = 1 : inputmaps

     %随机初始化权值
     net.layers{l}.k{i}{j} = (rand(net.layers{l}.kernelsize) - 0.5) * 2 * sqrt(6 / (fan_
     in + fan_out));
     end
     net.layers{l}.b{j} = 0;
    end


    %只有在卷积层时才会改变特征 map 的个数,池化时不会改变
    %卷积层输出的特征 map 个数就是输入下一层的特征 map 个数
    inputmaps = net.layers{l}.outputmaps;
   end
  end

  %fvnum 是输出层的前面一层的神经元个数
  fvnum = prod(mapsize) * inputmaps;
  onum = size(y,1);

  %这里是最后一层神经网络的设定
  %ffb 是输出层节点的偏置
  net.ffb = zeros(onum,1);

  %ffW 输出层前一层与输出层连接的权值,这两层之间是全连接的
  net.ffW = (rand(onum,fvnum) - 0.5) * 2 * sqrt(6 / (onum + fvnum));
end
```

3. cnntrain.m

```
function net = cnntrain(net,x,y,opts)
  m = size(x,3);                              %保存的是训练样本个数
  numbatches = m / opts.batchsize;

  %rem(numbatches,1) 就相当于取其小数部分,如果为 0,就是整数
  if rem(numbatches,1) ~ = 0
    error('numbatches not integer');
  end
  net.rL = [];
  for i = 1 : opts.numepochs                  %迭代次数

    %disp(X)  打印数组元素
    disp(['epoch ' num2str(i) '/' num2str(opts.numepochs)]);
```

```
    %tic 和 toc 是用来计时的,计算这两条语句之间所耗的时间
    tic;

    %P = ransperm(N) 返回[1,N] 之间所有整数的一个随机序列,这就相当于把原来的样本排列打乱,
    %再使用打乱后的样本进行训练
    kk = randperm(m);                          %打乱顺序
    for l =1 : numbatches                      %样本依次进入网络
    %取出打乱顺序后的 batchsize 个样本和对应的标签
      batch_x = x(:,:,kk((l -1) * opts.batchsize +1 : l * opts.batchsize));
      batch_y = y(:,    kk((l -1) * opts.batchsize +1 : l * opts.batchsize));

      %在当前的网络权值和网络输入下,计算网络的输出
      net = cnnff(net,batch_x);                %前向过程

      %得到网络的输出后,通过对应的样本标签用 BP 算法调整网络权值
      net = cnnbp(net,batch_y);                %BP

      %得到误差对权值的导数后,就通过权值更新方法更新权值
      net = cnnapplygrads(net,opts);
      if isempty(net.rL)
        net.rL(1) = net.L;                     %代价函数值,也就是误差值
      end
      net.rL(end +1) =0.99 * net.rL(end) +0.01 * net.L;  %误差的累加
    end
    toc;
  end

end
```

4. cnntest. m

```
function [er,bad] = cnntest(net,x,y)
  %前向计算
  net = cnnff(net,x);                          %前向传播得到输出
  [ ~ ,h] = max(net.o);                        %找到最大的输出对应的标签
  [ ~ ,a] = max(y);                            %找到最大的期望输出对应的索引
  bad = find(h ~ = a);                         %找到它们不相同的个数,也就是错误的个数

  er = numel(bad) / size(y,2);                 %计算错误率
end
```

5. cnnapplygrads. m

```
function net = cnnapplygrads(net,opts)
  for l =2 : numel(net.layers)
    if strcmp(net.layers{l}.type,'c')
      for j =1 : numel(net.layers{l}.a)
        for ii =1 : numel(net.layers{l -1}.a)
                                               %卷积层的权值和偏置的更新
          net.layers{l}.k{ii}{j} = net.layers{l}.k{ii}{j} - opts.alpha * net.layers{l}.
          dk{ii}{j};
```

```
                                        %权值更新公式,W_new=W_old-alpha+de/dw
        end
        net.layers{l}.b{j}=net.layers{l}.b{j}-opts.alpha * net.layers{l}.db{j};
      end
    end
  end

  net.ffW=net.ffW-opts.alpha * net.dffW; %输出层权值更新
  net.ffb=net.ffb-opts.alpha * net.dffb; %输出层偏置更新
end
```

20.4 DeepLearnToolbox 程序的使用技巧

1）在使用此程序时，可以设置的参数有：卷积神经网络的结构、每个卷积层的卷积面的个数、卷积核的大小、以及下采样面的滑动窗口的大小，等等。

2）该程序没有设置全连接层，将此程序应用于其他数据集时，可根据实际情况，增加全连接层。

20.5 Caffe 程序的模块简介

从表 14.3 选择相应网站下载 Caffe，将其解压后保存在一个单独的文件夹中。Caffe 在 Windows 系统下的安装过程见附录 1。

在该程序中，卷积神经网络的结构为：输入层、卷积层、下采样层、卷积层、下采样层、全连接层、输出层。其中，第一个卷积层的卷积核的大小为 5×5，卷积面的个数是 20；第二个卷积层的卷积核的大小为 5×5，卷积面的个数是 50；两个下采样层的滑动窗口的大小都为2×2，池化的方式是最大池化方法；全连接层的节点数为 500，输出层的节点数为 10。按照运行流程，程序主要包括两个模块：结构设置模块和参数训练模块。

结构设置模块主要包括 lenet_train_test. prorotxt 文件，参数训练模块主要包括 lenet_solver. prototx 文件。主程序为 train_lenet. sh 文件。lenct_train_test. prorotxt 文件和 lenet_solver. prototxt 文件的参数描述分别如表 20.2 和表 20.3 所示。

表 20.2 lenet_train_test. prorotxt 文件的参数描述

名称	释义	缺省值
batch_size	迷你块大小	100
num_output	卷积层中卷积面的个数或全连接层的节点数	20、50、500 或 10
kernel_size	卷积核的长和宽	2 或 5
stride	滑动窗口的步长	1 或 2
pool	池化类型	MAX

表 20.3　lenet_solver.prototxt 文件的参数描述

名称	释义	缺省值
test_iter	测试集迭代次数	100
test_interval	相邻两次测试间隔的迭代次数	500
base_lr	学习率	0.01
momentum	动量项	0.9
weight_decay	权值衰减系数	0.0005
display	相邻两次显示间隔的迭代次数	100
max_iter	最大迭代次数	10000
snapshot	相邻两次保存信息的迭代次数	5000
solver_mode	处理模式	CPU 或 GPU

20.6　Caffe 程序的运行过程

打开 Caffe 所在的目录，修改相应文件中数据集的路径，分别为：

1）在 http://pan.baidu.com/s/1mgl9ndu 网站上下载 MNIST 数据集。下载之后，将其解压，然后将解压后的文件放在./caffe-windows-master/examples/mnist 文件夹下。

2）修改 caffe-windows-master/examples/mnist/lenet_train_test.prototxt 文件中训练集和测试集的路径，该文件定义了 LeNet 的结构。

3）修改 caffe-windows-master/examples/mnist/lenet_solver.prototxt 文件中的路径，该文件指定了训练算法和迭代次数。

4）设定 caffe-windows-master/examples/mnist/lenet_adadelta_solver.prototxt 文件中 snapshot 的路径，snapshot 文件夹用来保存训练时的信息。

5）在命令窗口中输入如下命令，程序开始运行。

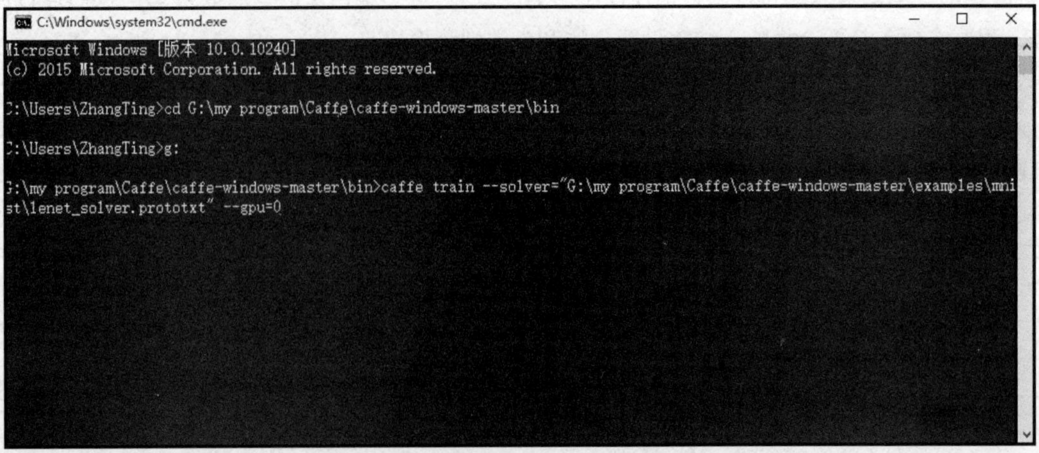

注意：此命令使用了 gpu 的模式，若使用 CPU 运行程序，则在输入命令时，省略双引号外面的-gpu = 0。同时，在文件 lenet_solver. prototxt 文件和 lenet_adadelta_solver. prototxt 文件中，需要将模式设置成 CPU 模式，即：

```
#solver mode: CPU or GPU
  solver_mode: CPU
```

6）程序运行中，命令窗口显示如下信息：

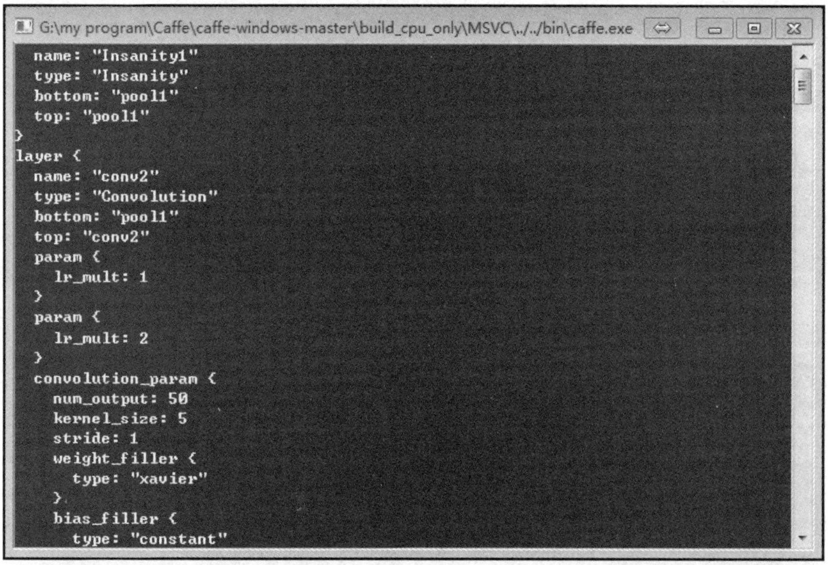

```
G:\my program\Caffe\caffe-windows-master\build_cpu_only\MSVC\../../bin\caffe.exe
  name: "Insanity1"
  type: "Insanity"
  bottom: "pool1"
  top: "pool1"
}
layer {
  name: "conv2"
  type: "Convolution"
  bottom: "pool1"
  top: "conv2"
  param {
    lr_mult: 1
  }
  param {
    lr_mult: 2
  }
  convolution_param {
    num_output: 50
    kernel_size: 5
    stride: 1
    weight_filler {
      type: "xavier"
    }
    bias_filler {
      type: "constant"
```

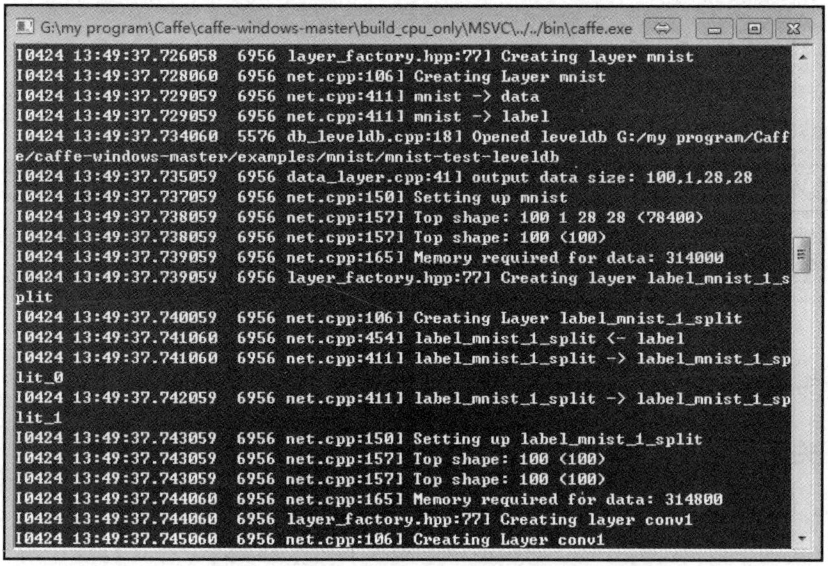

```
G:\my program\Caffe\caffe-windows-master\build_cpu_only\MSVC\../../bin\caffe.exe
I0424 13:49:37.726058  6956 layer_factory.hpp:77] Creating layer mnist
I0424 13:49:37.728060  6956 net.cpp:106] Creating Layer mnist
I0424 13:49:37.729059  6956 net.cpp:411] mnist -> data
I0424 13:49:37.729059  6956 net.cpp:411] mnist -> label
I0424 13:49:37.734060  5576 db_leveldb.cpp:18] Opened leveldb G:/my program/Caff
e/caffe-windows-master/examples/mnist/mnist-test-leveldb
I0424 13:49:37.735059  6956 data_layer.cpp:41] output data size: 100,1,28,28
I0424 13:49:37.737059  6956 net.cpp:150] Setting up mnist
I0424 13:49:37.738059  6956 net.cpp:157] Top shape: 100 1 28 28 (78400)
I0424 13:49:37.738059  6956 net.cpp:157] Top shape: 100 (100)
I0424 13:49:37.739059  6956 net.cpp:165] Memory required for data: 314000
I0424 13:49:37.739059  6956 layer_factory.hpp:77] Creating layer label_mnist_1_s
plit
I0424 13:49:37.740059  6956 net.cpp:106] Creating Layer label_mnist_1_split
I0424 13:49:37.741060  6956 net.cpp:454] label_mnist_1_split <- label
I0424 13:49:37.741060  6956 net.cpp:411] label_mnist_1_split -> label_mnist_1_sp
lit_0
I0424 13:49:37.742059  6956 net.cpp:411] label_mnist_1_split -> label_mnist_1_sp
lit_1
I0424 13:49:37.743059  6956 net.cpp:150] Setting up label_mnist_1_split
I0424 13:49:37.743059  6956 net.cpp:157] Top shape: 100 (100)
I0424 13:49:37.743059  6956 net.cpp:157] Top shape: 100 (100)
I0424 13:49:37.744060  6956 net.cpp:165] Memory required for data: 314800
I0424 13:49:37.744060  6956 layer_factory.hpp:77] Creating layer conv1
I0424 13:49:37.745060  6956 net.cpp:106] Creating Layer conv1
```

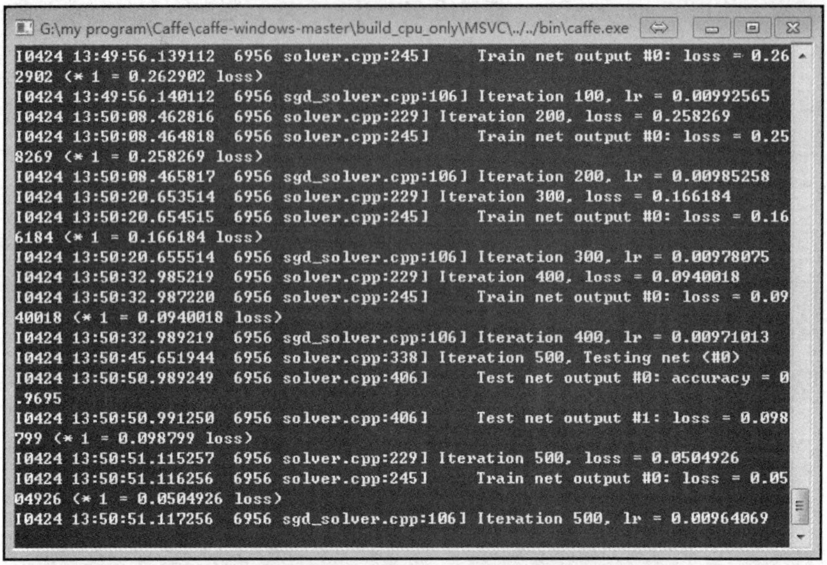

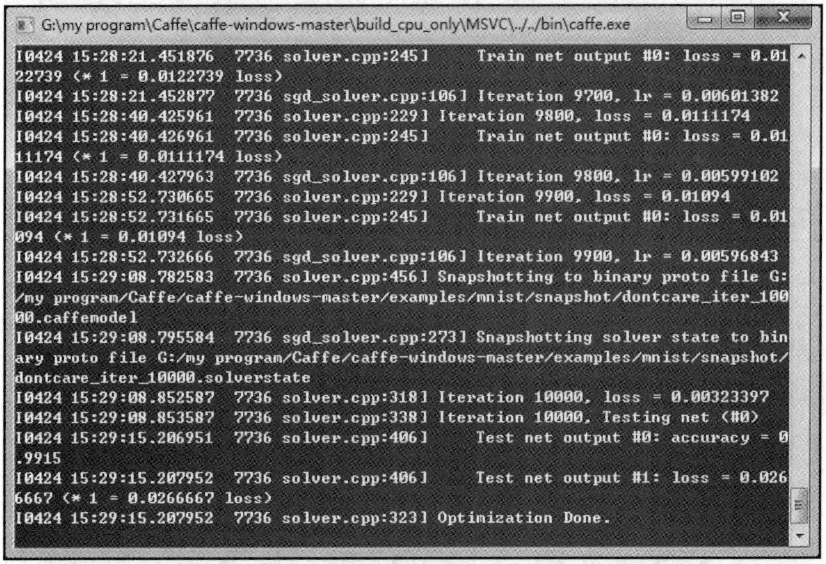

20.7　Caffe 程序的代码分析

20.7.1　关键函数的主要功能

- lenet_train_test. prototxt：该函数定义了卷积神经网络的结构。主要内容为：卷积层和下采样层的个数及排列方式、卷积层中卷积核的个数和大小、下采样层中滑动窗口的大小和滑动窗口的移动步长、全连接层的节点个数、激活函数的类型，等等。

- lenet_solver. prototxt：该函数定义了训练的参数。主要内容为：学习率的大小、训练的迭代次数、优化的方法、使用何种模式（CPU 或者 GPU）等。

20.7.2　主要代码分析及注释

1. lenet_train_test. prototxt

```
name: "LeNet"
layer {
  name: "mnist"
  type: "Data"
  top: "data"
  top: "label"
  data_param {
    source: "G:/my program/Caffe/caffe-windows-master/examples/mnist/mnist-train-leveldb"
    #训练集的存放位置
    backend: LEVELDB
    batch_size: 100                    #训练集迷你块的大小
  }
  transform_param {
    scale: 0.00390625                  #确保输出数据在[0,1]之间
  }
  include: { phase: TRAIN }
}
layer {
  name: "mnist"
  type: "Data"
  top: "data"
  top: "label"
  data_param {
    source: "G:/my program/Caffe/caffe-windows-master/examples/mnist/mnist-test-leveldb"
    #测试集的存放位置
    backend: LEVELDB
    batch_size: 100                    #测试集迷你块的大小
  }
  transform_param {
    scale: 0.00390625
  }
  include: { phase: TEST }
}
layer {
  name: "conv1"
  type: "Convolution"                  #卷积层
  bottom: "data"
  top: "conv1"
  param {
    lr_mult: 1
  }
  param {
```

```
    lr_mult: 2
  }
  convolution_param {
    num_output: 20              #卷积面的个数
    kernel_size: 5              #卷积核的长和宽
    stride: 1
    weight_filler {
      type: "xavier"            #使用 xavier 算法,根据输入和输出神经元的数目,自动确定初始化权重的范围
    }
    bias_filler {
      type: "constant"          #偏置初始化为常数 0
    }.
  }
}
layer {
  name: "pool1"
  type: "Pooling"               #池化层
  bottom: "conv1"
  top: "pool1"
  pooling_param {
    pool: MAX                   #池化类型:最大池化
    kernel_size: 2              #滑动窗口的长和宽
    stride: 2
  }
}
layer {
  name: "Insanity1"
  type: "Insanity"
  bottom: "pool1"
  top: "pool1"
}
layer {
  name: "conv2"
  type: "Convolution"           #卷积层
  bottom: "pool1"
  top: "conv2"
  param {
    lr_mult: 1
  }
  param {
    lr_mult: 2
  }
  convolution_param {
    num_output: 50
    kernel_size: 5
    stride: 1
    weight_filler {
      type: "xavier"
    }
```

```
    bias_filler {
      type: "constant"
    }
  }
}
layer {
  name: "pool2"
  type: "Pooling"             #池化层
  bottom: "conv2"
  top: "pool2"
  pooling_param {
    pool: MAX
    kernel_size: 2
    stride: 2
  }
}
layer {
  name: "relu2"               #使用 relu 函数
  type: "Insanity"
  bottom: "pool2"
  top: "pool2"
}
layer {
  name: "ip1"
  type: "InnerProduct"        #全连接层,在这里也称为内积
  bottom: "pool2"
  top: "ip1"
  param {
    lr_mult: 1
  }
  param {
    lr_mult: 2
  }
  inner_product_param {
    num_output: 500           #节点数
    weight_filler {
      type: "xavier"
    }
    bias_filler {
      type: "constant"
    }
  }
}
layer {
  name: "relu3"
  type: "Insanity"
  bottom: "ip1"
  top: "ip1"
}
```

```
layer {
  name: "ip2"
  type: "InnerProduct"                    # 全连接层
  bottom: "ip1"
  top: "ip2"
  param {
    lr_mult: 1
  }
  param {
    lr_mult: 2
  }
  inner_product_param {
    num_output: 10                        # 节点数
    weight_filler {
      type: "xavier"
    }
    bias_filler {
      type: "constant"
    }
  }
}
layer {
  name: "accuracy"
  type: "Accuracy"                        # 该层只出现在测试阶段,用于计算准确率
  bottom: "ip2"
  bottom: "label"
  top: "accuracy"
  include {
    phase: TEST
  }
}
layer {
  name: "loss"
  type: "SoftmaxWithLoss"                 # softmax 损失
  bottom: "ip2"
  bottom: "label"
  top: "loss"
}
```

2. lenet_solver. prototxt

```
# 训练/测试网络的定义
net: "G:/my program/Caffe/caffe-windows-master/examples/mnist/lenet_train_test.prototxt"
# test_iter 指定更测试进行的次数
# 在 MNIST 中,我们设置块的大小为 100,测试 100 次,覆盖全部的 10000 幅测试图像
test_iter: 100
    # test 迭代次数,如果迷你块的大小为 100,则 100 张图像为一个迷你块,训练 100 次,正好覆盖 10 000 张图像
test_interval: 500   # 训练迭代 500 次,测试 1 次
# 网络的学习率,动量项和权值衰减系数
base_lr: 0.01
```

```
momentum: 0.9
# solver_type: ADAGRAD
weight_decay: 0.0005
# 学习策略:有固定学习率和每步递减学习率
lr_policy: "inv"
gamma: 0.0001
power: 0.75
# 每迭代 100 次,显示 1 次
display: 100
# 最大迭代次数
max_iter: 10000
# 每 5 000 次保存一次训练信息
snapshot_prefix: "G:/my program/Caffe/caffe - windows - master/examples/mnist/snapshot/
dontcare"
solver_mode: CPU
```

20.8　Caffe 程序的使用技巧

1）本章仅给出了使用 Caffe 在 MNIST 数据集上的训练和测试过程，若要使用其他的例子进行测试，可在/caffe-windows-master/examples 文件夹下选择相应的例子进行训练和测试。

2）程序可调整的参数有：网络结构、学习率、动量项，等等。

CHAPTER 21
第 21 章
循环神经网络填充案例

序列信息处理是循环神经网络的基本功能。在本章的案例中，将讨论如何利用循环神经网络填充口语理解中的槽值。下面首先解释槽值填充的含义，然后依次给出循环神经网络程序的模块简介、运行过程、代码分析和使用技巧。

21.1 槽值填充的含义

这个案例是用 Python 编写的，需要用到 Theano 开源库，目的是使用循环神经网络对 ATIS 数据集中的语言文本填充槽值[436]。该案例的原始程序文件实际上包含了 Elman 和 Jordan 两种类型的循环神经网络，而本案例仅使用 Elman 类型的循环神经网络填充槽值。Theano 开源库的安装过程见附录 2。

在口语理解中，槽值填充的任务，就是根据用户输入的原始句子，提取用户意图的表达。例如，对于 ATIS 数据集，槽值填充就是根据有关航班的原始句子，从中提取“起飞城市、到达城市和起飞时间”等用户意图的表达。如表 21.1 所示，如果用户输入的原始句子为“show Flights from Boston to New York today”，那么航班的起飞城市为“Boston”，到达城市为“New York”，起飞时间为“today”。槽值填充程序所要输出的结果为，对“Boston”、“New York”和“today”等关键词做相应的槽值标记，而对非关键词（如 show）则使用“O”做非槽值标记。

表 21.1　ATIS 中句子的槽值填充结果举例

Sentence	show	Flights	from	Boston	to	New	York	today
Slots \ Concepts	O	O	O	B-dept	O	B-arr	I-arr	B-date

21.2 循环神经网络填充程序的模块简介

从表 14.3 中选择相应网站下载 is13. tar，将其解压后保存在一个单独的文件夹中。

按照运行流程，槽值填充程序主要包括三个步骤：单词嵌入、建立上下文词窗口、循环神经网络训练学习。单词嵌入在 elman. py 文件中实现，建立上下文词窗口在 tools. py 文件中实现，循环神经网络的训练在 elman. py 中实现。在该程序中，主函数为 elman-forward. py，该文件的参数描述可参考表 21.2。

表 21.2　elman-forward. py 文件的参数描述

名称	释义	缺省值
lr	学习率	0.0627142536696559
verbose	是否显示详细信息	1
decay	学习率是否衰减	False
win	上下文窗口	7
bs	BPTT 的时间间隔	9
nhidden	隐含层节点的个数	100
seed	随机数	345
emb_dimension	单词嵌入的维度	100
nepochs	迭代次数	50

21.3　循环神经网络填充程序的运行过程

在程序运行之前，首先要安装 perl（使用 conlleval. pl 计算评价指标）。Perl 的下载地址为：www. perl. org。下面以 Elman 循环网络为例，说明程序的两种运行方式及其运行结果。

（1）程序的两种运行方法

方法 1：打开 Anaconda 命令提示符界面，利用命令转到程序 is13 所在的路径下：

```
cd D:\Document\References\RNN\testcode\RNNSLU
```

输入命令：python is13/examples/elman-forward. py

即开始运行 examples 文件夹下的 elman 循环神经网络。

方法 2：打开 Ipython，利用下面的语句转换到 elman-forward. py 所在的路径下：

```
import os
os.chdir("D:\\Document\\References\\RNN\\testcode\\RNNSLU\\is13\\examples")
```

然后利用命令 paste 将 elman-forward. py 内容复制到 Ipython 界面运行。

（2）程序的运行结果

程序开始运行，程序会显示最好的 F1 分数值。迭代 50 次后得到最终的 F1 值，如下所示：

```
NEW BEST: epoch 0 valid F1 85.71 best test F1 79.89
NEW BEST: epoch 1 valid F1 91.78 best test F1 89.42
NEW BEST: epoch 2 valid F1 92.54 best test F1 90.82
NEW BEST: epoch 3 valid F1 95.12 best test F1 92.27
NEW BEST: epoch 4 valid F1 95.4 best test F1 92.33
[learning] epoch 5 >> 100.00%completed in 172.13 (sec) <<
[learning] epoch 6 >> 100.00%completed in 163.22 (sec) <<
NEW BEST: epoch 7 valid F1 95.58 best test F1 92.58
[learning] epoch 8 >> 100.00%completed in 173.24 (sec) <<
```

```
NEW BEST: epoch 9 valid F1 96.18 best test F1 93.63
NEW BEST: epoch 10 valid F1 96.56 best test F1 92.65
......
[learning] epoch 41 >> 100.00%completed in 170.58 (sec) <<
[learning] epoch 42 >> 100.00%completed in 169.71 (sec) <<
[learning] epoch 43 >> 100.00%completed in 169.61 (sec) <<
[learning] epoch 44 >> 100.00%completed in 167.75 (sec) <<
[learning] epoch 45 >> 100.00%completed in 168.55 (sec) <<
NEW BEST: epoch 46 valid F1 97.74 best test F1 94.3
[learning] epoch 47 >> 100.00%completed in 169.08 (sec) <<
NEW BEST: epoch 48 valid F1 97.82 best test F1 94.39
NEW BEST: epoch 49 valid F1 97.89 best test F1 94.53
```

程序运行结束后，_file_文件夹中会保存权值和偏置的信息，以及测试集和验证集的填充结果。测试集中某个句子的槽值填充结果为：

```
BOS O O
monday B-depart_date.day_name B-depart_date.day_name
morning B-depart_time.period_of_day B-depart_time.period_of_day
i O O
would O O
like O O
to O O
fly O O
from O O
columbus B-fromloc.city_name B-fromloc.city_name
to O O
indianapolis B-toloc.city_name B-toloc.city_name
EOS O O
```

21.4　循环神经网络填充程序的代码分析

21.4.1　关键函数的主要功能

elman-forward.py：使用循环神经网络进行语义槽值填充的主程序。

load.py：对数据进行预处理。

accuracy.py：计算准确率。

elman.py：定义 Elman 结构。

21.4.2　主要代码分析及注释

1. 主程序 elman-forward.py

```
import numpy                                                    # 导入相应的模块
import time
```

```
import sys
import subprocess
import os
import random

from is13.data import load
from is13.rnn.elman import model
from is13.metrics.accuracy import conlleval
from is13.utils.tools import shuffle,minibatch,contextwin

if __name__=='__main__':

  s={'fold':3,#5 folds 0,1,2,3,4                          # 设置相应的参数
    'lr':0.0627142536696559,                              # 学习率
    'verbose':1,
    'decay':False,                                        # 如果提升停止,则降低学习率
    'win':7,                                              # 上下文窗口中单词的个数
    'bs':9,                                               # 时间步骤中反向传播的个数
    'nhidden':100,                                        # 隐含节点的个数
    'seed':345,                                           # 种子
    'emb_dimension':100,                                  # 单词嵌入的维度
    'nepochs':50}

  folder=os.path.basename(__file__).split('.')[0]
  if not os.path.exists(folder): os.mkdir(folder)

  # 导入数据集
  train_set,valid_set,test_set,dic=load.atisfold(s['fold'])
  idx2label=dict((k,v) for v,k in dic['labels2idx'].iteritems()) # 字典中的标签
  idx2word =dict((k,v) for v,k in dic['words2idx'].iteritems()) # 字典中的数据

  train_lex,train_ne,train_y=train_set                    # 训练集
  valid_lex,valid_ne,valid_y=valid_set                    # 验证集
  test_lex,  test_ne,  test_y =test_set                   # 测试集

  vocsize=len(dic['words2idx'])                           # 得到长度
  nclasses=len(dic['labels2idx'])
  nsentences=len(train_lex)

  %实例化模型
  numpy.random.seed(s['seed'])
  random.seed(s['seed'])
  rnn=model(   nh=s['nhidden'],
               nc=nclasses,
               ne=vocsize,
               de=s['emb_dimension'],
               cs=s['win'] )

  # 训练
  best_f1 = -numpy.inf                                    # 初始化 best_f1
```

```
s['clr']=s['lr']                                          #学习率
for e in xrange(s['nepochs']):
  #打乱顺序
  shuffle([train_lex,train_ne,train_y],s['seed'])
  s['ce']=e
  tic=time.time()
  for i in xrange(nsentences):
    cwords=contextwin(train_lex[i],s['win'])
    words =map(lambda x: numpy.asarray(x).astype('int32'),\
            minibatch(cwords,s['bs']))
    labels=train_y[i]                                     #标签
    for word_batch ,label_last_word in zip(words,labels):
      rnn.train(word_batch,label_last_word,s['clr'])
      rnn.normalize()
    if s['verbose']:
      print '[learning] epoch %i >> %2.2f%%'%(e,(i+1)*100./nsentences),'completed
      in %.2f (sec) <<\r'%(time.time()-tic),
      sys.stdout.flush()

  #验证:索引值->单词
  predictions_test=[ map(lambda x: idx2label[x],\
                   rnn.classify(numpy.asarray(contextwin(x,s['win'])).astype
                   ('int32')))\
                   for x in test_lex ]
  groundtruth_test=[ map(lambda x: idx2label[x],y) for y in test_y ]
  words_test=[ map(lambda x: idx2word[x],w) for w in test_lex]

  predictions_valid=[ map(lambda x: idx2label[x],\
                    rnn.classify(numpy.asarray(contextwin(x,s['win'])).as-
                    type('int32')))\
                    for x in valid_lex ]
  groundtruth_valid=[ map(lambda x: idx2label[x],y) for y in valid_y ]
  words_valid=[ map(lambda x: idx2word[x],w) for w in valid_lex]

  #计算准确率
  res_test =conlleval(predictions_test,groundtruth_test,words_test,folder+'/cur-
  rent.test.txt')
  res_valid=conlleval(predictions_valid,groundtruth_valid,words_valid,folder+'/
  current.valid.txt')

  if res_valid['f1'] > best_f1:
    rnn.save(folder)
    best_f1=res_valid['f1']
    if s['verbose']:
      print 'NEW BEST: epoch',e,'valid F1',res_valid['f1'],'best test F1',res_test['f1'],' '*20
    s['vf1'],s['vp'],s['vr']=res_valid['f1'],res_valid['p'],res_valid['r']
    s['tf1'],s['tp'],s['tr']=res_test['f1'], res_test['p'], res_test['r']
    s['be']=e
    subprocess.call(['mv',folder+'/current.test.txt',folder+'/best.test.txt'])
```

```
        subprocess.call(['mv',folder+'/current.valid.txt',folder+'/best.valid.txt'])
      else:
        print ''

      # 如果在10次迭代中准确率没有提高,则学习率衰减
      if s['decay'] and abs(s['be']-s['ce']) >=10: s['clr'] *=0.5
      if s['clr'] < 1e-5: break

print 'BEST RESULT: epoch',e,'valid F1',s['vf1'],'best test F1',s['tf1'],'with the
model',folder
```

2. load. py

```
import gzip
import cPickle
import urllib
import os
import random

from os.path import isfile                                      # 获取环境变量

def download(origin):                                           # 函数定义
  # 从 http://www-etud.iro.umontreal.ca/~mesnilgr/atis/中下载相应的文件
  print 'Downloading data from %s' %origin
  name=origin.split('/')[-1]
  urllib.urlretrieve(origin,name)                               # 直接将远程数据下载到本地

def download_dropbox():
  # 在此期间从 dropbox 中下载
  print 'Downloading data from https://www.dropbox.com/s/3lxl9jsbw0j7h8a/atis.pkl? dl=0'
  os.system('wget -O atis.pkl https://www.dropbox.com/s/3lxl9jsbw0j7h8a/atis.pkl? dl=0')

def load_dropbox(filename):
  if not isfile(filename):
    # 下载('http://www-etud.iro.umontreal.ca/~mesnilgr/atis/'+filename)
    download_dropbox()
  # f=gzip.open(filename,'rb')
  f=open(filename,'rb')
  return f

def load_udem(filename):
  if not isfile(filename):
    download('http://lisaweb.iro.umontreal.ca/transfert/lisa/users/mesnilgr/atis/'+
    filename)
  f=gzip.open(filename,'rb')
  return f

def atisfull():
  f=load_dropbox(PREFIX+'atis.pkl')
  train_set,test_set,dicts=cPickle.load(f)
  return train_set,test_set,dicts
```

```
def atisfold(fold):
    assert fold in range(5)
    f = load_udem(PREFIX + 'atis.fold' + str(fold) + '.pkl.gz')
    train_set,valid_set,test_set,dicts = cPickle.load(f)
    return train_set,valid_set,test_set,dicts

if __name__ == '__main__':

    # 可视化一些句子

    import pdb

    w2ne,w2la = {},{}
    train,test,dic = atisfull()
    train,_,test,dic = atisfold(1)

    w2idx,ne2idx,labels2idx = dic['words2idx'],dic['tables2idx'],dic['labels2idx']

    idx2w  = dict((v,k) for k,v in w2idx.iteritems())
    idx2ne = dict((v,k) for k,v in ne2idx.iteritems())
    idx2la = dict((v,k) for k,v in labels2idx.iteritems())

    test_x,  test_ne,  test_label  = test
    train_x,train_ne,train_label = train
    wlength = 35

    for e in ['train','test']:
      for sw,se,sl in zip(eval(e + '_x'),eval(e + '_ne'),eval(e + '_label')):
        print 'WORD'.rjust(wlength),'LABEL'.rjust(wlength)
        for wx,la in zip(sw,sl): print idx2w[wx].rjust(wlength),idx2la[la].rjust(wlength)
        print '\n' + '**'*30 + '\n'
        pdb.set_trace()
```

3. elman.py

```
import theano
import numpy
import os

from theano import tensor as T
from collections import OrderedDict

class model(object):          # 类

  def __init__(self,nh,nc,ne,de,cs):
    nh # 隐含层的节点数
    nc # 类别数
    ne # 词汇表中单词的嵌入数量
    de # 单词嵌入的维度
    cs # 上下文窗口的大小
```

```
#模型的参数
self.emb =theano.shared(0.2 * numpy.random.uniform(-1.0,1.0,\
          (ne +1, de)).astype(theano.config.floatX)) # add one for PADDING at the end
self.Wx  =theano.shared(0.2 * numpy.random.uniform(-1.0,1.0,\
          (de * cs,nh)).astype(theano.config.floatX))
self.Wh  =theano.shared(0.2 * numpy.random.uniform(-1.0,1.0,\
          (nh,nh)).astype(theano.config.floatX))
self.W   =theano.shared(0.2 * numpy.random.uniform(-1.0,1.0,\
          (nh,nc)).astype(theano.config.floatX))                  #隐含层到输出层
self.bh  =theano.shared(numpy.zeros(nh,dtype =theano.config.floatX))
self.b   =theano.shared(numpy.zeros(nc,dtype =theano.config.floatX))
self.h0  =theano.shared(numpy.zeros(nh,dtype =theano.config.floatX))

#将参数组织在一起
self.params =[ self.emb,self.Wx,self.Wh,self.W,self.bh,self.b,self.h0 ]
self.names  =['embeddings','Wx','Wh','W','bh','b','h0']
idxs =T.imatrix() #与在句子中单词的上下文窗口的列的个数一样多
x =self.emb[idxs].reshape((idxs.shape[0],de*cs))
y   =T.iscalar('y') #标签

def recurrence(x_t,h_tm1):                                        #循环
  h_t =T.nnet.sigmoid(T.dot(x_t,self.Wx) +T.dot(h_tm1,self.Wh) +self.bh)
  s_t =T.nnet.softmax(T.dot(h_t,self.W) +self.b)
  return [h_t,s_t]

[h,s],_=theano.scan(fn =recurrence,\
  sequences =x,outputs_info =[self.h0,None],\
  n_steps =x.shape[0])                                            #scan 函数

p_y_given_x_lastword =s[-1,0,:]
p_y_given_x_sentence =s[:,0,:]
y_pred =T.argmax(p_y_given_x_sentence,axis =1)                    #最大值

#误差、梯度和学习率
lr =T.scalar('lr')
nll = -T.log(p_y_given_x_lastword)[y]                             #返回 x 的自然对数
gradients =T.grad( nll,self.params )                              #梯度
updates =OrderedDict(( p,p -lr*g ) for p,g in zip( self.params ,gradients))

#theano 函数
self.classify =theano.function(inputs =[idxs],outputs =y_pred) #分类

self.train =theano.function( inputs  =[idxs,y,lr],
                             outputs =nll,
                             updates =updates )                   #训练

self.normalize =theano.function( inputs =[],
             updates ={self.emb:\
             self.emb/T.sqrt((self.emb**2).sum(axis =1)).dimshuffle(0,'x')})
```

```
def save(self,folder):                                              #保存
    for param,name in zip(self.params,self.names):
        numpy.save(os.path.join(folder,name+'.npy'),param.get_value())
```

4. tools. py

```
import random

def shuffle(lol,seed):
    #lol:列表的列表作为输入
    #seed:将洗牌后的列表作为种子

    #每个列表以相同的顺序洗牌
    for l in lol:
        random.seed(seed)
        random.shuffle(l)

def minibatch(l,bs):                                                #定义迷你块
    #l:单词索引列表,返回一个迷你块的索引
    #其大小等于bs
    #更常见的情况如下
    #eg:[0,1,2,3] and bs=3
    #输出
    #[[0],[0,1],[0,1,2],[1,2,3]]
    out =[l[:i] for i in xrange(1,min(bs,len(l)+1))]
    out +=[l[i-bs:i] for i in xrange(bs,len(l)+1) ]
    assert len(l)==len(out)
    return out

def contextwin(l,win):
    #win:与窗口的大小相一致,
    #在给定包含句子的一系列索引时,它将返回一系列索引列表,这些索引与句子中每个单词的上下文窗口相一致
    assert (win %2)==1
    assert win >=1
    l=list(l)

    lpadded=win/2 * [-1]+l+win/2 * [-1]
    out=[ lpadded[i:i+win] for i in range(len(l)) ]

    assert len(out)==len(l)
    return out
```

21.5 循环神经网络填充程序的使用技巧

1）运行程序之前，先将 examples/elman-forward. py 文件中的路径改为程序所在路径。

2）运行程序之前，要确保将 is3 文件夹添加到 theano 文件夹中。

CHAPTER 22

第 22 章

长短时记忆网络分类案例

对序列样本进行分类，是长短时记忆网络的一项基本功能。在本章的案例中，将讨论如何利用长短时记忆网络对互联网电影和电视的评论数据集 IMDB 进行分类。

22.1 长短时记忆网络分类程序的模块简介

从表 14.3 选择相应网站下载 lstm 文件，该文件又包含 lstm. py 和 imdb. py 两个文件，将这两个文件放在同一个文件夹中。

按照运行流程，长短时记忆网络分类程序首先从网站上下载数据，然后将数据分为训练集、验证集和测试集，接着使用随机梯度下降法训练网络。长短时记忆网络分类程序的主程序为 lstm. py 文件。lstm. py 文件的参数描述可参考表 22.1。

表 22.1 lstm. py 文件的参数描述

名称	释义	缺省值
dim_proj	单词嵌入的维数和隐含层的节点数	128
patience	Early stop 等待的次数	10
max_epochs	最大迭代次数	5000
dispFreq	相邻两次显示结果的间隔次数	10
decay_c	对权值 U 的衰减	0
lrate	随机梯度下降的学习率	0.0001
n_words	单词的个数	10000
optimizer	使用的优化方法	sgd
encoder	编码器	lstm
saveto	保存最好的模型	lstm_model. npz
validFreq	相邻两次计算验证集误差间隔次数	370
saveFreq	相邻两次的保存参数的间隔次数	1110
maxlen	超过最大长度的序列被忽视掉	100
batch_size	训练时的迷你块	16
valid_batch_size	验证和测试时的迷你块	64
dataset	使用的数据集	imdb

22.2　长短时记忆网络分类程序的运行过程

方法 1：打开 Anaconda 命令提示符界面，利用命令转到程序 lstm 所在的路径下，即 cd H：\my program。

输入命令“python lstm/lstm. py;”即开始运行 lstm 文件夹下的长短时记忆网络，依次产生如下结果。

1）从网站上下载数据，显示的界面如图 22.1 所示。

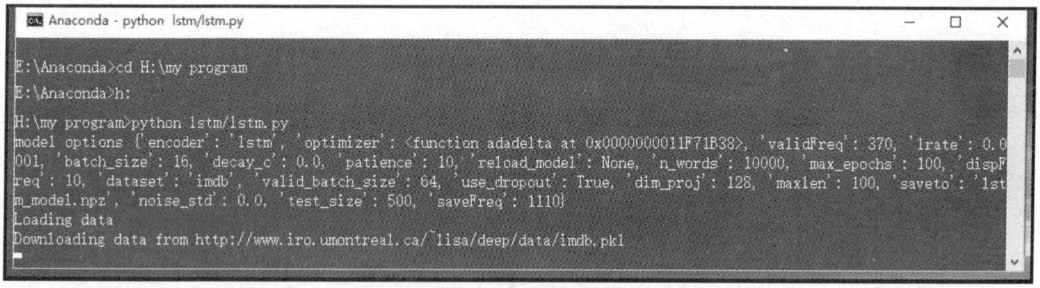

图 22.1　程序从网站上下载数据的界面

2）使用随机梯度下降法调整网络权值，显示每次的代价函数值。程序开始及终止时的信息分别如图 22.2 和图 22.3 所示。其中，收敛时的分类测试错误率约为 21.6%。

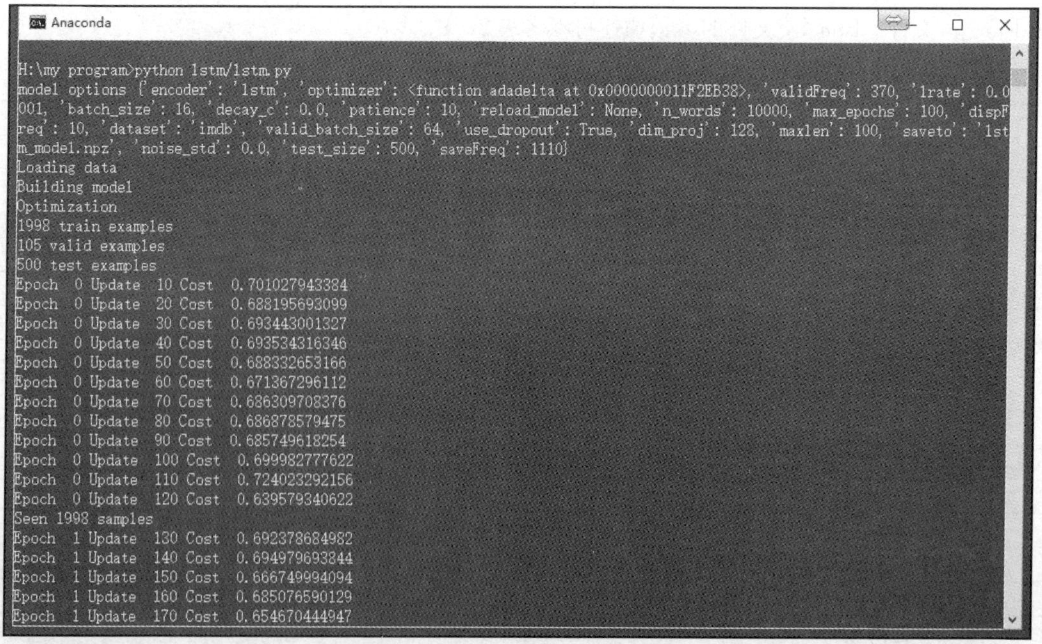

图 22.2　程序开始训练时的信息

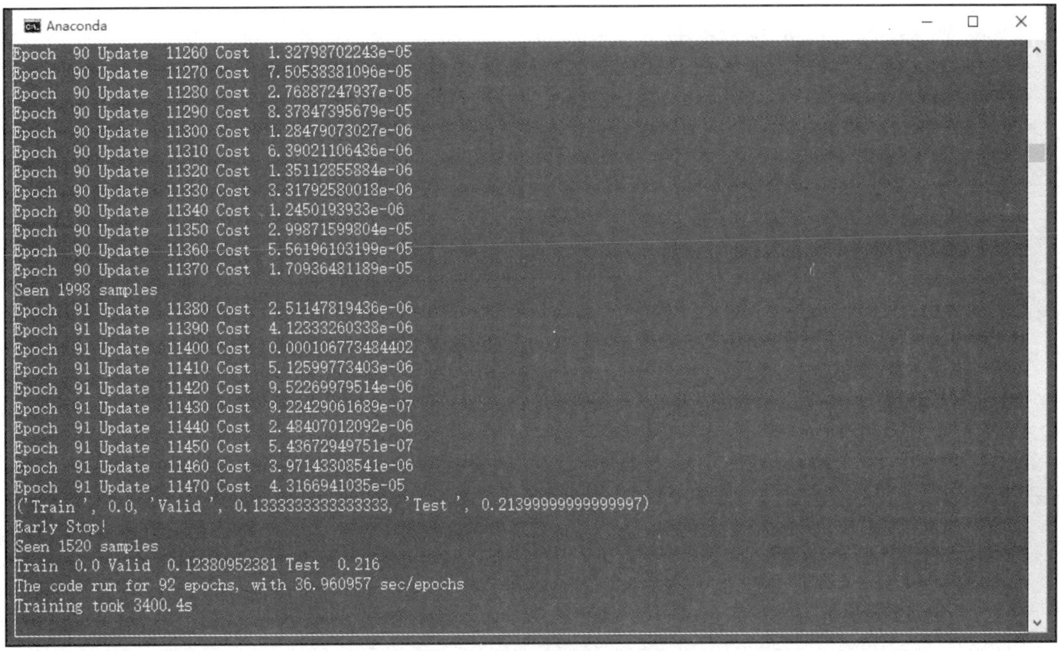

图 22.3　程序停止时的信息

22.3　长短时记忆网络分类程序的代码分析

22.3.1　关键模块或函数的主要功能

lstm.py：该函数是使用 LSTM 对 imdb 数据集进行分类的主程序。主要函数为：获取数据、初始化网络参数、训练网络、预测误差，等等。

imdb.py：对数据进行处理。主要函数为：准备数据、获得数据文件和导入数据。

22.3.2　主要代码分析及注释

1. 主程序 lstm.py

```
# 建立一个语义分析器
from __future__ import print_function                 # 从 feature 模块导入 print_function
import six.moves.cPickle as pickle

from collections import OrderedDict                   # 从 collections 模块中导入有序字典
import sys
import time

import numpy
import theano
```

```
from theano import config
import theano.tensor as tensor
from theano.sandbox.rng_mrg import MRG_RandomStreams as RandomStreams

import imdb

datasets = {'imdb': (imdb.load_data,imdb.prepare_data)}

# 设置随机数生成器的种子
SEED = 123                                          # 设置随机种子
numpy.random.seed(SEED)

def numpy_floatX(data):
  return numpy.asarray(data,dtype = config.floatX)

def get_minibatches_idx(n,minibatch_size,shuffle = False):
# 对数据(句子)随机排列。首先获取数据集所有句子数 n,对所有句子,按照 batch_size,
# 划分出(n//batch_size) +1 个列表。拼在一起,构成一个二重列表
# 返回一个 zip(batch 索引,batch 内容),用于运行。每份 batch 是一个列表,包含句子的索引。
# 后续会根据句子的索引,拼出一个小量的 x

  idx_list = numpy.arange(n,dtype = "int32")        # 排序

  if shuffle:
    numpy.random.shuffle(idx_list)                  # 打乱数据的顺序

  minibatches = []
  minibatch_start = 0
  for i in range(n // minibatch_size):
    minibatches.append(idx_list[minibatch_start:
                         minibatch_start + minibatch_size])
    minibatch_start += minibatch_size               # 划分迷你块

  if (minibatch_start ! = n):
    # 处理最后的数据
    minibatches.append(idx_list[minibatch_start:])

  return zip(range(len(minibatches)),minibatches)

def get_dataset(name):
  return datasets[name][0],datasets[name][1]        # 返回样本及对应的标签

def zipp(params,tparams):
  # 当重新导入模型时,需要 GPU 资源
  for kk,vv in params.items():
    tparams[kk].set_value(vv)

def unzip(zipped):
  # 当解压模型时,需要 GPU 资源
```

```
  new_params = OrderedDict()
  for kk,vv in zipped.items():
    new_params[kk] = vv.get_value()
  return new_params

def dropout_layer(state_before,use_noise,trng):    # 使用了 dropout 规则化
  proj = tensor.switch(use_noise,
                       (state_before *
                        trng.binomial(state_before.shape,
                                      p = 0.5,n = 1,
                                      dtype = state_before.dtype)),
                        state_before * 0.5)
  return proj

def _p(pp,name):
  return '%s_%s' %(pp,name)

def init_params(options):
# 全局(非 LSTM)参数,这是对于嵌入行为和分类器而言的
# 初始化 embedding 参数,softmax 输出层参数
  params = OrderedDict()
# 嵌入
  randn = numpy.random.rand(options['n_words'],
                            options['dim_proj'])
  params['Wemb'] = (0.01 * randn).astype(config.floatX)
  params = get_layer(options['encoder'])[0](options,
                                            params,
                                            prefix = options['encoder'])
# 初始化分类器的参数
  params['U'] = 0.01 * numpy.random.randn(options['dim_proj'],
                                          options['ydim']).astype(config.floatX)
  params['b'] = numpy.zeros((options['ydim'],)).astype(config.floatX)

  return params

def load_params(path,params):
  pp = numpy.load(path)
  for kk,vv in params.items():
    if kk not in pp:
      raise Warning('%s is not in the archive' %kk)
    params[kk] = pp[kk]

  return params

def init_tparams(params):
  tparams = OrderedDict()
  for kk,pp in params.items():
    tparams[kk] = theano.shared(params[kk],name = kk)
  return tparams
```

```
def get_layer(name):
  fns = layers[name]
  return fns
def ortho_weight(ndim):                          # 对权值进行了 SVD 分解
  W = numpy.random.randn(ndim,ndim)
  u,s,v = numpy.linalg.svd(W)
  return u.astype(config.floatX)

def param_init_lstm(options,params,prefix = 'lstm'):
  # 初始化 LSTM 参数

# 初始化 lstm 的参数
# 初始化权值时,首先随机初始化权值,然后分解权值的奇异值,使用分解后的权值作为初始化权值。
# 这是本程序的一个初始化技巧
  W = numpy.concatenate([ortho_weight(options['dim_proj']),
                         ortho_weight(options['dim_proj']),
                         ortho_weight(options['dim_proj']),
                         ortho_weight(options['dim_proj'])],axis =1)
  params[_p(prefix,'W')] = W
  U = numpy.concatenate([ortho_weight(options['dim_proj']),
                         ortho_weight(options['dim_proj']),
                         ortho_weight(options['dim_proj']),
                         ortho_weight(options['dim_proj'])],axis =1)
  params[_p(prefix,'U')] = U
  b = numpy.zeros((4 * options['dim_proj'],))
  params[_p(prefix,'b')] = b.astype(config.floatX)

  return params

def lstm_layer(tparams,state_below,options,prefix = 'lstm',mask = None):
  nsteps = state_below.shape[0]
  if state_below.ndim == 3:
    n_samples = state_below.shape[1]
  else:
    n_samples = 1

  assert mask is not None

  def _slice(_x,n,dim):
    if _x.ndim == 3:
      return _x[:,:,n * dim:(n +1) * dim]
    return _x[:,n * dim:(n +1) * dim]

  def _step(m_,x_,h_,c_):
    preact = tensor.dot(h_,tparams[_p(prefix,'U')])
    preact += x_

    # 每个门和细胞的计算
    i = tensor.nnet.sigmoid(_slice(preact,0,options['dim_proj']))
```

```
        f = tensor.nnet.sigmoid(_slice(preact,1,options['dim_proj']))
        o = tensor.nnet.sigmoid(_slice(preact,2,options['dim_proj']))
        c = tensor.tanh(_slice(preact,3,options['dim_proj']))

        # 细胞的计算
        c = f * c_ + i * c
        c = m_[:,None] * c + (1. - m_)[:,None] * c_

        # 细胞块输出的计算
        h = o * tensor.tanh(c)
        h = m_[:,None] * h + (1. - m_)[:,None] * h_

        return h,c

    state_below = (tensor.dot(state_below,tparams[_p(prefix,'W')]) +
                                           tparams[_p(prefix,'b')])

    dim_proj = options['dim_proj']
    rval,updates = theano.scan(_step,
                                      sequences = [mask,state_below],
                                      outputs_info = [tensor.alloc(numpy_floatX(0.),
                                                                n_samples,
                                                                dim_proj),
                                                   tensor.alloc(numpy_floatX(0.),
                                                                n_samples,
                                                                dim_proj)],
                                      name = _p(prefix,'_layers'),
                                      n_steps = nsteps)
    return rval[0]

# ff:前向计算(在通常的神经网络中),只在 lstm 之后,分类器之前使用
layers = {'lstm': (param_init_lstm,lstm_layer)}

def sgd(lr,tparams,grads,x,mask,y,cost):
# 随机梯度下降

# 共享变量的新集合将会包含迷你块中的梯度
    gshared = [theano.shared(p.get_value() * 0.,name = '%s_grad' %k)
              for k,p in tparams.items()]
    gsup = [(gs,g) for gs,g in zip(gshared,grads)]

    # 计算一个迷你块的梯度,但是,此时并不更新梯度
    f_grad_shared = theano.function([x,mask,y],cost,updates = gsup,
                                     name = 'sgd_f_grad_shared')

    pup = [(p,p - lr * g) for p,g in zip(tparams.values(),gshared)]

    # 从之前计算的梯度中更新梯度
    f_update = theano.function([lr],[],updates = pup,
```

```
                                    name = 'sgd_f_update')

    return f_grad_shared,f_update

def adadelta(lr,tparams,grads,x,mask,y,cost):
    # 自适应学习率优化方法
    # 参数
    # lr:Theano 共享变量,初始化的学习率
    # tpramas:Theano 共享变量,模型参数
    # grads:Theano 变量,损失相对于参数的梯度
    # x:Theano 变量,模型输入
    # mask:Theano variable,序列模具
    # y:Theano,目标
    # cost:Theano 变量,需要最小化的目标函数  # 注意,更多信息,请参考[ADADELTA]
    # [ADADELTA] Matthew D. Zeiler, *ADADELTA: An Adaptive Learning
    # Rate Method*, arXiv:1212.5701

    zipped_grads = [theano.shared(p.get_value() * numpy_floatX(0.),
                                  name = '%s_grad' %k)
                    for k,p in tparams.items()]
    running_up2 = [theano.shared(p.get_value() * numpy_floatX(0.),
                                 name = '%s_rup2' %k)
                   for k,p in tparams.items()]
    running_grads2 = [theano.shared(p.get_value() * numpy_floatX(0.),
                                    name = '%s_rgrad2' %k)
                      for k,p in tparams.items()]

    zgup = [(zg,g) for zg,g in zip(zipped_grads,grads)]
    rg2up = [(rg2,0.95 * rg2 +0.05 * (g ** 2))
             for rg2,g in zip(running_grads2,grads)]

    f_grad_shared = theano.function([x,mask,y],cost,updates = zgup + rg2up,
                                    name = 'adadelta_f_grad_shared')

    updir = [ -tensor.sqrt(ru2 +1e -6) / tensor.sqrt(rg2 +1e -6) * zg
             for zg,ru2,rg2 in zip(zipped_grads,
                                    running_up2,
                                    running_grads2)]
    ru2up = [(ru2,0.95 * ru2 +0.05 * (ud ** 2))
             for ru2,ud in zip(running_up2,updir)]
    param_up = [(p,p + ud) for p,ud in zip(tparams.values(),updir)]

    f_update = theano.function([lr],[],updates = ru2up + param_up,
                               on_unused_input = 'ignore',
                               name = 'adadelta_f_update')

    return f_grad_shared,f_update

def rmsprop(lr,tparams,grads,x,mask,y,cost):
    # rmsprop 优化方法
```

```
    # 参数:
    # lr:Theano 共享变量,初始化的学习率
    # tpramas:Theano 共享变量,模型参数
    # grads:Theano 变量,损失相对于参数的梯度
    # x:Theano 变量,模型输入
    # mask:Theano variable,序列模具
    # y:Theano,目标
    # cost:Theano 变量,需要最小化的目标函数
    # 注意:更多信息请参考[Hint2014] Geoff Hinton, *Neural Networks for Machine Learning*,
    # lecture 6a, http://cs.toronto.edu/~tijmen/csc321/slides/lecture_slides_lec6.pdf

    zipped_grads = [theano.shared(p.get_value() * numpy_floatX(0.),
                                  name = '%s_grad' %k)
                    for k,p in tparams.items()]
    running_grads = [theano.shared(p.get_value() * numpy_floatX(0.),
                                   name = '%s_rgrad' %k)
                     for k,p in tparams.items()]
    running_grads2 = [theano.shared(p.get_value() * numpy_floatX(0.),
                                    name = '%s_rgrad2' %k)
                      for k,p in tparams.items()]

    zgup = [(zg,g) for zg,g in zip(zipped_grads,grads)]
    rgup = [(rg,0.95 * rg +0.05 * g) for rg,g in zip(running_grads,grads)]
    rg2up = [(rg2,0.95 * rg2 +0.05 * (g ** 2))
             for rg2,g in zip(running_grads2,grads)]

    f_grad_shared = theano.function([x,mask,y],cost,
                                    updates = zgup + rgup + rg2up,
                                    name = 'rmsprop_f_grad_shared')

    updir = [theano.shared(p.get_value() * numpy_floatX(0.),
                           name = '%s_updir' %k)
             for k,p in tparams.items()]
    updir_new = [(ud,0.9 * ud -1e -4 * zg / tensor.sqrt(rg2 - rg ** 2 +1e -4))
                 for ud,zg,rg,rg2 in zip(updir,zipped_grads,running_grads,
                                         running_grads2)]
    param_up = [(p,p + udn[1])
                for p,udn in zip(tparams.values(),updir_new)]
    f_update = theano.function([lr],[],updates = updir_new + param_up,
                               on_unused_input = 'ignore',
                               name = 'rmsprop_f_update')

    return f_grad_shared,f_update

def build_model(tparams,options):
# 联合 LSTM 和 Softmax,构成完整 Theano.function 的重要部分

    trng = RandomStreams(SEED)
```

```
#用于 dropout
  use_noise = theano.shared(numpy_floatX(0.))

  x = tensor.matrix('x',dtype = 'int64')
  mask = tensor.matrix('mask',dtype = config.floatX)
  y = tensor.vector('y',dtype = 'int64')

  n_timesteps = x.shape[0]
  n_samples = x.shape[1]

  emb = tparams['Wemb'][x.flatten()].reshape([n_timesteps,
                                              n_samples,
                                              options['dim_proj']])
  proj = get_layer(options['encoder'])[1](tparams,emb,options,
                                          prefix = options['encoder'],
                                          mask = mask)
  if options['encoder'] == 'lstm':
    proj = (proj * mask[:,:,None]).sum(axis = 0)
    proj = proj / mask.sum(axis = 0)[:,None]
  if options['use_dropout']:
    proj = dropout_layer(proj,use_noise,trng)

  pred = tensor.nnet.softmax(tensor.dot(proj,tparams['U']) + tparams['b'])

  f_pred_prob = theano.function([x,mask],pred,name = 'f_pred_prob')
  f_pred = theano.function([x,mask],pred.argmax(axis = 1),na me = 'f_pred')

  off = 1e - 8
  if pred.dtype == 'float16':
    off = 1e - 6

  cost = - tensor.log(pred[tensor.arange(n_samples),y] + off).mean()

  return use_noise,x,mask,y,f_pred_prob,f_pred,cost

def pred_probs(f_pred_prob,prepare_data,data,iterator,verbose = False):
  #使用训练好的模型,计算新样本的输出概率
  n_samples = len(data[0])
  probs = numpy.zeros((n_samples,2)).astype(config.floatX)

  n_done = 0

  for _,valid_index in iterator:
    x,mask,y = prepare_data([data[0][t] for t in valid_index],
                            numpy.array(data[1])[valid_index],
                            maxlen = None)
    pred_probs = f_pred_prob(x,mask)
    probs[valid_index,:] = pred_probs

    n_done += len(valid_index)
```

```
    if verbose:
      print('%d/%d samples classified' %(n_done,n_samples))

  return probs

def pred_error(f_pred,prepare_data,data,iterator,verbose=False):
  #计算误差
  #f_pred: Theano fct,计算预测值
  #prepare_data: 数据集常用的 prepare_data
  valid_err=0
  for _,valid_index in iterator:
    x,mask,y=prepare_data([data[0][t] for t in valid_index],
                          numpy.array(data[1])[valid_index],
                          maxlen=None)
    preds=f_pred(x,mask)
    targets=numpy.array(data[1])[valid_index]
    valid_err += (preds ==targets).sum()
  valid_err=1.-numpy_floatX(valid_err) / len(data[0])

  return valid_err

  def train_lstm(
  dim_proj=128,               #单词嵌入维度和隐含节点的 LSTM 数量
    patience=10,              #如果没有进展,那么此值为等待提前结束的迭代次数
    max_epochs=5000,          #运行的最大迭代次数
    dispFreq=10,              #训练过程中每 N 次更新显示 stdout
    decay_c=0,                #应用于权值 U 的衰减
    lrate=0.0001,             #随机梯度下降的学习率
    n_words=10000,            #单词个数
    optimizer=adadelta,       #sgd、adadelta 和 rmsprop 可用,而 Sgd 很难用,这里不推荐使用
    encoder='lstm',           #可以去除,否则必须为 lstm
    saveto='lstm_model.npz',  #最好的模型将在这里保存
    validFreq=370,            #在更新此数次之后,计算验证误差
    saveFreq=1110,            #每次 saveFreq 更新之后保存参数
    maxlen=100,               #若序列更长,则忽略它
    batch_size=16,            #训练中的块的大小
    valid_batch_size=64,      #用于验证集和测试集的块的大小
    dataset='imdb',

    #其他参数
    noise_std=0.,
    use_dropout=True, #若为 Fasle,则运行会快一些,但测试错误会大。通常这需要一个更大的模型
    reload_model=None, #我们希望开始的保存模型的路径
    test_size= -1, #如果大于 0,我们只保留这个数量的测试样本.
  ):

    #模型选择
    model_options = locals().copy()
    print("model options", model_optins)
```

```
    load_data, prepare_data = get_dataset(dataset)          # 获得数据

    print('Loading data')
    # 导入数据
    train, valid, test = load_data(n_words=n_words, valid_portion=0.05,
                                   maxlen=maxlen)
    if test_size > 0:
      # 测试集根据大小进行存储,但是我们想要保存随机大小的样本, 所以
      # 我们必须随机选择样本
      idx = numpy.arange(len(test[0]))
      numpy.random.shuffle(idx)                              # 将测试集随机排序
      idx = idx[:test_size]
      test = ([test[0][n] for n in idx], [test[1][n] for n in idx])

    ydim = numpy.max(train[1]) + 1

    model_options['ydim'] = ydim

    print('Building model')
    # 创建初始化参数,作为 numpy ndarrays
    # Dict name (string) -> numpy ndarray
    params = init_params(model_options)

    if reload_model:
      load_params('lstm_model.npz', params)

    # 从参数中创建 Theano 共享变量
    # Dict name (string) -> Theano Tensor Shared Variable
    # params 和 tparams 具有权值不同的拷贝
    tparams = init_tparams(params)

    # use_noise 用于 dropout
    (use_noise, x, mask,
    y, f_pred_prob, f_pred, cost) = build_model(tparams, model_options)

    if decay_c > 0.:
      decay_c = theano.shared(numpy_floatX(decay_c), name='decay_c')
      weight_decay = 0.
      weight_decay += (tparams['U'] ** 2).sum()
      weight_decay *= decay_c
      cost += weight_decay

f_cost=theano.function([x,mask,y],cost,name='f_cost')

grads=tensor.grad(cost,wrt=list(tparams.values()))
f_grad=theano.function([x,mask,y],grads,name='f_grad')

lr=tensor.scalar(name='lr')
f_grad_shared,f_update=optimizer(lr,tparams,grads,
                                 x,mask,y,cost)
```

```
print('Optimization')

kf_valid = get_minibatches_idx(len(valid[0]),valid_batch_size)
kf_test = get_minibatches_idx(len(test[0]),valid_batch_size)

print("%d train examples" %len(train[0]))
print("%d valid examples" %len(valid[0]))
print("%d test examples" %len(test[0]))

history_errs = []
best_p = None
bad_count = 0

if validFreq == -1:
  validFreq = len(train[0]) // batch_size
if saveFreq == -1:
  saveFreq = len(train[0]) // batch_size

uidx = 0
estop = False
start_time = time.time()
try:
  for eidx in range(max_epochs):
    n_samples = 0

    # 从训练集中获得新的扰乱索引
    kf = get_minibatches_idx(len(train[0]),batch_size,shuffle = True)

    for _,train_index in kf:
      uidx += 1
      use_noise.set_value(1.)

      # 从该迷你块中选择随机样本
      y = [train[1][t] for t in train_index]
      x = [train[0][t]for t in train_index]

      # 在 numpy.ndarray 中获得数据
      # 这会交换轴线
      # 返回形状的一些参数(迷你块的最大长度、n 个样本)
      x,mask,y = prepare_data(x,y)
      n_samples += x.shape[1]

      cost = f_grad_shared(x,mask,y)
      f_update(lrate)

      if numpy.isnan(cost) or numpy.isinf(cost):
        print('bad cost detected: ',cost)
        return 1.,1.,1.
```

```
        if numpy.mod(uidx,dispFreq) ==0:
          print('Epoch ',eidx,'Update ',uidx,'Cost ',cost)

        if saveto and numpy.mod(uidx,saveFreq) ==0:
          print('Saving...')

          if best_p is not None:
            params =best_p
          else:
            params =unzip(tparams)
          numpy.savez(saveto,history_errs =history_errs,**params)
          pickle.dump(model_options,open('%s.pkl' %saveto,'wb'), -1)
          print('Done')

        if numpy.mod(uidx,validFreq) ==0:
          use_noise.set_value(0.)
          train_err =pred_error(f_pred,prepare_data,train,kf)
          valid_err =pred_error(f_pred,prepare_data,valid,
                                kf_valid)
          test_err =pred_error(f_pred,prepare_data,test,kf_test)

          history_errs.append([valid_err,test_err])

          if (best_p is None or
            valid_err <=numpy.array(history_errs)[:,0].min()):

            best_p =unzip(tparams)
            bad_counter =0

          print( ('Train ',train_err,'Valid ',valid_err,
                 'Test ',test_err) )

          if (len(history_errs) > patience and
            valid_err > =numpy.array(history_errs)[: -patience,0].min()):
            bad_counter +=1
            if bad_counter > patience:
              print('Early Stop!')
              estop =True
              break

      print('Seen %d samples' %n_samples)

      if estop:
        break

  except KeyboardInterrupt:
    print("Training interupted")

  end_time =time.time()
  if best_p is not None:
```

```
    zipp(best_p,tparams)
  else:
    best_p = unzip(tparams)

  use_noise.set_value(0.)
  kf_train_sorted = get_minibatches_idx(len(train[0]),batch_size)
  train_err = pred_error(f_pred,prepare_data,train,kf_train_sorted)
  valid_err = pred_error(f_pred,prepare_data,valid,kf_valid)
  test_err = pred_error(f_pred,prepare_data,test,kf_test)

  print( 'Train ',train_err,'Valid ',valid_err,'Test ',test_err )
  if saveto:
    numpy.savez(saveto,train_err = train_err,
                valid_err = valid_err,test_err = test_err,
                history_errs = history_errs,**best_p)
  print('The code run for %d epochs,with %f sec/epochs' % (
    (eidx +1),(end_time - start_time) / (1. * (eidx +1))))
  print( ('Training took %.1fs' %
         (end_time - start_time)),file = sys.stderr)
  return train_err,valid_err,test_err

if __name__ == '__main__':
  # 参看函数,训练所有可能的 c 参数及其定义
  train_lstm(
    max_epochs =100,
    test_size =500,
)
```

2. imdb.py

```
from __future__ import print_function
from six.moves import xrange
import six.moves.cPickle as pickle

import gzip
import os

import numpy
import theano

def prepare_data(seqs,labels,maxlen = None):
  # 准备数据,从数据集中创建矩阵

  # 将每个句子展成相同的长度
  # 最长句子的长度或者 maxlen
  # 如果 maxlen 已设置,将所有
  # 序列切到该最大长度
  # x:句子列表
  lengths = [len(s) for s in seqs]
```

```
    if maxlen is not None:
      new_seqs = []
      new_labels = []
      new_lengths = []
      for l,s,y in zip(lengths,seqs,labels):
        if l < maxlen:  #设置句子的最大程度,如果某个句子小于最大长度,则用 0 填充
          new_seqs.append(s)
          new_labels.append(y)
          new_lengths.append(l)
      lengths = new_lengths
      labels = new_labels
      seqs = new_seqs

      if len(lengths) < 1:
        return None,None,None

    n_samples = len(seqs)
    maxlen = numpy.max(lengths)

    x = numpy.zeros((maxlen,n_samples)).astype('int64')
    x_mask = numpy.zeros((maxlen,n_samples)).astype(theano.config.floatX)
    for idx,s in enumerate(seqs):
      x[:lengths[idx],idx] = s
      x_mask[:lengths[idx],idx] = 1.

    return x,x_mask,labels

def get_dataset_file(dataset,default_dataset,origin):
  #将它作为完整路径并寻找它。如果没有,试着寻找本地文件。若本地没有数据集文件,试着在数据目录中寻找,
   若不在目录中,则下载数据集
  data_dir,data_file = os.path.split(dataset)
  if data_dir == "" and not os.path.isfile(dataset):
    #检查数据集是否在数据目录中
    new_path = os.path.join(
      os.path.split(__file__)[0],
      "..",
      "data",
      dataset
    )
    if os.path.isfile(new_path) or data_file == default_dataset:
      dataset = new_path

  if (not os.path.isfile(dataset)) and data_file == default_dataset:
    from six.moves import urllib
    print('Downloading data from # s' %origin)
    urllib.request.urlretrieve(origin,dataset)  #从网站上下载数据或提前下载好数据

  return dataset
```

```
def load_data(path = "imdb.pkl",n_words =100000,valid_portion =0.1,maxlen =None,
              sort_by_len = True):
  # 导入数据集
  # type path:字符型
  # param path:数据集的路径,这里为 IMDB
  # type n_words:整型
  # param n_words:字典中单词的个数,所有其余的单词设置为未知
  # type valid_portion:浮点型
  # param valid_portion:整个训练集用于验证集的比例
  # type maxlen:空的或者正的整型
  # param maxlen:在训练/验证集中使用的最长的序列长度
  # type sort_by_len:布尔型
  # name sort_by_len:根据训练、验证和测试集的序列长度进行排序,这使得程序运行得更快,因为每个迷你块
  # 需要更少的填充。另外一个机制是必须使用以在每次迭代中随机打乱训练集

  path =get_dataset_file(
    path,"imdb.pkl",
    "http://www.iro.umontreal.ca/~lisa/deep/data/imdb.pkl")

  if path.endswith(".gz"):
    f =gzip.open(path,'rb')
  else:
    f =open(path,'rb')

  train_set =pickle.load(f)
  test_set =pickle.load(f)
  f.close()
  if maxlen:
    new_train_set_x =[]
    new_train_set_y =[]
    for x,y in zip(train_set[0],train_set[1]):
      if len(x) < maxlen:
        new_train_set_x.append(x)
        new_train_set_y.append(y)
    train_set = (new_train_set_x,new_train_set_y)
    del new_train_set_x,new_train_set_y

  # 将训练集分出验证集
  train_set_x,train_set_y =train_set
  n_samples = len(train_set_x)
  sidx =numpy.random.permutation(n_samples)
  n_train = int(numpy.round(n_samples * (1. -valid_portion)))
  valid_set_x =[train_set_x[s] for s in sidx[n_train:]]
  valid_set_y =[train_set_y[s] for s in sidx[n_train:]]
  train_set_x =[train_set_x[s] for s in sidx[:n_train]]
  train_set_y =[train_set_y[s] for s in sidx[:n_train]]

  train_set = (train_set_x,train_set_y)
```

```
    valid_set = (valid_set_x,valid_set_y)

    def remove_unk(x):
      return [[1 if w >= n_words else w for w in sen] for sen in x]

    test_set_x,test_set_y = test_set
    valid_set_x,valid_set_y = valid_set
    train_set_x,train_set_y = train_set

    train_set_x = remove_unk(train_set_x)
    valid_set_x = remove_unk(valid_set_x)
    test_set_x = remove_unk(test_set_x)

    def len_argsort(seq):
      return sorted(range(len(seq)),key = lambda x: len(seq[x]))

    if sort_by_len:
      sorted_index = len_argsort(test_set_x)
      test_set_x = [test_set_x[i] for i in sorted_index]
      test_set_y = [test_set_y[i] for i in sorted_index]

      sorted_index = len_argsort(valid_set_x)
      valid_set_x = [valid_set_x[i] for i in sorted_index]
      valid_set_y = [valid_set_y[i] for i in sorted_index]

      sorted_index = len_argsort(train_set_x)
      train_set_x = [train_set_x[i] for i in sorted_index]
      train_set_y = [train_set_y[i] for i in sorted_index]

    train = (train_set_x,train_set_y)
    valid = (valid_set_x,valid_set_y)
    test = (test_set_x,test_set_y)

  #返回训练集、验证集和测试集
  return train,valid,test
```

22.4 长短时记忆网络分类程序的使用技巧

1）在运行程序之前，需要在 lstm 同级目录下创建 data 文件夹。

2）第一次运行程序时需要从网站上下载数据，运行时间会稍长一些。若之后再运行此程序，可使用已经下载的数据，直接对网络进行训练即可。

3）优化方法除了随机梯度下降法，还有 Adadelta 和 RMSprop 方法。

APPENDIX 1

附录 1

Caffe 在 Windows 上的安装过程

安装环境：Windows 7

所需软件和库：软件 Visual Studio（VS），CMake，Anaconda，CUDA，cuDNN；库 libraries_v140_x64_py27_1. 1. 0。

注意：本书默认安装 Caffe 之前，需要的相关软件并没有安装在电脑上。若读者在安装过程中已安装相关软件，可忽略相关步骤。

1）从 https://github. com/BVLC/caffe 网站上下载 Caffe 库，将其解压到单独的一个文件夹（如 caffe-windows）中。

2）安装 VS 2013，或者安装 VS 2015。注意，VS 2015 可能需要先安装 VS 2013，但默认没有安装 C++ 编译器，因此在安装过 VS2015 之后，还需要通过新建工程安装 C++ 编译器。

3）从 https://cmake. org/download/网站下载 CMake 3. 8，解压后将 \ cmake-3. 8. 0-win64-x64 \ bin 路径添加到环境变量中。

4）从 https://www. continuum. io/downloads 网站下载 Anaconda 的 Python2. 7（或 Python3. 5）版本，然后安装 Anaconda，在安装过程中系统会自动添加环境变量。

5）从 https://developer. nvidia. com/cuda-downloads 网站下载 CUDA 8. 0，并安装。

6）从 https://developer. nvidia. com/cudnn 网站下载 cuDNN，并安装。

7）从 https://github. com/willyd/caffe- builder/releases 网站下载 libraries_v140_x64_py27_1. 1. 0. tar. bz2，并在 dependencies \ libraries_v140_x64_py27_1. 1. 0 文件夹下解压，如下图所示。

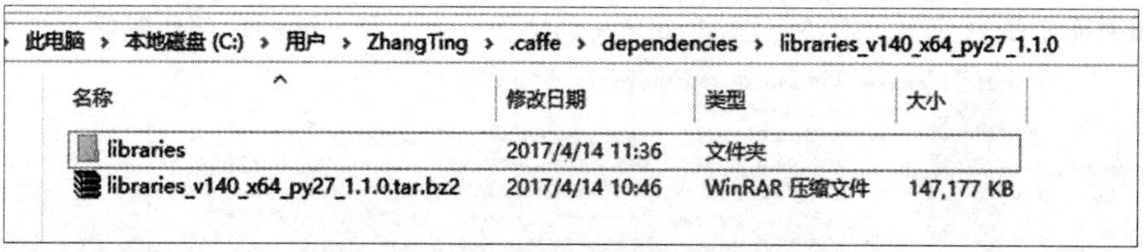

8）修改 caffe-windows \ cmake \ WindowsDownloadPrebuiltDependencies. cmake 文件，将第 71 行至第 78 行注释掉。这是因为前面已经手动下载了所需要的依赖库，所以不再需要自动下载了，否则可能会出现长久等待的问题。注释的部分如下图中的代码所示。

```
69        if(_download_file)
70            message(STATUS "Downloading prebuilt dependencies to ${_download_path}")
71            #file(DOWNLOAD "${DEPENDENCIES_URL}"
72            #               "${_download_path}"
73            #               EXPECTED_HASH SHA1=${DEPENDENCIES_SHA}
74            #               SHOW_PROGRESS
75            #    )
76            #if(EXISTS ${CAFFE_DEPENDENCIES_DIR}/libraries)
77            #    file(REMOVE_RECURSE ${CAFFE_DEPENDENCIES_DIR}/libraries)
78            #endif()
79        endif()
```

9) 修改 caffe-windows \ scripts \ build_win.bat 文件，主要包括 Python 路径、VS 版本、Python 版本、CPU 等参数。例如，

①修改第 24 行，设置 Python 2.7 的安装路径，即，

```
24  set PATH=C:\Users\ZhangTing\Anaconda2;C:\Users\ZhangTing\Anaconda2\Scripts;C:\Users\ZhangTing\Anaconda2\Library\bin;!PATH!
```

②修改第 71 行，设置 VS 的版本。如果使用 VS2015，则修改为

```
71      if NOT DEFINED MSVC_VERSION set MSVC_VERSION=14
```

如果使用的是 VS2013，则修改为

```
71      if NOT DEFINED MSVC_VERSION set MSVC_VERSION=12
```

注意，这里仅支持 VS2013 和 VS2015 两个版本。

③修改第 73 行，选择是否使用 NINJA 编译。由于这里不需要使用，因此修改为

```
73      if NOT DEFINED WITH_NINJA set WITH_NINJA=0
```

④修改第 75 行，选择是否仅在 CPU 下编译。如果是，则修改为

```
75      if NOT DEFINED CPU_ONLY set CPU_ONLY=1
```

如果需要同时在 GPU 下编译，则修改为

```
75      if NOT DEFINED CPU_ONLY set CPU_ONLY=0
```

⑤修改第 83 行，选择 Python 版本。如果使用 Python 2.7，则修改为

```
83      if NOT DEFINED PYTHON_VERSION set PYTHON_VERSION=2
```

如果使用 Python 3.5，则修改为

```
83      if NOT DEFINED PYTHON_VERSION set PYTHON_VERSION=3
```

注意，这里仅支持 Python 2.7 和 Python 3.5 两个版本。

⑥如果需要使用 GPU，则还应添加 cuDNN 的路径，可参照下面的示例代码修改第 166 行：

```
155  cmake -G"!CMAKE_GENERATOR!" ^
156       -DBLAS=Open ^
157       -DCMAKE_BUILD_TYPE:STRING=%CMAKE_CONFIG% ^
158       -DBUILD_SHARED_LIBS:BOOL=%CMAKE_BUILD_SHARED_LIBS% ^
159       -DBUILD_python:BOOL=%BUILD_PYTHON% ^
160       -DBUILD_python_layer:BOOL=%BUILD_PYTHON_LAYER% ^
161       -DBUILD_matlab:BOOL=%BUILD_MATLAB% ^
162       -DCPU_ONLY:BOOL=%CPU_ONLY% ^
163       -DCOPY_PREREQUISITES:BOOL=1 ^
164       -DINSTALL_PREREQUISITES:BOOL=1 ^
165       -DUSE_NCCL:BOOL=!USE_NCCL! ^
166       -DCUDNN_ROOT=D:/cudnn_8_v5 ^
167       "%~dp0\.."
```

10）用命令行方式在文件夹 caffe-windows \ scripts \ 下运行 build_win. bat，运行结果存放在 caffe-windows \ scripts \ build 文件夹下，主要包括 Caffe. sln，以及其他文件和文件夹。

11）用 VS2015（或 VS2013）打开 Caffe. sln，依据电脑配置选择 x64 或 x86，并在 Release 下编译，编译结果存放在 \ caffe-windows \ scripts \ build \ tools \ Release 文件夹下，其中包含 caffe. exe、compute_image_mean. exe、convert_imageset. exe 等可执行文件。

12）在命令行窗口中进入 caffe. exe 文件所在的目录，输入 caffe 回车，如果出现下图类似的情况，则表示安装成功。

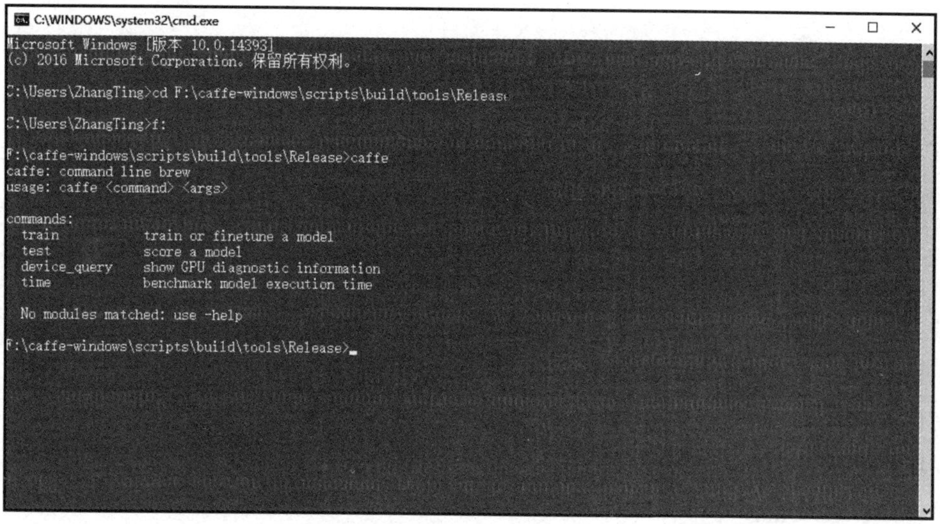

APPENDIX 2

附录 2

Theano的安装过程

1. 安装 python

在这里不是直接下载 python 安装文件，而是选择安装 Anaconda（Windows 64-Bit Python 2.7 Graphical Installer），已内置 python、numpy 和 scipy 两个必要库以及一些其他库，自带安装。下载地址为 http://www.continuum.io/downloads。

2. 安装 MinGW

装完 Anaconda 后，直接执行命令“pip install theano”是行不通的，因为此时在 python 里还搜索不到 g++。应接着在 Anaconda 窗口中输入命令“conda install mingw libpython”，MinGW 等文件夹会自动装到 Anaconda 下面。

3. 环境配置

1）添加环境变量：

path：C:\users\JoyingLiu \Anaconda

C:\users\JoyingLiu \Anaconda\Scripts

C:\users\JoyingLiu\Anaconda\MinGW\bin

C:\users\JoyingLiu \Anaconda\MinGW\x86_64-w64-mingw32\lib

2）新建环境变量：PYTHONPATH：C:\users\JoyingLiu \Anaconda\Lib\site-packages\theano。

3）在 cmd 的 home 目录（C:\users\JoyingLiu）中新建.theanorc.txt 文件（注意名字中的“.”），根据自己安装 MinGW 的路径写上 MinGW 的路径，在文件.theanorc.txt 中输入下面的信息：

```
[blas]
ldflags =

[gcc]
cxxflags = -IC:\users\JoyingLiu\Anaconda\MinGW
```

4）重启计算机。

4. 安装 Theano

打开 Anaconda 窗口，输入命令“pip install theano”，自动安装。

5. GPU 加速

若要使用 GPU 加速，则首先需要安装 CUDA，而 CUDA 只支持 NVIDIA 显卡。因此，若自己计算机的显卡并不是 NVIDIA 显卡（如 AMD 显卡），则不能实现 GPU 加速。

查看 numpy 是否已经默认 BLAS 加速，在 python 中输入以下命令：

```
import numpy
id(numpy.dot) == id(numpy.core.multiarray.dot)
```

之后，会显示 False 或者 True 提示结果。如果结果为 False，表示已经成功依赖了 BLAS 加速，如果是 True，则表示使用 python 自己的实现，并没有加速。

6. 测试 Theano 安装情况

在 Ipython 中输入以下两行代码：

```
import theano
theano.test()
```

如果没有出现 Error，则说明 Theano 安装成功。

参考文献

[1] G E Hinton, R R Salakhutdinov. Reducing the dimensionality of data with neural networks[J]. Sci., 2006, 313(9): 504-507.

[2] F Seide, G Li, D Yu. Conversational speech transcription using context-dependent deep neural networks [C]. Proc. Interspeech., 2011: 437-440.

[3] A Krizhevsky, I Sutshever, G E Hinton. ImageNet classification with deep convolutional neural networks [C]. Proc. 26th NIPS, 2012: 4-13.

[4] Q L Le, M A Ranzato, R Monga, et al. Building high-level features using large scale unsupervised learning [C]. Proc. 29th ICML, 2012: 81-88.

[5] J F Gao, X D He, W Yih, et al. Learning continuous phrase representations for translation modeling[C]. Proc, ACL, 2014: 699-709.

[6] J Zhou, M Troyanskaya. Deep supervised and convolutional generative stochastic network for protein secondary structure prediction[C]. Proc. 31st ICML, 2014: 745-753.

[7] D Le, E M Provost. Emotion recognition from spontaneous speech using Hidden Markov models with deep belief networks[C]. Proc. ASRU, 2013: 216-221.

[8] Y Bengio. Learning deep architectures for AI[J]. Found. and Trend. in Mach. Learn., 2009, 2(1): 1-127.

[9] J Hastad, M Goldmann. On the power of small-depth threshold circuits[J]. Found. of Comp. Sci., 1991, 1(2): 113-129.

[10] W S McCulloch, W Pitts. A logical calculus of the ideas immanent in nervous activity[J]. The bulle. of Math. Bio., 1943, 5(4): 115-133.

[11] C F Gauss. Theoria combinationis observationum erroribus minimis obnoxiae[M]. Philadelphia: Society for Infustrial and Applied Mathematics, 1821.

[12] D Hebb. The Organization of Behavior: A Neuropsychological Theory [M]. London: Psychology Press, 1949.

[13] F Rosenblatt. The Perceptron: A probabilistic model for information storage and organization in the Brain [J]. Psyc. Rev., 1958, 65(6): 386-408.

[14] M Minsky, S Papert. Perceptrons: An introduction to computational geometry[M]. Massachusetts: The MIT Press. 1969.

[15] S Grossberg. Some networks that can learn, remember, and reproduce any number of complicated space-time patterns[J]. Jour. of Math. and Mech., 1969, 19(1): 53-91.

[16] T Kohonen. Correlation matrix memories[J]. IEEE Trans. on Comp., 1972, 100(4): 353-359.

[17] K S Narendra, M A L Thathatchar. Learning automata - a survey[J]. IEEE Trans. Syste., Man, and Cy-

bernetics, 1974, 4: 323-334.

[18] C von der Malsburg. Self-organization of orientation sensitive cells in the striate cortex[J]. Kybernetik, 1973, 14(1): 85-100.

[19] B Widrow, M Hoff. Associative storage and retrieval of digital information in networks of adaptive neurons [M]. Berlin: Springer, 1962.

[20] G Palm. On associative memory[J]. Biol. Cybm., 1980, 36(1): 19-31.

[21] D J Willshaw, C von der Malsburg. How patterned neural connections can be set up by self-organization [J]. Proc. R. Soc. London B, 1976, 199(1117): 431-445.

[22] J J Hopfield. Neural networks and physical systems with emergent collective computational abilities[C]. Proc. NASUSA, 1982: 2554 - 2558.

[23] D H Ackley, G E Hinton, T J Sejnowski. A learning algorithm for Boltzmann machines[J]. Cogn. Sci., 1985, 9(1): 147-169.

[24] D E Rumelhart, G E Hinton, R J Williams. Learning Internal Representations by Error Propagation[M]. Massachusetts: MIT Press, 1986.

[25] G Montague, J Morris. Neural-network contributions in biotechnology[J]. Trend. in Biote., 1994, 12(8): 312-324.

[26] A G Ivakhnenko. The group method of data handling - a rival of the method of stochastic approximation [J]. Sov. Autom. Cont., 1968, 13(3): 43-45.

[27] S Haykin. Neural Networks: A Comprehensive Foundation[J]. IEEE Soci. Press., Macm, 1994: 71-80.

[28] K Fukushima. Neural network model for a mechanism of pattern recognition unaffected by shift in position—Neocognitron[J]. Trans. of the IECE, 1979, J62-A(10): 658 - 665.

[29] K Fukushima. Neocognitron: A self-organizing neural network for a mechanism of pattern recognition unaffected by shift in position[J]. Biolo. Cyber., 1980, 36(4): 193 - 202.

[30] K Fukushima. Artificial vision by multi-layered neural networks: neocognitron and its advances[J]. Neur. Net., 2013, 37: 103 - 119.

[31] D H Hubel, T Wiesel. Receptive fields, binocular interaction, and functional architecture in the cat's visual cortex[J]. Jour. of Phys., 1962, 160: 106-154.

[32] D H Wiesel, T N Hubel. Receptive fields of single neurones in the cat's striate cortex[J]. Jour. of Phys., 1959, 148(3): 574 - 591.

[33] Y LeCun, L Bottou, Y Bengio, et al. Gradient-based learning applied to document recognition[J]. Proc. IEEE, 1998, 86(11): 2278-2324.

[34] O Russakovsky, J Deng, H Su, et al. ImageNet large scale visual recognition challenge[J]. Jour. of Comp. Vis., 2015, 115(3): 1-42.

[35] P J Werbos. Beyond Regression: New Tools for Prediction and Analysis in the Behavioral Sciences[D]. Camnridge: Harvard University, 1974.

[36] Y LeCun. A theoretical framework for back-propagation[J]. Proce. of the Connect. Model. Summ. Sch. 1988: 21-28.

[37] D B Parker. Learning-logic[R]. Technical Report TR-47, Center for Comp. Research in Economics and Management Sci., MIT, 1985.

[38] D. Rumelhart, G E Hinton, R J Williams. Learning internal representations by error propagation[J]. Parall. Distri. Process., 1986, 1: 318-362.

[39] R Battiti. Accelerated backpropagation learning: two optimization methods[J]. Comp. Syst., 1989, 3(4): 331-342.

[40] S E Fahlman. An empirical study of learning speed in back-propagation networks[R]. Technical Report, CMU-CS-88-162, Carnegie-Mellon University., 1988.

[41] C Igel, M Husken. Empirical evaluation of the improved Rprop learning algorithm[J]. Neurocomp., 2003, 50(C): 105-123.

[42] R A Jacobs. Increased rates of convergence through learning rate adaptation[J]. Neur. Net., 1988, 1(4): 295-307.

[43] R Neuneier, H G Zimmermann. How to train neural networks[J]. Neur. Nets: Tri. of the Trad., Lect. Note in Comp. Sci., 1996, 7700(1): 373-423.

[44] G Orr, K Muller. Neural Networks: Tricks of the Trade[M]. Berlin: Springer Verlag Press, 1998.

[45] M Riedmiller, H Braun. A direct adaptive method for faster backpropagation learning: The Rprop algorithm [C]. Proc. IJCNN, 1993: 586 - 591.

[46] N Schraudolph, T J Sejnowski. Unsupervised discrimination of clustered data via optimization of binary information gain[C]. in Proc. NIPS, 1993: 499 - 506.

[47] A H L West, D Saad. Adaptive back-propagation in on-line learning of multilayer networks[C]. Proc. NIPS, 1995: 323 - 329.

[48] G Cybenko. Approximation by superpositions of a sigmoid function[J]. Math. Of Cont., Sign., and Sys., 1989, 2: 303-314.

[49] K Funahashi. On the approximate realization of continuous mappings by neural networks[J]. Neur. Net., 1989, 2: 183-192.

[50] S Hochreiter. Untersuchungen zu dynamischen neuronalen Netzen [D]. Berlin: Technischen Universität, 1991.

[51] S Hochreiter, Y Bengio, P Frasconi, et al. Gradient flow in recurrent nets: the difficulty of learning long-term dependencies[J]. A Field Guide to Dynam. Recurr. Neur. Net., 2001, 28(2): 237-243.

[52] J Schmidhube. Curious model-building control systems[C]. IJCNN, 1991: 1458 - 1463.

[53] S Hochreiter, F Informatik. Long short-term memory[J]. Neur. Comp., 1997, 9(8): 1735-1780.

[54] D C Ciresan, U Meier, L M Gambardella, et al. Deep big simple neural nets for handwritten digit recognition[J]. Neur. Comp., 2010, 22(12): 3207-3220.

[55] J Martens. Deep learning via Hessian-free optimization[C]. Proc. ICML, 2010: 735-742.

[56] S Hochreiter, J Schmidhuber. Bridging long time lags by weight guessing and Long Short-Term Memory[J]. Front. in arti. Intelli. and app., vol., 1996, 37: 65 - 72.

[57] L A Levin. Universal sequential search problems[J]. Prob. of Info. Trans., 1973, 9(3): 265 - 266.

[58] Schmidhuber, D Wierstra, M Gagliolo, et al. Training recurrent networks by Evolino[J]. Neu. Comp., 2007, 19(3): 757 - 779.

[59] D Aberdeen. Policy-gradient algorithms for partially observable Markov decision processes[D]. Canberra: Australian National University, 2003.

[60] Y LeCun, L Bottou, Y Bengio, et al. Gradient based learning applied to document recognition[J]. Proc. IEEE, 1998, 86(11): 2278-2324.

[61] D Mo. A survey on deep learning: one small step toward AI[OL]. http://www.cs.unm.edu/~pdevineni/papers/Mo.pdf, 2012.

[62] G E Hinton, S Osindero, Y Teh. A fast learning algorithm for deep belief nets[J]. Neur. Comp., 2006, 18(7): 1527-1554.

[63] A Fisher, C Igel. Training restricted Boltzmann machines: an introduction[J]. Pattern Recog., 2014, 47(1): 25-39.

[64] G E Hinton. Training products of experts by minimizing contrastive divergence[J]. Neur. Comp., 2002, 14(8): 1771-1800.

[65] R Salakhutdinov, G E Hinton. Deep Boltzmann machines[C]. Proc. AIS, 2009: 448-455.

[66] H Poon, P Domingos. Sum-product networks: A new deep architecture[C]. Proc. 13th ICCV, 2011: 689-697.

[67] L Deng, X He, J Gao. Deep stacking networks for information retrieval[C]. Proc. ICASSP, 2013: 3153-3157.

[68] J Nagi, F Ducatelle, G A Caro, et al. Max-pooling convolutional neural networks for vision-based hand gesture recognition[C]. Proc. ICSIPA, 2011: 342-347.

[69] L Wan, M Zeiler, S X Zhang, et al. Regularization of neural networks using dropconnect[C]. Proc. 30th ICML, 2013: 2095-2103.

[70] G E Hinton, N Srivastava, A Krizhevsky, et al. Improving neural networks by preventing co-adaptation of feature detectors[J]. Comp. Sci., 2012, 3(4): 212-223.

[71] G Dahl, D Yu, L Deng, et al. Context-dependent pre-trained deep neural networks for large-vocabulary speech recognition[J]. IEEE Trans. Audio, Spee, Lang. Proce., 2012, 20(1): 30-42.

[72] B Scholkopf, C J C Smola. Advances in kernel methods-support vector learning[M]. Massachusetts: The MIT Press. 1998.

[73] J Schmidhuber. Deep learning in neural networks: An overview[J]. Neur. Net., 2015, 61: 85-117.

[74] T Matias, F Souza, R Araujo, et al. Learning of a single-hidden layer feedforward neural network using an

optimized extreme learning machine[J]. Neurocomp., 2014, 129(10): 428-426.

[75] J J Verbeek, N Vlassis, B Krose. Efficient greedy learning of Gaussian mixture models[J]. Neur. Comp., 2003, 15(2): 469-485.

[76] Z Ghahramani. An introduction to hidden Markov models and Bayesian networks[J]. IEEE Trans. Pattern Reco. Arti. Intelli., 2001, 15(1): 9-42.

[77] C Sutton, A McCallum. An introduction to conditional random fields[J]. Foundat. trends Mach. Learn., 2011, 4(4): 267-373.

[78] T L Xu. Seamless INS/GPS integration based on fuzzy support vector machines[J]. Applied Mechan. Mater., 2013,336(10): 277-280.

[79] V D Heijden. Decision support for selecting optimal logistic regression models[J]. Expert Syst. Appli., 2012,39(10): 8539-8538.

[80] A Ratnaparkhi. Learning to parse natural language with maximum entropy models[J]. Mach. Learn., 1999, 34(1-3): 151-175.

[81] O Delalleau, Y Bengio. Shallow vs. deep sum-product networks[C]. Proc. 25th NIPS, 2011: 666-674.

[82] K Fukushima, S Miyake, T Ito. Neocognitron: A neural network model for a mechanism of visual pattern recognition[J]. IEEE Trans. on Sys., Man and Cyber., 1983,1(5): 826-834.

[83] D Yu, L Deng. Deep convex net: a scalable architecture for speech pattern classification[C]. Proc. 12nd ICSCA, 2011: 2285-2288.

[84] A Chinea. Understanding the principles of recursive neural networks: A generative approach to tackle model complexity[C]. Proc. 19th ICANN, 2009: 952-963.

[85] A Graves, S Fernandez, F J Gomez, et al. Connectionist temporal classification: Labelling unsegmented sequence data with recurrent neural nets[C]. Proc. 22rd ICML, 2006: 369 - 376.

[86] A Graves, M Liwicki, S Fernandez, et al. A novel connectionist system for improved unconstrained handwriting recognition[J]. IEEE Trans. on Patt. Anal. and Mach. Intell., 2009,31(5): 855-868.

[87] E Indermuhle, V Frinken, A Fischer, et al. Keyword spotting in online handwritten documents containing text and non-text using BLSTM neural networks[C]. Proc. ICDAR, 2011: 73-77.

[88] S Otte, D Krechel, M Liwicki, et al. Local feature based online mode detection with recurrent neural networks[C]. Proc. ICFHR, 2012: 533-537.

[89] T MBreuel, A U Hasan, M A Azawi, et al. High-performance OCR for printed English and Fraktur using LSTM networks[C]. Proc. 12th ICDAR, 2013: 683-687.

[90] T Bluche, J Louradour, M Knibbe, et al. The A2iA Arabic handwritten text recognition system at the Open-HaRT2013 evaluation[C]. Proc. 11th IWDAS, 2014: 161-165.

[91] J G Dominguez, I L Moreno, H Sak, et al. Automatic language identification using long short-term memory recurrent neural networks[C]. Proc. Interspeech, 2014: 2155-2159.

[92] E Marchi, G Ferroni, F Eyben, et al. Multi-resolution linear prediction based features for audio onset detec-

tion with bidirectional LSTM neural networks[C]. Proc. 39th ICASSP, 2014: 2183-2187.

[93] R Brueckner, B Schlter. Social signal classification using deep BLSTM recurrent neural networks[C]. Proc. 39th ICASSP, 2014: 4856-4860.

[94] H Sak, O Vinyals, G Heigold, et al. Sequence discriminative distributed training of long short-term memory recurrent neural networks[J]. Entrp., 2014,15(16): 17-18.

[95] D Ciresan, U Meier, J Masci, et al. A committee of neural networks for traffic sign classification[C]. Proc. IJCNN, 2011: 1918-1921.

[96] D Ciresan, U Meier, J Masci, et al. Multi-column deep neural network for traffic sign classification[J]. Neur. Net., 2012,32(1): 333-338.

[97] D C Ciresan, J Schmidhuber. Multi-column deep neural networks for offline handwritten Chinese character classification[C]. Proc. IJCNN, 2013: 1-6.

[98] A Prasoon, K Petersen, C Igel, et al. Voxel classification based on triplanar convolutional neural networks applied to cartilage segmentation in knee MRI[C]. Medical image computing and computer assisted intervention, 2013.

[99] D C Ciresan, A Giusti, L M Gambardella, et al. Deep neural networks segment neuronal membranes in electron microscopy images[C]. Proc. 26th NIPS, 2012: 2852-2860.

[100] V Mnih, K Kavukcuoglu, D Silver, et al. Human-level control through deep reinforcement learning[J]. Nature, 2015,518(7540): 529-533.

[101] D Silver, A Huang, C J Maddison, et al. Mastering the game of Go with deep neural networks and tree search[J]. Nature, 2016, 529(7587): 484-489.

[102] C E Shannon. A mathematical theory of communication[J]. Bell Sys. Tech. Jour., 1948,27(3): 379-423.

[103] M Jordan. Learning in graphical models (adaptive computation and machine learning)[M]. Berlin: Springer Press, 1998.

[104] D Koller, N Friedman. Probabilistic graphical models: principles and techniques. Massachusetts: The MIT Press, 2009.

[105] J Pearl. Probabilistic reasoning in intelligent systems: Networks of plausible inference[J]. Jour. of Philo., 1991, 48(1): 117-124.

[106] T Tiret, P Amouyel, R Rakotovao, et al. Testing for association between disease and linked marker loci: a log-linear-model analysis[J]. Ameri. Jour. of Hum. Gene., 1991. 48(5): 926-934.

[107] J R Rieck, J R Nedelman. A log-linear model for the birnbaum—saunders distribution[J]. Technom., 1991 33(1): 51-60.

[108] J W Millard, F A Alvarez-Núñez, S H Yalkowsky. Solubilization by cosolvents: establishing useful constants for the log - linear model[J]. Jour. of Pharm., 2002,245(1-2): 153-166.

[109] P Van Mieghem. Graph Spectra for Complex Networks [M]. Cambridge: Cambridge University Press, 2011.

[110] Z Tang, J H Wang, Q P Cao. A gradient ascent learning algorithm for elastic nets[J]. Ieic. Trans. on Funcda. of Elect. Comm. and Comp. Sci., 2003,86(4): 940-945.

[111] D Rajan, S Chaudhuri. An MRF-based approach to generation of super-resolution images from blurred observations[J]. Jour. of Math. Imag. and Visi., 2002,16(1): 5-15.

[112] R Huang, V Pavlovic, D N Metaxas. A graphical model framework for coupling MRFs and deformable models[C]. Proc. 17th CVPR, 2004: 739-746.

[113] D Dash, M J Druzdzel. Robust independence testing for constraint-based learning of causal structure[C]. Proc. 19th UAI, 2002: 167-174.

[114] S Ordyniak, S Szeider. Algorithms and complexity results for exact Bayesian structure learning[J]. Jour. of Arti. Intelli. Res., 2014, 46(2): 263-302.

[115] A Ng, M Jordan. On discriminative vs. generative classifiers: a comparsion of logistic regression and naïve Bayes[C]. Proc. 16th NIPS, 2002: 841-848.

[116] R E Mcroberts. Post-classification approaches to estimating change in forest area using remotely sensed auxiliary data[J]. Remo. Sens. of Envir., 2014,151(8): 149-156.

[117] S Tong, D Koller. Support vector machine active learning with applications to text classification[J]. Jour. of Mach. Lear. Res., 2002, 2(1): 45-66.

[118] S Dreiseitl, L Ohno-Machado. Logistic regression and artificial neural network classification models: a methodology review[J]. Jour. of Biom. Inform., 2002,35(5-6): 352-359.

[119] F Pernkopf, R Peharz, S Tschiatschek. Introduction to probabilistic graphical models[M]. Manhattan: Academic Press, 2014.

[120] 张宏毅，王立威，陈瑜希. 概率图模型研究进展综述[J]. 软件学报, 2013, 24(11): 2476-2497.

[121] T M Cover, J A Thomas. Elements of information theory[M]. Beijing: Tsinghua University Press, 2003.

[122] A T Ihler, J W Fisher, A S Willsky. Loopy belief propagation: convergence and effects of message errors [J]. Jour. of Mach. Learn. Res., 2005,6: 905-936.

[123] B Frey, D MacKay. A revolution: belief propagation in graphs with cycles[C]. Proc. 11th NIPS, 1998: 479-485.

[124] J J Mcauley, T S Caetano, M S Barbosa. Graph rigidity, cyclic belief propagation, and point pattern matching[J]. IEEE Trans. on Patte. Analy. and Mach. Intelli, 2008,30(11): 2047-2054.

[125] T Heskes. On the uniqueness of loopy belief propagation fixed points[J]. Neur. Comp., 2004, 16(11): 2379-2413.

[126] R Fung, K C Chang. Weighting and integrating evidence for stochastic simulation in Bayesian networks [C]. Proc. 5th UAI, 1989: 221-231.

[127] K R Koch. Gibbs sampler by sampling-importance-resampleing[J]. Jour. of Geod., 2007, 81(9): 581-591.

[128] S E Ahmed. Markov chain Monte Carlo: stochastic simulation for Bayesian inference[J]. Tech., 2008,50

(1): 497-537.

[129] P J Green. Reversible jump Markov chain Monte Carlo computation and Bayesian model determination[J]. Biom., 1995. 82(4): 711-732.

[130] R M Neal. Probabilistic inference using Markov Chain Monte Carlo methods[R]. Technical Report, CRG-TR-93-1. Department of Computer Science, University of Toronto, 1993.

[131] S Geman, D Geman. Stochastic relaxation, gibbs distributions, and the Bayesian restoration of images[J]. IEEE Trans. on Patte. Anal. and Mach. Intelli., 1984,6(6): 721-741.

[132] K Nummiaro, E Koller-Meier, L V Gool. An adaptive color-based particle filter[J]. Imag. and Visi. Comp., 2010,21(1): 99-110.

[133] N Metropolis, S Ulam. The Monte Carlo method[J]. Jour. of the Ameri. Statis. Assoc., 1949, 44(227): 335-341

[134] G E Hinton, T Sejnowski. Optimal perceptual inference[C]. Proc. CVPR, 1983: 448-453.

[135] H Robbins, S Monro. A stochastic approximation method[J]. Annal. of Mathe. Statis., 1951, 22(3): 400-407.

[136] L Younes. Parametric inference for imperfectly observed Gibbsian fields[J]. Prob Theory and Relat. Field., 1989, 82(4): 625-645.

[137] T Tieleman. Training restrictued Boltzmann machines using approximatins to the likelihood gradient[C]. Proc. ICML, 2008: 1064-1071.

[138] R Neal. Connectinist learning of belief networks[J]. Artif. Intell., 1992, 56(1): 71-113.

[139] L Younes. On the convergence of Markovian stochastic algorithms with rapidly decreasing ergodicity rates [J]. Stochas., 1999, 65(3-4): 177-228.

[140] L Younes. Parameter inference for imperfectly observed Gibbsian fields[J]. Prob. Theory Rel. Fields, 1989, 82: 625-645.

[141] G E Hinton. Training products of experts by minimizing contrastive divergence[J]. Neur. Comp., 2002, 14 (8): 1711-1800.

[142] G Cybenko. Approximation by superpositions of a sigmoid function[J]. Math. Of Cont., Sign., and Sys., 1989, 2: 303-314.

[143] K Funahashi. On the approximate realization of continuous mappings by neural networks[J]. Neur. Net., 1989, 2: 183-192.

[144] K Hornik. Approximation capabilities of multilayer feedforward networks[J]. Neur. Net, 1991 4(2): 251-257.

[145] A Fischer, C Igel. An introduction to restricted Boltzmann machines[J]. Lect. Note. in Comp. Sci., 2012, 7441: 14-36.

[146] M A Carreira Perpinan, G E Hinton. On contrastive divergence learning[C]. Proc. ICASSP, 2005: 33-40.

[147] S Geman, D Geman. Stochastic relaxation, gibbs distributions and the Bayesian restoration of images[J].

IEEE Trans. Pattern Anal. Mach. Intell. , 1984, 6: 721-741.

[148] G Desjardins, A C Courville, Y Bengio, et al. Tempered Markov chain Monte Carlo for training of restricted Boltzmann machines[C]. Proc. ICAIS, 2010: 145-152.

[149] A Fischer, C Igel. Empirical analysis of the divergence of Gibbs sampling based learning algorithms for Restricted Boltzmann Machines[C]. Proc. 20th ICANN, 2010: 208-217.

[150] Y Bengio, O Delalleau. Justifying and generalizing contrastive divergence[J]. Neur. Comp. , 2009, 21 (6): 1601-1621.

[151] I Sutskever, T Tieleman. On the convergence properties of contrastive divergence[C]. Proc. 13th ICAIS, 2010: 789-795.

[152] T Tieleman. Training restricted Boltzmann machines using approximations to the likelihood gradient[C]. Proc. 25th ICML, 2008: 1064-1071.

[153] T Tieleman, G E Hinton. Using fast weights to improve persistent contrastive divergence[C]. Proc. 26th ICML, 2009: 1033-1040.

[154] K H C Raiko, A Ilin. Parallel tempering is efficient for learning restricted Boltzmann machines[C]. Proc. ICNN, 2010: 2346-2353.

[155] J Besag. Statistical analysis of non-lattice data[C]. Proc. SAT, 1975: 179-195.

[156] A Hyvärinen. Some extensions of score matching[J]. Comp. statis. data anal. , 2007, 51(5): 2499-2512.

[157] N Wang, J Melchior, L Wiskott. An analysis of Gaussian-binary restricted Boltzmann machines for natural images[C]. Proc. 20th ESANN, 2012: 287-292.

[158] M Ranzato, G E Hinton. Modeling pixel means and covariances using factorized third-order Boltzmann machines[C]. Proc. 23rd CVPR, 2010: 2551-2558.

[159] M Ranzato, A Krizhevsky, G E Hinton. Factored 3-way restricted Boltzmann machines for modeling natural images[C]. AISTATS, 2010: 621 - 628.

[160] T J Sejnowski. Higher-order Boltzmann machines[C]. Proc. AIP, 1986: 398-403.

[161] M Ranzato, V Mnih, G E Hinton. Generating more realistic images using gated MRF's[C]. Proc. NIPS, 2010: 2002-2010.

[162] M Welling, G E Hinton, S Osindero. Learning sparse topographic representations with products of Student-t distributions[C]. Proc. NIPS, 2002: 1359-1366.

[163] A C Courville, J Bergstra, Y. Bengio. A spike and slab restricted Boltzmann machine[C]. Proc. 14th ICAIS, 2011: 233-241.

[164] V Mnih, H Larochelle, G E Hinton. Conditional restricted Boltzmann machines for structured output prediction[C]. Proc. 27th ICUAI, 2010: 514-523.

[165] N Garg, J Henderson. Temporal restricted Boltzmann machines for dependency parsing[C]. Proc. 49th ACLHLT, 2011: 11-17.

[166] M Norouzi, M Ranjbar, G Mori. Stacks of convolutional restricted Boltzmann machines for shift-invariant

feature learning[C]. Proc. 22nd CVPR, 2009: 2735-2742.

[167] A Mnih, G E Hinton. Three new graphical models for statistical language modelling[C]. Proc. 24th ICML, 2007: 641-648.

[168] G W Taylor, G E Hinton. Factored conditional restricted Boltzmann machines for modeling motion style [C]. Proc. ICML, 2009: 1123-1130.

[169] M Welling, M Rosen-Zvi, G E Hinton. Exponential family harmoniums with an application to information retrieval[C]. Proc. 18th NIPS, 2004: 1481-1488.

[170] H Larochelle, M Mandel, R Pascanu, et al. Learning algorithms for the classification restricted Boltzmann machine[J]. Jour. of Mach. Resea., 2012, 13: 643-669.

[171] D E Rumellhart, G E Hinton, R J Williams. Learning internal representations by error propagation[C]. Proc. PDP, 1986: 318-362.

[172] S Rifai, P Vincent, X Muller, et al. Contractive autoencoders: explicit invariance during feature extraction [C]. Proc. 28th ICML, 2011: 833-840.

[173] D E Rumelhart, G E Hinton, R. J. Williams. Learning representations by back-propagating errors[J]. Nature, 1986, 323(9): 533-536.

[174] L Quoc, N Jiquan, C Adam, et al. On optimization methods for deep learning[C]. Proc. 28th ICML, 2011: 265-272.

[175] I E Livieris, D G Sotirpoulos, P Pintelas. On descent spectral CG algorithms for training recurrent neural networks[C]. Proc. 13th PCOC, 2009: 65-69.

[176] J Dean, G Corrado, R Monga, et al. Large scale distributed deep networks[C]. Proc. 26th NIPS, 2012: 1232-1240.

[177] L M Grana, B F Svaiter. A steepest descent method for vector optimization[J]. Jour. Comp. App. Math., 2005, 175(2): 395-414.

[178] Y X Yuan. A new stepsize for the steepest descent method[J]. Jour. Comp. Math., 2006, 24(3): 149-156.

[179] S Ono, I Yamada. Poisson image restoration with likelihood constraint via hybrid steepest descent method [C]. Proc. ICASS, 2013: 5929-5933.

[180] D Erhan, P A Manzagol, Y Bengio, et al. The difficulty of training deep architectures and the effect of unsupervised pre-training[C]. Proc. 12th ICAIS, 2009: 153-160.

[181] H Larochelle, Y Bengio, J Louradour, et al. Exploring strategies for training deep neural networks[J]. Jour. Mach. Learning Res., 2009, 10(2): 1-40.

[182] H Larochelle, D Erhan, A Courville, et al. An empirical evaluation of deep architectures on problems with many factors of variation[C]. Proc. 24th ICML, 2007: 473-480.

[183] D Erhan, Y Bengio, A Courville, et al. Why does unsupervised pre-training help deep learning[J]. Jour. Mach. Learning Res, 2010,11(25): 625-660.

[184] Y Bengio, P Lamblin, D Popovici, et al. Greedy layer-wise training of deep networks[C]. Proc. 21st NIPS, 2007: 153-160.

[185] P Balid, K Hornik. Neural networks and principal component analysis: learning from examples without local minimia[J]. Neur. Net., 1989,2(24): 53-58.

[186] N Japkowica, S J Hanson, M A Gluck. Nonlinear autoassociation is not equivalent to PCA[J]. Neur. Comp., 2000,12(3): 531-545.

[187] A T Duong, H T Phan, N D Le, et al. A hierarchical approach for handwritten digit recognition using sparse autoencoder[C]. Proc. ICISCI, 2014: 133-144.

[188] P Vincent, H Larochelle, I Lajoie, et al. Stacked denoising autoencoders: Learning useful representations in a deep network with a local denoising criterion[J]. Jour. Mach. Learning Res., 2010, 27(11): 3371-3408

[189] K Kavukcuoglu, M Ranzato, Y Lecun. Fast inference in sparse coding algorithms with applications to object recognition[R]. Technical Report, Computational and Biological Learning Lab Courant Institute Nyu, 2010.

[190] K Liang, H Chang, Z Cui, et al. Representation learning with smooth autoencoder[C]. Proc 12th ACCV. Singapore, 2014: 72-86.

[191] J Masci, U Meier, D Ciresan, et al. Stacked convolutional auto-encoder for hierarchical feature extraction [C]. Proc. ICANN. 2011: 52-59.

[192] D H Lee, Y Bengio. Backprop-free autoencoders[C]. Proc. 28th NIPS, 2014: 239-248.

[193] P Vincent, H Larochelle, Y Bengio, et al. Extracting and composing robust features with denoising autoencoders[C], Proc. 25th ICML, 2008: 1096-1103.

[194] S Rifai, G Mesnil, P Vincent, et al. Higher order contractive auto-encoder[M]. Berlin: Springer Press, 2010.

[195] G E Hinton, J L McClelland. Learning representations by recirculation[C]. Proc. 1st NIPS, 1987: 358-366.

[196] H T Phan, A T Duong, N D Le, et al. Hierarchical sparse autoencoder using linear regression-based features in clustering for handwritten digit recognition[C]. Proc. 8th ISISPA, 2013: 183-188.

[197] G E Hinton, A Krizhevsky, S D Wang. Transforming autoencoder[C]. Proc. ICANN, 2011: 2354-2365.

[198] D A lain, S Olivier. Gated autoencoders with tied input weights[C]. Proc. 30th ICML, 2013: 1563-1572.

[199] K Geras, C Sutton. Scheduled denoising autoencoders[J]. arXiv preprint, arXiv: 1406.3269, 2014.

[200] M Chen. Z Xu. K Weinberger, et al. Marginalized denoising autoencoders for domain adaptation[C]. Proc. 29th ICML, 2012: 767-774.

[201] M Kim, P Smaragdis. Adaptive denoising autoencoders: a fine-tuning scheme to learn from test mixtures [J]. Lect. Notes in Comp. Sci., 2015,9237: 100-107.

[202] M Kan, S Shan, H Chang, et al. Stacked progressive auto-encoders for face recognition across poses[C].

Proc. 27th CVPR, 2014: 1883-1890.

[203] D P Kingma, M Welling. Auto-encoding variational Bayes[C]. Proc. 2nd ICLR, 2014.

[204] O Irsoy, E Alpaydm. Autoencoder trees[C]. Proc. 28th NIPS, 2014: 1784-1793.

[205] L G SGiraldo, J C Principe. Rate-distortion auto-encoders[C]. Proc. 28th NIPS, 2014: 2315-2324.

[206] A Makhzani, B Frey. k-sparse autoencoders[C]. Proc. 31st ICML, 2014: 894-903.

[207] R Neal. Connectionist learning of belief networks[J]. Arti. Intell., 1992,56(1): 71-113.

[208] P W Michael, M Henrion. Explaining "Explaining Away"[J]. IEEE Trans. on Patt. Analy. and Mach. Intelli., 1993,15(3): 287-292.

[209] G E Hinton, P Dayan, B J Frey, et al. The wake-sleep algorithm for unsupervised neural networks[J]. Sci., 1995,268(5214): 1158-1161.

[210] K Cho, T Raiko, A Ilin. Enhanced gradient for training restricted Boltzmann machines[J]. Neu. Comp., 2013,25(3): 805-831.

[211] K Cho. Foundations and advances in deep learning[D]. Epsoo: Aalto University, 2014.

[212] K Cho, A Ilin, T Raiko. Tikhonov-type regularization for restricted Boltzmann machines[C]. Proc. 22nd ICANN, 2012: 81-88.

[213] H Lee, C Ekanadham, A Y Ng. Sparse deep belief net model for visual area V2[C]. Proc. 22nd NIPS, 2008: 873-880.

[214] N Srivastava, R Salakhutdinov. Learning representations for multimodal data with deep belief nets[C]. Proc. 29th ICML, 2012: 594-605.

[215] H Lee, R Grosse, R Ranganath, et al. Convolutional deep belief networks for scalable unsupervised learning of hierarchical representations[C]. Proc. 26th ICML, 2009: 609-616.

[216] V Nair, G E Hinton. 3D object recognition with deep belief nets[C]. Proc. 23rd NIPS, 2009: 1339-1347.

[217] J Zhang. The mean field theory in EM procedures for Markov random fields[J]. IEEE Trans. Singa. Process., 1992,40(10): 2570-2583.

[218] J Zhang, B Chen. Multi-grid methods for mean field theory in EM procedures for Markov random fields [C]. Proc. IT, 1993: 17-22.

[219] J Zerubia. Mean field approximation using compound Gauss-Markov random field for edge detection and image restoration[C]. in Proc. ASSP, 1990: 3-6.

[220] C Peterson, J Anderson. A mean field theory learning algorithm for neural networks[J]. Complex Sys., 1987,20(1): 995-1019.

[221] G Parisi. Statistical field theory[M]. New York: Oxford University Press, 1998.

[222] R Salakhutdinov. Learning deep Boltzmann machines using adaptive MCMC[C]. Proc. 27th ICML, 2010: 943-950.

[223] R Salakhutdinov. Learning in Markov random fields using tempered transitions[C]. Proc. 23rd NIPS, 2009: 1598-1606.

[224] R Salakhutdinov, H Larochelle. Efficient learning of deep Boltzmann machines[C]. Proc. 13rd ICAIS, 2010: 693-700.

[225] G Montavon, K R Müller. Deep Boltzmann machines and the centering trick[J]. Neu. Net. Tricks Trade, 2012,7700(1): 621-637.

[226] K H Cho, T Raiko, A Ilin, et al. A two-stage pretraining algorithm for deep Boltzmann machines[C]. Proc. ICANN, 2013: 106-113.

[227] R Salakhutdinov, G E Hinton. A better way to pretrain deep Boltzmann machines[J]. Artifi. Intel. and Stat, 2009,24(8): 1967-2006.

[228] G Desjardins, R Pascanu, A Courville, et al. Metric-free natural gradient for joint-training of Boltzmann machines[C]. Proc. 1st ICLR, 2013.

[229] I J Goodfellow, A Courville, Y Bengio. Joint training of deep Boltzmann machines for classification[C]. Proc. 1st ICLR, 2013: 767-785.

[230] K H Cho, T Raiko, A Ilin. Gaussian-bernoulli deep Boltzmann machine[C]. Proc. IJCNN, 2013: 1-7.

[231] N Rivastava, R Salakhutdinov. Multimodal learning with deep Boltzmann machines[C]. Proc. 26th NIPS, 2012: 2222-2230.

[232] I J Goodfellow, A Courville, Y Bengio. Scaling up spike-and-slab models for unsupervised feature learning [J]. IEEE Trans. Pattern Anal. Mach. Intell., 2013,35(8): 1902-1914.

[233] M Lázaro-gredilla, M K Titsias. Spike and slab variational inference for multi-task and multiple kernel learning[C]. Proc. 25th NIPS, 2011: 2339-2347.

[234] A Darwiche. A differential approach to inference in Bayesian networks[J]. Jour. ACM, 2003, 50(3): 280-305.

[235] R Gens, P Domingos. Discriminative learning of sum-product networks[C]. Proc. 26th NIPS, 2012: 3248-3256.

[236] A Dennis, D Ventura. Learning the architecture of sum-product networks using clustering on variables[C]. Proc. 26th NIPS, 2012: 2042-2050.

[237] R Gens, P Domingos. Learning the structure of sum-product networks[C]. Proc. 30th ICML, 2013: 873-880.

[238] R Peharz, B C Geiger, F Pernkopf. Greedy part-wise learning of sum-product networks[J]. Mach. Learn. Know. Disc. Data., 2013,8189(2): 612-627.

[239] D Lowd, A Rooshenas. Learning sum-product networks with direct and indirect variable interactions[C]. Proc. 31st ICML, 2014: 710-718.

[240] T Hartmann. Discriminative convolutional sum-product networks on GPU [D]. Bonn: Bonn University, 2014.

[241] M Melibari, P Poupart, E Lank. Dynamic sum-product networks[R]. Technical Report, CS-2013-07, 2013.

[242] S W Lee, B T Zhang. Non-parametric Bayesian sum-product petworks[C]. Proc. LTPM, 2014.

[243] R Peharz, R Gens, W EDU, et al. Learning selective sum-product networks[C]. Proc. 30th ICML, 2013: 995-1004.

[244] A Nath, P Domingos. Learning relational sum-product networks[C]. Proc. AAAI, 2015: 2878-2886.

[245] Y LeCun, J S Denker, et al. Backpropagation applied to handwritten zip code recognition[J]. Neur. Comp., 1989, 1(4): 541-551.

[246] A Stuhlsatz, J Lippel, T Zielke. Feature extraction with deep neural networks by a generalized discriminant analysis[J]. IEEE Trans. on Neur. Net. and Learn. Sys., 2012, 23(4): 596-608.

[247] S Ji, W Xu, M Yang, et al. 3D convolutional neural networks for human action recognition[J]. IEEE Trans. on Patte. Analy. Mach. Intelli., 2013, 35(1): 221-231.

[248] A L Maas, A Y Hannun, AY Ng. Rectifier nonlinearities inprove neural network acoustic models[C]. Proc. ICML, 2013.

[249] K M He, X Y Zhang, S Q Ren, et al. Delving deep into rectifiers: surpassing human-level performance on ImageNet classification[C]. Proc. ICCV, 2015: 1026-1034.

[250] K Simonyan, A Zisserman. Very deep convolutional networks for large-scale image recognition[J]. arXiv preprint, arXiv: 1409.1556, 2014.

[251] M Lin, Q Chen, S Yan. Network in network[J]. arXiv preprint, arXiv: 1312.4400, 2013.

[252] C Szegedy, W Liu, Y Jia, et al. Going deeper with convolutions[C]. Proc. CVPR, 2015: 1-9.

[253] R Girshick, J Donahue, T Darrell, et al. Rich feature hierarchies for accurate object detection and semantic segmentation[C]. Proc. 27th CVPR, 2014: 580-587.

[254] K M He, X Zhang, S Ren, et al. Spatial pyramid pooling in deep convolutional networks for visual recognition[J]. IEEE Trans. on Patt. Analy. and Mach. Intelli., 2015, 37(9): 1904-1916.

[255] R Girshick. Fast R-CNN[C]. Proc. ICCV, 2015: 1440-1448.

[256] S Ren, K M He, R Girshick, et al. Faster R-CNN: towards real-time object detection with region proposal networks[C]. Proc. NIPS, 2015: 91-99.

[257] J Redmon, S Divvala, R Girshick, et al. You only look once: unified, real-time object detection[C]. Proc. CVPR, 2016: 779-788.

[258] K M He, X Zhang, S Ren, et al. Deep residual learning for image recognition[C]. Proc. CVPR, 2016: 770-778.

[259] L Deng, G Tur, X He, et al. Use of kernel deep convex networks and end-to-end learning for spoken language understanding[C]. Proc. SLTW, 2012: 210-215.

[260] B Hutchinson, L Deng, D Yu. Tensor deep stacking network[J]. IEEE Trans. Patte. Analy. Mach. Intelli., 2013, 35(8): 1944-1957.

[261] G Kuhn, R L Watrous. Connected recognition with a recurrent networks[J]. Spee. Commun., 1990, 9(1): 41-48.

[262] R Socher, C C Lin, C Manning, et al. Parsing natural scenes and natural language with recursive neural networks[C]. Proc. 28th ICML, 2011: 129-136.

[263] J L Elman. Finding structure in time[J]. Cogn. Sci., 1990, 14: 179-211.

[264] M I Jordan. Serial order: a parallel distributed processing approach[R]. Institute for Cognitive Science Report, UC San Diego, 1986.

[265] P J Werbos. Backpropagation through time: what it does and how to do it[J]. Procee. of the IEEE, 1990, 78(10): 1550-1560.

[266] D Wang, C Liu, Z Tang, et al. Recurrent neural network training with dark knowledge transfer[J]. arXiv Preprint, arXiv: 1505.04630, 2015.

[267] A Graves. Towards end-to-end speech recognition with recurrent neural networks[C]. Proc. 31st ICML, 2014: 1764-1772.

[268] V Oriol, M Fortunato, N Jaitly. Pointer networks[C]. Proc. NIPS, 2015: 2674-2682.

[269] F Gers, J Schmidhuber, F Cummins. Learning to forget: continual prediction with LSTM[C]. Proc. 9th ICANN, 1999: 850-855.

[270] Z C Lipton, J Berkowitz. A critical review of recurrent neural networks for sequence learning[J]. arXiv preprint, arXiv: 1506.000019v4, 2015.

[271] S Hasim, S Andrew, B Francoise. Long short-term memory recurrent neural networks architecture for large scale acoustic modeling[C]. Proc. ACISCA,2014: 338-342.

[272] A Graves. Generating sequences with recurrent neural networks[J]. arXiv preprint, arXiv: 1308.0850, 2013.

[273] H Palangi, L Deng, Y Shen, et al. Deep sentence embedding using long short-term memory networks: Analysis and application to information retrieval[J]. IEEE Trans. On Audio, Speech, and Lang. Process., 2016, 24(4): 694-707.

[274] J Chung, C Gulcehre, K Cho, et al. Gated feedback recurrent neural networks[J]. arXiv preprint, arXiv: 1502.02367, 2015.

[275] A Graves. Supervised sequence labelling with recurrent neural networks[M]. Berlin: Springer Press, 2012.

[276] R Jozefowicz, W Zaremba, I Sutskever. An empirical exploration of recurrent network architectures[C]. Proc. 32nd ICML, 2015: 1603-1611.

[277] X Chen, X Qiu, C Zhu, et al. Long short-term memory neural networks for Chinese word segmentation[C]. Proc. EMNLP, 2015: 396-405.

[278] I Sutskever, O Vinyals, Q Le. Sequence to sequence learning with neural networks[C]. Proc. IJCNLP, 2014: 256-268.

[279] H Sak, A Senior, F Beaufays. Long short-term memory based recurrent neural network architecture for large vocabulary speech recognition[J]. arXiv preprint, arXiv: 1402.1128, 2014.

[280] K Cho, M Van, G Bart, et al. Learning phrase representation using RNN encoder-decoder for statistical machine translation[C]. Proc. NIPS, 2014: 536-544.

[281] F A Gers, J Schmidhube. Recurrent nets that time and count[C]. Proc. IJCNN, 2000: 189-194.

[282] S Otte, M Liwicki, A Zell. Dynamic cortex memory: enhancing recurrent neural networks for gradient-based sequence learning[C]. Proc. 24th ICANN, 2014: 1-8.

[283] A Graves, G Wayne, I Danihelka. Neural turing machines[J]. arXiv preprtint, arXiv: 1410.5401, 2014.

[284] A Graves, J Schmidhuber. Offline handwriting recognition with multidimensional recurrent neural networks [C]. Proc. 22nd NIPS, 2008: 545-552.

[285] K Yao, T Cobn. Depth-gated recurrent neural networks[J]. arXiv preprint, arXiv: 1508.03790. 2015.

[286] N Kalchbrenner, I Danihelka, A Graves. Grid long short-term memory[J]. arXiv preprint, arXiv: 1507.01526v2, 2015.

[287] J Chung, C Gulcehre, K Cho, et al. Gated feedback recurrent neural networks[J]. arXiv preprint, arXiv: 1502.02367, 2015.

[288] S Sukhbaatar, A Szlam, J Weston, et al. End-to-End memory networks [C]. Proc. NIPS, 2015: 2431-2439.

[289] K Kurach, M Andrychowicz, I Sutskever. Neural random-access machines [J]. arXiv preprint, arXiv: 1511.06392, 2016.

[290] Y LeCun, Y Bengio, G E Hinton. Deep learning[J]. Nature, 2015,521(7553): 436-444.

[291] A Mohamed, D Yu, L Deng. Investigation of full-sequence training of deep belief networks for speech recognition[C]. Proc. Interspeech, 2010: 2846-2849.

[292] G Dahl, D Yu, L Deng, et al. Context-dependent DBN-HMMs in large vocabulary continuous speech recognition[C]. Proc. ICASSP, 2011: 34-42.

[293] T Sainath, B Kingsbury, B Ramabhadran. Improving training time of deep belief networks through hybrid pre-training and larger batch sizes[C]. Proc. 26th NIPS, 2012: 930-910.

[294] Y Kim, Y Jernite, S David, et al. Character-aware neural language models[C]. Proc. 29th NIPS, 2015: 245-252.

[295] M Ranzato, J Susskind, V Mnih, et al. On deep generative models with applications to recognition[C]. Proc. 24th CVPR, 2011: 1256-1264.

[296] P Ghanty, S Paul, N R Pal. NEUROSVM: an architecture to reduce the effect of the choice of kernel on the performance of SVM[J]. Jour. of Mach. Learn. Res., 2009, 10: 591-622.

[297] Y Sun, X Wang, X Tang. Hybrid deep learning for face verification[C]. Proc. ICCV, 2013: 1489-1496.

[298] Y Sun, D Liang, X Wang, et al. DeepID3: face recognition with very deep neural networks[C]. Proc. 28th CVPR, 2015: 356-363.

[299] O Pedro, C Ronan. Recurrent convolutional neural networks for scene labeling[C]. Proc. 31st ICML, 2014: 151-159.

[300] A Karpathy, F Li. Deep visual-semantic alignments for generating image descriptions[C]. Proc. 28th CVPR, 2015: 590-600.

[301] Q Guo, D Tu, J Lei, et al. Hybrid CNN-HMM model for street view house number recognition[C]. Proc. ACCV, 2014: 303-315.

[302] J Donahue, L A Hendricks, S Gusdarrama, et al. Long-term recurrent convolutional networks for visual recognition and description[C]. Proc. CVPR, 2014: 2625-2634.

[303] L Shang, Z Lu, H Li. Neural responding machine for short-text conversation[C]. Proc. ACL, 2015: 2631-2639.

[304] A Mohamed, D Yu, L Deng. Investigation of full-sequence training of deep belief networks for speech recognition[C]. Proc. Interspeech, 2010: 2846-2849.

[305] F Xu, T Joshua. Word learning as Bayesian inference[J]. Psych. Rev., 2007,114(2): 245 - 272.

[306] Y Cho, L K Saul. Kernel methods for deep learning[J]. Disser. and Theses Grad., 2012,28(1): 342-350.

[307] G Mesnil, Y Dauphin, X Glort, et al. Unsupervised and transfer learning challenge: a deep learning approach[J]. JMLR: Proc. Of the Unsup. And Trans. Learn. Chall. and workshop, 2011: 97-110.

[308] R S Sutton, A G Barto. Reinforcement learning: an introduction [M]. Massachusetts: The MIT Press, 2012.

[309] D P Bertsekas, J N Tsitsiklis. Neuro-dynamic programming[C]. Proc. 34th ICDC, 1995: 560-564.

[310] R Bellman. Dynamic programming (1st ed) [M]. Princeton: Princeton University Press, 1957.

[311] B Bakker, V Zhumatiy, G Gruener, et al. A robot that reinforcement-learns to identify and memorize important previous observations[C]. Proc. ICIRS, 2003: 430 - 435.

[312] S R Jodogne, J H Piater. Closed-loop learning of visual control policies[J]. Jour. of Arti. Intel. Rese., 2007,28: 349-391.

[313] M Luciw, V R Kompella, S Kazerounian, et al. An intrinsic value system for developing multiple invariant representations with incremental slowness learning[J]. Front. in Neuro., 2013, 7(9): 1-18.

[314] D J Rezende, W Gerstner. Stochastic variational learning in recurrent spiking networks[J]. Front. in Comp. Neuro., 2014,8(38): 712-726.

[315] M Borga. Hierarchical reinforcement learning[M]. Berlin: Springer Press, 1995.

[316] J Schmidhuber, R Wahnsiedler. Planning simple trajectories using neural subgoal generators[C]. Proc. 2nd ICSAB, 1993: 196.

[317] M Graziano. The intelligent movement machine: an ethological perspective on the primate motor system [M]. New York: Oxford University Press. 2009.

[318] Y Lin, S Zhu, T Zhang, et al. Deep coding Network[C]. Proc. 23rd NIPS, 2010: 1405-1413.

[319] D Graupe, H Kordylewski. A large memory storage and retrieval neural network for adaptive retrieval and diagnosis[J]. Jour. of Softw. Engin. and Know. Engin., 1998,8(1): 115-138.

[320] H Fan, Z Cao, Y Jiang, et al. Learning Deep face representation[J]. arXiv preprtint, arxiv: 1403.2802, 2014.

[321] Q V Le, W Y Zou, S Y Yeung, et al. Learning hierarchical invariant spatio-temporal features for action recognition with independent subspace analysis[C]. Proc. 24th CVPR, 2011: 3361-3368.

[322] M D Zeiler, R Fergus. Visualizing and understanding convolutional networks[J]. Lecture Notes in Comp. Sci., 2013,8689: 818-833.

[323] P Sermanet, D Eigen, X Zhang, et al. Overfeat: Integrated recognition, localization and detection using convolutional networks[J]. arXiv preprint, arXiv: 1312.6229, 2013.

[324] C Ding, D Tao. Robust face recognition via multimodal deep face representation[J]. IEEE Trans. on Multi., 2015,17(11): 2049-2058.

[325] F Schroff, D Kalenichenko, J Philbin. FaceNet: a unitifed embedding for face recognition and clustering [C]. Proc. 28th CVPR, 2015: 24-32.

[326] A Karpathy, G Toderici, S Shetty, et al. Large-scale video classification with convolutional neural networks [C]. Proc. 27th CVPR, 2014: 1725-1732.

[327] J Y H Ng, M Hausknecht, S Vijayanarasimhan, et al. Beyond short snippets: deep networks for video classification[C]. Proc. 28th CVPR, 2015: 4694-4702.

[328] Y Tang, R Salakhutdinov, G E Hinton. Robust Boltzmann machines for recognition and denoising[C]. Proc. 25th CVPR, 2012: 2264-6671.

[329] J Fan, W Xu, Y Wu. Human tracking using convolutional neural networks[J]. IEEE Trans. Neu. Net., 2010,21(10): 1610-1623.

[330] J J Kivinen, C Williams. Multiple texture Boltzmann machines[C]. Proc. 15th ICAIS, 2012: 638-646.

[331] R Henning, P Rivas-Perea, B Shaw, et al. A convolutional neural network approach for classifying leukocoria[C]. Proc. SSIAI, 2014: 9-12.

[332] J Masci, UMeier, D Ciresan. Steel defect classification with max-pooling convolutional neural networks [C]. Proc. IJCNN, 2012: 1-6.

[333] C C Tan, C Eswaran. Reconstruction of handwritten digit images using autoencoder neural networks[C]. Proc. 21st CCECE, 2008: 465-470.

[334] P Pinheiro, R Collobert. Recurrent convolutional neural networks for scene labeling[C]. Proc. 30th ICML, 2013: 82-90.

[335] C Farabet, C Couprie, L Najman, et al. Learning hierarchical features for scene labeling[J]. IEEE Trans. on Soft. Engin., 2013, 35(8): 1915-1929.

[336] W Li, M Li, Z Su, et al. A deep learning approach to facial expression recognition with candid images [C]. Proc. 14th ICMVA, 2015: 279-282.

[337] L Kang. Document and natural image applications of deep learning[D]. Washington: Maryland University, 2015.

[338] G Carneiro, J C Nascimento. The fusion of deep learning architectures and particle filtering applied to lip tracking[C]. Proc. 20th ICPR, 2010: 2065-2068.

[339] J Gan, L Li, Y Zhai, et al. Deep self-taught learning for facial beauty prediction[J]. Neurocomp., 2014, 144(1): 295-303.

[340] S H Khan, M Bennamoun, F Sohel, et al. Automatic feature learning for robust shadow detection[C]. Proc. 27th CVPR, 2014: 1939-1946.

[341] H Lee, P T Pham, Y LeCun, et al. Unsupervised feature learning for audio classification using convolutional deep belief networks[C]. Proc. NIPS, 2009: 1096-1104.

[342] P Hamel, D Eck. Learning features from music audio with deep belief networks[C]. Proc. 11th ISMIR, 2010: 339-344.

[343] Z Ling, L Deng, D Yu. Modeling spectral envelops using restricted Boltzmann machines and deep Belief networks for statistical parametric speech synthesis[J]. IEEE Tans. Audi. Spee. and Lang. Proc., 2013, 21(10): 2129-2139.

[344] L Chen, Z Ling, L Liu, et al. Voice conversion using deep neural networks with layer-wise generative training[J]. IEEE Trans. on Aud., Speech, and Lang. Proc., 2014, 22(12): 1859-1872.

[345] G Mesnil, Y Dauphin, K Yao, et al. Using recurrent neural networks for slot filling in spoken language understanding[J]. IEEE Trans. on Aud., Speech, and Lang. Proc., 2015, 23(3): 530-539.

[346] M Henderson, B Thomson, S Young. Deep neural network approach for the dialog state tracking challenge [C]. Proc. SIGDIAL, 2013: 318-323.

[347] G E Hinton, L Deng, D Yu, et al. Deep neural networks for acoustic modeling in speech recognition[J]. Sign. Process. Mag., 2012, 29(6): 82-97.

[348] M Henderson. Word-based dialog state tracking with recurrent neural networks[C]. Proc. SIGDD, 2014: 125-133.

[349] M Henderson, B Thomson, S Young. Robust dialog state tracking using delexicalised recurrent neural networks and unsupervisedt adaptation[C]. Proc. SLT, 2014: 1-6.

[350] G E Hinton, L Deng, D. Yu, et al. Deep neural networks for acoustic modeling in speech recognition[J]. Sign. Process. Mag., 2012, 29(6): 82-97.

[351] A Graves, A R Mohamed, G E Hinton. Speech recognition with deep recurrent neural networks[C]. Proc. ICASSP, 2013: 6645-6649.

[352] A Graves, N Jaitly, A R Mohamed. Hybrid speech recognition with deep bidirectional LSTM[C]. Proc. ASRU, 2013: 273-278.

[353] J Chorowski, D Bahdanau, K Cho, et al. End-to-end continuous speech recognition using attention-based Recurrent neural network: First Results[C]. Proc. 28th NIPS, 2014: 176-184.

[354] G Dahl, D Yu, L Deng, A Acero. Context-dependent pre-trained deep neural networks for large-vocabulary speech recognition[J]. IEEE Trans. on Aud., Spee., and Lang. Proc., 2012, 20(1): 30-42.

[355] N Jaitly, P Nguyen, A Senior, et al. Application of pretrained deep neural networks to large vocabulary speech recognition[C]. Proc. Interspeech, 2012: 2578-2581.

[356] J Ngiam, A Khosla, M Kim, et al. Multimodal deep learning[C]. Proc. 28th ICML, 2011: 689-696.

[357] A Graves, N Jaitly. Towards End-To-End speech recognition with recurrent neural networks[C]. Proc. 31st ICML, 2014: 1764-1772.

[358] K Rao, P Fuchun, H Sak, et al. Grapheme-to-phoneme conversion using long short-term memory recurrent neural networks[C]. Protc. ICASSP, 2015.

[359] J H Eric, P B Juan, Y LeCun. Moving beyond feature design: deep architectures and automatic feature learning in music informatics[C]. Proc. 13th ISMIRC, 2012: 403-408.

[360] M A Keyvanrad. Improvement on automatic speaker gender identification using classifier fusion[C]. Proc. 18th ICEE, 2010: 538-541.

[361] A Mohamed, G E Dahl, G E Hinton. Acoustic modeling using deep belief networks[J]. IEEE Trans. on Aud., Speech, and Lang., 2012, 20(1): 14-22.

[362] S Hasim, S Andrew, B Francoise. Long short-term memory recurrent neural networks architecture for large scale acoustic modeling[C]. Proc. ACISCA, 2014.

[363] D Grzywczak, G Gwardys. Deep image features in music information retrieval[J]. Jour. of Elec. and Telecom., 2014, 60(4): 321-326.

[364] R Collobert, J Weston, L Bottou, et al. Natural language processing (almost) from Scratch[J]. Jour. of Mach. Learn. Rese., 2011, 12(1): 2493-2537.

[365] H Hotelling. Relations between two sets of variants[J]. Biom., 1935,28(4): 312-377.

[366] R Socher, D Chen, C D Manning. Reasoning with neural tensor networks for knowledge base completion [C]. Proc. 27th NIPS, 2013: 926-934.

[367] T H Wen, G Milica, DKim, et al. Stochastic language generation in dialogue using recurrent neural networks with convolutional sentence reranking[C]. Proc. SACL, 2015: 27-32.

[368] D Li, F Wei, M Zhou, et al. Question answering over freebase with multi-column convolutional neural networks[C]. Proc. 7th IJCNLP, 2015: 260-269.

[369] W T Yih, X D He, C Meek. Semantic parsing for single-relation question answering[C]. Proc. 52nd AMACL, 2014: 643-648.

[370] J Kim, J Nam, I Gurtevuch. Learning semantics with deep belief network for cross-language information retrieval[C]. Proc. COLING, 2012: 579-588.

[371] R Salakhutdinov, G E Hinton. Semantic hashing[J]. Jour. of App. Reason., 2009, 50(7): 969-978.

[372] R Sarikaya, G E Hinton, A Deoras. Applicaton of deep belief networks for natural language understanding [J]. IEEE Trans. on Aud., Speech, and Lang. Proce., 2014, 22(4): 778-784.

[373] A Bordes, X Glorot, J Weston, et al. Joint learning of words and meaning representations for open-text semantic parsing[C]. Proc. 15th AISTATS, 2012: 127-135.

[374] T Liu. A novel text classification approach based on deep belief network[J]. Neur. Infor. Process. Theory Algo., 2010, 64(43): 314-321.

[375] G PadmaPriya, K Duraiswamy. An approach for text summarization using deep learning algorithm[J]. Jour. Comp. Sci., 2014,10(1): 1-9.

[376] S Nitish, S Susian, G E Hinton. Modeling documents with deep Boltzmann machines[C]. Proc. 29th of IC-UAI, 2013: 1309-1318.

[377] R Socher, E H Huang, J Pennington, A Y Ng, et al. Dynamic pooling and unfolding recursive autoencoders for paraphrase detection[C]. Proc. 25th NIPS, 2011: 801-809.

[378] Announcement of the winners of the Merck Molecular Activity Challenge[OL]. https://www.kaggle.com/c/MerckActivity/details/winners.

[379] D C Ciresan, A Giusti, L M Gambardella, et al. Mitosis detection in breast cancer histology images using deep neural networks[C]. Proc. MISSAS, 2013: 411-418.

[380] Toxicology in the 21st century Data Challenge[OL]. https://tripod.nih.gov/tox21/challenge/leaderboard.jsp.

[381] National Data Stcience Bowl[OL]. https://www.kaggle.com/c/datasciencebowl/leaderboard.

[382] T Yegor. Autonomous CRM Control via CLV Approximation with Deep Reinforcement Learning in Discrete and Continuous Action Space[J]. arXiv preprint, arxiv: 1504.01840, 2015.

[383] D Chicco, P Sadowski, P Baldi. Deep autoencoder neural networks for gene ontology annotation predictions [C]. Proc. 5th BCBHI, 2014: 346-354.

[384] G E Dahl, N Jaitly, R Salakhutdinov. Multi-task Neural Networks for QSAR Predictions[J]. arXiv preprting, arXiv: 1406.1231, 2014.

[385] NCATS Announces Tox21 Data Challenge Winners[OL]. http://www.ncats.nih.gov/news-and-events/features/tox21-challenge-winners.html.

[386] B Ramsundar, S Kearnes, P Riley, et al. Massively multitask networks for drug discovery[C]. arXiv preprint, arXiv: 1502.02072, 2015.

[387] A Karpathy, A Joulin, F Li. Deep fragment embeddings for bidirectional image sentence mapping[C]. Proc. 28th NIPS, 2014: 1889-1897.

[388] A Mnih, K Kavukcuoglu. Learning word embeddings efficiently with noise-contrastive estimation[C]. Proc. 27th NIPS, 2013: 2265-2273.

[389] G E Dahl, J W Stokes, L Deng, et al. Large-scale malware classification using random projections and neural networks[C]. Proc. ICASSP, 2013: 3422-3426.

[390] H Palangi, R Ward, L Deng. Using deep stacking network to improve structured compressive sensing with multiple measurement vectors[C]. Proc. ICASSP, 2013: 3337-3341.

[391] S Kahou. Combining modality specific deep neural networks for emotion recognition in video[C]. Proc. 30th ICML, 2013: 543-550.

[392] L Li, Y Zhao, D Jiang, et al. Hybrid deep neural network--Hidden Markov Model (DNN-HMM) based speech emotion recognition[C]. Proc. 5th JACACII, 2013: 312-317.

[393] T P Oliveira, J S Barbar, A S Soares. Multilayer perceptron and stacked autoencoder for Internet traffic prediction[J]. Net. Paral. Comp. Lect. Notes Comp. Sci., 2014, 87(7): 61-71.

[394] M Ratajczak, S Tschiatschek, F Pernkopf. Sum-product networks for structures prediction: context-specific deep conditional random fields[C]. Proc. 31st ICML, 2014: 1-10.

[395] P Tamilselvan, Y Wang, P Wang. Deep belief network based state classification for structural health diagnosis[C]. Proc. AC, 2012: 1-11.

[396] D P Ryan, B J Daley, W Kwai, et al. Prediction of ICU in-hospital mortality using a deep Boltzmann machine and dropout neural net[C]. Proc. BSEC, 2013: 1-4.

[397] W U Jiawei, Y Guan, L V Xinbo. A deep learning approach in relation extraction in EMRs[C]. Proc. Intel. Comp. App., 2014: 478-486.

[398] D C Mocanu, G Exarchakos, A Liotta. Deep learning for objective quality assessment of 3D images[C]. Proc. ICIP, 2014: 758-762.

[399] X U Zheng, D Zhao, E Center. Design and research of mobile learning recommender system under the perspective of deep learning[C]. Intel. Comp. App., 2014.

[400] A C Turkmen, A T Cemgil. An application of deep learning for trade signal prediction in financial markets [C]. Proc. 23th ICSPCAC, 2015: 2521-2524.

[401] X Chen, S Xiang, C L Liu, et al. Aircraft detection by deep convolutional neural networks[J]. IEEE Trans. on Comp. Vis. and App., 2014, 7: 10-17.

[402] R Arunkumar. Multi-retinal disease classification by reduced deep learned features[J]. Neur. Comp. App., 2015: 1-6.

[403] Z Liu, L Zhu, X P Zhang, et al. Hybrid deep learning for plant leaves classification[C]. Proc. ICIC, 2015: 115-123.

[404] X Hu, Q Liu, H Cai, et al. Gas recognition under sensor drift by using deep learning[J]. Jour. of Intell. Sys, 2015, 30(8): 907-922.

[405] Y Li, R Ma, R Jiao. A hybrid malicious code detection method based on deep learning[J]. Jour. of Soft. Engin. and Its App., 2015, 9: 205-216.

[406] R Salakhutdinov, A Mnih, G E Hinton. Restricted Boltzmann machines for collaborative filtering[J]. Proc. 24th ICML. 2007: 791-798.

[407] Y Jia, J Donahue, S Karayev, et al. Caffe: Convolutional architecture for fast feature embedding[C]. Proc. ACM, 2014: 675-678.

[408] F Bastien, P Lamblin, R Pascanu, et al. Theano: new features and speed improvements[C]. Proc. 26th NIPS, 2012.

[409] J J Goodfellow, D W Farley, P Lamblin, et al. Pylearn2: a machine learning research library[J]. arXiv

preprint, arXiv: 1308.4214, 2013.

[410] R B Palm. Prediction as a candidate for learning deep hierarchical models of data[D]. Denmark: Technical University of Denmark, 2012.

[411] H Bretschneider. Hebel-GPU-accelerated deep learning library in Python [OL]. https://github.com/hannes-brt/hebel, 2014.

[412] B Merrienboer, D Bahdanau, V Dumoulin, et al. Bolcks and Fuel: Frameworks for deep learning[J]. arXiv preprint, arXiv: 1506.00619, 2015.

[413] B C Ooi, K L Tan, S Wang, et al. SINGA: A distributed deep learning platform[C]. Proc. ACM on MC, 2015: 685-688.

[414] W Wang, G Chen, T T A Dinh, et al. SINGA: putting deep learning in the hands of multimedia users [C]. Proc. 23rd ACMC, 2015: 25-34.

[415] J Dean, G Corrado, R Monga, et al. Large scale distributed deep networks[C]. Proc. 26th NIPS, 2012: 1232-1240.

[416] O Yadan, K Adams, Y Taigman, et al. Multi-GPU training of ConvNets[C]. Proc. 2nd ICLR, 2014: 17-25.

[417] M D Zeiler, R Fergus. Stochastic pooling for regularization of deep convolutional neural networks[C]. Proc. 1st ICLR, 2013: 1-9.

[418] J Bergstra, Y Bengio. Random search for hyper-parameter optimization[J]. Jour. Mach. Learn. Res., 2012, 13(1): 281-305.

[419] I J Goodfellow, D W Farley, M Mirza, et al. Maxout networks[C]. Proc. 30th ICML, 2013: 1319-1327.

[420] T Schaul, S Zhang, Y LeCun. No more pesky learning rates[C]. Proc. 30th ICML, 2013: 456-464.

[421] J Duchi, E Hazan, Y Singer. Adaptive subgradient methods for online learning and stochastic optimization [J]. Jour. of Mach. Learn., 2011, 12(7): 2121-2159.

[422] M D Zeiler. ADADELTA: an adaptive learning rate method [J]. arXiv preprtint, arXiv: 1212.5701, 2012.

[423] J Snoek, H Larochelle, R Adams. Practical Bayesian optimization of machine learning algorithms[C]. Proc. 26th NIPS, 2012: 2951-2959

[424] S Ioffe, C Szegedy. Batch normalization: accelerating deep network training by reducing internal covariate shift[J]. arXiv preprint, arXiv: 1502.03167, 2015.

[425] M Nick. A deep learning tutorial: from perceptrons to deep network [C]. Toptal. Retrieved August 17, 2015.

[426] G Marcus. Is “Deep Learning” a revolution in Artificial Intelligence? [J]. The New Yorker, 2012.

[427] B Goertzel. Are there deep reasons underlying the pathologies of today's deep learning algorithms? [OL]. http://www.agi-conf.org/2015/wp-content/uploads/2015/07/agi15_goertzel_deep.pdf.

[428] N Anh, J Yosinski, J Clune. Deep neural networks are easily fooled: high confidence predictions for unrec-

ognizable images[C]. Proc. CVPR, 2014: 427-436.

[429] L Deng. A tutorial survey of architectures, algorithms, and applications for deep learning[J]. APSIPA Trans. on Sign. and Infor. Proce., 2014: 1-29.

[430] Y Bengio, A Courville, P Vincent. Representation learning: a review and new perspectives[J]. IEEE Trans. Pattern Anal. Mach. Intelli., 2013, 35(8): 1798-1827.

[431] I Sutskever, J Martens, G Dahl, et al. On the importance of initialization and momentum in deep learning[C]. Proc. 30th ICML, 2013: 521-520.

[432] X Glorot, A Bordes, Y Bengio. Deep sparse rectifier neural networks[J]. Proc. ICAIS, 2011, 15(12): 315-323.

[433] G W Cottrell. New life for neural networks[J]. Sci., 2006, 313(5786): 5-6.

[434] M F Stollenga, J Masci, F Gomez, et al. Deep networks with internal selective attention through feedback connections[J]. Advan. in Neur. Inform., 2014, 4(2): 107-122.

[435] Y Sun, F Gomez, T Schaul, et al. A linear time natural evolution strategy for non-separable functions[C]. Proc. GECC, 2013: 61-62.

[436] D Bahdanau, K Cho, Y Bengio. Neural machine translation by jointly learning to align and translate[C]. Proc. 3rd ICLR, 2015.

[437] V Nath, S E Levinson. Autonomous robotics and deep learning[S]. Library of Congress Control Number: 2014935166.

[438] Y Bengio, F Bastien, A Bergeron, et al. Deep learners benefit more from out-of-distribution examples[C]. Proc. 14th ICAIS, 2011: 164-172.

[439] Y Bengio. Deep learning of representations for unsupervised and transfer learning[J]. JMLR: Workshop on Unsup. and Trans. Learn., 2014, 27: 17-37.

[440] G Mesnil, Y Dauphin, K Yao, et. al. Using recurrent neural networks for slot filling in spoken language understanding[J]. IEEE Trans. on Audi. Speech and Lang. Proc., 2015, 23(3): 530-539.